西北大学"双一流"建设项目资助
Sponsored by First-class Universities and Academic
Programs of Northwest University

数学物理方法导学

GUIDEBOOK ON METHODS
OF MATHEMATICAL PHYSICS

赵　佩　王晓辉　许震明　郑继明 **编著**

西北大学出版社
·西安·

图书在版编目（CIP）数据

数学物理方法导学 / 赵佩等编著. --西安： 西北
大学出版社，2023.11
ISBN 978-7-5604-5254-8

Ⅰ．①数… Ⅱ．①赵… Ⅲ．①数学物理方法—教
材 Ⅳ．①O411.1

中国国家版本馆 CIP 数据核字（2023）第 219066 号

数学物理方法导学
SHUXUE WULI FANGFA DAOXUE

赵　佩　王晓辉　许震明　郑继明　编著

出版发行　西北大学出版社

（西北大学校内　邮编：710069　电话：029-88303059）

http://nwupress.nwu.edu.cn　　E-mail：xdpress@nwu.edu.cn

经　销	全国新华书店	
印　刷	西安博睿印刷有限公司	
开　本	787 毫米×1092 毫米　1/16	
印　张	18.75	

版　次	2023 年 11 月第 1 版	
印　次	2023 年 11 月第 1 次印刷	
字　数	357 千字	

书　号	ISBN 978-7-5604-5254-8	
定　价	48.00 元	

本版图书如有印装质量问题，请拨打 029-88302966 予以调换。

前　言

　　数学物理方法是应用数学知识解决实际问题的方法,该课程是物理类专业的平台基础课,是后续专业课程的重要数学基础。本书是赵佩编著的《数学物理方法》的配套辅导教材,可作为相关专业师生的参考书,期望能对学生理解和掌握本课程的基本概念和方法提供帮助,从而促进数学物理方法课程的教学质量。

　　该书分两编,共十二章,与主教材一一对应。第一编是复变函数:本编重点内容包括复变函数在物理学中有着广泛应用的解析函数的微分性质、积分性质;柯西积分定理和柯西积分公式;解析函数的泰勒级数和洛朗级数展开;留数定理及其应用;傅立叶积分变换和拉普拉斯积分变换;另外,还涵盖了 δ 函数、Γ 函数及解析延拓的基本性质等。

　　第二编是数学物理方程:本编的重点是针对三类典型的二阶线性偏微分方程,即波动方程、输运方程和泊松方程,讨论了"分离变量法""积分变换法""格林函数法"三种求解方程的基本方法。本编重点内容包括三类典型方程的推导及其定解条件;求解定解问题中最简单但应用最广泛的基本方法即分离变量法,及其理论基础(斯特姆-刘维尔本征值理论);幂级数解法求解二阶线性变系数常微分方程的基本方法;两类特殊函数,即勒让德多项式和贝塞尔函数的基本性质,及其在求解定解问题中的应用;积分变换法求解无界、半无界区域以及有界区域的定解问题;格林函数法求解定解问题的基本思想,特别是对于特殊的对称性边界的稳定场问题,利用镜像法求解格林函数的方法等。

　　本书对照赵佩编著的《数学物理方法》的每一章,分别给出内容导读和习题导练两个部分,在学生学习本课程时起到导学作用。内容导读主要是概括总结教材中知识点,突出重点和难点,帮助学生查漏补缺。习题导练部分针对教材每章中的习题给出了详尽的解答,部分重点题目给出了多种解法,帮助学生深化理解本课程的基本概念和原理,强化训练,巩固对基本方法和技术的掌握。

　　本教材的出版,得到了西北大学物理学院各位领导和老师的大力支持;得益于本课程教学组教师的切磋和讨论;以及西北大学出版社张运琪和陈新刚两位编辑为本书的出版所付出的辛勤劳动;并对西北大学的莘莘学子表示感谢,是他们在学习该课程中给予积极的配合,并反馈诸多建议和意见,支持该书的编写工作,帮助该书顺利出版。

　　由于编者才疏学浅,受水平和时间所限,错误或不妥之处在所难免,恳请读者批评指正!

编　者
2023 年 3 月

目　录

第一编　复变函数

第二编　数学物理方程和特殊函数

第一编
复变函数论

本编讨论复变函数中的基本概念、基本理论及其应用，其中解析函数在物理学中有着广泛的应用，是本编研究的重点。首先，介绍复数和复变函数的基本概念；其次，重点讨论解析函数的微分性质、积分性质、级数展开的性质，以及建立在复变函数的积分理论和级数理论基础上的留数定理及其应用；之后，在傅立叶级数的基础上讨论傅立叶积分变换和拉普拉斯积分变换；最后简单介绍 δ 函数、解析延拓等基本概念。由于复变函数及其微积分是描述有"位相"问题的物理系统强有力的数学工具，而积分变换的内容又是现代物理学和现代科学技术中频谱分析的基础，因此学习和掌握本编的内容对物理学及相关专业的学生是十分重要的。

第一章　复变函数

1.1　内容导读

一、复数与复数运算

1. 复数的概念

（1）通常，我们把形如 $z=x+iy$ 的数称为**复数**，其中实数 x、y 分别称为复数 z 的**实部**与**虚部**，并记作 $x=\mathrm{Re}z$，$y=\mathrm{Im}z$，i 称为虚数单位，满足 $i^2=-1$。

（2）复数相等或共轭。

两个复数相等，即当 $z_1=z_2$，则必有 $x_1=x_2$，$y_1=y_2$；复数 $z=x+iy$ 和复数 $\bar{z}=z^*=(x+iy)^*=x-iy$，互称为**共轭复数**。如果一个复数与它的共轭复数相等，那么，这个复数一定是实数。复数涵盖了实数和纯虚数作为它的特殊情况。复数不能比较大小，这是复数与实数性质的显著区别。

2. 复数的表示法

（1）复平面　复数 $z=x+iy$ 可用坐标平面 xOy 上的点 $P(x,y)$ 或者复矢量 $\overrightarrow{OP}$ 表示（复矢量的起点可以不在原点 O，也就是说长度和方向都相同的矢量表示同一个复数），其中 x 轴为实轴，y 轴为虚轴，则复数和复平面上的点形成了一一对应的关系，这样的平面称为**复平面**或 z **平面**，如图 1-1。复矢量 $\overrightarrow{OP}$ 的长度称为复

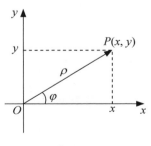

图 1-1

数 z 的**模**,记作 $|\overrightarrow{OP}|=|z|=\rho=\sqrt{x^2+y^2}$。

当 $z\neq0$ 时,矢量 z 与实轴正向之间的夹角 φ 称为复数 z 的**辐角**,记作 Arg$z$。任意非零复数 z 的辐角有无穷多个值,彼此相差 2π 的整数倍,通常把数值在 $-\pi<\arg z\leqslant\pi$(或者 $0<\arg z\leqslant2\pi$)之间的辐角称为 Arg$z$ 的**主值**,记作 arg$z$,即有 Arg$z=\arg z+2k\pi,k=0,\pm1,\pm2,\cdots$。

(2)复数的三角表示法　$z=\rho(\cos\varphi+i\sin\varphi)$

(3)复数的指数表示法　$z=\rho e^{i\varphi}$

通常,又把 $z=x+iy$ 称为复数的代数表示式。当 $z=0$ 时,其模 $|z|=0$,其幅角不确定。

讨论题 1-1　复数为什么不能比较大小?

答　复数是实数的推广,若复数能比较大小,则它的大小顺序关系必须遵循实数顺序关系的有关性质。例如在实数中,若 $a>b,c>0$,则 $ac>bc$;若 $a>b,c<0$,则 $ac<bc$。我们用复数 i 和 0 加以说明。对于非零复数,$i\neq0$,若 $i>0$,根据实数不等式的性质,两边同乘以"大于零"的 i,得 $i\times i>i\times0$,即 $-1>0$,矛盾;若 $i<0$,两边同乘以"小于零" i 的,可推得 $-1>0$,也矛盾。由此可见,在复数域中无法定义大小关系,即两个复数不能比较大小。

3.复数的运算及几何意义

(1)复数的加减法

$$z_1\pm z_2=(x_1\pm x_2)+i(y_1\pm y_2)\quad(1\text{-}1)$$

几何意义　两个复数的相加(或相减)满足平行四边形法则或三角形法则,如图1-2,并且有

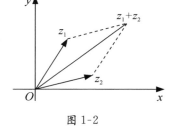

图 1-2

$$|z_1+z_2|\leqslant|z_1|+|z_2|\quad(1\text{-}2)$$

$$|z_1|-|z_2|\leqslant|z_1-z_2|\quad(1\text{-}3)$$

$$|z_1+z_2|^2+|z_1-z_2|^2=2(|z_1|^2+|z_2|^2)\quad(1\text{-}4)$$

$$||z_1|-|z_2||\leqslant|z_1-z_2|\leqslant|z_1|+|z_2|\quad(1\text{-}5)$$

(2)复数的乘法

$$z_1z_2=(x_1x_2-y_1y_2)+i(x_1y_2+x_2y_1)\quad(1\text{-}6)$$

$$z_1z_2=\rho_1\rho_2e^{i(\varphi_1+\varphi_2)}\quad(1\text{-}7)$$

几何意义　两个复数的乘积所对应的矢量是将 z_1 所对应的矢量逆

时针旋转 $\arg z_2$,并将 z_1 的模伸长 $|z_2|$ 倍(当 $|z_2|<1$ 时缩短),如图 1-3。

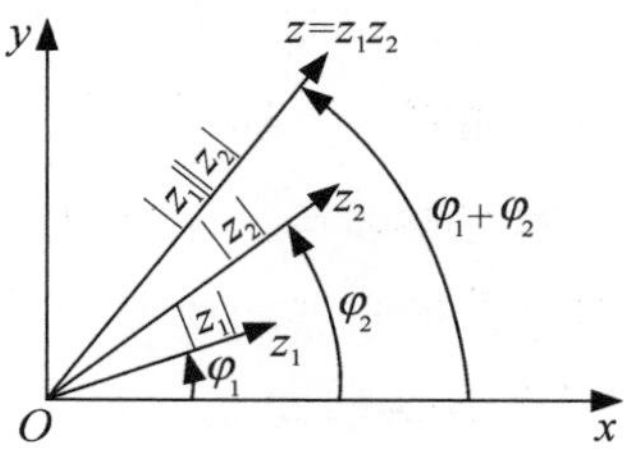

(3)复数的除法

$$\frac{z_1}{z_2}=\frac{x_1x_2+y_1y_2}{x_2^2+y_2^2}+i\frac{x_2y_1-x_1y_2}{x_2^2+y_2^2},z_2\neq 0$$

$$(1\text{-}8)$$

$$\frac{z_1}{z_2}=\frac{\rho_1}{\rho_2}e^{i(\varphi_1-\varphi_2)} \tag{1-9}$$

图 1-3

几何意义 两个复数的商所对应的矢量,是将 z_1 的模缩小 $|z_2|$ 倍(当 $|z_2|<1$ 时伸长),再按顺时针方向旋转一个角度 $\arg z_2$ 而成。

容易验证,复数的加、减、乘、除运算满足交换律、结合律、分配律以及和的封闭性与乘积的封闭性。此外,共轭复数与四则运算结合起来,可以得到一些简单而重要的性质,在解题时经常被利用,宜熟记。

$$(z^*)^*=z,|z|=|z^*|,zz^*=x^2+y^2=|z|^2 \tag{1-10}$$

$$(z_1\pm z_2)^*=z_1^*\pm z_2^* \tag{1-11}$$

$$z+z^*=2x=2\mathrm{Re}z,z-z^*=2iy=2i\mathrm{Im}z \tag{1-12}$$

$$(z_1z_2)^*=z_1^*z_2^*,(\frac{z_1}{z_2})^*=\frac{z_1^*}{z_2^*} \tag{1-13}$$

(4)复数的乘幂

$$z^n=\rho^n(\cos\varphi+i\sin\varphi)^n \tag{1-14}$$

$$z^n=\rho^ne^{in\varphi} \tag{1-15}$$

当 $\rho=1$ 时有棣摩弗(De Moivre)公式

$$(\cos\varphi\pm i\sin\varphi)^n=\cos n\varphi\pm i\sin n\varphi \tag{1-16}$$

(5)复数的方根

$$w=\sqrt[n]{z}=\sqrt[n]{\rho}e^{i\frac{\varphi+2k\pi}{n}}$$

$$=\sqrt[n]{\rho}(\cos\frac{\varphi+2k\pi}{n}+i\sin\frac{\varphi+2k\pi}{n}),k=0,1,2,\cdots n-1 \tag{1-17}$$

$\sqrt[n]{z}$ 的多值性及几何解释:复数 z 开 n 次方能够得到 n 个不同的复数,这 n 个不同的复数的区别仅仅在于它们的辐角相差 $\frac{2\pi}{n}$ 的整数倍,而不是 2π 的整数倍。几何上,这 n 个根分布在以原点 0 为中心,$\sqrt[n]{\rho}$ 为半径的圆的内接正 n 边形的 n 个顶点上。

4.复球面与无穷远点

如图 1-4 所示,对于复平面上所
有的有限远点 z,将它和一个与复平
面相切于原点的球面的北极 N 直线
相连,此连线和球面有并且只有一个
交点 P,则球面上每一点 P(除 N 之
外)都有复平面上唯一的一个复数 z

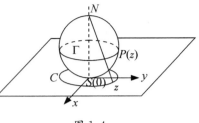

图 1-4

与之对应,这样的球面称为**复球面**或**黎曼(Riemann)球面**。

北极 N 可以看作是与复平面上的一个模为无穷大、辐角不确定的假
想点相对应,这个假想点称为**无穷远点**,记作 ∞。

二、复变函数及其基本概念

1.复变函数的概念

设复变数 z 在复平面的某个范围内取值。若 z 每取一个值,均按照
一定规则,有且仅有一个复数 w 与之对应,则称 w 为 z 的**单值复变函数**,
记为 $w=f(z)$。复变数 z 称为 w 的**自变量**,w 称为自变量 z 的**复变函
数**。z 的取值范围称为复变函数 w 的定义域,所对应的 w 的取值范围称
为此复变函数的值域。

设 $w=f(z)$ 的定义域为复平面上的集合 D,函数的值域为复平面上
的集合 G。则对于 G 中任一 w,必有 D 中的一个(或多个)复数 z 与之对
应。这样,就确定了集合 G 上的一个单值函数(或多值函数)$z=\varphi(w)$,称
它为函数 $w=f(z)$ 的**反函数**。

2.有关区域的一些基本概念

(1)区域的定义　同时满足如下两个条件的点集 D 称为区域

(i)每一个点都是内点——**开集性**;

(ii)点集 D 中的任意两点可用一条由该点集 D 的点构成的折线连接
起来——**连通性**。

(2)点 z_0 的邻域　满足不等式 $|z-z_0|<\delta$(δ 为任意小正实数)的点
的集合称为点 z_0 的邻域,而满足 $0<|z-z_0|<\delta$ 的点的集合称为点 z_0 的
去心邻域。

(3)单连通区域与复连通区域　如果有界区域的边界被分成若干不
相连接的部分,则这些部分的数目叫作区域的**连通阶数**。在区域内作任

意简单的闭合围线,围线内的点都属于该区域,则此区域为**单连通区域**;否则为**复连通区域**。

3.复变函数的极限与连续性

(1)极限的定义 设函数 $w=f(z)$ 是在 z_0 的某个去心邻域内的单值函数(在点 z_0 可能没有定义),A 是一个复常数($A\neq\infty$),若对于任意给定的 $\varepsilon>0$,总存在 $\delta(\varepsilon)>0$,使得当 $0<|z-z_0|<\delta$ 时,有 $|f(z)-A|<\varepsilon$,则称 z 趋近 z_0 点时,$f(z)$ 以 A 为极限,记作 $\lim\limits_{z\to z_0}f(z)=A$。

(2)连续的定义 设复变函数 $w=f(z)$ 是在点 z_0 及其邻域内的单值函数,若对于任意给定的 $\varepsilon>0$,总存在 $\delta(\varepsilon)>0$,使得当 $|z-z_0|<\delta$ 时,有 $|f(z)-f(z_0)|<\varepsilon$,则称函数 $w=f(z)$ 在 z_0 点连续,记作 $\lim\limits_{z\to z_0}f(z)=f(z_0)$。

(3)一致连续 设复变函数 $w=f(z)$ 是闭区域 $\overline{D}$ 上的单值函数,若对于任意给定的 $\varepsilon>0$,总存在与 z_0 和 z 无关的 $\delta>0$,使得对任何两点 $z_0,z\in\overline{D}$,只要满足 $|z-z_0|<\delta$,恒有 $|f(z)-f(z_0)|<\varepsilon$,则称函数 $w=f(z)$ 在闭区域 $\overline{D}$ 上一致连续。

若 $f(z)$ 在有界闭区域上连续,则必然在这个区域上一致连续。

三、复变函数的导数

1.复变函数的导数与微分

(1)导数的定义 设 $w=f(z)$ 是区域 D 内的单值函数,对于 D 内的任意点 z,如果极限

$$\lim_{\Delta z\to 0}\frac{\Delta f}{\Delta z}=\lim_{\Delta z\to 0}\frac{f(z+\Delta z)-f(z)}{\Delta z} \tag{1-18}$$

存在且唯一,并且是与 $\Delta z\to 0$ 的方式无关的有限值,则称此极限值为 $f(z)$ 在点 z 的**导数**(或**微商**),记为 $f'(z)$。若 $f(z)$ 在区域 D 内的每一点的导数都存在,则称 $f(z)$ 在区域 D 内**可导**或**可微**。

(2)微分的定义 记 $\mathrm{d}f=f'(z)\mathrm{d}z$,称为函数 $w=f(z)$ 的**微分**。

若用 $\mathrm{d}z$ 除上式两边,得 $f'(z)=\dfrac{\mathrm{d}w}{\mathrm{d}z}$,即 $f'(z)$ 等于函数的微分与自变量的微分之商,故导数又称为**微商**。

从形式上看,复变函数和实变函数的导数的定义是一样的,所以实变函数的求导公式、求导法则、可导与连续的关系、导数与微分的关系等对可导的复变函数都适用。但两者之间却存在着本质的差别,这是由于实

变数 Δx 只能沿着实轴逼近零,而复变数 Δz 却可以沿复平面上的任一曲线逼近零。相对而言,复变函数的导数是一种严格得多的要求,从而也使得复变函数具有许多独特的性质和应用。如 $f(x)=|x|^2$ 在 $(-\infty,\infty)$ 内是处处可导的,如果完全保留这一表达式,只是将实数 x 换成复数 z,则复变函数 $f(z)=|z|^2$ 除点 $z=0$ 外处处不可导。

2. $f(z)$ 在点 z 导数存在的充要条件

(1)二元函数 $u(x,y)$ 与 $v(x,y)$ 在点 (x,y) 可微;

(2)二元函数 $u(x,y)$ 与 $v(x,y)$ 在点 (x,y) 满足 $C-R$ 条件

$$\begin{cases} \dfrac{\partial u}{\partial x}=\dfrac{\partial v}{\partial y} \\ \dfrac{\partial u}{\partial y}=-\dfrac{\partial v}{\partial x} \end{cases} \quad \text{或} \quad \begin{cases} \dfrac{\partial u}{\partial \rho}=\dfrac{1}{\rho}\dfrac{\partial v}{\partial \varphi} \\ \dfrac{1}{\rho}\dfrac{\partial u}{\partial \varphi}=-\dfrac{\partial v}{\partial \rho} \end{cases} \tag{1-19}$$

而且,当上述条件满足时,可按下列公式之一计算 $f'(z)$

$$f'(z)=\frac{\partial u}{\partial x}+i\frac{\partial v}{\partial x}=\frac{\partial v}{\partial y}+i\frac{\partial v}{\partial x}=\frac{\partial u}{\partial x}-i\frac{\partial u}{\partial y}=\frac{\partial v}{\partial y}-i\frac{\partial u}{\partial y} \tag{1-20}$$

四、复变函数的解析性

1. 解析函数的定义

如果函数 $w=f(z)$ 在 z 点邻域内的每一点都可导,则称函数 $w=f(z)$ 在 z 点解析;如果函数 $w=f(z)$ 在区域 D 内的每一点都解析,则称 $w=f(z)$ 在区域 D 内解析,或称函数 $w=f(z)$ 是 D 内的一个**解析函数**（或称**正则函数**）。在整个复平面上解析的函数称为**整函数**或称**全纯函数**。对于函数 $f(z)$ 在 $z=\infty$ 点的解析性,则需作变换 $\zeta=\dfrac{1}{z}$,然后讨论函数 $F(\zeta)=f(\dfrac{1}{\zeta})$ 在 $\zeta=0$ 点是否解析即可。

讨论题 1-2   函数 $f(z)=x^3-y^3-i2x^2y$ 在哪些点可导? 在哪些点解析?

答   由 $C-R$ 条件得 $\dfrac{\partial u}{\partial x}=3x^2$ $\dfrac{\partial v}{\partial x}=4xy^2$

$\dfrac{\partial u}{\partial y}=-3y^2$ $\dfrac{\partial v}{\partial y}=4x^2y$

于是仅有①$x=0,y=0$ 与②$x=\dfrac{3}{4},y=\dfrac{3}{4}$ 符合 $C-R$ 条件,且各阶偏导数连续,从而 $f(z)$ 仅在点 $z=0$ 与 $z=\dfrac{3}{4}(1+i)$ 两点可导,而在整个复平面

上 $f(z)$ 处处不解析。注意到实函数 $u=u(x,y)$，$v=v(x,y)$ 是两个"很好"的函数，即在全平面上处处可导。但是，函数 $f(z)=u(x,y)+iv(x,y)$ 作为复变函数时，就仅在两个点可导。这说明什么问题？请考虑。并且请考虑：为什么函数在一点可导与在一点解析不等价，而在区域 D 内可导与在区域 D 内解析却是等价的？

2. 解析函数与共轭调和函数的关系

任何在 D 内解析的函数 $f(z)=u(x,y)+iv(x,y)$，其实部 $u(x,y)$ 与虚部 $v(x,y)$ 均为 D 内的调和函数，并且其虚部 $v(x,y)$ 是实部 $u(x,y)$ 的**共轭调和函数**。

3. 解析函数的物理解释 复势

许多不同的稳定平面矢量场都可以用一个复变函数来描述。在物理学中，经常遇到的不是一般的复变函数，而是构建一个能表示稳定平面矢量场的解析函数 $f(z)$，这就是解析函数的物理解释，这个解析函数就是平面矢量场的**复势函数**。

五、初等解析函数

1. 常用的初等单值函数

(1) 幂函数

$$w=z^n \quad (n \text{ 为整数}) \tag{1-21}$$

多项式函数

$$w=P_n(z)=a_nz^n+a_{n-1}z^{n-1}+\cdots a_1z+a_0, a_n\neq0 \tag{1-22}$$

有理函数

$$w=\frac{P_n(z)}{Q_m(z)}, \ (Q_m(z)\neq0) \tag{1-23}$$

其中 $P_n(z)$ 和 $Q_m(z)$ 分别是 n 次和 m 次多项式函数。

(2) 指数函数

$$w=e^z=e^{x+iy}=e^x(\cos y+i\sin y) \tag{1-24}$$

注：在实数域，$e^x>0$；在复数域，e^z 可小于零，如 $e^{i\pi}=-1$。

(3) 三角函数

$$\sin z=\frac{e^{iz}-e^{-iz}}{2i}, \cos z=\frac{e^{iz}+e^{-iz}}{2}, \tan z=\frac{\sin z}{\cos z}, \cot z=\frac{\cos z}{\sin z} \tag{1-25}$$

注：正、余弦函数在全平面是无界的。

(4) 双曲函数

$$\mathrm{sh}z = \frac{\mathrm{e}^z - \mathrm{e}^{-z}}{2},\ \mathrm{ch}z = \frac{\mathrm{e}^z + \mathrm{e}^{-z}}{2},\ \mathrm{th}z = \frac{\mathrm{sh}z}{\mathrm{ch}z},\ \mathrm{cth}z = \frac{\mathrm{ch}z}{\mathrm{sh}z} \qquad (1\text{-}26)$$

2. 初等多值复变函数的概念

(1)多值复变函数的定义　对于自变量 z 的每一个值,如有两个或两个以上的函数值 $w = f(z)$ 与之对应,则称为 z 的**多值函数**。

(2)支点　对于多值函数,总存在这样的特殊点,在复平面上当 z 绕该点一周回到原处时,对应的函数值 w 并不还原,这种点就称为多值函数的**支点**。当 z 绕该点 n 周后,函数值还原,则称该点为多值函数的 $n-1$ 阶支点。

(3)单值分支　限制多值函数的自变量的取值范围后多值函数就被划分为若干个单值函数,其中的每一个称为一个**单值分支**。

(4)黎曼面　把多值函数每两个相邻单值分支的 z 平面在割线处连接起来构成的一个“多叶平面”,就是 Riemann **面**。

3. 常用的初等多值函数

(1)根式函数

$$w = \sqrt[n]{|z|}\,\mathrm{e}^{\frac{i\mathrm{Arg}z}{n}} = \sqrt[n]{|z|}\,\mathrm{e}^{i\frac{\arg z + 2k\pi}{n}},\quad k = 0,1,\cdots,n-1 \qquad (1\text{-}27)$$

这表明, $w = \sqrt[n]{z}$ 是多值函数,支点为 0 和 ∞。

(2)复对数函数定义

$$w = \mathrm{Ln}z \qquad (1\text{-}28)$$

复对数函数是无穷多值函数,支点为 0 和 ∞。$\mathrm{Ln}z$ 的主值 $\ln z = \ln|z| + i\arg z$ 是单值的。

(3)其他多值函数

$$w = \arcsin z = -i\ln(iz + \sqrt{1 - z^2}) \qquad (1\text{-}29)$$

$$w = \arccos z = -i\ln(z + \sqrt{z^2 - 1}) \qquad (1\text{-}30)$$

$$w = \arctan z = -\frac{i}{2}\ln\frac{1 + iz}{1 - iz} \qquad (1\text{-}31)$$

$$w = z^a = \mathrm{e}^{a\ln z}\,(z \neq 0,\alpha\ \text{为任意复常数}) \qquad (1\text{-}32)$$

$$w = a^z = \mathrm{e}^{z\ln a}\,(a \neq 0,\text{且为任意复常数}) \qquad (1\text{-}33)$$

以上函数都是对数函数或对数函数与根式函数的组合,因此它们的多值性可以根据这两种基本的多值函数来讨论。

1.2 习题导练

1.1 将下列复数表示成三角形式与指数形式(辐角取主值)。

$(1)z=-1+\sqrt{3}i$; $\qquad\qquad$ $(2)z=-2-5i$;

$(3)z=1-\cos\varphi+i\sin\varphi,0\leqslant\varphi\leqslant\pi$。

解 (1)复数 z 的模

$$\rho=|z|=\sqrt{(-1)^2+(\sqrt{3})^2}=2$$

考虑到复数 z 在第二象限,故有

$$\varphi=\arg z=\arctan(\frac{\sqrt{3}}{-1})+\pi=(-\frac{\pi}{3})+\pi=\frac{2}{3}\pi$$

因而得

$$z=2(\cos\frac{2}{3}\pi+i\sin\frac{2}{3}\pi)=2e^{i\frac{2}{3}\pi}$$

(2)复数 z 的模

$$\rho=|z|=\sqrt{(-2)^2+(-5)^2}=\sqrt{29}$$

考虑到复数 z 在第三象限,故有

$$\varphi=\arg z=\arctan(\frac{-5}{-2})-\pi=\arctan\frac{5}{2}-\pi$$

因而有

$$z=\sqrt{29}[\cos(\arctan\frac{5}{2}-\pi)+i\sin(\arctan\frac{5}{2}-\pi)]$$
$$=\sqrt{29}[\cos(\pi+\arctan\frac{5}{2})+i\sin(\pi+\arctan\frac{5}{2})]$$
$$=\sqrt{29}e^{i(\arctan\frac{5}{2}-\pi)}$$

本题关键在于求出所给复数的模与辐角,并且注意(1)中复数 z 位于第二象限,故 $\arg z=\arctan\frac{y}{x}+\pi$;(2)中复数 z 位于第三象限,故 $\arg z=\arctan\frac{y}{x}-\pi$。

(3)**解法一**   利用三角关系式,有

$$z = 2\sin^2 \frac{\varphi}{2} + 2i\sin \frac{\varphi}{2}\cos \frac{\varphi}{2}$$

$$= 2\sin \frac{\varphi}{2}\left[\cos(\frac{\pi}{2} - \frac{\varphi}{2}) + i\sin(\frac{\pi}{2} - \frac{\varphi}{2})\right]$$

$$= 2\sin \frac{\varphi}{2}e^{i(\frac{\pi}{2} - \frac{\varphi}{2})}$$

考虑到 $0 \leqslant \varphi \leqslant \pi$,有 $0 \leqslant \frac{\pi}{2} - \frac{\varphi}{2} \leqslant \frac{\pi}{2}$,即 $\frac{\pi}{2} - \frac{\varphi}{2}$ 在主值的范围内。

解法二   复数 z 的模

$$\rho = \sqrt{(1 - \cos\varphi)^2 + \sin^2\varphi} = 2\sin \frac{\varphi}{2}$$

考虑到 $0 \leqslant \varphi \leqslant \pi$,有 $0 \leqslant \frac{\varphi}{2} \leqslant \frac{\pi}{2}$,即 $\frac{\varphi}{2}$ 在第一象限,则复数 z 的幅角为

$$\arg z = \arctan \frac{\sin\varphi}{1 - \cos\varphi} = \arctan \frac{\cos \frac{\varphi}{2}}{\sin \frac{\varphi}{2}}$$

又考虑到

$$\cot \frac{\varphi}{2} = \tan(\frac{\pi}{2} - \frac{\varphi}{2})$$

所以有

$$\arg z = \frac{\pi}{2} - \frac{\varphi}{2}$$

1.2   计算下列表达式的值:

(1)$i(\sqrt{3} + i)(1 - \sqrt{3}i)$;

(2)$(1 + i)^n + (1 - i)^n$;

(3)$\sqrt{1 + 2xi \sqrt{x^2 - 1}}$,$|x| \geqslant 1$;

(4)$\sqrt[3]{i}$;

(5)$\sqrt[i]{i}$;

(6)2^{1+i};

(7)$\mathrm{Ln}i$;

(8)$\mathrm{Ln}(1 + \sqrt{3}i)$。

解 (1)**解法一**

$$原式 = e^{i\frac{\pi}{2}} \times 2(\frac{\sqrt{3}}{2} + i\frac{1}{2}) \times 2(\frac{1}{2} - \frac{\sqrt{3}}{2}i)$$

$$= e^{i\frac{\pi}{2}} \times 2e^{\frac{\pi}{6}i} \times 2e^{-\frac{\pi}{3}i} = 4e^{i(\frac{\pi}{2} - \frac{\pi}{3} + \frac{\pi}{6})} = 4e^{i\frac{\pi}{3}}$$

解法二

$$原式 = [i(1 - \sqrt{3}i)](\sqrt{3} + i) = (\sqrt{3} + i)(\sqrt{3} + i)$$

$$=2(1+i\sqrt{3})=4(\frac{1}{2}+i\frac{\sqrt{3}}{2})=4e^{i\frac{\pi}{3}}$$

解法三

$$原式=(\sqrt{3}+i)^2=(2e^{\frac{\pi}{6}i})^2=4e^{i\frac{\pi}{3}}$$

(2) $原式=(\sqrt{2}e^{i\frac{\pi}{4}})^n+(\sqrt{2}e^{-i\frac{\pi}{4}})^n=2^{\frac{n}{2}}(e^{i\frac{n\pi}{4}}+e^{-i\frac{n\pi}{4}})$

$$=2^{\frac{n}{2}}\left[\cos\frac{n\pi}{4}+i\sin\frac{n\pi}{4}+\cos\frac{n\pi}{4}-i\sin\frac{n\pi}{4}\right]$$

$$=2^{\frac{n+2}{2}}\cos\frac{n\pi}{4}$$

(3) 计算这个复数实际上相当于找出它的实部和虚部,即给出它的代数式。不妨设

$$\sqrt{1+i2x\sqrt{x^2-1}}=u+iv$$

则

$$1+i2x\sqrt{x^2-1}=u^2-v^2+2uvi$$

所以有

$$\begin{cases} u^2-v^2=1 \\ uv=x\sqrt{x^2-1} \end{cases}$$

解得

$$\begin{cases} u=\pm x \\ v=\pm\sqrt{x^2-1} \end{cases}$$

$$原式=\pm(x+i\sqrt{x^2-1})$$

(4) 设 $i=e^{i(\frac{\pi}{2}+2k\pi)}$ $(k=0,\pm1,\pm2\cdots)$,代入原式,可得

$$原式=\sqrt[3]{i}=e^{i\frac{1}{3}(\frac{\pi}{2}+2k\pi)},k=0,1,2$$

这表明,$\sqrt[3]{i}$有三个不同的根,分别为

$$k=0,\omega_0=e^{i\frac{\pi}{6}}=\frac{\sqrt{3}}{2}+\frac{1}{2}i;$$

$$k=1,\omega_1=e^{i\frac{5\pi}{6}}=-\frac{\sqrt{3}}{2}+\frac{1}{2}i;$$

$$k=2,\omega_2=e^{i\frac{3\pi}{2}}=-i$$

(5) 考虑到

$$i=e^{i(\frac{\pi}{2}+2k\pi)}$$

所以有

$$z=\sqrt[i]{i}=i^{\frac{1}{i}}=\mathrm{e}^{i(\frac{\pi}{2}+2k\pi)\cdot\frac{1}{i}}=\mathrm{e}^{\frac{\pi}{2}+2k\pi}$$

（6）$2^{1+i}=\mathrm{e}^{(1+i)\mathrm{Ln}2}=\mathrm{e}^{(1+i)(\ln2+2k\pi i)}=\mathrm{e}^{(\ln2-2k\pi)+i(\ln2+2k\pi)}$

$$=2\mathrm{e}^{-2k\pi}\big[\cos(\ln2)+i\sin(\ln2)\big]$$

（7）考虑到

$$\mathrm{Ln}z=\ln|z|+i\mathrm{Arg}z$$

其中

$$\ln z=\ln|z|+i\arg z,0<\arg z<2\pi$$

所以有

$$\mathrm{Ln}i=\ln|i|+i(\arg i+2k\pi)=0+i(\frac{\pi}{2}+2k\pi),k=0,\pm1,\pm2\cdots$$

（8）与（7）类同，有

$$\mathrm{Ln}(1+\sqrt{3}i)=\ln|1+i\sqrt{3}|+i\mathrm{Arg}(1+\sqrt{3}i)$$

$$=\ln2+i(\arctan\sqrt{3}+2k\pi)=\ln2+i(\frac{\pi}{3}+2k\pi),k=0,\pm1,\pm2\cdots$$

1.3 求证：$|z_1+z_2|^2+|z_1-z_2|^2=2(|z_1|^2+|z_2|^2)$，并说明这个关系式表示的几何意义。

证法一 设 $z_1=x_1+iy_1,z_2=x_2+iy_2$，则有

$$|z_1+z_2|^2+|z_1-z_2|^2$$

$$=(x_1+x_2)^2+(y_1+y_2)^2+(x_1-x_2)^2+(y_1-y_2)^2$$

$$=2x_1^2+2x_2^2+2y_1^2+2y_1^2=2|z_1|^2+2|z_2|^2$$

故原式得证。

证法二

$$|z_1+z_2|^2=(z_1+z_2)(\bar{z}_1+\bar{z}_2)=|z_1|^2+|z_2|^2+\bar{z}_1z_2+\bar{z}_2z_1$$

$$|z_1-z_2|^2=(z_1-z_2)(\bar{z}_1-\bar{z}_2)=|z_1|^2+|z_2|^2-\bar{z}_1z_2-\bar{z}_2z_1$$

两式相加得

$$|z_1+z_2|^2+|z_1-z_2|^2=2(|z_1|^2+|z_2|^2)$$

故原式得证。

若将 z_1 和 z_2 用复平面中的两个矢量表示，如题 1.3 图所示。则由矢量合成的平行四边形法则知，$|z_1+z_2|$ 和 $|z_1-z_2|$ 分别为题

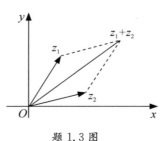

题 1.3 图

1.3 图中平行四边形的两条对角线,而$|z_1|$和$|z_2|$则分别为平行四边形的两条边长。故原式表明了平行四边形对角线的平方和等于其各边长平方之和。此结论即为几何中的平行四边形对角线定理。

1.4　设 z_1,z_2,z_3 三点适合条件:$z_1+z_2+z_3=0$ 及 $|z_1|=|z_2|=|z_3|=1$,试证明:z_1,z_2,z_3 是一个内接单位圆的正三角形的顶点。

分析　条件$|z_1|=|z_2|=|z_3|=1$已表明三点 z_1,z_2,z_3 在单位圆周 $|z|=1$ 上;因此只需证明由 z_1,z_2,z_3 三点连接而成的三角形的三个边相等,即$|z_1-z_2|=|z_2-z_3|=|z_3-z_1|$。

证法一　考虑到

$$|z_1|=|z_2|=|z_3|=1 \qquad ①$$

$$z_1+z_2=-z_3 \qquad ②$$

并且由②,又有

$$|z_1+z_2|=|-z_3|=1$$

因为　　$|z_1-z_2|^2=2(|z_1|^2+|z_2|^2)-|z_1+z_2|^2=2(1+1)-1=3$

所以有

$$|z_1-z_2|=\sqrt{3}$$

同理

$$|z_2-z_3|=|z_3-z_1|=\sqrt{3}$$

故证得,以 z_1,z_2,z_3 为顶点的三角形是等边三角形。

证法二　考虑到

$$|z_1-z_2|^2=(z_1-z_2)(\bar{z}_1-\bar{z}_2)=z_1\bar{z}_1+z_2\bar{z}_2-(z_1\bar{z}_2+\bar{z}_1z_2)$$

$$=|z_1|^2+|z_2|^2-(z_1\bar{z}_2+\bar{z}_1z_2)=2-(z_1\bar{z}_2+\bar{z}_1z_2) \qquad ③$$

又由②知$|z_1+z_2|=|-z_3|$,从而有

$$|z_1+z_2|^2=|-z_3|^2$$

即

$$(z_1+z_2)(\bar{z}_1+\bar{z}_2)=1 \qquad ④$$

由④知

$$|z_1|^2+|z_2|^2+z_1\bar{z}_2+\bar{z}_1z_2=1$$

所以有

$$|z_1|=|z_2|=1,z_1\bar{z}_2+\bar{z}_1z_2=-1 \qquad ⑤$$

将⑤代入③,可得

$$|z_1-z_2|^2=3$$

同理可得

$$|z_2-z_3|=|z_3-z_1|=\sqrt{3}$$

证法三   由题中条件知,z_1,z_2,z_3 均位于以 O 为圆心,1 为半径的单位圆周上。不失一般性,可设 $z_1=1,z_2=\cos\varphi_2+i\sin\varphi_2,z_3=\cos\varphi_3+i\sin\varphi_3$。因此只要证明 $\varphi_2=\dfrac{2}{3}\pi,\varphi_3=-\dfrac{2}{3}\pi$,即可证明结论。

考虑到

$$z_1+z_2+z_3=0$$

所以有

$$1+\cos\varphi_2+\cos\varphi_3=0 \qquad\qquad ⑥$$
$$\sin\varphi_2+\sin\varphi_3=0 \qquad\qquad ⑦$$

故得 $\sin\varphi_2=-\sin\varphi_3=\sin(-\varphi_3)$。所以有

$$\varphi_3=-\varphi_2$$

代入⑥得

$$1+\cos\varphi_2+\cos(-\varphi_2)=1+2\cos\varphi_2=0$$

所以有

$$\cos\varphi_2=-\frac{1}{2}$$

即有

$$\varphi_2=\frac{2\pi}{3},\varphi_3=-\frac{2\pi}{3}$$

本证法的关键在于对问题的恰当转化,否则较为麻烦。这里的假定不失一般性,即一般情况下,做旋转变换 $z'=z\mathrm{e}^{-i\varphi_1}$($\varphi_1$ 为 z_1 的辐角)可变为 $z_1=1$ 的情形。

证法四   考虑到 $|z_1|=|z_2|=|z_3|=1$,可知 z_1,z_2,z_3 在单位圆 $|z|=1$ 上。再利用复数的代数式证明 $\triangle z_1z_2z_3$ 的三边相等。设

$$z_k=x_k+iy_k,k=1,2,3$$

因为 $z_1+z_2+z_3=0$,所以有

$$x_1+x_2+x_3=0,y_1+y_2+y_3=0$$

即有

$$x_1=-x_2-x_3,y_1=-y_2-y_3 \qquad\qquad ⑧$$

由①,可得

$$x_1^2 + y_1^2 = x_2^2 + y_2^2 = x_3^2 + y_3^2 = 1 \qquad ⑨$$

由⑧,可得

$$x_1^2 + y_1^2 = (-x_2 - x_3)^2 + (-y_2 - y_3)^2 = (x_2 + x_3)^2 + (y_2 + y_3)^2$$

由⑨,可得

$$(x_2 + x_3)^2 + (y_2 + y_3)^2 = x_1^2 + y_1^2 = 1$$

即有

$$(x_2^2 + y_2^2) + (x_3^2 + y_3^2) + 2(x_2 x_3 + y_2 y_3) = 1$$

故由⑨得

$$2(x_2 x_3 + y_2 y_3) = -1$$

同理

$$2(x_1 x_2 + y_1 y_2) = -1, 2(x_1 x_3 + y_1 y_3) = -1$$

从而有

$$(x_1 - x_2)^2 + (y_1 - y_2)^2 = (x_1^2 + y_1^2) + (x_2^2 + y_2^2) - 2(x_1 x_2 + y_1 y_2) = 3$$

即

$$|z_1 - z_2|^2 = 3, |z_1 - z_2| = \sqrt{3}$$

同理

$$|z_2 - z_3| = \sqrt{3}, |z_3 - z_1| = \sqrt{3}$$

所以有

$$|z_1 - z_2| = |z_2 - z_3| = |z_3 - z_1| = \sqrt{3}$$

即证得 $\triangle z_1 z_2 z_3$ 为等边三角形。

1.5 证明复平面上的圆周可写成 $Az\bar{z} + \beta\bar{z} + \bar{\beta}z + C = 0$（其中 A, C 为实常数,β 为复常数,且 $|\beta|^2 > AC$）。

证明 考虑到圆的一般方程为

$$Ax^2 + Ay^2 + Dx + Ey + F = 0 \qquad ①$$

即有

$$A(x^2 + y^2) + Dx + Ey + F = 0$$

$$\left(x + \frac{D}{2A}\right)^2 + \left(y + \frac{E}{2A}\right)^2 = \frac{D^2}{4A^2} + \frac{E^2}{4A^2} - \frac{F}{A}$$

若不是点圆和虚轨迹,则 A, D, E, F 应为实常数,且 $\dfrac{D^2}{4} + \dfrac{E^2}{4} - AF > 0$。

注意到

$$z\bar{z}=|z|^2=x^2+y^2$$

并将 $x=\dfrac{z+\bar{z}}{2}, y=\dfrac{z-\bar{z}}{2i}$ 代入上述方程①,可得

$$Az\bar{z}+(\frac{D}{2}-\frac{E}{2}i)z+(\frac{D}{2}+\frac{E}{2}i)\bar{z}+F=0$$

令

$$\beta=\frac{D}{2}+\frac{E}{2}i, C=F$$

则

$$Az\bar{z}+\beta\bar{z}+\bar{\beta}z+C=0$$

且当 A,C 为实数,β 为复常数以及条件 $\dfrac{D^2}{4}+\dfrac{E^2}{4}-AF>0$ 成立时,可得

$$|\beta|^2>AC$$

1.6 求极限 $\lim\limits_{z\to 1-i}\dfrac{z}{\bar{z}}$。

解 考虑到

$$\lim_{z\to 1-i}\frac{z}{\bar{z}}=\lim_{\substack{x\to 1\\y\to -1}}\frac{x+iy}{x-iy}=\frac{1-i}{1+i}=-i$$

或者可以取 $z=\rho e^{i\varphi}+z_0$,则 $\bar{z}=\rho e^{-i\varphi}+\bar{z}_0$。

故有

$$\lim_{z\to 1-i}\frac{z}{\bar{z}}=\lim_{\substack{\rho\to 0\\z_0=1-i}}\frac{\rho e^{i\varphi}+z_0}{\rho e^{-i\varphi}+\bar{z}_0}=\frac{z_0}{\bar{z}_0}=\frac{1-i}{1+i}=-i$$

一般而言,当 $z_0\neq 0$ 时,有

$$\lim_{z\to z_0}\frac{z}{\bar{z}}=\lim_{z\to z_0}\frac{z^2}{z\bar{z}}=\frac{z_0^2}{|z_0|^2}=\frac{x_0^2-y_0^2}{x_0^2+y_0^2}+i\frac{2x_0 y_0}{x_0^2+y_0^2}$$

当 $z_0=0$ 时,取 $z=\rho e^{i\varphi}$,则有

$$\lim_{z\to 0}\frac{z}{\bar{z}}=\lim_{\rho\to 0}\frac{\rho e^{i\varphi}}{\rho e^{-i\varphi}}=e^{2i\varphi}$$

极限值随着角度 φ 的不同而趋于不同的值,因而,极限不存在。

或者,考虑到当 z 沿直线 $y=kx$ 趋于 0 时,有

$$\lim_{z\to 0}\frac{z}{\bar{z}}=\lim_{x\to 0}\frac{x+ikx}{x-ikx}=\frac{1+ik}{1-ik}$$

此极限值随着 k 值而变,这表明沿不同斜率的直线趋向于 $1+i$ 时,

函数的值趋于不同的值,因而此极限不存在。

1.7　证明:如果 $f(z)$ 在 z_0 连续,那么 $\overline{f(z)}$ 在点 z_0 处也连续。

证明　设 $f(z)=u(x,y)+iv(x,y)$

则有

$$\overline{f(z)}=u(x,y)-iv(x,y)$$

考虑到 $f(z)$ 在 z_0 连续,可知 $u(x,y)$ 和 $v(x,y)$ 在 (x_0,y_0) 处均连续。于是 $u(x,y)$ 和 $-v(x,y)$ 也在 (x_0,y_0) 处都连续,故 $\overline{f(z)}$ 在点 z_0 处连续。

1.8　研究函数 $f(z)=\arg z(-\pi<\arg z\leqslant\pi)$ 在复平面上的连续性。

解　考虑到 $f(z)=\arg z=u(x,y)+iv(x,y)$ 为一复变量实值函数,所以有 $v(x,y)\equiv0$,且当规定 $-\pi<\arg z\leqslant\pi$ 时,有

$$u(x,y)=\begin{cases}\arctan\dfrac{y}{x} & x>0\\[2mm]\pi+\arctan\dfrac{y}{x} & x<0,y\geqslant0\\[2mm]-\pi+\arctan\dfrac{y}{x} & x<0,y<0\\[2mm]\dfrac{\pi}{2} & x=0,y>0\\[2mm]-\dfrac{\pi}{2} & x=0,y<0\end{cases}$$

(1)当 $z_0=0$ 时,$\arg z$ 不确定,因此 $\arg z$ 在 $z_0=0$ 点不连续。

(2)当 $z_0\neq0$ 且 z_0 点在负实轴上时,由于当 z 从上半平面趋于 z_0 和从下半平面趋于 z_0 时,$\arg z$ 将趋于不同的值,所以 $\lim\limits_{z\to z_0}\arg z$ 不存在,故 $\arg z$ 在负实轴上也不连续。

即有

$$\lim_{\substack{x=x_0\\y\to0^+}}\arg z=\lim_{\substack{x=x_0\\y\to0^+}}(\pi+\arctan\frac{y}{x})=\pi$$

$$\lim_{\substack{x=x_0\\y\to0^-}}\arg z=\lim_{\substack{x=x_0\\y\to0^-}}(-\pi+\arctan\frac{y}{x})=-\pi$$

所以,对于 $\forall x_0<0$,均有 $\lim\limits_{(x,y)\to(x_0,0)}u(x,y)$ 不存在。

(3)由二元实函数 $\arctan\dfrac{y}{x}$ 的连续性及 $\arctan\dfrac{y}{x}\in(-\dfrac{\pi}{2},\dfrac{\pi}{2})$ 知,在除去 $z=0$ 与 $z=\infty$ 的复平面上,$u(x,y)$ 仅在负实轴上的各点不连续,在

其余点处处连续,即当 $z_0 \neq 0$ 且 z_0 点不在负实轴上时,对任意给定的 $\varepsilon > 0$,取 $\delta = |z_0| \sin\varepsilon$,则以 z_0 为中心,δ 为半径的邻域 $N_\delta(z_0)$ 包含在以原点为顶点,张角为 2ε 的角形区域内,如题 1.8 图,$N_\delta(z_0)$ 内任一点 z 都满足 $\arg z < \arg z_0 + \varepsilon$,于是,当 $|z - z_0| < \delta$ 时,总有

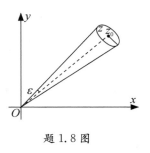

题 1.8 图

$$|\arg z - \arg z_0| < \varepsilon$$

从而 $\arg z$ 在 z 平面上除负实轴上的点外,而处处连续。

注: 主值分支 $\arg z$ 的主值区间是为保证单值性规定的,也可做其他主值区间的选择,如规定为 $0 \leqslant \arg z < 2\pi$ 的情形,则上述不连续点集就成为包含原点的正实轴。

1.9 指出下列不等式所确定的区域与闭区域,并指明它是有界的还是无界的,是单连通区域还是多连通区域。

(1) $\dfrac{\pi}{4} < \arg z < \dfrac{\pi}{3}$ 且 $1 < |z| < 3$;　　　(2) $\mathrm{Re} z^2 > 0$;

(3) $|z - 1| + |z + 2| \leqslant 5$;　　　(4) $\left| \dfrac{z-1}{z+1} \right| > a (a > 0)$;

(5) $\mathrm{Re} z + |z| < 1$。

分析 对于这种类型的题目,先由已给的复数关系(等式或不等式)直接看它表示什么轨迹,如果不能直接看出,就需要将复数关系转化为 x, y 之间的关系后再做判断。

解 (1) 由 $\begin{cases} \dfrac{\pi}{4} < \arg z < \dfrac{\pi}{3} \\ 1 < |z| < 3 \end{cases}$ 可知,此区域

表示在以 $(0,0)$ 为顶点的 $\dfrac{\pi}{4}$ 与 $\dfrac{\pi}{3}$ 之间的角形区域与圆环 $1 < |z| < 3$ 之间的重叠区域,即为题 1.9(1) 图中阴影所示的扇形区域。有界,单连通区域。

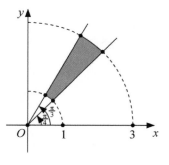

题 1.9(1) 图

(2) 由 $\mathrm{Re} z^2 = \mathrm{Re}(x + iy)^2 = x^2 - y^2 = (x - y)(x + y) > 0$,可以得到

$$\begin{cases} x-y>0 \\ x+y>0 \end{cases} \qquad ①$$

或者

$$\begin{cases} x-y<0 \\ x+y<0 \end{cases} \qquad ②$$

讨论：由于$(x-y)>0$表示以直线$(x-y)=0$为边界的平面之右下部分，同时$x+y>0$表示以直线$x+y=0$为边界的平面之右上部分，所以①代表的是题1.9(2)图中的区域Ⅰ；同理，②表示的区域Ⅱ。整个不等式表示的不包括边界线$x\pm y=0$的区域Ⅰ，Ⅱ。

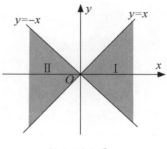

题 1.9(2)图

(3)**解法一** 设$z=x+iy$，则原条件即为

$$|z-1|^2=(5-|z+2|)^2=25+|z+2|^2-10|z+2|$$

即

$$|z-1|^2-|z+2|^2-25=10|z+2|$$

由模的定义得

$$(6x+28)^2=100(x^2+4x+4)+100y^2$$

化简得

$$\frac{\left(x+\dfrac{1}{2}\right)^2}{\dfrac{25}{4}}+\frac{y^2}{4}=1$$

这是一个中心在$\left(-\dfrac{1}{2},0\right)$的椭圆，长半轴为$\dfrac{5}{2}$，短半轴为2。因此，它是有界闭区域，如题1.9(3)图。

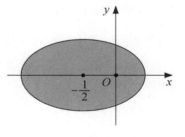

题 1.9(3)图

解法二 注意到模满足条件$|z-1|+|z+2|=5$的点是到$1,-2$的距离之和等于5之轨迹。由椭圆性质可知，此轨迹即是以$z=1$与$z=-2$为焦点，以长半轴为$\dfrac{5}{2}$，短半轴为2，中心在$\left(-\dfrac{1}{2},0\right)$，它是有界闭集的椭圆。

(4)边界$\left|\dfrac{z-1}{z+1}\right|=a$是到点$1,-1$的距离比为一定的点的轨迹，故当

$a \neq 1$ 时是阿波罗纽斯圆；$a = 1$ 时，是连接 -1 与 1 的线段的垂直平分线。见题 1.9(4)图。

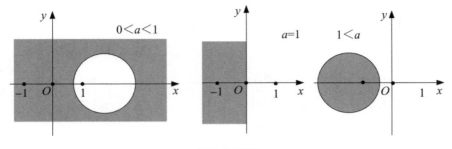

题 1.9(4)图

分三种情况：$0 < a < 1$ 区域为圆的外部；$a = 1$ 为左半平面；$a > 1$ 为圆内。

(5)设 $z = x + iy$，则由条件知 $\sqrt{x^2 + y^2} + x < 1$，即有 $x < -\dfrac{1}{2}y^2 + \dfrac{1}{2}$，或者 $y^2 < 1 - 2x = -2(x - \dfrac{1}{2})$。因为 $y^2 = -2(x - \dfrac{1}{2})$ 是题 1.9(5)图所示的抛物线，而原点 $z = 0$ 是满足不等式 $y^2 < 1 - 2x$（即 $z = 0$ 应在所考虑的区域之内）。所以，$\mathrm{Re}z + |z| < 1$ 表示以 $(\dfrac{1}{2}, 0)$ 为顶点，开口向左的抛物线

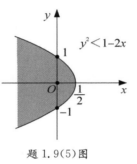

题 1.9(5)图

内部，无界、单连通区域，即题 1.9(5)图所示的阴影部分。

1.10   研究下列函数在任一点处的可导性、解析性。

(1) $f(z) = z\mathrm{Re}z$；   (2) $f(z) = e^x(\cos y + i\sin y)$；

(3) $f(z) = (x^2 - y^2 - x) + i(2xy - y^2)$；   (4) $f(z) = |z|^2$。

解 (1)**解法一**   当 $z = 0$ 时，直接应用函数可导和解析的定义，有

$$\lim_{\Delta z \to 0} \frac{f(0 + \Delta z) - f(0)}{\Delta z} = \lim_{\Delta z \to 0} \frac{\Delta z \mathrm{Re}(\Delta z)}{\Delta z} = 0$$

由此可得，$f(z) = z\mathrm{Re}z$ 在 $z = 0$ 可导，并且有 $f'(z) = 0$。

当 $z \neq 0$ 时，则有

$$\frac{f(z + \Delta z) - f(z)}{\Delta z} = \frac{(z + \Delta z)\mathrm{Re}(z + \Delta z) - z\mathrm{Re}z}{\Delta z}$$

$$= \frac{z}{\Delta z}[\mathrm{Re}(z + \Delta z) - \mathrm{Re}z] + \mathrm{Re}(z + \Delta z)$$

令 $\Delta z = \Delta x + i\Delta y$,有

$$\frac{f(z+\Delta z)-f(z)}{\Delta z}=z\,\frac{\Delta x}{\Delta x+i\Delta y}+x+\Delta x$$

考虑到

$$\lim_{\substack{\Delta x=0\\\Delta y\to0}}\frac{f(z+\Delta z)-f(z)}{\Delta z}=x \text{ 及 } \lim_{\substack{\Delta y=0\\\Delta x\to0}}\frac{f(z+\Delta z)-f(z)}{\Delta z}=z+x$$

所以有 $\lim\limits_{\Delta z\to0}\dfrac{f(z+\Delta z)-f(z)}{\Delta z}$ 不存在,即 $f(z)=z\mathrm{Re}z$ 仅在原点 $z=0$ 可导,此外均不可导。由解析的定义知 $f(z)=z\mathrm{Re}z$ 在整个 z 平面上处处不解析。

解法二　由于

$$f(z)=z\mathrm{Re}z=x^2+ixy$$

即有

$$u(x,y)=x^2,v(x,y)=xy$$

则有

$$\frac{\partial u}{\partial x}=2x,\frac{\partial u}{\partial y}=0,\quad \frac{\partial v}{\partial x}=y,\frac{\partial v}{\partial y}=x$$

以上四个偏导数处处连续,但仅当 $x=y=0$ 时,它们才满足 $C-R$ 条件。因而 $f(z)$ 仅在 $z=0$ 可导,在复平面内处处不解析。

（2）由二元初等实函数的可导性知,$u(x,y)=\mathrm{e}^x\cos y$ 和 $v(x,y)=\mathrm{e}^x\sin y$ 都是全平面的可导函数,并且

$$u_x=\mathrm{e}^x\cos y=v_y,u_y=-\mathrm{e}^x\sin y=-v_x$$

在全平面上处处成立,故 $f(z)$ 在全平面可导,也处处解析。并且有

$$f'(z)=u_x+iv_x=\mathrm{e}^x(\cos y+i\sin y)=f(z)$$

（3）考虑到

$$u(x,y)=x^2-y^2-x,v(x,y)=2xy-y^2$$

所以有

$$u_x=2x-1,u_y=-2y,v_x=2y,v_y=2x-2y$$

上述偏导在全平面上连续,当且仅当 $y=\dfrac{1}{2}$ 时,$C-R$ 条件成立。故 $f(z)$ 仅在直线 $y=\dfrac{1}{2}$ 上可导。在直线 $y=\dfrac{1}{2}$ 上,不存在某点的一个邻域,使得 $f(z)$ 在此邻域上可导,故 $f(z)$ 在复平面内处处不解析。

在 $y = \frac{1}{2}$ 上,有

$$f'(z) = (u_x + iv_x)\Big|_{y=\frac{1}{2}} = (2x - 1 + 2yi)\Big|_{y=\frac{1}{2}} = 2x - 1 + i$$

(4)考虑到 $f(z) = z\bar{z}$,所以有

$$f(z) = x^2 + y^2, u(x,y) = x^2 + y^2, v(x,y) = 0$$

当 $z \neq 0$ 时,有 $u_x = 2x \neq 0$, $u_y = 2y \neq 0$。可见,这些偏导数均为连续实函数,但不满足 $C-R$ 条件,故函数 $f(z)$ 当 $z \neq 0$ 时不可导。不难看出,$C-R$ 条件仅当 $z = 0$ 时被满足。因而,函数 $f(z)$ 仅在一个点 $z = 0$ 处是可导的,而在复平面上的任何点均不解析。

1.11 试证函数 $f(z)$ 在原点满足 $C-R$ 条件,但不可微。

$$f(z) = \begin{cases} \dfrac{x^3 - y^3 + i(x^3 + y^3)}{x^2 + y^2} & z \neq 0 \\ 0 & z = 0 \end{cases}$$

证明 函数 $f(z)$ 的实部和虚部分别为

$$u(x,y) = \begin{cases} \dfrac{x^3 - y^3}{x^2 + y^2} & z \neq 0 \\ 0 & z = 0 \end{cases}, v(x,y) = \begin{cases} \dfrac{(x^3 + y^3)}{x^2 + y^2} & z \neq 0 \\ 0 & z = 0 \end{cases}$$

考虑到

$$u_x(0,0) = \lim_{\Delta x \to 0} \frac{u(\Delta x, 0) - u(0,0)}{\Delta x} = \lim_{x \to 0} \frac{u(x,0) - u(0,0)}{x - 0} = 1$$

$$u_y(0,0) = \lim_{\Delta y \to 0} \frac{u(0, \Delta y) - u(0,0)}{\Delta y} = \lim_{y \to 0} \frac{u(0,y) - u(0,0)}{y - 0} = -1$$

同理,可证

$$v_x(0,0) = \lim_{\Delta x \to 0} \frac{v(\Delta x, 0) - v(0,0)}{\Delta x} = 1$$

$$v_y(0,0) = \lim_{\Delta y \to 0} \frac{v(0, \Delta y) - v(0,0)}{\Delta y} = 1$$

所以 $C-R$ 条件在 $z = 0$ 成立。但是,当沿第一象限内的射线 $y = kx$ 趋于零时,有

$$\lim_{\Delta z \to 0} \frac{\Delta f(z)}{\Delta z} = \lim_{z \to 0} \frac{f(z) - f(0)}{z - 0} = \frac{(1 - k^3) - i(1 + k^3)}{(1 + ik)(1 + k^2)}$$

此极限值随 k 而变,故 $\lim\limits_{\Delta z \to 0} \dfrac{\Delta f(z)}{\Delta z}$ 不存在,即函数 $f(z)$ 在 $z = 0$ 点不可导。

1.12 函数 $f(z) = x^3 - y^3 + 2x^2 y^2 i$ 是不是解析函数?并求其导数。

解　$u(x,y)=x^3-y^3$, $v(x,y)=2x^2y^2$.

$$\frac{\partial u}{\partial x}=3x^2, \frac{\partial u}{\partial y}=-3y^2, \quad \frac{\partial v}{\partial x}=4xy^2, \frac{\partial v}{\partial y}=4x^2y$$

均连续。要满足 $C-R$ 条件,必须要 $3x^2=4x^2y$, $4xy^2=3y^2$ 成立,即仅当 $x=y=0$ 和 $x=y=\frac{3}{4}$ 时才成立,所以 $f(z)$ 不是解析函数。

$$f'(0)=\frac{\partial u}{\partial x}\Big|_{(0,0)}+i\frac{\partial v}{\partial x}\Big|_{(0,0)}=0,$$

$$f'(\frac{3}{4}+\frac{3}{4}i)=\frac{\partial u}{\partial x}\Big|_{(\frac{3}{4},\frac{3}{4})}+i\frac{\partial v}{\partial x}\Big|_{(\frac{3}{4},\frac{3}{4})}=\frac{27}{16}(1+i).$$

1.13　试推导出极坐标形式下的 $C-R$ 条件:

$$\frac{\partial u}{\partial \rho}=\frac{1}{\rho}\frac{\partial v}{\partial \varphi}, \quad \frac{\partial v}{\partial \rho}=-\frac{1}{\rho}\frac{\partial u}{\partial \varphi}$$

以及

$$f'(z)=\frac{\rho}{z}(\frac{\partial u}{\partial \rho}+i\frac{\partial v}{\partial \rho})=\frac{1}{z}(\frac{\partial v}{\partial \varphi}-i\frac{\partial u}{\partial \varphi})。$$

分析　已知直角坐标与极坐标的关系 $\begin{cases} x=\rho\cos\varphi \\ y=\rho\sin\varphi \end{cases}$

根据直角坐标下的 $C-R$ 条件

$$\frac{\partial u}{\partial x}=\frac{\partial v}{\partial y}, \quad \frac{\partial v}{\partial x}=-\frac{\partial u}{\partial y}$$

利用复合函数求导的方法,通过 $u(x,y)$, $v(x,y)$ 对 x,y 求导,或通过 $u(\rho,\varphi)$, $v(\rho,\varphi)$ 对 ρ,φ 求导,再由直角坐标下的 $C-R$ 条件,即可得极坐标系下的 $C-R$ 条件。前一种方法会涉及对根式函数和反三角函数求导,比较烦琐。下面选择对变量 ρ,φ 求导。

证法一　考虑到

$$\frac{\partial u}{\partial \rho}=\frac{\partial u}{\partial x}\frac{\partial x}{\partial \rho}+\frac{\partial u}{\partial y}\frac{\partial y}{\partial \rho}=\frac{\partial u}{\partial x}\cos\varphi+\frac{\partial u}{\partial y}\sin\varphi \qquad ①$$

$$\frac{\partial v}{\partial \varphi}=\frac{\partial v}{\partial x}\frac{\partial x}{\partial \varphi}+\frac{\partial v}{\partial y}\frac{\partial y}{\partial \varphi}=\frac{\partial v}{\partial x}(-\rho\sin\varphi)+\frac{\partial v}{\partial y}(\rho\cos\varphi)$$

并由 $C-R$ 条件,可得

$$\frac{\partial v}{\partial \varphi}=\frac{\partial u}{\partial y}\rho\sin\varphi+\frac{\partial u}{\partial x}\rho\cos\varphi \qquad ②$$

比较①②式,可得

$$\frac{\partial u}{\partial \rho}=\frac{1}{\rho}\frac{\partial v}{\partial \varphi}$$

同理可得

$$\frac{\partial v}{\partial \rho}=\frac{\partial v}{\partial x}\cos\varphi+\frac{\partial v}{\partial y}\sin\varphi \qquad ③$$

$$\frac{\partial u}{\partial \varphi}=-\rho\sin\varphi\frac{\partial u}{\partial x}+\rho\cos\varphi\frac{\partial u}{\partial y}$$

并由 $C-R$ 条件,可得

$$\frac{\partial u}{\partial \varphi}=-\rho\sin\varphi\frac{\partial v}{\partial y}-\rho\cos\varphi\frac{\partial v}{\partial x} \qquad ④$$

比较③④式,可得

$$\frac{\partial v}{\partial \rho}=-\frac{1}{\rho}\frac{\partial u}{\partial \varphi}$$

证毕。

证法二　考虑到在极坐标下,有 $z=\rho e^{i\varphi}$, $f(z)=u(\rho,\varphi)+iv(\rho,\varphi)$。

由导数定义,可得

$$f'(z)=\lim_{\Delta z\to 0}\frac{\Delta f(z)}{\Delta z}$$

$$=\lim_{\Delta z\to 0}\frac{u(\rho+\Delta\rho,\varphi+\Delta\varphi)+iv(\rho+\Delta\rho,\varphi+\Delta\varphi)-u(\rho,\varphi)-iv(\rho,\varphi)}{\Delta z}$$

如果固定 φ,让 Δz 沿径向趋于零,此时 $\Delta z=\Delta\rho e^{i\varphi}$,可得

$$f'(z)=\frac{1}{e^{i\varphi}}\Big[\frac{\partial u}{\partial \rho}+i\frac{\partial v}{\partial \rho}\Big]=\frac{\rho}{z}\Big[\frac{\partial u}{\partial \rho}+i\frac{\partial v}{\partial \rho}\Big] \qquad ⑤$$

如果固定 ρ,而 Δz 沿半径为 ρ 的圆周趋于零,此时

$$\Delta z=\Delta(\rho e^{i\varphi})=\rho e^{i(\varphi+\Delta\varphi)}-\rho e^{i\varphi}=\rho e^{i\varphi}(e^{i\Delta\varphi}-1)=i\rho\Delta\varphi e^{i\varphi}=iz\Delta\varphi$$

可得

$$f'(z)=\lim_{\Delta z\to 0}\frac{\Delta f(z)}{\Delta z}=\lim_{\Delta z\to 0}\frac{\Delta u+i\Delta v}{\Delta z}=\frac{1}{iz}\Big[\frac{\partial u}{\partial \varphi}+i\frac{\partial v}{\partial \varphi}\Big]=\frac{1}{z}\Big[\frac{\partial v}{\partial \varphi}-i\frac{\partial u}{\partial \varphi}\Big] \quad ⑥$$

$f'(z)$存在,则⑤与⑥式必须相等,由此得

$$\Big(\frac{\partial u}{\partial \rho}+i\frac{\partial v}{\partial \rho}\Big)=\frac{1}{\rho}\Big(\frac{\partial v}{\partial \varphi}-i\frac{\partial u}{\partial \varphi}\Big)$$

比较等号两边的实部与虚部,即证得。同时也给出在极坐标形式下 $f(z)$ 的导数值,即由⑤与⑥式给出。

1.14　已知 $v(x,y)=2(x^2-y^2)+x$,是否能将它作为解析函数的虚部? 如果能,求将它作为虚部组成的解析函数 $f(z)$。

解 考虑到解析函数的虚部一定是调和函数,所以首先得验证 $v(x,y)$ 是否满足拉普拉斯方程。由题意得

$$\frac{\partial v}{\partial x}=4x+1, \quad \frac{\partial v}{\partial y}=-4y$$

$$\frac{\partial^2 v}{\partial x^2}=4, \quad \frac{\partial^2 v}{\partial y^2}=-4$$

所以有

$$\frac{\partial^2 v}{\partial x^2}+\frac{\partial^2 v}{\partial y^2}=0$$

由此可知 $v(x,y)$ 为调和函数。只要能找出与它共轭的调和函数 $u(x,y)$,即得解析函数 $f(z)$。下面分别以四种方法来说明解析函数的构建方法。

(1)全微分法 由 $C-R$ 条件

$$\frac{\partial u}{\partial x}=\frac{\partial v}{\partial y}=-4y, \quad \frac{\partial u}{\partial y}=-\frac{\partial v}{\partial x}=-(4x+1)$$

所以有

$$\mathrm{d}u=\frac{\partial u}{\partial x}\mathrm{d}x+\frac{\partial u}{\partial y}\mathrm{d}y=-4y\mathrm{d}x-(4x+1)\mathrm{d}y=\mathrm{d}(-4xy-y)$$

因而有

$$u(x,y)=-4xy-y+C, \quad (C \text{ 为任意常数})$$

现在知道了 $u(x,y)$ 和 $v(x,y)$,怎样才能给出 $f(z)$ 呢? 从函数形式上看

$$f(z)=f(x+iy)\Big|_{x=z,y=0}=\left[u(x,y)+iv(x,y)\right]\Big|_{x=z,y=0}$$
$$=u(z,0)+iv(z,0)$$

由此得

$$f(z)=\left\{\left[-4xy-y+C\right]+i\left[2(x^2-y^2)+x\right]\right\}\Big|_{x=z,y=0}=i(2z^2+z)+C$$

(2)不定积分法:将 $\dfrac{\partial u}{\partial x}=-4y$ 对 x 作不定积分(把 y 看作参变量),考虑到 $C-R$ 条件,有

$$u(x,y)=\int \frac{\partial u}{\partial x}\mathrm{d}x+g(y)=-\int 4y\mathrm{d}x+g(y)=-4xy+g(y)$$

再由 $C-R$ 条件中的第二个式子,可得

$$\frac{\partial u}{\partial y}=-(4x+1)=-4x+g'(y)$$

由此得 $g'(y) = -1$,故有

$$g(y) = -y + c$$

所以有

$$u(x,y) = -4xy - y + C, \quad (C \text{ 为任意常数})$$

求 $f(z)$ 的方法同(1)。

当然,也可以从 $\dfrac{\partial u}{\partial y} = -(4x+1)$ 出发采取类似的方法(先对变量 y 积分,再对变量 x 求导)而得到同样的结果。

(3)曲线积分法:利用单连通区域内全微分的线积分与积分路线无关这一事实及 $C-R$ 条件,可得

$$u(x,y) = \int_{(0,0)}^{(x,y)} \frac{\partial u}{\partial x}\mathrm{d}x + \frac{\partial u}{\partial y}\mathrm{d}y + C$$

$$= \int_{(0,0)}^{(x,y)} [-4y\mathrm{d}x - (4x+1)\mathrm{d}y] + C$$

积分分两段进行,即由 $(0,0)$ 到 $(x,0)$,再到 (x,y)。在 $(0,0)$ 到 $(x,0)$ 段 $y=0$,$\mathrm{d}y=0$;在 $(x,0)$ 到 (x,y) 段 $\mathrm{d}x=0$。由此得

$$u(x,y) = -\int_0^y (4x+1)\mathrm{d}y + C = -4xy - y + C$$

求 $f(z)$ 的方法同(1)。

(4)导数公式法:考虑到

$$f'(z) = \frac{\partial v}{\partial y} + i\frac{\partial v}{\partial x} = -4y + i(4x+1) = 4iz + i$$

容易找到一个函数的导数与 $f'(z)$ 相同,即

$$h(z) = i(2z^2 + z)$$

故 $f(z)$ 和 $h(z)$ 只能相差一个任意常数 C,即有

$$f(z) = h(z) + C = i(2z^2 + z) + C$$

1.15 试证:$u(x,y) = \dfrac{y}{x^2 + y^2}$ 是在不包含原点的复平面上的区域 D 内的调和函数;并求一个以 $u(x,y)$ 为实部的解析函数 $f(z) = u + iv$。

证明 先证 $u(x,y)$ 是调和函数

$$u_x = \frac{-2xy}{(x^2+y^2)^2}, u_{xx} = \frac{6x^2y - 2y^3}{(x^2+y^2)^3}, u_{xy} = \frac{-2x^3 + 6xy^2}{(x^2+y^2)^3}$$

$$u_y = \frac{x^2 - y^2}{(x^2+y^2)^2}, u_{yy} = \frac{-6x^2y + 2y^3}{(x^2+y^2)^3}, u_{yx} = \frac{-2x^3 + 6xy^2}{(x^2+y^2)^3}$$

显然,当$(x,y)\neq(0,0)$时,$u(x,y)$的二阶偏导数均连续,且满足拉普拉斯方程,所以在不包含原点的复平面上的区域 D 内 $u(x,y)$ 是调和函数。

下面来求一个解析函数 $f(z)=u+i\nu$。

解法一 不定积分法:考虑到 $C-R$ 条件,有

$$\nu_y(x,y)=\frac{-2xy}{(x^2+y^2)^2}$$

从而

$$\nu=\int\frac{-2xy}{(x^2+y^2)^2}\mathrm{d}y=\frac{x}{x^2+y^2}+g(x)$$

由此得

$$\nu_x(x,y)=\frac{y^2-x^2}{(x^2+y^2)^2}+g'(x)=-u_y(x,y)=-\frac{x^2-y^2}{(x^2+y^2)^2}$$

故

$$g'(x)=0,\quad g(x)=C$$

因此 $\nu(x,y)=\frac{x}{x^2+y^2}+C$,从而有

$$f(z)=u+i\nu=\frac{y}{x^2+y^2}+i\frac{x}{x^2+y^2}+iC=\frac{i(x-iy)}{x^2+y^2}+iC=\frac{i}{z}+iC$$

解法二 曲线积分法:取(x_0,y_0)为$(1,0)$,积分路线如题 1.15 图,故有

$$\begin{aligned}\nu(x,y)&=\int_{(x_0,y_0)}^{(x,y)}-u_y\mathrm{d}x+u_x\mathrm{d}y+C\\&=\int_{(1,0)}^{(x,y)}-\frac{x^2-y^2}{(x^2+y^2)^2}\mathrm{d}x+\frac{-2xy}{(x^2+y^2)^2}\mathrm{d}y+C\\&=\int_1^x-\frac{1}{x^2}\mathrm{d}x-x\int_0^y\frac{2y}{(x^2+y^2)^2}\mathrm{d}y+C\\&=\frac{x^2}{x^2+y^2}+C\end{aligned}$$

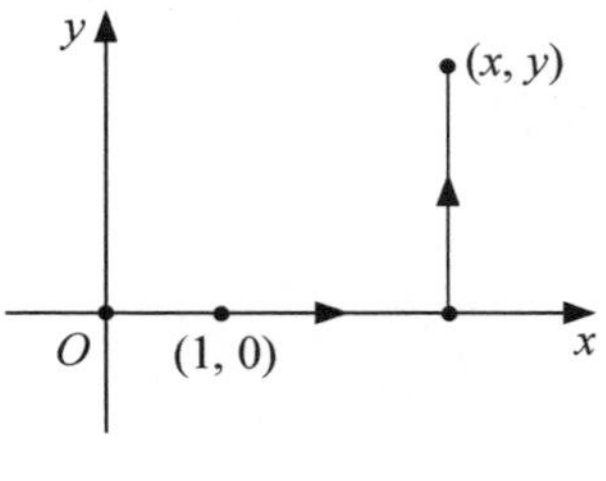

题 1.15 图

以下做法与解法一同。

注:上面求 $\nu(x,y)$ 的方法,理论上只适用于 $x>0$ 的情形(否则在积分过程中 x 要取得零值,而这时被积函数无意义)。但可以直接验证所求得 $\nu(x,y)=\frac{x}{x^2+y^2}+C$(在除去原点所在区域内)符合题中要求。

最后再指出一点,既然任给一个调和函数 $\varphi(x,y)$,我们一定能够找到一个以 $\varphi(x,y)$ 为实部或虚部的解析函数,而解析函数实部与虚部的任

意阶偏导数是调和函数。因此，$\varphi(x,y)$ 的任意阶偏导数也是调和函数。换句话说，调和函数的任意阶偏导数仍然是调和函数。

1.16 在直角坐标系中，已知解析函数 $f(z)=u(x,y)+iv(x,y)$ 的实部和虚部之和为 $u(x,y)+v(x,y)=-(x+y)(x^2-4xy+y^2)$，求此解析函数。

解 取函数 $h(x,y)$，使得 $u(x,y)+v(x,y)=h(x,y)$，则有

$$u(x,y)=h(x,y)-v(x,y)$$

再由 $C-R$ 条件，有

$$\frac{\partial u}{\partial x}=\frac{\partial h}{\partial x}-\frac{\partial v}{\partial x}=\frac{\partial v}{\partial y} \quad \Rightarrow \quad \frac{\partial v}{\partial x}+\frac{\partial v}{\partial y}=\frac{\partial h}{\partial x} \qquad ①$$

$$\frac{\partial u}{\partial y}=\frac{\partial h}{\partial y}-\frac{\partial v}{\partial y}=-\frac{\partial v}{\partial x} \quad \Rightarrow \quad -\frac{\partial v}{\partial x}+\frac{\partial v}{\partial y}=\frac{\partial h}{\partial y} \qquad ②$$

由①+②和①−②，可得

$$\frac{\partial v}{\partial y}=\frac{1}{2}\left(\frac{\partial h}{\partial x}+\frac{\partial h}{\partial y}\right),\frac{\partial v}{\partial x}=\frac{1}{2}\left(\frac{\partial h}{\partial x}-\frac{\partial h}{\partial y}\right)$$

则

$$\mathrm{d}v=\frac{\partial v}{\partial x}\mathrm{d}x+\frac{\partial v}{\partial y}\mathrm{d}y=\frac{1}{2}\left(\frac{\partial h}{\partial x}-\frac{\partial h}{\partial y}\right)\mathrm{d}x+\frac{1}{2}\left(\frac{\partial h}{\partial x}+\frac{\partial h}{\partial y}\right)\mathrm{d}y \qquad ③$$

由题意 $h(x,y)=-(x+y)(x^2-4xy+y^2)$，则

$$\frac{\partial h}{\partial x}=-3x^2+6xy+3y^2, \quad \frac{\partial h}{\partial y}=3x^2+6xy-3y^2$$

可得

$$\frac{\partial v}{\partial y}=6xy, \quad \frac{\partial v}{\partial x}=-3x^2+3y^2 \qquad ④$$

所以有

$$v(x,y)=\int 6xy\,\mathrm{d}y+\varphi(x)=3xy^2+\varphi(x)$$

并且有

$$\frac{\partial v}{\partial x}=3y^2+\varphi'(x)$$

由④式得 $\varphi'(x)=-3x^2$，故

$$\varphi(x)=-x^3+C_1$$

所以有

$$v(x,y)=-x^3+3xy^2+C_1$$

同时可得

$$u(x,y) = -(x+y)(x^2-4xy+y^2)-(-x^3+3xy^2+C_1)$$
$$= 3x^2y-y^3-C_1$$

即有

$$f(z) = (3x^2y-y^3-C_1)-i(x^3-3xy^2-C_1) = -iz^3+C$$

其中 $C = -C_1+iC_1$。

1.17 已知平面静电场电场线的方程为 $x^2-y^2=C$,求等势线的方程并作图。

解 关系式 $x^2-y^2=C$ 左边的函数应该是某一解析的复变函数 w 的实部或虚部。假设它是 w 的实部,即

$$u(x,y) = x^2-y^2$$

因而 w 的虚部就是电势 $V = v(x,y)$。

由 $C-R$ 条件

$$v(x,y) = \int_{(0,0)}^{(x,0)} 2y\mathrm{d}x + \int_{(x,0)}^{(x,y)} 2x\mathrm{d}y + v_0 = 2xy + v_0$$

故等势线的方程为

$$2xy = C'$$

如题 1.17 图,用虚线描绘曲线族"$u(x,y)=C$",用实线描绘曲线族"$v(x,y)=C'$",后者包括实轴和虚轴在内。作为平面静电场看,这是相互垂直的两块无限大带电导体平板在两板之间的空间中所产生的场,实线是等势线,虚线是电场线。

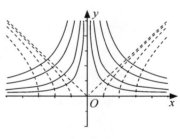

题 1.17 图

第二章 复变函数的积分

复变函数的积分是研究解析函数的一个重要工具,解析函数中许多重要的理论和性质都要利用解析函数的积分来证明。解析函数的柯西积分定理和柯西积分公式,是解析函数论中的主要基石之一,为人们研究解析函数的性质、解析函数的级数展开以及解析函数的广阔应用奠定了非常重要的理论基础。

2.1 内容导读

一、复变函数的积分

1. 基本概念

(1)参数方程复平面上的曲线可以用参数方程 $x=x(t),y=y(t)$ 表示,或者表示为 $z(t)=x(t)+iy(t)$。对于在 $t_A \leqslant t \leqslant t_B$ 上定义的函数,当 $x(t)$ 及 $y(t)$ 连续时,其轨迹 $z(t)$ 表示复平面上的一条连续曲线。若对于 $t_1 \neq t_2$,有 $z(t_1)=z(t_2)$,则此点称为曲线的**重点**。

(2)简单曲线(Jordan 曲线)凡没有重点的连续曲线称为**简单曲线**。而仅有一个重点的约当曲线,称为**简单闭曲线**。

(3)光滑曲线在 $t_A \leqslant t \leqslant t_B$ 上定义的简单曲线 $z(t)=x(t)+iy(t)$ 中,如果 $x(t)$ 及 $y(t)$ 都是可微的,$x'(t)$ 及 $y'(t)$ 都是连续且不全为零,则称此曲线为**光滑曲线**。

2. 复变函数积分的定义

(1)定义   设 l 是复平面上一条起点为 A、终点为 B 的分段光滑的定向曲线,复变函数 $f(z)$ 在 l 上有定义,如图 2-1 所示。将曲线 l 分为 n 个分

段，其中 ζ_k 是曲线 l 上位于分段 $[z_k,z_{k+1}]$ 中的任意一点，当 $\max|\Delta z_k| \to 0(|\Delta z_k| = |z_{k+1} - z_k|)$ 时，极限 $\lim\limits_{\substack{n \to \infty \\ \max|\Delta z_k| \to 0}} \sum\limits_{k=1}^{n} f(\zeta_k)\Delta z_k$ 存在，且与 ζ_k 点的选取无关，则称 $f(z)$ 沿 l 的积分存在，记作

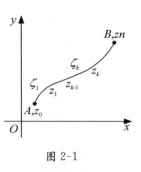

图 2-1

$$\int_l f(z)\mathrm{d}z = \lim\limits_{\substack{n \to \infty \\ \max|\Delta z_k| \to 0}} \sum\limits_{k=1}^{n} f(\zeta_k)\Delta z_k \quad (2\text{-}1)$$

如果 l 是复平面上的一条闭合曲线，则沿此闭合曲线的积分记为 $\oint_l f(z)\mathrm{d}z$。

（2）积分存在的条件　　若曲线 l 光滑或分段光滑，函数 $f(z)$ 是曲线 l 上的分段连续并且有界的函数，则复变函数积分(2-1)式一定存在。

（3）复变函数积分的计算

复变函数积分(2-1)式可化为两个二元实变函数的曲线积分，它们分别是复变函数积分的实部和虚部

$$\int_l f(z)\mathrm{d}z = \int_l (u\mathrm{d}x - v\mathrm{d}y) + i\int_l v\mathrm{d}x + u\mathrm{d}y \quad (2\text{-}2)$$

或者

$$\int_l f(z)\mathrm{d}z = \int_{t_A}^{t_B} f[z(t)]z'(t)\mathrm{d}t \quad (2\text{-}3)$$

3. 复变函数积分的性质

（1）$\int_l af(z)\mathrm{d}z = a\int_l f(z)\mathrm{d}z \quad$（$a$ 是一个复常数）$\quad (2\text{-}4)$

（2）$\int_l [f(z) \pm g(z)]\mathrm{d}z = \int_l f(z)\mathrm{d}z \pm \int_l g(z)\mathrm{d}z \quad (2\text{-}5)$

（3）$\int_l f(z)\mathrm{d}z = -\int_{-l} f(z)\mathrm{d}z \quad (2\text{-}6)$

（4）$\int_l f(z)\mathrm{d}z = \sum\limits_{k=1}^{n} \int_{l_k} f(z)\mathrm{d}z \quad (2\text{-}7)$

（5）$\left|\int_l f(z)\mathrm{d}z\right| \leqslant \int_l |f(z)||\mathrm{d}z| \quad (2\text{-}8)$

（6）积分的模不大于被积表达式模的积分，即

$$\left|\int_l f(z)\mathrm{d}z\right| \leqslant \int_l |f(z)||\mathrm{d}z| \quad (2\text{-}9)$$

二、解析函数的柯西积分定理

1. 单连通区域的柯西(Cauchy)积分定理

若函数 $f(z)$ 在单连通区域 D 内处处解析,那么函数 $f(z)$ 沿 D 内任何一条分段光滑的闭合曲线 l 的积分为零,即

$$\oint_l f(z)\mathrm{d}z = 0 \qquad (2\text{-}10)$$

推论 2.1   若函数 $f(z)$ 在单连通区域 $\overline{D}$ 内解析,则 $f(z)$ 沿着区域 D 的边界 Γ 所取的积分等于零,即

$$\oint_\Gamma f(z)\mathrm{d}z = 0 \qquad (2\text{-}11)$$

推论 2.2   解析函数 $f(z)$ 在单通区域内的积分只与起点和终点有关,与路径无关。

2. 复连通区域的柯西积分定理

若 $f(z)$ 是闭复连通区域 $\overline{D}$ 内的单值解析函数(此条件可以减弱为 $f(z)$ 在复连通区域 D 内解析,在闭区域 $\overline{D}$ 上一致连续),则 $f(z)$ 沿所有内、外边界线($\Gamma = \Gamma_e + \sum\limits_i \Gamma_i$,其中 Γ_e 为外边界线,诸 Γ_i 为内边界线)正方向的积分之和为零,即

$$\oint_\Gamma f(z)\mathrm{d}z = \oint_{\Gamma_e} f(z)\mathrm{d}z + \sum_{i=1}^n \oint_{\Gamma_i} f(z)\mathrm{d}z = 0 \qquad (2\text{-}12)$$

或者

$$\oint_{\Gamma_e} f(z)\mathrm{d}z = \oint_{\Gamma_1} f(z)\mathrm{d}z + \oint_{\Gamma_2} f(z)\mathrm{d}z + \cdots + \oint_{\Gamma_n} f(z)\mathrm{d}z \qquad (2\text{-}13)$$

即解析函数 $f(z)$ 沿外边界线 Γ_e 正方向(逆时针方向)的积分等于 $f(z)$ 沿所有内边界线反方向(逆时针方向)的积分之和。

三、解析函数的不定积分与原函数

1. 不定积分与原函数

(1)若 $f(z)$ 在单连通区域 D 内解析,z_0 是 D 内的一个定点,则作为积分上限 z 的单值函数

$$F(z) = \int_{z_0}^{z} f(\zeta)\mathrm{d}\zeta \qquad (2\text{-}14)$$

也是 D 内的解析函数,且 $F'(z) = f(z)$,并称 $F(z)$ 为被积函数 $f(z)$ 的**原函数**。

(2)$f(z)$ 的任何两个原函数之间相差一个复常数,通常把 $f(z)$ 的原

函数的集合 $\{F(z)+C\}$ 称为解析函数 $f(z)$ 的**不定积分**。

（3）若 $f(z)$ 在单通区域 D 内解析，$F(z)$ 为 $f(z)$ 的一个原函数，则有

$$\int_{z_1}^{z_2} f(\zeta)\mathrm{d}\zeta = F(z_2) - F(z_1) \qquad (2\text{-}15)$$

此式称为**解析函数的定积分公式**，它将计算解析函数的积分归结为寻找其原函数的问题。

2.莫列拉(Morera)定理

若(1) 函数 $f(z)$ 在单连通区域 D 内连续；(2) 对 D 内任意的围线 l，恒有 $\oint_l f(z)\mathrm{d}z = 0$，则函数 $f(z)$ 在区域 D 内解析。

四、柯西积分公式

1.单连通区域的柯西积分公式

设 $f(z)$ 在单连通有界区域 D 内解析，在闭区域 $\overline{D}$ 上一致连续，则对于区域 D 内任意一点 z，有

$$f(z) = \frac{1}{2\pi i}\oint_\Gamma \frac{f(\zeta)}{\zeta - z}\mathrm{d}\zeta \qquad (2\text{-}16)$$

其中 Γ 是区域 D 的边界。由于 z 点可以在 D 内随意变动，因此上述积分为 z 的函数。

2.复连通区域的柯西积分公式

设 $f(z)$ 在复连通有界区域 D 内解析、$\overline{D}$ 上一致连续，则对于区域 D 内任意一点 z，有

$$f(z) = \frac{1}{2\pi i}\oint_\Gamma \frac{f(\zeta)}{\zeta - z}\mathrm{d}\zeta \qquad (2\text{-}17)$$

这里，Γ 为沿闭复连通区域 $\overline{D}$ 的复边界线的正方向。

3.无界区域的柯西积分公式

设 $f(z)$ 在闭曲线 Γ 上及其外部的无界区域 D 内单值解析，在 $\overline{D} = D + \Gamma$ 上连续，并且有 $\lim\limits_{z\to\infty} f(z) = 0$，则对于 Γ 外部区域中的任意一点 z，有

$$f(z) = \frac{1}{2\pi i}\oint_\Gamma \frac{f(\zeta)}{\zeta - z}\mathrm{d}\zeta \qquad (2\text{-}18)$$

其中，积分路线 Γ 的方向为顺时针方向，它对区域 D 来说是正方向。

4.单连通区域的柯西导数公式

设 $f(z)$ 在单连通区域 D 内解析、在闭区域 $\overline{D}$ 上一致连续，则 $f(z)$ 在 D 内任意阶导数 $f^{(n)}(z)$ 均存在，并且对于区域 D 内任意一点 z 的 n 阶导

数,有

$$f^{(n)}(z) = \frac{n!}{2\pi i} \oint_\Gamma \frac{f(\zeta)}{(\zeta-z)^{n+1}} \mathrm{d}\zeta \qquad (2\text{-}19)$$

$n = 0$ 时即为柯西积分公式。

5. 复连通区域的柯西导数公式

设 $f(z)$ 在复连通区域 D 内单值解析、在闭区域 $\overline{D}$ 上一致连续,则 $f(z)$ 在 D 内任意阶导数 $f^{(n)}(z)$ 均存在,并且对于区域 D 内任意一点 z 的 n 阶导数,有

$$f^{(n)}(z) = \frac{n!}{2\pi i} \oint_\Gamma \frac{f(\zeta)}{(\zeta-z)^{n+1}} \mathrm{d}\zeta \qquad (2\text{-}20)$$

这里,Γ 为沿闭复连通区域 $\overline{D}$ 的复边界线的正方向。

6. 一个重要的积分公式

$$\oint_l \frac{\mathrm{d}z}{(z-z_0)^n} = \begin{cases} 2\pi i, & n = -1 \\ 0, & n \neq 1 \end{cases} \qquad (2\text{-}21)$$

其中 l 为包含 z_0 的任意一条正向闭曲线。

五、柯西积分公式的几个重要推论

1. 解析函数的平均值公式

若函数 $f(z)$ 在圆 $|z-z_0| < R$ 内解析,在闭圆 $|z-z_0| \leqslant R$ 上连续,则

$$f(z_0) = \frac{1}{2\pi} \int_0^{2\pi} f(z_0 + R\mathrm{e}^{i\varphi}) \mathrm{d}\varphi \qquad (2\text{-}22)$$

此式说明一个解析函数 $f(z)$ 在圆心的值等于它在圆周上值的算术平均值。

2. 柯西不等式

若函数 $f(z)$ 在圆 $|\zeta-z| < R$ 内解析,在闭圆 $|\zeta-z| \leqslant R$ 上连续,且 $|f(\zeta)| < M$,则

$$|f^{(n)}(z)| \leqslant \frac{n!M}{R^n}, n = 1, 2, \cdots \qquad (2\text{-}23)$$

此式说明解析函数及其各阶导数在圆心处的模,可以用在圆周上的最大值来估算。

3. 刘维尔(Liouville)定理

若函数 $f(z)$ 在除无限远点之外的复平面上解析,并且当 $z \to \infty$ 时

$|f(z)|$ 有界,则 $f(z)$ 必为常数。

4.最大模原理

若函数 $f(z)$ 在闭区域 $\overline{D}$ 上解析,则它的模 $|f(z)|$ 只能在区域的边界上达到最大值。

5.两个有用的引理

引理 1 若 z 在上半平面及实轴上趋于 ∞ 时,$zf(z)$ 一致地趋于零(与辐角无关),即 $\lim\limits_{z\to\infty}zf(z)=0,0\leqslant\arg z<\pi$。则 $f(z)$ 沿图 2-2 中半径为 R 的无穷大半圆周 C_R 的积分

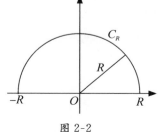

图 2-2

$$\lim_{R\to\infty}\int_{C_R}f(z)\mathrm{d}z=0 \tag{2-24}$$

引理 2(约当引理) 若 z 在上半平面及实轴上趋于 ∞ 时,$f(z)$ 一致地趋于零(与辐角无关),即 $\lim\limits_{z\to\infty}f(z)=0,0\leqslant\arg z<\pi$。则有

$$\lim_{R\to\infty}\int_{C_R}f(z)\mathrm{e}^{imz}\mathrm{d}z=0 \tag{2-25}$$

其中 $m>0$,C_R 是以原点为圆心,R 为半径的上半圆周,参看图 2-2。

2.2 习题导练

2.1 计算复变函数的积分

(1)$I=\int_l(z^2-z+2)\mathrm{d}z$,其中积分路径 l 为正向单位圆的上半圆周;

(2)$I=\int_0^{2\pi a}(2z^2+8z+1)\mathrm{d}z$,其中积分路径 l 是连接 0 到 $2\pi a$ 的摆线

$$x=a(\varphi-\sin\varphi),y=a(1-\cos\varphi)。$$

解 **(1)解法一**

考虑到积分路径 l 的参数方程为:$z=\mathrm{e}^{it}$,$\mathrm{d}z=i\mathrm{e}^{it}\mathrm{d}t$,其中 $0\leqslant t\leqslant\pi$,所以有

$$I=\int_0^\pi(\mathrm{e}^{i2t}-\mathrm{e}^{it}+2)i\mathrm{e}^{it}\mathrm{d}t=\int_0^\pi(\mathrm{e}^{i3t}-\mathrm{e}^{i2t}+2\mathrm{e}^{it})\mathrm{d}(it)$$

$$= \left[\frac{1}{3} e^{i3t} - \frac{1}{2} e^{i2t} + 2e^{it} \right] \Big|_0^\pi = -\frac{14}{3}$$

解法二   如题 2.1 图,补充实轴上从 $z = -$
1 到 $z = 1$ 的直线段 T,则 l 和 T 形成一闭合回
路。考虑到被积函数在该回路 $T + l$ 所围区域内
解析,故由柯西定理,可得

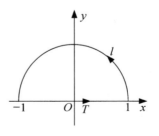

题 2.1 图

$$\oint_{l+T} (z^2 - z + 2) \mathrm{d}z$$
$$= \int_l (z^2 - z + 2) \mathrm{d}z + \int_T (z^2 - z + 2) \mathrm{d}z$$
$$= 0$$

因而有

$$I = \int_l (z^2 - z + 2) \mathrm{d}z = -\int_T (z^2 - z + 2) \mathrm{d}z$$
$$= \int_1^{-1} (x^2 - x + 2) \mathrm{d}x = -\frac{14}{3}$$

当 z 沿实轴从 $z = -1$ 到 $z = 1$ 时,复变积分变为沿实轴的实变积分。

解法三   注意到被积函数在全平面上解析,积分仅与路径的起点和
终点有关,而与路径无关,可直接用解析函数的定积分公式(2-15) 做简
单计算,即有

$$I = \int_l (z^2 - z + 2) \mathrm{d}z = \left(\frac{1}{3} z^3 - \frac{1}{2} z^2 + 2z \right) \Big|_1^{-1} = -\frac{14}{3}$$

(2) **解法一**   若用复积分计算公式求积分的值,则应先写出的 l 的参
数方程: $z = z(\varphi) = a(\varphi - \sin\varphi) + ia(1 - \cos\varphi)$,确定起点参数 $\varphi = 0$,终
点参数 $\varphi = 2\pi$,然后利用公式(2-3) 计算积分即可。但是注意到被积函数
$f(z)$ 在复平面上处处解析,则可直接用解析函数的定积分公式(2-15) 做
简单计算,即有

$$I = \int_0^{2\pi a} (2z^2 + 8z + 1) \mathrm{d}z = \left(\frac{2}{3} z^3 + 4z^2 + z \right) \Big|_0^{2\pi a}$$
$$= \frac{16}{3} \pi^3 a^3 + 16\pi^2 a^2 + 2\pi a$$

解法二   补充实轴上从 $z = 2\pi a$ 到 $z = 0$ 的直线段 T,则 l 和直线段
T 形成一闭合回路。考虑到被积函数在该回路所围区域内解析,故由柯西
定理,可得

$$\oint_{l+T}(2z^2+8z+1)\mathrm{d}z = \int_l(2z^2+8z+1)\mathrm{d}z + \int_T(2z^2+8z+1)\mathrm{d}z$$
$$=0$$

因而有

$$I = -\int_T(2z^2+8z+1)\mathrm{d}z = -\int_{2\pi a}^0(2x^2+8x+1)\mathrm{d}x$$

$$= -\Big(\frac{2}{3}x^3+4x^2+x\Big)\Big|_{2\pi a}^0 = \frac{16}{3}\pi^3a^3+16\pi^2a^2+2\pi a$$

当 z 沿实轴从 $z=2\pi a$ 到 $z=0$ 时,复变积分变为沿实轴的实变积分。

2.2 计算积分$(1)I=\oint_l\dfrac{\mathrm{d}z}{\sqrt{z}}$; $(2)I=\oint_l\mathrm{Ln}z\mathrm{d}z$。

其中 l 表示正向单位圆周 $|z|=1$,而被积函数分别取为按下列条件确定的单值分支

(i) $\sqrt{1}=1$ 及 $\sqrt{1}=-1$;(ii)$\mathrm{Ln}1=0$ 及 $\mathrm{Ln}1=2\pi i$

分析   对于多值函数积分的计算,通常约定,积分号下多值函数的一个解析分支,根据给出它在积分路径上某点的值确定,积分是对这个单值分支进行的。若积分路线是闭曲线时,则给定被积函数值的那个点,就当作积分路径的起点(当然,积分值可能依赖于这个挑选的起点)。这里把 $z=1$ 当作积分起点。

解   (1) 考虑到

$$(\sqrt{z})_k = \sqrt{|z|}\,\mathrm{e}^{i\frac{\mathrm{arg}z+2k\pi}{2}},0\leqslant \mathrm{arg}z<2\pi,k=0,1$$

(i) 按条件 $\sqrt{1}=1$,取 $k=0$,即取分支

$$\sqrt{z}=\sqrt{|z|}\,\mathrm{e}^{i\frac{\mathrm{arg}z}{2}}$$

考虑到积分路径 l 的参数方程为 $z=\mathrm{e}^{i\varphi}$,$\mathrm{d}z=i\mathrm{e}^{i\varphi}\mathrm{d}\varphi$,其中 $0\leqslant\varphi\leqslant2\pi$,所以有

$$I=\oint_l\frac{\mathrm{d}z}{\sqrt{z}}=\oint_l\frac{\mathrm{d}z}{\mathrm{e}^{i\frac{\mathrm{arg}z}{2}}}=\int_0^{2\pi}\frac{i\mathrm{e}^{i\varphi}\mathrm{d}\varphi}{\mathrm{e}^{i\frac{\varphi}{2}}}=\int_0^{2\pi}i\mathrm{e}^{i\frac{\varphi}{2}}\mathrm{d}\varphi=2\mathrm{e}^{i\frac{\varphi}{2}}\Big|_0^{2\pi}=-4$$

(ii) 按条件 $\sqrt{1}=-1$,取 $k=1$,即取分支

$$\sqrt{z}=\sqrt{|z|}\,\mathrm{e}^{i\frac{\mathrm{arg}z+2\pi}{2}}$$

在 l 上,令 $z=\mathrm{e}^{i\varphi}(0\leqslant\varphi\leqslant2\pi)$,所以有

$$I=\oint_l\frac{\mathrm{d}z}{\sqrt{z}}=\oint_l\frac{\mathrm{d}z}{\mathrm{e}^{i\frac{\mathrm{arg}z+2\pi}{2}}}=\int_0^{2\pi}\frac{i\mathrm{e}^{i\varphi}\mathrm{d}\varphi}{\mathrm{e}^{i\frac{\varphi+2\pi}{2}}}=\int_0^{2\pi}i\mathrm{e}^{i\frac{\varphi-2\pi}{2}}\mathrm{d}\varphi=-\int_0^{2\pi}i\mathrm{e}^{i\frac{\varphi}{2}}\mathrm{d}\varphi=4$$

(2)$(\mathrm{Ln}z)_k = \ln|z| + i(\mathrm{arg}z + 2k\pi), 0 \leqslant \mathrm{arg}z < 2\pi, k = 0, \pm 1, \cdots$

(i) 按条件 $\mathrm{Ln}1 = 0$，取 $k = 0$，即取分支

$$\ln z = \ln|z| + i\mathrm{arg}z$$

考虑到积分路径 l 的参数方程为 $z = \mathrm{e}^{i\varphi}, \mathrm{d}z = i\mathrm{e}^{i\varphi}\mathrm{d}\varphi$，其中 $0 \leqslant \varphi \leqslant 2\pi$，所以有

$$I = \oint_l \mathrm{Ln}z\mathrm{d}z = \oint_l \ln z\mathrm{d}z = \int_0^{2\pi}(i\varphi)i\mathrm{e}^{i\varphi}\mathrm{d}\varphi = \mathrm{e}^{i\varphi}(i\varphi - 1)\Big|_0^{2\pi} = 2\pi i$$

(ii) 按条件 $\mathrm{Ln}1 = 2\pi i$，取 $k = 1$，即取分支

$$\ln z = \ln|z| + i(\mathrm{arg}z + 2\pi)$$

在 l 上，令 $z = \mathrm{e}^{i\varphi}, \mathrm{d}z = i\mathrm{e}^{i\varphi}\mathrm{d}\varphi$，其中 $0 \leqslant \varphi \leqslant 2\pi$，所以有

$$I = \oint_l \mathrm{Ln}z\mathrm{d}z = \oint_l \ln z\mathrm{d}z = \int_0^{2\pi}i(\varphi + 2\pi)i\mathrm{e}^{i\varphi}\mathrm{d}\varphi$$

$$= \int_0^{2\pi}i\varphi\mathrm{e}^{i\varphi}\mathrm{d}(i\varphi) + 2\pi i\int_0^{2\pi}\mathrm{e}^{i\varphi}\mathrm{d}(i\varphi)$$

$$= \left[\mathrm{e}^{i\varphi}(i\varphi - 1) + 2\pi i\mathrm{e}^{i\varphi}\right]_0^{2\pi} = 2\pi i$$

2.3 计算 $\oint_{|z|=1}\dfrac{\mathrm{d}z}{z}$，$\oint_{|z|=1}\dfrac{\mathrm{d}z}{|z|}$，$\oint_{|z|=1}\dfrac{|\mathrm{d}z|}{z}$，$\oint_{|z|=1}\dfrac{|\mathrm{d}z|}{|z|}$ 之值。

解 (1) 令 $z = \mathrm{e}^{it}, 0 \leqslant t \leqslant 2\pi$，有 $\mathrm{d}z = i\mathrm{e}^{it}\mathrm{d}t$，则

$$\oint_{|z|=1}\frac{\mathrm{d}z}{z} = \int_0^{2\pi}\frac{i\mathrm{e}^{it}\mathrm{d}t}{\mathrm{e}^{it}} = 2\pi i$$

(2)$\oint_{|z|=1}\dfrac{\mathrm{d}z}{|z|} = \int_0^{2\pi}\dfrac{i\mathrm{e}^{it}\mathrm{d}t}{|\mathrm{e}^{it}|} = i\int_0^{2\pi}\mathrm{e}^{it}\mathrm{d}t = 0$

或者有

$$\int_{|z|=1}\frac{\mathrm{d}z}{|z|} = \int_{|z|=1}\mathrm{d}z = 0$$

(3)$\oint_{|z|=1}\dfrac{|\mathrm{d}z|}{z} = \int_0^{2\pi}\dfrac{|i\mathrm{e}^{it}\mathrm{d}t|}{\mathrm{e}^{it}} = \int_0^{2\pi}\mathrm{e}^{-it}|\mathrm{d}t| = \int_0^{2\pi}\mathrm{e}^{-it}\mathrm{d}t = 0$

(4)$\oint_{|z|=1}\dfrac{|\mathrm{d}z|}{|z|} = \int_0^{2\pi}\dfrac{|i\mathrm{e}^{it}\mathrm{d}t|}{|\mathrm{e}^{it}|} = \int_0^{2\pi}|\mathrm{d}t| = \int_0^{2\pi}\mathrm{d}t = 2\pi$

或者有

$$\oint_{|z|=1}\frac{|\mathrm{d}z|}{|z|} = \oint_{|z|=1}|\mathrm{d}z| = 2\pi$$

2.4 由积分 $\oint_l \dfrac{\mathrm{d}z}{z+2}$ 之值，证明 $\int_0^\pi \dfrac{1+2\cos\theta}{5+4\cos\theta}\mathrm{d}\theta = 0$，其中 l 取正向单

位圆周 $|z|=1$。

证明　首先，由于函数 $f(z)=\dfrac{1}{z+2}$ 的唯一奇点 $z_0=-2$，并位于单位圆周 $|z|=1$ 的外部。考虑到函数 $f(z)$ 在单位圆周 $|z|=1$ 内解析，根据柯西定理，$f(z)$ 沿单位圆周 $|z|=1$ 的积分等于 0，即

$$\oint_l \frac{\mathrm{d}z}{z+2}=0$$

另一方面，通过 l 的参数方程 $z=\mathrm{e}^{i\theta}$，$0\leqslant\theta\leqslant 2\pi$，计算积分 $\oint_l\dfrac{\mathrm{d}z}{z+2}$，即有

$$\oint_l \frac{\mathrm{d}z}{z+2}=\int_0^{2\pi}\frac{i\mathrm{e}^{i\theta}}{\mathrm{e}^{i\theta}+2}\mathrm{d}\theta$$

利用欧拉公式并把右边的实部与虚部分开，则有

$$\int_0^{2\pi}\frac{-\sin\theta+i\cos\theta}{2+\cos\theta+i\sin\theta}\mathrm{d}\theta=\int_0^{2\pi}\frac{(-\sin\theta+i\cos\theta)(2+\cos\theta-i\sin\theta)}{(2+\cos\theta+i\sin\theta)(2+\cos\theta-i\sin\theta)}\mathrm{d}\theta$$
$$=\int_0^{2\pi}\frac{-2\sin\theta+(2\cos\theta+1)i}{4\cos\theta+5}\mathrm{d}\theta=0$$

所以有

$$\int_0^{2\pi}\frac{1+2\cos\theta}{5+4\cos\theta}\mathrm{d}\theta=0,\qquad \int_0^{2\pi}\frac{\sin\theta}{5+4\cos\theta}\mathrm{d}\theta=0 \qquad\text{①}$$

把 ① 式中的第一个积分写成

$$\int_0^{\pi}\frac{1+2\cos\theta}{5+4\cos\theta}\mathrm{d}\theta+\int_{\pi}^{2\pi}\frac{1+2\cos\theta}{5+4\cos\theta}\mathrm{d}\theta=0$$

对于上式的第二个积分，作变换 $\varphi=2\pi-\theta$，有

$$\int_0^{\pi}\frac{1+2\cos\theta}{5+4\cos\theta}\mathrm{d}\theta-\int_{\pi}^{0}\frac{1+2\cos\varphi}{5+4\cos\varphi}\mathrm{d}\varphi=0$$

颠倒上式中第二个积分的积分上下限，并把积分变量换回 θ，即得

$$\int_0^{\pi}\frac{1+2\cos\theta}{5+4\cos\theta}\mathrm{d}\theta=0$$

对 ① 式中的第二个积分，作积分变换 $\varphi=\theta-\pi$，有

$$\int_{-\pi}^{\pi}\frac{-\sin\varphi}{5-4\cos\varphi}\mathrm{d}\varphi=0 \qquad\text{②}$$

此式中由于被积函数是奇函数，所以上式左边的积分等于零，从而等式成立。

2.5　设积分围线为 $|\zeta|=2$，且 $f(z)=\oint_l\dfrac{3\zeta^2+7\zeta-1}{\zeta-z}\mathrm{d}\zeta$，计算 $f'(1$

$+i$) 的值。

解　令 $\varphi(z) = 3z^2 + 7z - 1$，考虑到 $\varphi(z)$ 在 z 平面上解析，由柯西积分公式，在 $|z| < 2$ 内，有

$$f(z) = \oint_l \frac{\varphi(\zeta)}{\zeta - z}\mathrm{d}\zeta = 2\pi i\varphi(z) = 2\pi i(3z^2 + 7z - 1)$$

所以有 $f'(z) = 2\pi i(6z + 7)$，而点 $(1 + i) \in |z| < 2$，故有

$$f'(z)\,|_{z=1+i} = f'(1 + i) = 26\pi i - 12\pi$$

2.6　求积分 $I = \oint_l \dfrac{2z - 1}{z^2 - z}\mathrm{d}z$，$l$ 为含 0 与 1 在其内部的正向椭圆。

分析　被积函数 $\dfrac{2z - 1}{z^2 - z}$ 在 l 内有两个奇点 $z = 0$ 及 $z = 1$，所以不能通过简单的路线变形直接利用柯西积分公式求解。而是由复连通区域的柯西定理，先将大围线变成两个小围线，使得每个小围线中只有一个奇点，再来计算。即

$$I = \oint_l \frac{2z - 1}{z^2 - z}\mathrm{d}z = \oint_{l_1} \frac{2z - 1}{z^2 - z}\mathrm{d}z + \oint_{l_2} \frac{2z - 1}{z^2 - z}\mathrm{d}z$$

其中，l_1、l_2 分别为 l 内包含奇点 $z = 0$ 及 $z = 1$ 且互不相交的两个正向围线。

解法一　利用柯西积分公式，有

$$I = \oint_{l_1} \frac{2z - 1}{z^2 - z}\mathrm{d}z + \oint_{l_2} \frac{2z - 1}{z^2 - z}\mathrm{d}z = \oint_{l_1} \frac{\frac{2z - 1}{z - 1}}{z}\mathrm{d}z + \oint_{l_2} \frac{\frac{2z - 1}{z}}{z - 1}\mathrm{d}z$$

$$= 2\pi i\frac{2z - 1}{z - 1}\bigg|_{z=0} + 2\pi i\frac{2z - 1}{z}\bigg|_{z=1} = 4\pi i$$

解法二　利用部分分式及重要积分公式

$$\frac{2z - 1}{z^2 - z} = \frac{1}{z} + \frac{1}{z - 1}$$

所以有

$$I = \oint_{l_1} \frac{1}{z}\mathrm{d}z + \oint_{l_1} \frac{1}{z - 1}\mathrm{d}z + \oint_{l_2} \frac{1}{z}\mathrm{d}z + \oint_{l_2} \frac{1}{z - 1}\mathrm{d}z$$

$$= 2\pi i + 0 + 0 + 2\pi i = 4\pi i$$

2.7　求积分 $I = \oint_{|z|=2} \dfrac{2z^2 - z + 1}{(z - 1)^2}\mathrm{d}z$ 之值。

解　考虑到 $f(z) = 2z^2 - z + 1$ 在 $|z| \leqslant 2$ 内是解析的，且 $z = 1$ 在 $|z| \leqslant 2$ 内，由柯西导数公式，有

$$I = \oint_{|z|=2} \frac{2z^2 - z + 1}{(z-1)^2} dz = 2\pi i f'(z)\big|_{z=1} = 2\pi i (4z-1)\big|_{z=1} = 6\pi i$$

2.8 计算积分$\oint_l \dfrac{\sin\frac{\pi}{4}z}{z^2-1} dz$，其中(1)$|z+1|=\dfrac{1}{2}$；(2)$|z-1|=\dfrac{1}{2}$；(3)$|z|=2$。

解 (1)$\oint_{|z+1|=\frac{1}{2}} \dfrac{\sin\frac{\pi}{4}z}{z^2-1} dz = \oint_{|z+1|=\frac{1}{2}} \dfrac{\dfrac{\sin\frac{\pi}{4}z}{(z-1)}}{z+1} dz$

$$= 2\pi i \frac{\sin\frac{\pi}{4}z}{z-1}\bigg|_{z=-1} = \frac{\sqrt{2}}{2}\pi i$$

(2)$\oint_{|z-1|=\frac{1}{2}} \dfrac{\sin\frac{\pi}{4}z}{z^2-1} dz = \oint_{|z-1|=\frac{1}{2}} \dfrac{\dfrac{\sin\frac{\pi}{4}z}{(z+1)}}{z-1} dz = 2\pi i \dfrac{\sin\frac{\pi}{4}z}{z+1}\bigg|_{z=1}$

$$= \frac{\sqrt{2}}{2}\pi i$$

(3)$\oint_{|z|=2} \dfrac{\sin\frac{\pi}{4}z}{z^2-1} dz = \oint_{|z+1|=\frac{1}{2}} \dfrac{\sin\frac{\pi}{4}z}{z^2-1} dz + \oint_{|z-1|=\frac{1}{2}} \dfrac{\sin\frac{\pi}{4}z}{z^2-1} dz$

$$= \frac{\sqrt{2}}{2}\pi i + \frac{\sqrt{2}}{2}\pi i = \sqrt{2}\pi i$$

2.9 计算$f(z) = \dfrac{1}{z^2-1}$的如下回路积分

(1)$\oint_{l_1} \dfrac{1}{z^2-1} dz$，$l_1$为$|z|<1$内的以原点为圆心的圆周；

(2)$\oint_{l_2} \dfrac{1}{z^2-1} dz$，$l_2$为$|z|>1$内的以原点为圆心的圆周。

这两个积分的结果说明了什么问题？

解 由于被积函数$f(z) = \dfrac{1}{z^2-1} = \dfrac{1}{(z+1)(z-1)}$有两个奇点$z=1, z=-1$。

(1) 在l_1内，$f(z)$为解析函数，由 Cauchy 积分定理可知

$$\oint_{l_1} \frac{1}{z^2-1} dz = 0$$

(2) 在 l_2 内有两个奇点 $z=1,z=-1$,故有

$$\oint_{l_2}\frac{1}{z^2-1}\mathrm{d}z = \frac{1}{2}\oint_{l_2}\frac{1}{z-1}\mathrm{d}z - \frac{1}{2}\oint_{l_2}\frac{1}{z+1}\mathrm{d}z$$

由柯西积分公式有

$$\oint_{l_2}\frac{1}{z+1}\mathrm{d}z = 2\pi i, \qquad \oint_{l_2}\frac{1}{z-1}\mathrm{d}z = 2\pi i$$

因而有

$$\oint_{l_2}\frac{1}{z^2-1}\mathrm{d}z = \frac{1}{2}\oint_{l_2}\frac{1}{z-1}\mathrm{d}z - \frac{1}{2}\oint_{l_2}\frac{1}{z+1}\mathrm{d}z = \pi i - \pi i = 0$$

此题说明,不能由回路积分为零来判断被积函数为在回路所包围的区域内是否解析函数,必须要增加条件即如果被积函数在此区域中连续,则此函数必为解析函数;如果被积函数在此区域中不连续,存在有奇点,虽然回路积分为零,但此函数在这区域中不是解析函数。

2.10 计算积分 $\oint_l\dfrac{\mathrm{d}z}{(z-2)^2z^3}$,其中

(1)l: $|z-3|=2$; (2)l: $|z-1|=3$。

解 (1) 函数有两个奇点 $z=2$ 和 $z=0$,只有 $z=2$ 在积分回路内。取 $\dfrac{1}{z^3}=f(z)$,在 l 内解析,利用柯西导数公式,有

$$\oint_l\frac{\mathrm{d}z}{(z-2)^2z^3} = \oint_l\frac{\frac{1}{z^3}}{(z-2)^2}\mathrm{d}z = \frac{2\pi i}{1!}\left[\frac{1}{z^3}\right]'_{z=2}$$

$$= \frac{2\pi i(-3)}{z^4}\bigg|_{z=2} = -\frac{3}{8}\pi i$$

(2) 被积函数 $\dfrac{1}{(z-2)^2z^3}$ 的两个奇点 $z=2$ 和 $z=0$ 都在 l 内,作简单闭曲线 l_1,l_2 分别包围 0 和 2,但 l_1,l_2 互不包含且互不相交,根据复连通区域的柯西定理和柯西导数公式,有

$$\oint_l\frac{\mathrm{d}z}{(z-2)^2z^3} = \oint_{l_1}\frac{\mathrm{d}z}{(z-2)^2z^3} + \oint_{l_2}\frac{\mathrm{d}z}{(z-2)^2z^3}$$

$$= \oint_{l_1}\frac{\frac{1}{(z-2)^2}}{z^3}\mathrm{d}z + \oint_{l_2}\frac{\frac{1}{z^3}}{(z-2)^2}\mathrm{d}z$$

$$= \frac{2\pi i}{2!}\left[\frac{1}{(z-2)}\right]''_{z=0} + \frac{2\pi i}{1!}\left[\frac{1}{z^3}\right]'_{z=2}$$

$$= \pi i(-2)(-3)\frac{1}{(z-2)^4}\Big|_{z=0} + \left(-\frac{3}{8}\pi i\right)$$

$$= 0$$

2.11　试导出泊松公式

$$u(r,\varphi) = \frac{1}{2\pi}\int_0^{2\pi}\frac{(R^2-r^2)u(R,\theta)}{R^2-2Rr\cos(\theta-\varphi)+r^2}\mathrm{d}\theta \qquad ①$$

解　取圆心在原点,半径为 R 的圆周上 $\zeta=R\mathrm{e}^{i\theta}$;圆内有一点 $z=r\mathrm{e}^{i\varphi}$,圆外有反演点 $\bar{z}=\frac{R^2}{r}\mathrm{e}^{i\varphi}$。设函数 $f(z)$ 在圆内解析,由柯西积分公式,并注意到 z 在圆内,$\bar{z}$ 在圆外,所以有

$$f(z) = \frac{1}{2\pi i}\oint_{|\zeta|=R}\frac{f(\zeta)}{\zeta-z}\mathrm{d}\zeta = \frac{1}{2\pi i}\int_0^{2\pi}\frac{f(R\mathrm{e}^{i\theta})}{R\mathrm{e}^{i\theta}-r\mathrm{e}^{i\varphi}}iR\mathrm{e}^{i\theta}\mathrm{d}\theta$$

$$0 = \frac{1}{2\pi i}\oint_{|\zeta|=R}\frac{f(\zeta)}{\zeta-\bar{z}}\mathrm{d}\zeta = \frac{1}{2\pi i}\int_0^{2\pi}\frac{f(R\mathrm{e}^{i\theta})}{R\mathrm{e}^{i\theta}-\frac{R^2}{r}\mathrm{e}^{i\varphi}}iR\mathrm{e}^{i\theta}\mathrm{d}\theta$$

两式相减,得

$$f(r\mathrm{e}^{i\varphi}) = \frac{1}{2\pi}\int_0^{2\pi}f(R\mathrm{e}^{i\theta})\left[\frac{R\mathrm{e}^{i\theta}}{R\mathrm{e}^{i\theta}-r\mathrm{e}^{i\varphi}} - \frac{r\mathrm{e}^{i\theta}}{r\mathrm{e}^{i\theta}-R\mathrm{e}^{i\varphi}}\right]\mathrm{d}\theta$$

$$= \frac{1}{2\pi}\int_0^{2\pi}f(R\mathrm{e}^{i\theta})\frac{R^2-r^2}{R^2-2Rr\cos(\theta-\varphi)+r^2}\mathrm{d}\theta \qquad ②$$

考虑到

$$f(r\mathrm{e}^{i\varphi}) = u(r,\varphi)+i\nu(r,\varphi), \quad f(R\mathrm{e}^{i\theta}) = u(R,\theta)+i\nu(R,\theta)$$

将上面两式代入 ②,并分离实部和虚部,即得泊松公式 ①。

2.12　已知 $\Psi(t,q)=\mathrm{e}^{2tq-t^2}$,(1)试应用柯西积分公式把 $\frac{\partial^n\Psi(t,q)}{\partial t^n}\Big|_{t=0}$ 表示为回路积分;(2)证明 $\frac{\partial^n\Psi(t,q)}{\partial t^n}\Big|_{t=0} = (-1)^n\mathrm{e}^{q^2}\frac{\mathrm{d}^n}{\mathrm{d}q^n}\mathrm{e}^{-q^2}$。

分析　在函数 $\Psi(t,q)=\mathrm{e}^{2tq-t^2}$ 中,把 q 当作参数,把 t 认作复变数,由柯西导数公式把 $\frac{\partial^n\Psi}{\partial t^n}$ 表示为回路积分;再对回路积分进行积分变量代换。

证明　(1)考虑到函数 $\Psi(t,q)$ 在 $|t|<\infty$ 内解析,则在此区域内任取一包含 $t=0$ 的闭合曲线 Γ。考虑到 $\Psi(t,q)$ 依赖于 t 与 q,故对 t 的导数为偏导数,则由柯西导数公式变形

$$\frac{\partial^n\Psi(t,q)}{\partial t^n}\Big|_{t=0} = \frac{n!}{2\pi i}\oint_\Gamma\frac{\Psi(\zeta,q)}{(\zeta-t)^{n+1}}\mathrm{d}\zeta\Big|_{t=0} = \frac{n!}{2\pi i}\oint_\Gamma\frac{\mathrm{e}^{2\zeta q-\zeta^2}}{\zeta^{n+1}}\mathrm{d}\zeta \qquad ①$$

（2）作变换 $\zeta = q - z$，注意到 $e^{2q\zeta - \zeta^2} = e^{2(q-z)q - (q-z)^2} = e^{q^2 - z^2}$，则 ① 式变为

$$\frac{\partial^n \Psi(t,q)}{\partial t^n}\bigg|_{t=0} = \frac{n!}{2\pi i}\oint_\Gamma \frac{e^{q^2 - z^2}}{(q - z)^{n+1}}(-\,\mathrm{d}z)$$

$$= (-1)^n e^{q^2}\frac{n!}{2\pi i}\oint_\Gamma \frac{e^{-z^2}}{(z - q)^{n+1}}\,\mathrm{d}z$$

$$= (-1)^n e^{q^2}\frac{\mathrm{d}^n e^{-q^2}}{\mathrm{d}q^n}$$

最后一个等式再次利用了 Cauchy 导数公式。

2.13　设 $l: z = z(t)\,(\alpha \leqslant t \leqslant \beta)$ 为区域 D 内的光滑曲线，$f(z)$ 于 D 内单值解析，且 $f'(z) \neq 0$，$w = f(z)$ 将 l 映成曲线 Γ。证明换元公式

$$\int_\Gamma \Phi(w)\,\mathrm{d}w = \int_l \Phi[f(z)]f'(z)\,\mathrm{d}z$$

其中 $\Phi(w)$ 沿 Γ 连续。

提示：光滑曲线 l 是约当曲线，$z'(t) \neq 0$ 且连续于 $\alpha \leqslant t \leqslant \beta$；将两端之积分表示成实积分的形式即可。

证明　令 $\Phi(w) = \psi(u,v) + i\varphi(u,v)$，所以有

$$I = \int_\Gamma \Phi(w)\,\mathrm{d}w = \int_\Gamma \psi\,\mathrm{d}u - \varphi\,\mathrm{d}v + i\int_\Gamma \varphi\,\mathrm{d}u + \psi\,\mathrm{d}v$$

沿曲线 Γ：有 $u = u(t)$，$v = v(t)$。把上式右边的线积分换成对 t 的积分，即

$$I = \int_\alpha^\beta \{\psi[u(t),v(t)]u'(t) - \varphi[u(t),v(t)]v'(t)\}\,\mathrm{d}t$$

$$+ i\int_\alpha^\beta \{\varphi[u(t),v(t)]u'(t) + \psi[u(t),v(t)]v'(t)\}\,\mathrm{d}t \qquad ①$$

同时，考虑到

$$\int_l \Phi[f(z)]f'(z)\,\mathrm{d}z = \int_l (\psi + i\varphi)(u_x + iv_x)\,\mathrm{d}z$$

$$= \int_l [\psi u_x - \varphi v_x + i(\varphi u_x + \psi v_x)](\mathrm{d}x + i\,\mathrm{d}y)$$

$$= \int_l (\psi u_x - \varphi v_x)\,\mathrm{d}x - (\varphi u_x + \psi v_x)\,\mathrm{d}y$$

$$+ i\int_l (\varphi u_x + \psi v_x)\,\mathrm{d}x + (\psi u_x - \varphi v_x)\,\mathrm{d}y$$

$$= \int_\alpha^\beta [(\psi u_x - \varphi v_x)x'(t) - (\varphi v_y - \psi u_y)y'(t)]\,\mathrm{d}t$$

$$+ i \int_{\alpha}^{\beta} [(\varphi u_x + \psi v_x) x'(t) + (\psi v_y + \varphi u_y) y'(t)] dt$$

$$= \int_{\alpha}^{\beta} \{ \psi[u_x x'(t) + u_y y'(t)] - \varphi[v_x x'(t) + v_y y'(t)] \} dt$$

$$+ i \int_{\alpha}^{\beta} \{ \varphi[u_x x'(t) + u_y y'(t)] + \psi[v_x x'(t) + v_y y'(t)] \} dt$$

$$= \int_{\alpha}^{\beta} \{ \psi u'(t) - \varphi v'(t) \} dt + i \int_{\alpha}^{\beta} \{ \varphi u'(t) + \psi v'(t) \} dt$$

$$= \int_{\alpha}^{\beta} \{ \psi[u(t), v(t)] u'(t) - \varphi[u(t), v(t)] v'(t) \} dt$$

$$+ i \int_{\alpha}^{\beta} \{ \varphi[u(t), v(t)] u'(t) + \psi[u(t), v(t)] v'(t) \} dt \quad ②$$

由此可见，① 式的右边等于 ② 式的右边，证毕。

第三章　复变函数的级数展开

级数是研究解析函数理论问题及其实际应用的重要工具。在理论研究及近似计算中,在解析函数的奇点性质的研究中,在解析函数沿闭合路径积分的计算中,以及在微分方程的级数解法等许多问题中,都需要应用级数的理论。在学习中需要注意,复变函数中的级数是实函数级数的自然推广,因而从概念、性质到结论等方面都具有类似的结论。

3.1　内容导读

一、复变函数项级数

1.复数项级数

(1)定义　各项均为复常数的无穷级数

$$\sum_{k=0}^{\infty} z_k = z_0 + z_1 + \cdots + z_k + \cdots \tag{3-1}$$

称为**复数项级数**。如果部分和序列$\{S_k\}$存在有限的极限,则称该级数$\sum_{k=0}^{\infty} z_k$收敛,极限值S称为级数的和,记作$S = \sum_{k=0}^{\infty} z_k$,否则称级数发散。

(2)柯西收敛判据　级数(3-1)收敛的充分必要条件是,对于任意给定的$\varepsilon > 0$,总存在着正整数N,使得当$n > N$时,有

$$\sum_{k=n+1}^{n+p} |z_k| = |z_{n+1} + z_{n+2} + \cdots + z_{n+p}| < \varepsilon, p = 1,2,\cdots$$

在上式中,令$p = 1$,可得级数(3-1)收敛的必要条件$\lim_{k \to \infty} z_k = 0$。

(3)绝对收敛　如果级数$\sum_{k=0}^{\infty} |z_k|$收敛,则称级数(3-1)**绝对收敛**。

收敛但非绝对收敛的级数称为**条件收敛级数**。绝对收敛的级数必定是收敛的,反之不一定成立。

(4) 绝对收敛级数的主要性质

① 绝对收敛的级数,可任意改换次序,所得级数仍绝对收敛并且其和不变;

② 两个绝对收敛的级数可逐项相乘,所得级数仍绝对收敛;

③ 可以把绝对收敛的级数拆成几个子级数,每个子级数均为绝对收敛。

2. 复变函数项级数

(1) 复变函数项级数及其敛散性

① 各项均为复变函数项的无穷级数

$$\sum_{k=0}^{\infty} f_k(z) = f_0(z) + f_1(z) + \cdots + f_k(z) + \cdots \qquad (3\text{-}2)$$

称为**复变函数项级数**。如果级数(3-2)在区域 D(或者某条曲线 l)上的每一点都收敛,则称级数在区域 D(或曲线 l)上收敛,其和函数 $f(z)$ 是区域 D(或曲线 l)上的单值函数。

② 一致收敛　对于区域 D 内(或曲线 l 上某一点 z,任意给定 $\varepsilon > 0$,总存在一个不依赖 z 的正整数 $N(\varepsilon)$,使得当 $n > N(\varepsilon)$ 时,均有

$$| f(z) - S_n(z) | < \varepsilon$$

则称级数(3-2)在区域 D 内(或曲线 l)上**一致收敛**于 $f(z)$。

(2) 一致收敛级数的判别法

① **柯西一致收敛准则**　级数(3-2)收敛的充分必要条件是,对于任意给定的 $\varepsilon > 0$,存在正整数 $N = N(\varepsilon)$,使得当 $n > N$ 时,对于区域 D 内任意一点 z,均有

$$| f_{n+1}(z) + f_{n+2}(z) + \cdots + f_{n+p}(z) | < \varepsilon, p = 1, 2, \cdots$$

② **外尔斯特拉斯(Weierstrass) 判别法**

若有收敛的正项级数 $\sum_{k=0}^{\infty} M_k$,且对区域 D(或曲线 l)上的任何点 z,总有 $| f_k(z) | \leqslant M_k$,则称级数(3-2)必于区域 D(或曲线 l)上绝对并且一致收敛,并称级数 $\sum_{k=0}^{\infty} M_k$ 为级数 $\sum_{k=0}^{\infty} f_k(z)$ 的**强级数**。

在级数的代数运算中,重要的是绝对收敛。这就是说,仅当绝对收敛时,级数才能进行适当的代数运算。在级数的微积分学运算中,重要的是

一致收敛的概念。

（3）一致收敛函数项级数的性质

连续性　设 $f_k(z)(k=1,2,3,\cdots)$ 在区域 D（或曲线 l）上连续，级数（3-2）在区域 D（或曲线 l）上一致收敛，则其和函数 $f(z)=\sum\limits_{k=0}^{\infty}f_k(z)$ 也在区域 D（或曲线 l）上连续，并且有

$$\lim_{z\to z_0}\sum_{k=0}^{\infty}f_k(z)=\sum_{k=0}^{\infty}\lim_{z\to z_0}f_k(z) \tag{3-3}$$

逐项可积性　设 l 是区域 D 内的一条分段光滑曲线，如果 $f_k(z)(k=0,1,2,\cdots)$ 是 l 上的连续函数，则对于 l 上一致收敛的级数（3-2），可以逐项求积分，即

$$\int_l f(z)\mathrm{d}z=\int_l\sum_{k=0}^{\infty}f_k(z)\mathrm{d}z=\sum_{k=0}^{\infty}\int_l f_k(z)\mathrm{d}z \tag{3-4}$$

逐项可导性（外尔斯特拉斯定理）　设 $f_k(z)(k=0,1,2,\cdots)$ 在闭区域 $\overline{D}$ 上单值解析，级数（3-2）在 $\overline{D}$ 内一致收敛，则和函数 $f(z)$ 是区域 D 内的解析函数，并且 $f(z)$ 的各阶导数可以由 $\sum\limits_{k=0}^{\infty}f_k(z)$ 逐项求导得到，即

$$f^{(m)}(z)=\frac{\mathrm{d}^m}{\mathrm{d}z^m}\sum_{k=0}^{\infty}f_k(z)=\sum_{k=0}^{\infty}\frac{\mathrm{d}^m f_k(z)}{\mathrm{d}z^m},\quad m=1,2,3,\cdots \tag{3-5}$$

求导数后的级数（3-5）在区域 D 内闭一致收敛。

（4）绝对收敛级数的判别法

比值（也称达朗贝尔（D'Alembert））判别法　对于级数（3-2），如果 $\lim\limits_{k\to\infty}\left|\dfrac{f_{k+1}(z)}{f_k(z)}\right|=l$，则当 $l<1$ 时，级数（3-2）绝对收敛；当 $l>1$ 时，级数发散；当 $l=1$ 时，级数（3-2）的敛散性需要进一步检验。

根值（也称柯西）判别法　对于级数（3-2），如果 $\lim\limits_{k\to\infty}\sqrt[k]{|f_k(z)|}=l$，则当 $l<1$ 时，级数（3-2）绝对收敛；当 $l>1$ 时，级数发散；当 $l=1$ 时，级数（3-2）的敛散性需要进一步检验。

二、幂级数

1. 幂级数及其敛散性

（1）幂级数的定义　形如

$$\sum_{k=0}^{\infty}c_k(z-z_0)^k=c_0+c_1(z-z_0)+\cdots+c_k(z-z_0)^k+\cdots \tag{3-6}$$

的级数,称为**幂级数**,其中系数 c_k 和展开中心 z_0 都是复常数。

(2) 敛散性　若幂级数(3-6)在 z_1 点收敛,则它在任何闭圆 $|z-z_0| \leqslant \rho|z_1-z_0|$ $(0 < \rho < 1)$ 的内部一致且绝对收敛;若幂级数(3-6)在 z_2 点发散,则它必在 $|z-z_0| \geqslant |z_2-z_0|$ 的区域处处发散(**阿贝尔定理**)。

(3) 求幂级数收敛半径 R 的方法

① 达朗贝尔(D'Alembert)判别法

$$R = \lim_{k \to \infty} \left| \frac{c_k}{c_{k+1}} \right| \tag{3-7}$$

② 柯西判别法

$$R = \frac{1}{\lim\limits_{k \to \infty} \sqrt[k]{|c_k|}} \tag{3-8}$$

③ 奇点法　收敛半径 R 等于展开中心 z_0 到最近一个奇点 z_2 的距离,即 $R = |z_2 - z_0|$。

注:在收敛圆的圆周上,有些点处幂级数收敛,有些点处幂级数发散,也有可能圆上所有点处幂级数都发散。但无论哪种情况,收敛圆周上肯定有奇点。

2. 幂级数的性质

幂级数(3-6)在闭区域 $|z-z_0| \leqslant \rho(\rho < R)$ 内一致收敛,因此,具有一致收敛的级数所具有的一切性质,即

(1) 其和函数为收敛圆内的解析函数;

(2) 在其收敛圆的内部,可逐项求导无限多次;

(3) 沿收敛圆内的任意一条曲线可逐项积分。

讨论题 3-1　幂级数经逐项积分或逐项求导后在收敛圆内及圆上的收敛性是否会改变?

答　幂级数经逐项积分或逐项求导后其收敛半径保持不变,但幂级数在收敛圆上的收敛性可能会因此而改变。这是容易理解的,因为若幂级数在逐项求导后,它的收敛半径缩小了,则意味着把求导后得到的幂级数项再逐项积分,其收敛半径将扩大(积分后又得到原来的幂级数)。但这是不可能的,积分不会使收敛半径扩大,因为收敛圆上一定有幂级数的发散点,幂级数在该点发散,积分就无意义,因此积分后形式上得到的幂级数必定是发散的。一般来说,逐项积分后收敛性将加强,而逐项求导后收敛

性将减弱。例如幂级数 $\sum\limits_{k=0}^{\infty} z^k, R=1$。在圆 $|z|=1$ 上级数是处处发散的，而逐项积分后的级数 $\sum\limits_{k=0}^{\infty} \dfrac{1}{k+1} z^{k+1}$ 在 $z=-1$ 处是收敛的，收敛半径不变；同样逐项求导后得到的级数 $\sum\limits_{k=0}^{\infty} k z^{k-1}$ 收敛半径亦不变。

三、解析函数的泰勒级数展开

1. 泰勒（Taylor）定理

设函数 $f(z)$ 在圆 $|z-z_0|<R(0<R<\infty)$ 内解析，则对于圆内的任何 z 点，$f(z)$ 可在 z_0 点展开为幂级数，即

$$f(z) = \sum_{k=0}^{\infty} c_k (z-z_0)^k \tag{3-9}$$

其中系数

$$c_k = \frac{1}{2\pi i} \oint_{\Gamma} \frac{f(\zeta)}{(\zeta-z_0)^{k+1}} \mathrm{d}\zeta = \frac{1}{k!} f^{(k)}(z_0) \tag{3-10}$$

Γ 为圆 $|z-z_0|=R$ 内围绕 z_0 点的任意正向围线，并且此**展式是唯一的**。(3-9) 式称为 $f(z)$ 以 z_0 点为中心的**泰勒级数**。

推论   函数 $f(z)$ 在区域 D 内解析的充分必要条件是，$f(z)$ 在区域 D 内任意一点 z_0 的邻域内可展开为 $(z-z_0)$ 的幂级数。

2. 将解析函数展开为泰勒级数的方法

直接利用系数公式(3-10)展开，这是一种基本方法，但太过繁琐，故此法不常用。由于函数在给定区域内展开式的唯一性的保证，因此，可利用一致收敛项级数的性质展开。

（1）二项展开式与部分分式结合   对于有理函数，最常见的是利用几何级数或二项式展开与部分分式结合使用；

（2）利用已知函数的展开式   利用简单的初等函数的已知展式，通过幂级数的有理运算、复合（代换）运算来展开；

（3）利用分析运算   利用幂级数在收敛圆内可以逐项求导、逐项求积分的性质作泰勒级数展开；

（4）待定系数法   通过逐项比较系数的方法确定函数的展开式，但一般很难求出级数的通项公式。如果我们只需求出级数中的某一项或某几项系数，这种方法也不失为可取的方法之一。

（5）其他展开方法   例如利用三角恒等式、微分方程法等；

（6）级数乘法　如果一个函数可以表示为两个（或几个）函数的乘积，而每一部分的泰勒展开比较容易计算，则可以采用级数相乘的方法展开。

3. 多值函数的泰勒级数展开

对于多值函数，只有在黎曼面上或者是确定了函数的单值分支后，才可以像单值函数那样作泰勒级数展开，展开区域必须避开支点和割线。

4. 函数在无穷远点的泰勒展开

如果函数 $f(z)$ 在 $z = \infty$ 点及其邻域内解析，则作变换 $z = \dfrac{1}{\zeta}$，将 $f(\dfrac{1}{\zeta})$ 在 $\zeta = 0$ 点展开为泰勒级数。此时 $f(\dfrac{1}{\zeta}) = c_0 + c_1\zeta + c_2\zeta^2 + \cdots + c_k\zeta^k + \cdots,\ |\zeta| < r$。则

$$f(z) = c_0 + \frac{c_1}{z} + \frac{c_2}{z^2} + \cdots + \frac{c_k}{z^k} + \cdots,\ |z| > \frac{1}{r} \qquad (3\text{-}11)$$

其中 $0 < r < \infty$，(3-11) 式即为 $f(z)$ 在 $z = \infty$ 点的**泰勒级数展开**。此时，$f(z)$ 在 ∞ 点的泰勒级数中只有常数项及负幂项，没有正幂项，即级数在以 ∞ 为圆心的某个圆内收敛。

四、解析函数的洛朗展开

1. 双边幂级数

双边幂级数通常由两部分组成，一部分是正幂项部分 $\sum\limits_{k=0}^{\infty} c_k(z-z_0)^k$，称为级数的**正则部分**；另一部分是负幂项部分 $\sum\limits_{k=-\infty}^{-1} c_k(z-z_0)^k$，称为级数的**主要部分**。即

$$\sum_{k=-\infty}^{\infty} c_k(z-z_0)^k = \sum_{k=0}^{\infty} c_k(z-z_0)^k + \sum_{k=-\infty}^{-1} c_k(z-z_0)^k \qquad (3\text{-}12)$$

级数(3-12)的收敛区域为圆环 $R_2 < |z-z_0| < R_1$。在闭圆环 $R_2' \leqslant |z-z_0| \leqslant R_1'(R_2 < R_2' < R_1' < R_1)$ 内级数一致收敛，并且可以逐项积分、逐项微分，其和函数 $f(z)$ 在收敛圆环内解析。

2. 洛朗（Laurent）定理

设函数 $f(z)$ 在以 z_0 为圆心的环形域 $R_2 < |z-z_0| < R_1$ 内单值解析，则对于环域内的任何点 $z,f(z)$ 必可展开成洛朗级数

$$f(z) = \sum_{k=-\infty}^{+\infty} c_k (z - z_0)^k \qquad (3\text{-}13)$$

其中系数

$$c_k = \frac{1}{2\pi i} \oint_\Gamma \frac{f(\zeta)}{(\zeta - z_0)^{k+1}} \mathrm{d}\zeta \qquad (3\text{-}14)$$

Γ 为此圆环内围绕 z_0 点的任意正向围线,并且此展式是唯一的。(3-13)式称为 $f(z)$ 以 z_0 为中心的洛朗级数。

五、解析函数在有限远孤立奇点邻域内的性态

1. 有限远孤立奇点与非孤立奇点

若单值函数 $f(z)$ 在 $z = z_0$ 点不解析(或无定义),而在去心邻域 $0 < |z - z_0| < \varepsilon$ 内解析,则称 $z = z_0$ 是 $f(z)$ 的**孤立奇点**;若在 $z = z_0$ 的无论多么小的邻域内,总有除 $z = z_0$ 以外的奇点,则称 $z = z_0$ 是 $f(z)$ 的**非孤立奇点**。

2. 孤立奇点的分类和性质

根据函数在孤立奇点的去心邻域内的洛朗展式中负幂项的多少及极限性质,将单值解析函数的孤立奇点分为可去奇点、m 阶极点、本性奇点三类。

(1) **可去奇点** 如果 z_0 为 $f(z)$ 的孤立奇点,则下列三条中的每一条都是判断可去奇点的充分必要条件

① $f(z)$ 在 z_0 点的某去心邻域内的洛朗展式中没有主要部分,即

$$f(z) = c_0 + c_1(z - z_0) + \cdots + c_k(z - z_0)^k + \cdots \qquad (3\text{-}15)$$

② $\lim\limits_{z \to z_0} f(z) = c_0 (\neq \infty)$; $\qquad (3\text{-}16)$

③ $f(z)$ 在 z_0 点的某个充分小去心邻域内有界。

补充定义,取

$$F(z) = \begin{cases} f(z) & z \neq z_0 \\ \lim\limits_{z \to z_0} f(z) & z = z_0 \end{cases} \qquad (3\text{-}17)$$

用 $F(z)$ 代替 $f(z)$,则 $F(z)$ 在 z_0 点的奇异性即可去掉,而成为在整个圆域 $|z - z_0| < \varepsilon$ 内的一个单值解析函数。

(2) m **阶极点** 如果 z_0 为 $f(z)$ 的孤立奇点,则下列四条中的每一条都是判断 m 阶极点的充分必要条件

① $f(z)$ 在 z_0 点的某去心邻域内的洛朗展式中有有限个主要部分,即

$$f(z) = \frac{c_{-m}}{(z-z_0)^m} + \cdots + \frac{c_{-1}}{z-z_0} + \sum_{k=0}^{+\infty} c_k(z-z_0)^k \quad (c_{-m} \neq 0, m > 0)$$

$$(3\text{-}18)$$

② $f(z)$ 在 z_0 点的某去心邻域内可表示为

$$f(z) = \frac{\lambda(z)}{(z-z_0)^m} \tag{3-19}$$

或

$$\lim_{z \to z_0}(z-z_0)^m f(z) = \lambda(z_0) \tag{3-20}$$

其中,$\lambda(z)$ 在 $z = z_0$ 点解析或以 z_0 点为可去奇点,且 $\lambda(z_0) = c_{-m} \neq 0$ (或 $\neq \infty$);

③ $g(z) = \dfrac{1}{f(z)}$ 以 z_0 点为 m 阶零点;

④ $f(z)$ 在 z_0 点的极限值趋于无限大,即

$$\lim_{z \to z_0} f(z) = \infty \tag{3-21}$$

公式(3-21)仅作为判断 z_0 点为 $f(z)$ 极点的充分必要条件,不能指明极点的阶数。

(3) **本性奇点**　如果 z_0 为 $f(z)$ 的孤立奇点,则下列四条中的每一条都是判断本性奇点的充分必要条件

① $f(z)$ 在 z_0 点的某去心邻域内的洛朗展式中有无穷多项主要部分,即

$$f(z) = \cdots + \frac{c_{-n}}{(z-z_0)^n} + \cdots + \frac{c_{-1}}{z-z_0} + \sum_{k=0}^{+\infty} c_k(z-z_0)^k, \quad (n > 0)$$

$$(3\text{-}22)$$

② 极限 $\lim\limits_{z \to z_0} f(z)$ 不存在; $\tag{3-23}$

③ 函数 $h(z) = \dfrac{1}{f(z)}$ 以 $z = z_0$ 为本性奇点;

④ 如果函数 $f(z) = e^{g(z)}$,则 $e^{g(z)}$ 以 $g(z)$ 的极点为本性奇点。

(4) **索霍茨基定理**　如果 z_0 为函数 $f(z)$ 的本性奇点,则对于任意给定的复数 A(有限或 ∞),总可以找到一个收敛于 z_0 的数列,使得 $\lim\limits_{z \to z_0} f(z) = A$。

六、解析函数在无限远点的性质

1. **无限远孤立奇点　非孤立奇点**

若存在 $r > 0$,使函数 $f(z)$ 在 $r < |z| < \infty$ 内解析,即 $f(z)$ 在 ∞ 点

的某去心邻域内,除 ∞ 点外再无其他奇点,则称 ∞ 点为 $f(z)$ 的**孤立奇点**,否则为**非孤立奇点**。

2. 无限远孤立奇点的分类和性质

根据函数在无限远孤立奇点的去心邻域内的洛朗展式中正幂部分的多少及极限性质,将单值解析函数的无限远孤立奇点分为可去奇点、m 阶极点、本性奇点三类。

(1)**可去奇点**   如果 ∞ 点为 $f(z)$ 的孤立奇点,则下列三条中的每一条都是判断可去奇点的充分必要条件

①$f(z)$ 在 ∞ 点的去心邻域内的洛朗展式中没有正幂项,即

$$f(z) = c_0 + \frac{c_1}{z} + \frac{c_2}{z^2} + \cdots \tag{3-24}$$

② $\lim\limits_{z\to\infty} f(z) = c_0 (\neq \infty)$; $\tag{3-25}$

③$f(z)$ 在 ∞ 点的某去心邻域 $R < |z| < \infty$ 内有界。

(2)m **阶极点**   如果 ∞ 点为 $f(z)$ 的孤立奇点,则下列四条中的每一条都是判断 m 阶极点的充分必要条件

① $f(z)$ 在 ∞ 点的去心邻域内的洛朗展式中有有限个正幂项,即

$$f(z) = c_{-m}z^m + \cdots + c_{-1}z + c_0 + \frac{c_1}{z} + \frac{c_2}{z^2} + \cdots, (c_{-m} \neq 0) \tag{3-26}$$

② $\lim\limits_{z\to\infty} f(z) = \infty$; $\tag{3-27}$

③$g(z) = \dfrac{1}{f(z)}$ 以 ∞ 点为 m 阶零点;

④ $f(z) = z^m \lambda(z)$ $\tag{3-28}$

其中,$\lambda(z)$ 在 ∞ 点的邻域内解析或以 ∞ 点为可去奇点,且 $\lambda(z)\,|_{z=\infty} = c_{-m} \neq 0$。

(3)**本性奇点**   如果 ∞ 点为 $f(z)$ 的孤立奇点,则下列二条中的每一条都是判断本性奇点的充分必要条件

①$f(z)$ 在 ∞ 点的去心邻域内的洛朗展式中含有无限多个正幂项,即

$$f(z) = \cdots + c_{-n}z^n + \cdots + c_{-1}z + c_0 + \frac{c_1}{z} + \frac{c_2}{z^2} + \cdots \tag{3-29}$$

② $\lim\limits_{z\to\infty} f(z)$ 不存在 $\tag{3-30}$

七、整函数与亚纯函数的概念

在整个复平面上解析的函数 $f(z)$ 称为**整函数**或**全纯函数**。当整函数

$f(z)$ 以 ∞ 点为可去奇点时,则 $f(z)$ 必为一个常数;当整函数 $f(z)$ 以 ∞ 点为 m 阶极点时,则 $f(z)$ 一定是 m 次多项式,称为**有理整函数**;当整函数 $f(z)$ 以 ∞ 点为本性奇点时,则称 $f(z)$ 为**超越整函数**。

在整个复平面上除极点(和可去奇点)外,无其他类型奇点的单值函数称为**亚纯函数**(或称为**半纯函数**),故亚纯函数在任意一个有限区域内,至多只有有限个极点;在闭平面上只有有限多个极点的亚纯函数称为**有理分式函数**,或称为**有理函数**。不是有理函数的亚纯函数称为**超越亚纯函数**。

八、解析延拓 Γ 函数

1. 解析延拓的定义

设函数 $f_1(z)$ 和 $f_2(z)$ 分别在区域 D_1 和 D_2 内解析,而在 D_1 与 D_2 的公共区域 D_{12} 内(即 $D_1 \bigcap D_2 = D_{12}$),$f_1(z) \equiv f_2(z)$,则称 $f_1(z)$ 可以解析延拓到 D_2,并称 $f_2(z)$ 为 $f_1(z)$ 在 D_2 中的**解析延拓**;反之,也称 $f_1(z)$ 为 $f_2(z)$ 在 D_1 中的解析延拓,如图 3-1。

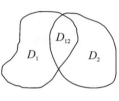

图 3-1

2. 解析延拓的唯一性定理

设 $f_1(z)$ 与 $f_2(z)$ 是区域 D 内的两个解析函数,并且在一向区域 D 的内点 a 收敛的点列 $\{a_n\}$ $(n = 1, 2, \cdots)$ 上,这两个函数值相等,则在区域 D 中必定处处有 $f_1(z) \equiv f_2(z)$。

推论3.1　设 $f_1(z)$ 与 $f_2(z)$ 是区域 D 内的两个解析函数,并且在 D 内的一条小弧段或任一子区域内两个函数值相等,则在区域 D 中必定处处有 $f_1(z) \equiv f_2(z)$。

推论3.2　设 $f_1(z)$ 与 $f_2(z)$ 是区域 D 内的两个解析函数,并且在 D 内的某一点 a 满足

$$f_1(a) = f_2(a), f_1^{(n)}(a) = f_2^{(n)}(a), n = 1, 2, \cdots$$

则在区域 D 中必定处处有 $f_1(z) \equiv f_2(z)$。

3. $\Gamma(z)$ 函数的定义及其基本性质

(1)Γ 函数的定义

$$\Gamma(z) = \int_0^\infty \mathrm{e}^{-t} t^{z-1} \mathrm{d}t, \mathrm{Re} z > 0 \tag{3-31}$$

$\mathrm{Re}z > 0$ 是这积分收敛的条件。$\Gamma(z)$ 函数是一种含参变量的积分所定义的函数，其中被积函数一般来说是多值函数，约定在正实轴上 $\arg t = 0$。

（2）$\Gamma(z)$ 函数的常用性质

① $$\Gamma(1) = 1 \tag{3-32}$$

② 递推公式 $\qquad \Gamma(z+1) = z\Gamma(z) \tag{3-33}$

推论 1 $\qquad \Gamma(n+1) = n!, n = 0, 1, 2, \cdots \tag{3-34}$

③ 互余宗量定理

$$\Gamma(z)\Gamma(1-z) = \frac{\pi}{\sin \pi z}, (z \neq \text{整数}) \tag{3-35}$$

推论 2 $$\Gamma(\frac{1}{2}) = \sqrt{\pi} \tag{3-36}$$

推论 3 $\Gamma(z)$ 函数在全复平面上无零点。

④ 倍乘公式（又称勒让德（Legendre）公式）

$$\Gamma(2z) = \frac{2^{2z-1}}{\sqrt{\pi}}\Gamma(z)\Gamma(z+\frac{1}{2}) \quad (z \neq 0, -\frac{1}{2}, -1, -\frac{3}{2}, \cdots)$$

$$\tag{3-37}$$

推论 4 $\quad \Gamma(n+\frac{1}{2}) = \frac{(2n-1)!}{2^{2n-1}(n-1)!}\sqrt{\pi} = \frac{(2n-1)!!}{2^n}\sqrt{\pi}, n = 1, 2, \cdots$

$$\tag{3-38}$$

式中 $(2n-1)!! = (2n-1)(2n-3)\cdots 3 \cdot 1$。符号 !!，读作"间阶乘"或"双阶乘"。

⑤ 当 n 为零或负整数时，定义 $\Gamma(n) = \lim\limits_{z \to n}\Gamma(z), (n = 0, -1, -2, \cdots)$。则

$$\frac{1}{\Gamma(n)} = 0, n = 0, -1, -2, \cdots \tag{3-39}$$

（3）$\Gamma(z)$ 函数的解析性

① $\Gamma(z)$ 函数是虚轴右边区域的解析函数；

② 在全平面上，除了 $z = 0, -1, -2, \cdots -n, \cdots$ 为其一阶极点外，$\Gamma(z)$ 函数处处解析，即 $\Gamma(z)$ 函数是**半纯函数**。

3.2 习题导练

3.1 求下列幂级数的收敛半径

$(1) \sum_{k=1}^{\infty} \left(\frac{z}{k}\right)^k$; $(2) \sum_{k=0}^{\infty} k^{\ln k} z^k$; $(3) \sum_{k=0}^{\infty} \frac{k!}{k^k} z^k$; $(4) \sum_{k=1}^{\infty} k^k z^k$;

$(5) \sum_{k=0}^{\infty} z^{k!}$; $(6) \sum_{k=0}^{\infty} q^{k^2} z^k (|q|<1)$; $(7) \sum_{k=0}^{\infty} \frac{(-1)^k}{(2k)!} z^k$。

解 (1) **解法一** 由达朗贝尔判别法(3-7)式,有

$$R = \lim_{k\to\infty}\left|\frac{C_k}{C_{k+1}}\right| = \lim_{k\to\infty}\left|\frac{(k+1)^{k+1}}{k^k}\right| = \lim_{k\to\infty}(k+1)\left(1+\frac{1}{k}\right)^k$$
$$= e\lim_{k\to\infty}(k+1) = \infty$$

解法二 由柯西判别法(3-8)式,有

$$R = \lim_{k\to\infty}\frac{1}{\sqrt[k]{|C_k|}} = \lim_{k\to\infty}\frac{1}{\sqrt[k]{\left(\frac{1}{k}\right)^k}} = \lim_{k\to\infty}\sqrt[k]{k^k} = \lim_{k\to\infty}k = \infty$$

这表明此级数对于任何有限的 z 值都是收敛的。

(2) **解法一** 由柯西判别法(3-8)式及洛必达法则,有

$$R = \lim_{k\to\infty}\frac{1}{\sqrt[k]{|C_k|}} = \lim_{k\to\infty}k^{-\frac{\ln k}{k}} = \lim_{k\to\infty}\frac{1}{e^{\frac{(\ln k)^2}{k}}} = \lim_{k\to\infty}\frac{1}{e^{\frac{(2\ln k)}{k}}}$$
$$= \lim_{k\to\infty}\frac{1}{e^{\frac{2}{k}}} = 1$$

解法二 由达朗贝尔判别法(3-7)式,有

$$R = \lim_{k\to\infty}\left|\frac{C_k}{C_{k+1}}\right| = \lim_{k\to\infty}\left|\frac{k^{\ln k}}{(k+1)^{\ln(k+1)}}\right| = \lim_{k\to\infty}\left|\frac{e^{\ln^2 k}}{e^{\ln^2(k+1)}}\right|$$
$$= \lim_{k\to\infty}\left|e^{\ln^2 k - \ln^2(k+1)}\right|$$

其中

$$\lim_{k\to\infty}[\ln^2(k+1)-\ln^2 k] = \lim_{k\to\infty}[\ln(k+1)+\ln k][\ln(k+1)-\ln k]$$
$$= \lim_{k\to\infty}[\ln k(k+1)]\left[\ln\frac{k+1}{k}\right]$$

$$= \lim_{k \to \infty} \left[\frac{\ln\left(1 + \dfrac{1}{k}\right)}{\dfrac{1}{\ln k(k+1)}} \right]$$

当 $k \to \infty$ 时，上式右端是一个 $\dfrac{0}{0}$ 型的不定式，利用洛必达法则，有

$$\lim_{k \to \infty}[\ln^2(k+1) - \ln^2 k] = \lim_{k \to \infty} \frac{[\ln k(k+1)]^2}{2k+1}$$

当 $k \to \infty$ 时，上式右端是一个 $\dfrac{\infty}{\infty}$ 型的不定式，利用洛必达法则，有

$$\lim_{k \to \infty}[\ln^2(k+1) - \ln^2 k] = \lim_{k \to \infty}\left[\frac{(2k+1)\ln k(k+1)}{k(k+1)} \right]$$

$$= \lim_{k \to \infty}\left[\frac{2k+1}{k(k+1)} \right] + \lim_{k \to \infty}\left[\frac{2\ln k(k+1)}{2k+1} \right]$$

$$= \lim_{k \to \infty} \frac{2k+1}{k(k+1)} = \lim_{k \to \infty} \frac{2}{2k+1} = 0$$

所以有

$$R = \lim_{k \to \infty} e^0 = 1$$

（3）由达朗贝尔判别法(3-7)式，有

$$R = \lim_{k \to \infty}\left| \frac{C_k}{C_{k+1}} \right| = \lim_{k \to \infty}\left| \frac{(k+1)^{k+1} k!}{k^k (k+1)!} \right| = \lim_{k \to \infty}\left| \frac{(k+1)^k}{k^k} \right|$$

$$= \lim_{k \to \infty}\left| (1 + \frac{1}{k})^k \right| = e$$

所以有

$$R = e$$

（4）由达朗贝尔判别法(3-7)式，有

$$R = \lim_{k \to \infty}\left| \frac{C_k}{C_{k+1}} \right| = \lim_{k \to \infty}\left| \frac{k^k}{(k+1)^{k+1}} \right| = \lim_{k \to \infty}\left| \frac{k^k}{k^{k+1} + (k+1)k^k + \cdots} \right|$$

$$= \lim_{k \to \infty}\left| \frac{1}{k + (k+1) + \cdots} \right| = 0$$

收敛半径 $R = 0$，所以此级数在复平面上不收敛，是发散的。

（5）对于任意给定的 z，根据达朗贝尔判别法(3-7)式，级数收敛的条件是

$$\lim_{k \to \infty} \frac{|z^{(k+1)!}|}{|z^{k!}|} < 1$$

即 $\lim\limits_{k \to \infty}|z^{k!k}| < 1$。要使上述条件成立，必须有 $|z| < 1$，所以收敛半径 $R = 1$。

（6）由柯西判别法(3-8)式及洛必达法则，并且当 $|q|<1$ 时，有

$$R = \lim_{k \to \infty} \frac{1}{\sqrt[k]{|C_k|}} = \lim_{k \to \infty} \frac{1}{\sqrt[k]{|q^{k^2}|}} = \lim_{k \to \infty} \frac{1}{|q|^k} = \infty$$

（7）由达朗贝尔判别法(3-7)式，有

$$R = \lim_{k \to \infty} \left| \frac{C_k}{C_{k+1}} \right| = \lim_{k \to \infty} \left| \frac{(-1)^k [2(k+1)]!}{(-1)^{k+1}(2k)!} \right|$$

$$= \lim_{k \to \infty} |(-1)(2k)!| = \infty$$

所以有 $R = \infty$。

3.2 把函数 $f(z) = \dfrac{1}{z-b}$ 表示为形如 $\sum\limits_{k=0}^{+\infty} c_k(z-a)^k$ 的幂级数，其中 a 与 b 是不相等的复常数。

解 把函数 $f(z)$ 改写成如下形式

$$f(z) = \frac{1}{z-b} = \frac{1}{(z-a)-(b-a)} = -\frac{1}{b-a} \frac{1}{1 - \dfrac{z-a}{b-a}}$$

当 $\left| \dfrac{z-a}{b-a} \right| < 1$ 时，有

$$\frac{1}{1 - \dfrac{z-a}{b-a}} = \sum_{k=0}^{+\infty} \frac{(z-a)^k}{(b-a)^k}$$

从而可得

$$f(z) = \frac{1}{z-b} = -\sum_{k=0}^{+\infty} \frac{(z-a)^k}{(b-a)^{k+1}}$$

设 $|b-a| = R$，那么当 $|z-a| < R$ 时，上式右端的级数收敛，其和为 $\dfrac{1}{z-b}$。因为 $z=b$ 时，上式右端的级数发散，故当 $|z-a| > |b-a| = R$ 时，级数发散，所以有 $R = |b-a|$。

3.3 试把函数 $f(z) = \dfrac{1}{(z-1)(z-2)}$ 在复平面上三个互不相交的解析区域

（1）圆 $|z|<1$；（2）圆环 $1<|z|<2$；（3）圆环 $2<|z|<+\infty$ 中分别展开为级数形式。

解 首先将 $f(z)$ 因式分解成

$$f(z) = \frac{1}{z-2} - \frac{1}{z-1}$$

（1）在圆 $|z|<1$ 内，$|\frac{z}{2}|<1$，所以有

$$f(z) = \frac{1}{1-z} - \frac{1}{2}\frac{1}{1-\frac{z}{2}} = \sum_{k=0}^{+\infty} z^k - \frac{1}{2}\sum_{k=0}^{+\infty} \frac{z^k}{2^k}$$

$$= \sum_{k=0}^{+\infty} (1 - \frac{1}{2^{k+1}})z^k$$

（2）在圆环域 $1<|z|<2$ 内，有 $|\frac{1}{z}|<1$，$|\frac{z}{2}|<1$，所以有

$$f(z) = -\frac{1}{2}\frac{1}{1-\frac{z}{2}} - \frac{1}{z}\frac{1}{1-\frac{1}{z}} = -\frac{1}{2}\sum_{k=0}^{+\infty} \frac{z^k}{2^k} - \frac{1}{z}\sum_{k=1}^{+\infty} \frac{1}{z^{k-1}}$$

$$= -\sum_{k=0}^{+\infty} \frac{z^k}{2^{k+1}} - \sum_{k=1}^{+\infty} \frac{1}{z^k}$$

（3）在圆环域 $2<|z|<+\infty$ 内，有 $|\frac{1}{z}|<1$，$\left|\frac{2}{z}\right|<1$，所以有

$$f(z) = \frac{1}{z}\frac{1}{1-\frac{2}{z}} - \frac{1}{z}\frac{1}{1-\frac{1}{z}} = \frac{1}{z}\sum_{k=0}^{+\infty} (\frac{2^k}{z^k} - \frac{1}{z^k})$$

3.4　求函数 $f(z) = \sin^3 z$ 在 $z=0$ 点的泰勒展开式。

解　考虑到函数 $f(z)$ 展式的唯一性，利用三角恒等式，当 $|z|<\infty$，有

$$f(z) = \sin^3 z = \frac{3}{4}\sin z - \frac{1}{4}\sin 3z$$

$$= \frac{3}{4}\sum_{k=0}^{\infty} \frac{(-1)^k}{(2k+1)!}z^{(2k+1)} - \frac{1}{4}\sum_{k=0}^{\infty} (-1)^k \frac{3^{2k+1}}{(2k+1)!}z^{(2k+1)}$$

$$= \frac{3}{4}\sum_{k=0}^{\infty} (-1)^{k+1} \frac{3^{2k}-1}{(2k+1)!}z^{(2k+1)}, R = \infty$$

3.5　把函数 $f(z) = \frac{1}{z^2-3z+2}$ 以各孤立奇点为中心展开为洛朗级数。

解　不难看出，$f(z)$ 的孤立奇点为 $z=1$、$z=2$，以各孤立奇点为中心展开，即要在以下解析区域做洛朗展开　（1）圆环 $0<|z-1|<1$；（2）圆环 $1<|z-1|<\infty$；（3）圆环 $0<|z-2|<1$；（4）圆环 $1<|z-2|<\infty$。

将 $f(z)$ 分解成　　$f(z) = \frac{1}{z-2} - \frac{1}{z-1}$

（1）在圆环 $0<|z-1|<1$ 内，有 $|z-1|<1$，$f(z)$ 展开为洛朗级数

$$f(z) = \frac{1}{z^2 - 3z + 2} = \frac{1}{z-2} - \frac{1}{z-1} = \frac{-1}{1-(z-1)} - \frac{1}{z-1}$$

$$= -\sum_{k=0}^{\infty}(z-1)^k - \frac{1}{z-1} = -\sum_{k=-1}^{\infty}(z-1)^k$$

(2) 在圆环 $1 < |z-1| < \infty$ 内,有 $|\frac{1}{z-1}| < 1$,$f(z)$ 展开为洛朗级数

$$f(z) = \frac{1}{z^2 - 3z + 2} = \frac{1}{z-2} - \frac{1}{z-1}$$

$$= \frac{1}{z-1}\frac{1}{1-\frac{1}{z-1}} - \frac{1}{z-1}$$

$$= \frac{1}{z-1}\sum_{k=0}^{\infty}(z-1)^{-k} - \frac{1}{z-1}$$

$$= \frac{1}{z-1}\sum_{k=1}^{\infty}(z-1)^{-k} = \sum_{k=1}^{\infty}(z-1)^{-(k+1)}$$

还可写成

$$f(z) = \sum_{k=-\infty}^{-2}(z-1)^k$$

(3) 在圆环 $0 < |z-2| < 1$ 内,有 $|z-2| < 1$,$f(z)$ 展开为洛朗级数

$$f(z) = \frac{1}{z^2 - 3z + 2} = \frac{1}{z-2} - \frac{1}{1+(z-2)}$$

$$= \frac{1}{z-2} - \sum_{k=0}^{\infty}(-1)^k(z-2)^k$$

$$= \sum_{k=-1}^{\infty}(-1)^{k+1}(z-2)^k$$

(4) 在圆环 $1 < |z-2| < \infty$ 内,有 $|\frac{1}{z-2}| < 1$,$f(z)$ 展开为洛朗级数

$$f(z) = \frac{1}{z-2} - \frac{1}{1+(z-2)} = \frac{1}{z-2} - \frac{1}{z-2}\frac{1}{1+\frac{1}{z-2}}$$

$$= \frac{1}{z-2} - \frac{1}{z-2}\sum_{k=0}^{\infty}(-1)^k(z-2)^{-k}$$

$$= \frac{1}{z-2}[1 - \sum_{k=0}^{\infty}(-1)^k(z-2)^{-k}]$$

$$= \frac{1}{z-2}\sum_{k=1}^{\infty}(-1)^{k+1}(z-2)^{-k}$$

$$= \sum_{k=1}^{\infty}(-1)^{k+1}(z-2)^{-(k+1)}$$

还可写成

$$f(z) = \sum_{k=-\infty}^{-2} (-1)^k (z-2)^k$$

或者有

$$f(z) = \frac{1}{z-2} \frac{1}{z-2} \sum_{k=0}^{+\infty} (-1)^k (z-2)^{-k} = \sum_{k=-2}^{-\infty} (-1)^k (z-2)^k$$

由此看出，同一个函数 $f(z)$ 由于展开中心或展开区域的不同，其展开式可以完全不同，这与函数 $f(z)$ 展式的唯一性并不矛盾。

3.6   将 $f(z) = \dfrac{(z+1)}{z^2(z-1)}$ 分别在圆环域(1) $0 < |z| < 1$；(2) $1 < |z| < +\infty$ 内展开为洛朗级数。

解   用待定系数法分解 $f(z)$ 为部分分式：

$$f(z) = -\frac{1}{z^2} - \frac{2}{z} + \frac{2}{z-1}$$

(1) 在 $0 < |z| < 1$ 内展开为洛朗级数：

$$f(z) = -\frac{1}{z^2} - \frac{2}{z} - 2\frac{1}{1-z}$$

$$= -\frac{1}{z^2} - \frac{2}{z} - 2 - 2z - 2z^2 - 2z^3 + \cdots$$

(2) 在 $1 < |z| < +\infty$ 内展开为洛朗级数：

$$f(z) = -\frac{1}{z^2} - \frac{2}{z} + \frac{2}{z}\frac{1}{1-\left(\frac{1}{z}\right)}$$

$$= -\frac{1}{z^2} - \frac{2}{z} + \frac{2}{z}\left[1 + \frac{1}{z} + \frac{1}{z^2} + \frac{1}{z^3} + \cdots\right]$$

$$= \frac{1}{z^2} + \frac{2}{z^3} + \frac{2}{z^4} + \cdots$$

注：当 $f(z)$ 为有理分式函数时，应尽可能将 $f(z)$ 分解为部分分式，然后再展开为洛朗级数。

3.7   写出(1) $f(z) = \dfrac{e^{z^2}}{\cos z}$ 与(2) $f(z) = \sin\dfrac{3}{1-z}$ 的幂级数展开式至含 z^4 项为止，并指明其收敛范围。

解   (1)考虑到函数 $f(z) = \dfrac{e^{z^2}}{\cos z}$ 中距离原点最近的奇点是 $\pm\dfrac{\pi}{2}$，故收敛范围 $|z| < R = \dfrac{\pi}{2}$。并有

$$e^{z^2} = 1 + z^2 + \frac{1}{2!}z^4 + \cdots + \frac{1}{k!}z^{2k} + \cdots, \ |z| < \infty$$

$$\cos z = 1 - \frac{1}{2!}z^2 + \frac{1}{4!}z^4 - \cdots + \frac{(-1)^k}{(2k)!}z^{2k} + \cdots, \ |z| < \infty$$

由幂级数的除法,并设

$$f(z) = c_0 + c_1 z + c_2 z^2 + \cdots + c_k z^k + \cdots, \ |z| < \frac{\pi}{2}$$

注意到 e^{z^2} 与 $\cos z$ 均为偶函数,故 $f(z)$ 展开式中不含 z^{2k+1} 项,即 $c_1 = c_3 = c_5 = \cdots = 0$,所以有

$$(1 + z^2 + \frac{1}{2!}z^4 + \cdots) = (c_0 + c_2 z^2 + c_4 z^4 + \cdots) \times (1 - \frac{1}{2!}z^2 + \frac{1}{4!}z^4$$

$$- \cdots)$$

$$= c_0 + (c_2 - \frac{c_0}{2})z^2 + (c_4 - \frac{c_2}{2!} + \frac{c_0}{4!})z^4 + \cdots$$

比较同幂项系数得

$$c_0 = 1, c_2 = \frac{3}{2}, c_4 = \frac{29}{24}, \cdots$$

所以有

$$f(z) = 1 + \frac{3}{2}z^2 + \frac{29}{24}z^4 + \cdots, \ |z| < \frac{\pi}{2}$$

(2) 考虑到 $f(z) = \sin\dfrac{3}{1-z}$ 中距离原点最近的奇点是 $z_0 = 1$,故收敛范围 $|z| < 1$。

解法一 采用直接法。首先给出函数 $f(z)$ 各阶导数在 $z = 0$ 的值,即

$$f(0) = \sin 3$$

$$f'(z) = \frac{3}{(1-z)^2}\cos\frac{3}{1-z}, f'(0) = 3\cos 3$$

$$f''(z) = \frac{6}{(1-z)^3}\cos\frac{3}{1-z} - \frac{9}{(1-z)^4}\sin\frac{3}{1-z}, f''(0) = 6\cos 3 - 9\sin 3$$

$$f'''(z) = \frac{18}{(1-z)^4}\cos\frac{3}{1-z} - \frac{18}{(1-z)^5}\sin\frac{3}{1-z} - \frac{36}{(1-z)^5}\sin\frac{3}{1-z}$$

$$- \frac{27}{(1-z)^6}\cos\frac{3}{1-z}$$

$$f'''(0) = -9\cos 3 - 54\sin 3$$

由泰勒定理中的(3-9)、(3-10) 式,可得

$$f(z) = f(0) + \frac{f'(0)}{1!}z + \frac{f''(0)}{2!}z^2 + \frac{f'''(0)}{3!}z^3 + \cdots$$

$$= \sin 3 + 3(\cos 3)z + \left(3\cos 3 - \frac{9}{2}\sin 3\right)z^2 - \left(\frac{3}{2}\cos 3 + 9\sin 3\right)z^3$$

$$+ \cdots$$

解法二 利用三角公式与已知函数展式的结合法，可得

$$f(z) = \sin\frac{3}{1-z} = \sin\left(3 + \frac{3z}{1-z}\right) = \sin 3\cos\frac{3z}{1-z} + \cos 3\sin\frac{3z}{1-z}$$

$$= \sin 3\left[1 - \frac{1}{2!}\left(\frac{3z}{1-z}\right)^2 + \frac{1}{4!}\left(\frac{3z}{1-z}\right)^4 - \cdots\right] +$$

$$\cos 3\left[\frac{3z}{1-z} - \frac{1}{3!}\left(\frac{3z}{1-z}\right)^3 + \cdots\right]$$

$$f(z) = \sin 3\left[1 - \frac{1}{2!}9z^2(1 + z + z^2 + z^3 + \cdots)^2 + \right.$$

$$\left. \frac{81z^4}{4!}(1 + z + z^2 + \cdots)^4 + \cdots\right] +$$

$$\cos 3\left[3z(1 + z + z^2 + \cdots) - \frac{27z^3}{3!}(1 + z + z^2 + \cdots)^3 + \cdots\right]$$

$$= \sin 3 + 3(\cos 3)z + \left(3\cos 3 - \frac{9}{2}\sin 3\right)z^2 - \left(\frac{3}{2}\cos 3 + 9\sin 3\right)z^3$$

$$+ \cdots$$

解法三 利用已知函数展开法

$$\sin\frac{3}{1-z} = \sin(3 + 3z + 3z^2 + 3z^3 + \cdots)$$

$$= (3 + 3z + 3z^2 + 3z^3 + \cdots) - \frac{1}{3!}(3 + 3z + 3z^2 + 3z^3 + \cdots)^3$$

$$+ \frac{1}{5!}(3 + 3z + 3z^2 + 3z^3 + \cdots)^5 + \cdots$$

$$= \left(3 - \frac{3^3}{3!} + \frac{3^5}{5!} + \cdots\right) + 3\left(1 - \frac{3^2}{2!} + \frac{3^4}{4!} - \frac{3^6}{6!} + \cdots\right)z + \cdots$$

$$= \sin 3 + 3(\cos 3)z + \left(3\cos 3 - \frac{9}{2}\sin 3\right)z^2 - \left(\frac{3}{2}\cos 3 + 9\sin 3\right)z^3$$

$$+ \cdots$$

3.8 求函数 $(1) f(z) = \int_0^z \frac{\sin z}{z}dz$；$(2) f(z) = \int_0^z e^{z^2}dz$，在 $z = 0$ 的级数展开，并确定其收敛半径。

解　(1) 设 $g(z) = \dfrac{\sin z}{z}$，考虑到 $z = 0$ 为 $g(z)$ 的可去奇点，令

$$h(z) = \begin{cases} g(z), & z \neq 0 \\ 1, & z = 0 \end{cases}$$

则 $h(z)$ 在全平面解析，并且有

$$h(z) = \sum_{0}^{\infty} \frac{(-1)^k}{(2k+1)!} z^{2k}, \ |z| < \infty$$

把上面的展开式逐项积分，可得

$$f(z) = \int_0^z h(z)\mathrm{d}z = \sum_{0}^{\infty} \frac{(-1)^k}{(2k+1)(2k+1)!} z^{2k+1}, \ |z| < \infty$$

(2) 设 $g(z) = \mathrm{e}^{z^2}$，因 $g(z)$ 在全平面解析，且有 $g(z) = \sum_{0}^{\infty} \dfrac{1}{k!} z^{2k}$，$|z| < \infty$。

由幂级数性质，逐项积分，可得

$$f(z) = \int_0^z g(z)\mathrm{d}z = \sum_{0}^{\infty} \frac{z^{2k+1}}{k!(2k+1)}, \ |z| < \infty$$

3.9　确定下列各函数的孤立奇点，并指出各孤立奇点的类型（包括无穷远点）。

(1) $\dfrac{1}{(z^2+i)^2}$；　　　(2) $\dfrac{1-\cos z}{z^3}$；　　　(3) $\dfrac{\mathrm{e}^z-1}{z^m}$（$m$ 为自然数）；

(4) $f(z) = \dfrac{z-1}{z(z^2+4)^2}$；　　　(5) $\dfrac{\mathrm{e}^z}{\mathrm{e}^z-1}$；　　　(6) $\dfrac{\tan(z-1)}{z-1}$。

解　(1) **解法一**　考虑到 $z^2 + i = 0$ 时，有

$$z_k = \mathrm{e}^{i\left[\frac{-(\frac{\pi}{2})+2k\pi}{2}\right]}, \quad k = 0, 1$$

其中

$$z_1 = \mathrm{e}^{-i\frac{\pi}{4}} = \mathrm{e}^{i\frac{7\pi}{4}} = \frac{(1-i)}{\sqrt{2}}; z_2 = \mathrm{e}^{i\frac{3\pi}{4}} = \frac{(i-1)}{\sqrt{2}}$$

或者令

$$g(z) = (z^2+i)^2 = (z+\sqrt{-i})^2(z-\sqrt{-i})^2$$

同样可得以上结果。

由于 z_1、z_2 是 $g(z)$ 的二阶零点，所以 z_1、z_2 是 $f(z)$ 的二阶极点。

再令 $\zeta = \dfrac{1}{z}$，有 $F(\zeta) = f\left(\dfrac{1}{\zeta}\right) = \dfrac{\zeta^4}{(1+i\zeta)}$，显然，$\zeta = 0$ 是 $F(\zeta)$ 的解

析点,所以 $z = \infty$ 是 $f(z)$ 的可去奇点。

解法二   考虑到

$$\frac{1}{(z^2+i)^2} = \frac{1}{z^4} \frac{1}{(1+\frac{i}{z^2})^2} = \frac{1}{z^4} \sum_{k=0}^{\infty} (k+1) \frac{i^k}{z^{2k}} \ , \ |z| < \infty$$

由于以上展式中无关于 z 的正幂项,所以 $z = \infty$ 是 $f(z)$ 的可去奇点。

(2) 考虑到(3-20)式,有

$$\lim_{z \to 0} z f(z) = \lim_{z \to 0} \frac{1-\cos z}{z^2} = \lim_{z \to 0} \frac{\sin z}{2z} = \lim_{z \to 0} \frac{\cos z}{2} = \frac{1}{2}$$

所以,$z = 0$ 为 $f(z)$ 的一阶极点。

或者,考虑到 $z = 0$ 是 $f(z)$ 的孤立奇点,在 $0 < |z| < \infty$ 把 $f(z)$ 展开

$$f(z) = \frac{1}{z^3}(1 - 1 + \frac{1}{2!}z^2 - \frac{1}{4!}z^4 + \cdots) = \frac{1}{2!z} - \frac{1}{4!}z + \cdots$$

可得同样结果。

由于环域 $0 < |z| < \infty$ 也是 $z = \infty$ 的无心邻域,而上述洛朗展开式中有无穷多个正幂项,由此可得,$z = \infty$ 是 $f(z)$ 的本性奇点。

(3) 考虑到

$$f(z) = \frac{1}{z^m}\left(z + \frac{z^2}{2!} + \frac{z^3}{3!} + \cdots\right) = \frac{1}{z^{m-1}}\left(1 + \frac{z}{2!} + \cdots\right) = \frac{\lambda(z)}{z^{m-1}}$$

(i)$\lambda(z)$ 在 $z = 0$ 的邻域内是一个解析函数,且 $\lambda(0) \neq 0$。所以,当 $m > 1$ 时,$z = 0$ 为 $f(z)$ 的 $(m-1)$ 阶极点;当 $m = 1$ 时,$z = 0$ 为 $f(z)$ 的可去奇点。当 $m \leqslant 0$ 时,$z = 0$ 为 $f(z)$ 的解析点。

(ii) 由于环域 $0 < |z| < \infty$ 也是 $z = \infty$ 的去心邻域,而 $f(z)$ 在 $0 < |z| < \infty$ 的洛朗展式有无限多个正幂项,所以 $z = \infty$ 为 $f(z)$ 的本性奇点。

(4) 由函数 $f(z)$ 的形式,可见 $z_1 = 0, z_{2,3} = \pm 2i, z = \infty$ 是 $f(z)$ 的孤立奇点。由(3-19)式可得 $z_1 = 0$ 为 $f(z)$ 的一阶极点;$z_{2,3} = \pm 2i$ 为 $f(z)$ 的二阶极点。

对于 $z = \infty$,令 $\zeta = \frac{1}{z}$,有 $F(\zeta) = f(\frac{1}{\zeta}) = \frac{(1-\zeta)\zeta^4}{(1+4\zeta^2)^2}$,显然,$\zeta = 0$ 是 $F(\zeta)$ 的解析点,所以 $z = \infty$ 是 $f(z)$ 的可去奇点。也可由极限判别法 $\lim_{z \to \infty} f(z) = 0$,得同样结果。

(5) 考虑到 $e^z - 1 = 0, z_k = 2k\pi i, k = 0, \pm 1, \pm 2 \cdots$。所以,$z_k$ 为一级极点,$z = \infty$ 为非孤立奇点。即

$$\lim_{z\to z_k}(z-z_k)f(z)=\lim_{z\to z_k}\frac{(z-z_k)\mathrm{e}^z}{\mathrm{e}^z-1}=\lim_{z\to z_k}\frac{\mathrm{e}^z+(z-z_k)\mathrm{e}^z}{\mathrm{e}^z}=1\neq0$$

（6）考虑到

$$\frac{\tan(z-1)}{z-1}=\frac{\sin(z-1)}{(z-1)\cos(z-1)}$$

可得

$z=1$ 为可去奇点，$z_k=1+\dfrac{\pi}{2}+k\pi,k=0,\pm1,\pm2,\cdots,$ 为一阶极点。即

$$\lim_{z\to1}f(z)=\frac{\lim\limits_{z\to1}\dfrac{\sin(z-1)}{z-1}}{\lim\limits_{z\to1}\cos(z-1)}=1$$

$$\lim_{z\to z_k}(z-z_k)f(z)=\lim_{z\to z_k}\frac{(z-z_k)}{\cos(z-1)}\lim_{z\to z_k}\frac{\sin(z-1)}{z-1}$$

$$=-\frac{1}{z_k-1}\neq0$$

$z=\infty$ 是非孤立奇点。

3.10　设 $f(z),g(z)$ 分别以 $z=a$ 为 m 阶极点及 n 阶极点，试求 $z=a$ 为 $[f(z)+g(z)],[f(z)\times g(z)]$ 及 $\dfrac{f(z)}{g(z)}$ 的什么样的点？

解　设 $f(z)=\dfrac{1}{(z-a)^m}f_1(z),g(z)=\dfrac{1}{(z-a)^n}g_1(z)$

其中，$f_1(z),g_1(z)$ 在 $z=a$ 的邻域内解析，且 $f_1(a)\neq0,g_1(a)\neq0$

(1) $f(z)+g(z)=\dfrac{1}{(z-a)^m}[f_1(z)+(z-a)^{(m-n)}g_1(z)]$

(i) $z=a$ 是 $[f(z)+g(z)]$ 的 $\max(m,n)$ 级极点（当 $m>n$ 时，方括号中的解析函数不为零）；

(ii) 当 $m=n$，且 $f_1(z)+g_1(z)\neq0$，则 $z=a$ 是 $f(z)+g(z)$ 的 m 级极点；

(iii) 当 $m=n$，且 $f_1(z)+g_1(z)=0$，并且 $z=a$ 是 $f_1(z)+g_1(z)$ 的 l 阶零点，则有

① 当 $l<m,z=a$ 是 $f(z)+g(z)$ 的 $(m-l)$ 级极点；

② 当 $l\geqslant m,z=a$ 是 $f(z)+g(z)$ 的可去奇点或解析点；

③ 当 $l>m,z=a$ 则为 $f(z)+g(z)$ 的 $(l-m)$ 阶零点。

(2) $f(z)g(z)=\dfrac{1}{(z-a)^{m+n}}f_1(z)g_1(z),z=a$ 为 $f(z)g(z)$ 的 $(m+$

n) 级极点。

(3) $\dfrac{f(z)}{g(z)} = \dfrac{1}{(z-a)^{m-n}} \dfrac{f_1(z)}{g_1(z)}$

(i) 当 $m > n$ 时，$z = a$ 为 $\dfrac{f(z)}{g(z)}$ 的 $(m-n)$ 级极点；

(ii) 当 $m = n$ 时，$z = a$ 为 $\dfrac{f(z)}{g(z)}$ 的可去奇点，若 $\dfrac{f_1(z)}{g_1(z)}$ 以 a 为 l 阶零点，则 a 为 $\dfrac{f(z)}{g(z)}$ 的 l 阶零点；

(iii) 当 $m < n$ 时，$z = a$ 为 $\dfrac{f(z)}{g(z)}$ 的 $(n-m)$ 阶零点。

3.11　试说明函数 $f_2(z) = \dfrac{1}{1-z}$ 是函数 $f_1(z) = \sum\limits_{k=0}^{\infty} z^k$ 在复平面上除去 $z = 1$ 点外的区域内的解析延拓。

解　因为 $f_1(z) = \sum\limits_{k=0}^{\infty} z^k$ 的定义域 D_1 为 $|z| < 1$，而 $f_2(z) = \dfrac{1}{1-z}$ 的定义域 D_2 为 $|z-1| > 0$。在 D_1 与 D_2 的重叠区域 D_{12}（在本题中为 D_1），有 $f_1(z) = f_2(z)$。这样，$f_2(z) = \dfrac{1}{1-z}$ 是 $f_1(z) = \sum\limits_{k=0}^{\infty} z^k$ 在 D_2 中的解析延拓，从而将 $f_1(z)$ 的定义域扩大了。同样，$f_1(z)$ 是 $f_2(z)$ 在 D_1 中的解析延拓。只不过此时 D_2 已涵盖了 D_1 而已。

3.12　函数 $f_1(z) = -\sum\limits_{k=-1}^{\infty} z^k$，在去心邻域 $0 < |z| < 1$ 中解析，试求该函数的解析延拓。

解　在 $0 < |z| < 1$ 中，有

$$f_1(z) = -\sum_{k=-1}^{\infty} z^k = -\left(\frac{1}{z} + 1 + z + \cdots + z^k + \cdots\right) = -\frac{1}{z}\frac{1}{1-z}$$

所以有，$f_2(z) = -\dfrac{1}{z(1-z)}$。$f_2(z)$ 在除去 $z = 0$ 和 $z = 1$ 点之外的复平面上解析，于是 $f_2(z)$ 是 $f_1(z)$ 的解析延拓。

3.13　设 $f(x) = \begin{cases} \mathrm{e}^{-\frac{1}{x^2}}, & x \neq 0 \\ 0, & x = 0 \end{cases}$ 定义在 $[-1, 1]$ 上，试证该函数不能解析延拓到复平面上。

证明　若 $f(x)$ 可解析延拓到复平面上，则由解析延拓的唯一性定理知，延拓后的函数只能是

$$f(z) = \begin{cases} \mathrm{e}^{-\frac{1}{z^2}}, & z \neq 0 \\ 0, & z = 0 \end{cases}$$

而 $f(z)$ 不是复平面上的解析函数，$z = 0$ 为 $f(z)$ 的本性奇点，故该函数不可能延拓到复平面上。

3.14 对整数 n，证明 $\Gamma(\frac{1}{2} - n)\Gamma(\frac{1}{2} + n) = (-1)^n \pi$。

证明 **解法一** 利用 $\Gamma(z)$ 函数的递推公式 $(3\text{-}33)$，有

$$\Gamma(z) = \frac{1}{z}\frac{1}{z+1}\frac{1}{z+2}\cdots\frac{1}{z+n}\Gamma(z+n+1)$$

从而有

$$\Gamma(\frac{1}{2} - n) = \frac{\Gamma(\frac{1}{2})}{(-\frac{1}{2})(-\frac{3}{2})\cdots(\frac{3}{2}-n)(\frac{1}{2}-n)}$$

$$= \frac{\Gamma(\frac{1}{2})}{(-1)^n(\frac{1}{2})(\frac{3}{2})\cdots(n-\frac{3}{2})(n-\frac{1}{2})}$$

$$\Gamma(\frac{1}{2} + n) = (n-\frac{1}{2})(n-\frac{3}{2})\cdots(\frac{3}{2})(\frac{1}{2})\Gamma(\frac{1}{2})$$

所以有

$$\Gamma(\frac{1}{2} - n)\Gamma(\frac{1}{2} + n) = (-1)^n\left[\Gamma(\frac{1}{2})\right]^2 = (-1)^n\pi$$

解法二 利用 $\Gamma(z)$ 函数的互余宗量定理 $(3\text{-}35)$，有

$$\Gamma(\frac{1}{2} - n)\Gamma(\frac{1}{2} + n) = \frac{\pi}{\sin(\frac{\pi}{2} + n\pi)} = (-1)^n\pi$$

证毕。

3.15 由 $\Gamma(z)$ 函数的倍乘公式 $(3\text{-}37)$，证明 $\Gamma(n + \frac{1}{2}) = \frac{(2n-1)!!}{2^n}\sqrt{\pi}$。

证明 在 $\Gamma(z)$ 函数的倍乘公式中，取 $z = n$（正整数），则得

$$\Gamma(n + \frac{1}{2}) = \frac{\Gamma(2n)\sqrt{\pi}}{2^{2n-1}\Gamma(n)} = \frac{(2n-1)!\sqrt{\pi}}{2^{2n-1}(n-1)!} = \frac{(2n-1)!!}{2^n}\sqrt{\pi}$$

证毕。

第四章   留   数

留数是复变函数中的重要概念之一,留数定理是解析函数理论中最基本的定理之一。留数理论在复变函数理论本身及实际应用中都具有重要的意义,它解决了很多在数学分析中难以计算的以及某些复杂的实函数的积分。诚然,留数理论的应用远不止这些,它也是流体力学、电工技术及其他领域的应用中采用复分析方法的理论基石之一。

4.1   内容导读

一、有关留数的基本理论

1. 留数(Residue)的定义

(1)解析函数在有限远点处的留数   设 $a(\neq\infty)$ 为函数 $f(z)$ 的孤立奇点,$f(z)$ 在某个环域 $0<|z-a|<\varepsilon$ 内解析,则定义 $f(z)$ 在 a 点的留数为

$$\operatorname{Res}[f(z),a] = \frac{1}{2\pi i}\oint_l f(z)\mathrm{d}z \tag{4-1}$$

其中,l 是在 $0<|z-a|<\varepsilon$ 内环绕 a 点的一条正向简单闭曲线。

$f(z)$ 在 a 点的留数,也等于它在 a 点的去心邻域内洛朗展式中负幂项 $c_{-1}(z-a)^{-1}$ 的系数 c_{-1},即

$$\operatorname{Res}[f(z),a] = c_{-1} \tag{4-2}$$

(2) 解析函数在无限远点的留数   设 ∞ 为函数 $f(z)$ 的孤立奇点,$f(z)$ 在去心邻域 $R<|z|<+\infty$ 内解析,则定义 $f(z)$ 在 $z=\infty$ 处的留数为

$$\operatorname{Res}[f(z),\infty] = \frac{1}{2\pi i}\oint_{l'} f(z)\mathrm{d}z \tag{4-3}$$

其中，l' 是 $R<|z|<+\infty$ 内任一环绕 ∞ 点的正向（即顺时针方向）简单闭曲线。

$f(z)$ 在 ∞ 点的留数，也等于它在 ∞ 点邻域内洛朗展式中 z^{-1} 项的系数 c_{-1} 的负值，即

$$\mathrm{Res}[f(z),\infty]=-c_{-1} \qquad (4\text{-}4)$$

2. 留数定理

设函数 $f(z)$ 在由一条正向简单闭曲线 l 所围的区域 D 内除有限个孤立奇点 $a_1,a_2,\cdots,a_n$ 外单值解析（或是多值函数的一个单值分支），并且在 l 上也是解析的，则

$$\oint_l f(z)\mathrm{d}z=2\pi i\sum_{k=1}^n \mathrm{Res}[f(z),a_k] \qquad (4\text{-}5)$$

3. 留数之和定理

设函数 $f(z)$ 在扩充的复平面（全复平面）上除了有限个孤立奇点 $a_1,a_2,\cdots,a_n$ 及 ∞ 外解析，那么 $f(z)$ 在所有点（包括无穷远点）的留数之和为零，即

$$\sum_{k=1}^n \mathrm{Res}[f(z),a_k]+\mathrm{Res}[f(z),\infty]=0 \qquad (4\text{-}6)$$

(4-6) 式称为**留数之和定理**。(4-6) 式提供了一种计算围线积分的方法，即

$$\oint_l f(z)\mathrm{d}z=-2\pi i\mathrm{Res}[f(z),\infty] \qquad (4\text{-}7)$$

l 为包含诸有限远孤立奇点的一条正向简单闭曲线。

二、孤立奇点的留数的计算

留数的定义为我们提供了两种计算留数的基本方法：一是直接由定义计算积分；二是计算 $f(z)$ 在 a 点邻域内洛朗展式中负一次幂的系数 c_{-1}。特别当 a 为 $f(z)$ 的本性奇点或孤立奇点类型不清楚、或为阶数较高的极点时，常采用洛朗展开的方法来计算留数。

1. 有限远孤立奇点的留数的计算

（1）可去奇点的留数

$$\mathrm{Res}[f(z),a]=c_{-1}=0 \qquad (4\text{-}8)$$

（2）一阶极点的留数

$$(\mathrm{i})\mathrm{Res}[f(z),a]=\lim_{z\to a}(z-a)f(z) \qquad (4\text{-}9)$$

$$(\mathrm{ii})\mathrm{Res}[f(z),a]=\frac{\varphi(a)}{\psi'(a)} \qquad (4\text{-}10)$$

其中，$f(z) = \dfrac{\varphi(z)}{\psi(z)}$，$\varphi(z)$、$\psi(z)$ 在 a 点解析，并且 $\varphi(a) \neq 0$，$\psi(a) \neq 0$，$\psi(a) = 0$。

由于物理学中遇到的大量的一阶极点的问题，因此掌握一阶极点的留数的计算非常重要。

（3）$m(m \geqslant 2)$ 阶极点的留数

（i）$\mathrm{Res}[f(z), a] = \dfrac{1}{(m-1)!} \lim\limits_{z \to a} \dfrac{\mathrm{d}^{m-1}}{\mathrm{d}z^{m-1}}[(z-a)^m f(z)]$ \qquad (4-11)

（ii）$\mathrm{Res}[f(z), a] = \dfrac{1}{(m-1)!} \lim\limits_{z \to a} \dfrac{\mathrm{d}^{m-1}}{\mathrm{d}z^{m-1}}\lambda(z)$ \qquad (4-12)

其中，$f(z) = \dfrac{\lambda(z)}{(z-a)^m}$，$\lambda(z)$ 在 a 点解析，并且 $\lambda(a) \neq 0$。

在使用公式(4-11) 和(4-12) 的计算中，有时把 m 取得比实际的阶数高，反而使计算更加简单。请读者考虑可以把 m 取得比实际的阶数高的理由。

（4）多值函数的留数的计算

对于多值函数 $f(z)$，首先在 z 平面中沿任意曲线连接支点做割线，使 $f(z)$ 成为黎曼面上的单值函数；其次，分别计算多值函数在各个单值分支上孤立奇点处的留数。需要注意的是，对应于不同的孤立奇点，恰当地选择割线，可使问题简单化。

2. 无限远孤立奇点的留数的计算

（1）由定义式(4-3) 和(4-4)，通过求积分或者把函数 $f(z)$ 在 ∞ 点的去心邻域内展开为洛朗级数来计算留数；

（2）利用留数之和定理，即公式(4-6) 或(4-7) 来计算；

（3）若 $\lim\limits_{z \to \infty} f(z) = 0$，此时 ∞ 一定是 $f(z)$ 的可去奇点，则

$$\mathrm{Res}[f(z), \infty] = -\lim\limits_{z \to \infty}[zf(z)] \qquad (4-13)$$

（4）若 $\lim\limits_{z \to \infty} f(z) \neq 0$，则

$$\mathrm{Res}[f(z), \infty] = -\mathrm{Res}\Big[\dfrac{1}{z^2} f\Big(\dfrac{1}{z}\Big), 0\Big] \qquad (4-14)$$

即 $f(z)$ 在 $z = \infty$ 的留数也等于 $f\Big(\dfrac{1}{\zeta}\Big)$ 在 $\zeta = 0$ 的邻域内幂级数展开中 ζ^1 项系数的负值。

（5）若 $\lim\limits_{z \to \infty} zf(z) = 0$，则

$$\mathrm{Res}[f(z), \infty] = 0 \qquad (4-15)$$

3. 应用留数定理计算复变函数的围线积分

应用留数定理计算复变函数 $f(z)$ 沿简单闭曲线的积分,是一个有效的方法。在运算时,首先弄清简单闭曲线的形状,确定被积函数在围线内有哪些孤立奇点;其次分别计算出 $f(z)$ 在各个孤立奇点处的留数;最后按留数定理进行计算。

三、应用留数定理计算实函数的定积分

1. 三类典型的实变函数的定积分

(1) 有理三角函数的积分 $I = \int_0^{2\pi} R(\cos\varphi, \sin\varphi) \mathrm{d}\varphi$

积分特征　被积函数 $R(\cos\varphi, \sin\varphi)$ 为 $\cos\varphi, \sin\varphi$ 的有理实函数,并在积分区间 $[0, 2\pi]$ 或 $[\alpha, \alpha + 2\pi]$(α 为某个实数)上连续,则有

$$\int_0^{2\pi} R(\cos\varphi, \sin\varphi) \mathrm{d}\varphi = \oint_{|z|=1} f(z) \mathrm{d}z = 2\pi i \sum_{k=1}^{n} \mathrm{Res}[f(z), a_k]$$

$$(4\text{-}16)$$

其中,$f(z) = \dfrac{1}{iz} R\left(\dfrac{z + z^{-1}}{2}, \dfrac{z - z^{-1}}{2i}\right)$,$a_k (k = 1, 2, \cdots n)$ 为 $f(z)$ 在 $|z| < 1$ 内的孤立奇点。

(2) 无穷积分 $I = \displaystyle\int_{-\infty}^{\infty} f(x) \mathrm{d}x$

积分特征　设由被积函数 $f(x)$ 所唯一确定的复变函数 $f(z)$ 在上半平面除有限个孤立奇点 $a_k (k = 1, 2, \cdots n)$ 外解析;符合条件 $\lim\limits_{z \to \infty} z f(z) \to 0$。

① 若 $f(z)$ 在实轴上没有奇点,则有

$$\int_{-\infty}^{+\infty} f(x) \mathrm{d}x = 2\pi i \sum_{k=1}^{n} \mathrm{Res}[f(z), a_k] \qquad (4\text{-}17)$$

② 设 $f(x)$ 在实轴上有 l 个一阶极点 $b_k (k = 1, 2, \cdots l)$,则其柯西积分主值为

$$P\int_{-\infty}^{+\infty} f(x) \mathrm{d}x = 2\pi i \sum_{k=1}^{n} \mathrm{Res}[f(z), a_k] + \pi i \sum_{k=1}^{l} \mathrm{Res}[f(z), b_k]$$

$$(4\text{-}18)$$

如果(4-17)式或(4-18)式中的被积函数 $f(x)$ 为有理函数,即 $f(x) = \dfrac{P(x)}{Q(x)}$,$P(x)$ 与 $Q(x)$ 为互质多项式,$Q(x)$ 的次数 q 至少高于 $P(x)$ 的次数 p 两次,即 $(q - p) \geqslant 2$,此时 $f(z)$ 一定符合条件 $\lim\limits_{z \to \infty} z f(z) = 0$。请读

者说明理由。

（3）含三角函数的无穷积分

$$\int_{-\infty}^{+\infty} f(x)\cos px\,\mathrm{d}x \text{ 和 } \int_{-\infty}^{+\infty} f(x)\sin px\,\mathrm{d}x，\quad (p>0，为实常数)$$

积分特征   设由被积函数 $f(x)$ 所唯一确定的复变函数 $f(z)$ 在上半平面除有限个孤立奇点 $a_k(k=1,2,\cdots n)$ 外解析；符合条件 $\lim\limits_{z\to\infty}f(z)=0$。

① 若 $f(z)$ 在实轴上没有奇点，则有

$$\int_{-\infty}^{+\infty} f(x)\mathrm{e}^{ipx}\,\mathrm{d}x = 2\pi i\sum_{k=1}^{n}\mathrm{Res}[f(z)\mathrm{e}^{ipz},a_k] \tag{4-19}$$

$$\int_{-\infty}^{+\infty} f(x)\cos px\,\mathrm{d}x = -2\pi\mathrm{Im}\{\sum_{k=1}^{n}\mathrm{Res}[f(x)\mathrm{e}^{ipz},a_k]\} \tag{4-20}$$

$$\int_{-\infty}^{+\infty} f(x)\sin px\,\mathrm{d}x = 2\pi\mathrm{Re}\{\sum_{k=1}^{n}\mathrm{Res}[f(z)\mathrm{e}^{ipz},a_k\} \tag{4-21}$$

② 设 $f(x)$ 在实轴上有 l 个一阶极点 $b_k(k=1,2,\cdots l)$，则其柯西积分主值为

$$P\int_{-\infty}^{+\infty} f(x)\mathrm{e}^{ipx}\,\mathrm{d}x = 2\pi i\sum_{k=1}^{n}\mathrm{Res}[f(z)\mathrm{e}^{ipz},a_k]+$$
$$\pi i\sum_{k=1}^{l}\mathrm{Res}[f(z)\mathrm{e}^{ipz},b_k] \tag{4-22}$$

特别当 $f(x)$ 为偶函数时，有

$$P\int_{0}^{+\infty} f(x)\cos px\,\mathrm{d}x = \pi i\sum_{k=1}^{n}\mathrm{Res}[f(z)\mathrm{e}^{ipz},a_k]+$$
$$\frac{\pi i}{2}\sum_{l=1}^{l}\mathrm{Res}[f(z)\mathrm{e}^{ipz},b_k] \tag{4-23}$$

而当 $f(x)$ 为奇函数时，有

$$P\int_{0}^{+\infty} f(x)\sin px\,\mathrm{d}x = \pi\sum_{k=1}^{n}\mathrm{Res}[f(z)\mathrm{e}^{ipz},a_k]+$$
$$\frac{\pi}{2}\sum_{k=1}^{l}\mathrm{Res}[f(z)\mathrm{e}^{ipz},b_k] \tag{4-24}$$

如果（4-22）—（4-24）式中的被积函数 $f(x)=\dfrac{P(x)}{Q(x)}$ 为有理函数，$P(x)$ 与 $Q(x)$ 为互质多项式，$Q(x)$ 的幂次 q 至少高于 $P(x)$ 的幂次 h 一次，即 $(q-h)\geqslant 1$，则 $f(z)$ 一定符合条件 $\lim\limits_{z\to\infty}f(z)=0$。请读者说明理由。

（4）应用围线积分法的基本方法

① 选择一个辅助函数，通常是将被积实函数或与被积实函数有关的

辅助函数延拓到复数域,更多的情况下即是简单地将 $f(x)$ 改写为 $f(z)$;

② 添加适当的辅助曲线,使积分路线构成闭合围线;

③ 计算被积函数 $f(z)$ 在闭合围线内各孤立奇点处的留数;

④ 应用留数定理来计算。

2. 物理问题中常见的几个定积分

(1) 泊松(Poisson)积分

$$\int_0^\infty \mathrm{e}^{-ax^2}\cos bx\,\mathrm{d}x = \frac{1}{2}\mathrm{e}^{-\frac{b^2}{4a}}\sqrt{\frac{\pi}{a}}, \quad (a>0,b\ \text{为任意实数}) \quad (4\text{-}25)$$

此积分在量子力学中计算谐振子的动量几率分布函数时用到。

(2) 菲涅耳(Fresnel)积分

$$I_1 = \int_0^\infty \sin(x^2)\mathrm{d}x = \frac{1}{2}\sqrt{\frac{\pi}{2}} \quad (4\text{-}26)$$

与

$$I_2 = \int_0^\infty \cos(x^2)\mathrm{d}x = \frac{1}{2}\sqrt{\frac{\pi}{2}} \quad (4\text{-}27)$$

此积分在光学计算菲涅耳衍射的合振动的振幅时用到。

(3) 梅林(Mellin)变换型积分

$$\int_0^\infty x^\alpha f(x)\mathrm{d}x = \frac{2\pi i}{1-\mathrm{e}^{i2\pi\alpha}}\sum_{k=1}^n \mathrm{Res}\big[z^\alpha f(z), a_k\big], (\alpha\ \text{是非整数}) \quad (4\text{-}28)$$

积分特征 设由 $f(x)$ 所唯一确定的复变函数 $f(z)$,在复平面上除有限个孤立奇点 $a_k(k=1,2,\cdots n)$ 外解析,它在正实轴上无奇点,在 $z=0$ 点至多为一阶极点;当 $z\to\infty$ 时,$|z^2 f(z)|$ 有界。

(4) 含对数函数的积分

$$\int_0^\infty f(x)\ln x\,\mathrm{d}x = \pi i\sum_{k=1}^n \mathrm{Res}\big[f(z)\ln z, a_k\big] - \frac{\pi i}{2}\int_0^\infty f(x)\mathrm{d}x \quad (4\text{-}29)$$

积分特征 设由 $f(x)$ 所唯一确定的复变函数 $f(z)$ 是在实轴上无奇点的有理函数,在复平面上除有限个孤立奇点 $a_k(k=1,2,\cdots n)$ 外解析,且为偶函数;当 $z\to\infty$ 时,$|z^2 f(z)|$ 有界。

注 在(3)—(4)两种情况中,被积函数延拓为复变函数后为多值函数,此时设计积分路径比较麻烦。在计算积分前应先连接支点做割线,在割开的复平面上选择避开支点的路径计算积分。此时应特别注意,由于多值函数的幅角和虚部的变化,函数在上、下沿应取不同值这一事实。

4.2　习题导练

4.1　判断下列函数孤立奇点（包括无限远点）的类型，并计算函数在各孤立奇点处的留数（m 是自然数）

(1) $z^m \sin \dfrac{1}{z}$; (2) $\dfrac{e^z - 1}{z^5}$; (3) $\dfrac{1}{(z-\alpha)^m(z-\beta)}$, $\alpha \neq \beta$;

(4) $\dfrac{\tan z}{1 - e^z}$; (5) $\dfrac{e^z}{z^2 - 1}$; (6) $\dfrac{z^{2m}}{1 + z^m}$。

解　(1) 显然，$z = 0$ 与 $z = \infty$ 为 $f(z)$ 的孤立奇点，$f(z)$ 在 $0 < |z| < \infty$ 的洛朗展开为

$$f(z) = z^m \left[\frac{1}{z} - \frac{1}{3!} \frac{1}{z^3} + \frac{1}{5!} \frac{1}{z^5} + \cdots + \frac{(-1)^k}{(2k+1)!} \frac{1}{z^{2k+1}} + \cdots \right]$$

$$= z^{m-1} - \frac{1}{3!} z^{m-3} + \frac{1}{5!} z^{m-5} + \cdots + \frac{(-1)^k}{(2k+1)!} z^{m-2k-1} + \cdots$$

此展式中含有无穷多个负幂项，故 $z = 0$ 是 $f(z)$ 的本性奇点。

考虑到上述展式也是 $f(z)$ 在无限远点邻域内的洛朗展开，而展式中正幂项的最高次 $(m-1)$，故 $z = \infty$ 是 $f(z)$ 的 $(m-1)$ 阶极点。由 $f(z)$ 在 $0 < |z| < \infty$ 内的洛朗展式，可得

$$\text{Res}[f(z), 0] = \begin{cases} \dfrac{(-1)^k}{(2k+1)!} = \dfrac{(-1)^{\frac{m}{2}}}{(m+1)!}, & m = 2k \\ 0, & m = 2k+1 \end{cases}$$

$$k = 0, 1, 2, \cdots$$

$$\text{Res}[f(z), \infty] = -\text{Res}[f(z), 0] = \begin{cases} \dfrac{(-1)^{\frac{m}{2}+1}}{(m+1)!}, & m = 2k \\ 0 & m = 2k+1 \end{cases}$$

$$k = 0, 1, 2, \cdots$$

(2) 显然，$z = 0$ 与 ∞ 为 $f(z)$ 的孤立奇点。由于 $z = 0$ 是分子的一阶零点、分母的五阶零点，故它是 $f(z)$ 的四阶极点。或者，考虑到

$$\lim_{z \to 0} z^4 f(z) = \lim_{z \to 0} \frac{e^z - 1}{z} = 1 \neq 0$$

可知 $z=0$ 为 $f(z)$ 的四阶极点。又由于在 $0<|z|<\infty$ 内的洛朗展开式中含有 z 的无穷多个正幂项,故 $z=\infty$ 是 $f(z)$ 的本性奇点。

解法一　若用计算 $m(>1)$ 阶极点的留数公式(4-11),则有

$$\mathrm{Res}[f(z),0]=\frac{1}{(4-1)!}\lim_{z\to0}\frac{\mathrm{d}^3}{\mathrm{d}z^3}(z^4\frac{\mathrm{e}^z-1}{z^5})$$

$$=\frac{1}{3!}\lim_{z\to0}\frac{\mathrm{d}^3}{\mathrm{d}z^3}(\frac{\mathrm{e}^z-1}{z})$$

由于求导次数较高,这将是比较麻烦的。

为此,采用对各类孤立奇点皆适用的一般方法,即将 $f(z)$ 在 $0<|z|<\infty$ 内展成洛朗级数

$$\frac{\mathrm{e}^z-1}{z^5}=\frac{1}{z^5}(1+z+\frac{z^2}{2!}+\frac{z^3}{3!}+\cdots-1)$$

$$=\frac{1}{z^4}+\frac{1}{2!z^3}+\frac{1}{3!z^2}+\frac{1}{4!z}+\frac{1}{5!}+\frac{1}{6!}z+\cdots$$

由此可得

$$\mathrm{Res}[f(z),0]=c_{-1}=\frac{1}{4!}=\frac{1}{24}$$

由留数之和定理(4-6)式,可得

$$\mathrm{Res}[f(z),\infty]=-\mathrm{Res}[f(z),0]=-\frac{1}{24}$$

解法二　在使用(4-11)式的计算中,有时把 m 取得比实际的级数高,反而使计算简单。如果取 $m=5$,则

$$\mathrm{Res}[f(z),0]=\frac{1}{(5-1)!}\lim_{z\to0}\frac{\mathrm{d}^4}{\mathrm{d}z^4}[z^5f(z)]$$

$$=\frac{1}{4!}\lim_{z\to0}\frac{\mathrm{d}^4}{\mathrm{d}z^4}(\mathrm{e}^z-1)=\frac{1}{24}$$

解法三　由留数定义(4-1)式及解析函数的柯西导数公式,可得

$$\mathrm{Res}[f(z),0]=\frac{1}{2\pi i}\oint_l\frac{\mathrm{e}^z-1}{z^5}\mathrm{d}z=\frac{1}{4!}(\mathrm{e}^z-1)^{(4)}\Big|_{z=0}=\frac{1}{24}$$

其中,围线 l: $|z|<R,R<\infty$。

(3) 根据奇点分类不难看出,$z=\alpha$ 为 $f(z)$ 的 m 阶极点;$z=\beta$ 为 $f(z)$ 的一阶极点;由(3-25)式,不难看出 $z=\infty$ 为 $f(z)$ 的可去奇点,当作解析点看,$z=\infty$ 为 $f(z)$ 的 $(m+1)$ 阶零点。

解法一　用计算 m 阶极点的(4-11)式,则有

(i) 当 $m=1$ 时 $\mathrm{Res}[f(z),\alpha]=\lim\limits_{z\to\alpha}[(z-\alpha)f(z)]=\dfrac{1}{\alpha-\beta}$

(ii) 当 $m\geqslant 2$ 时

$$
\begin{aligned}
\mathrm{Res}[f(z),\alpha] &= \frac{1}{(m-1)!}\lim_{z\to\alpha}\frac{\mathrm{d}^{m-1}}{\mathrm{d}z^{m-1}}[(z-\alpha)^m f(z)]\\
&= \frac{1}{(m-1)!}\lim_{z\to\alpha}\frac{\mathrm{d}^{m-1}}{\mathrm{d}z^{m-1}}\frac{1}{z-\beta}\\
&= \frac{1}{(m-1)!}\lim_{z\to\alpha}\frac{\mathrm{d}^{m-2}}{\mathrm{d}z^{m-2}}\frac{-1}{(z-\beta)^2}\\
&= \frac{1}{(m-1)!}\lim_{z\to\alpha}\frac{\mathrm{d}^{m-3}}{\mathrm{d}z^{m-3}}\frac{(-1)(-2)}{(z-\beta)^3}=\cdots\\
&= \frac{1}{(m-1)!}\lim_{z\to\alpha}\frac{(-1)(-2)\cdots(-m+1)}{(z-\beta)^m}\\
&= \frac{-1}{(\beta-\alpha)^m}
\end{aligned}
$$

上式最后一种形式也可把 $m=1$ 的情形包括进来,则有

$$
\mathrm{Res}[f(z),\alpha]=\frac{-1}{(\beta-\alpha)^m}
$$

解法二   由于求导次数较高,计算较繁,可采用洛朗级数展开的方法。注意 m 为自然数,只要求 $\dfrac{1}{z-\beta}$ 在 α 点邻域泰勒展开式中 $(z-\alpha)^{m-1}$ 的系数 a_{m-1} 即可。有

$$
\begin{aligned}
f(z) &= \frac{1}{(z-\alpha)^m}\sum_{k=0}^{\infty}\frac{-1}{\beta-\alpha}\frac{1}{1-\dfrac{z-\alpha}{\beta-\alpha}}\\
&= \frac{1}{(z-\alpha)^m}\sum_{k=0}^{\infty}\frac{-1}{(\beta-\alpha)^{k+1}}(z-\alpha)^k\\
&= \sum_{k=0}^{\infty}\frac{-1}{(\beta-\alpha)^{k+1}}(z-\alpha)^{k-m}
\end{aligned}
$$

所以有

$$
\mathrm{Res}[f(z),\alpha]=c_{-1}=-\frac{1}{(\beta-\alpha)^m}
$$

(iii) 计算 $f(z)$ 在 $z=\beta$ 处的留数,可用(4-9) 式,则有

$$
\mathrm{Res}[f(z),\beta]=\lim_{z\to\beta}[(z-\beta)f(z)]=\lim_{z\to\beta}\frac{1}{(z-\alpha)^m}=\frac{1}{(\beta-\alpha)^m}
$$

(iv) 利用留数之和定理(4-6) 式,可得

$$\text{Res}[f(z),\infty] = -\{\text{Res}[f(z),\alpha] + \text{Res}[f(z),\beta]\}$$

$$= -\left[\frac{-1}{(\beta-\alpha)^m} + \frac{1}{(\beta-\alpha)^m}\right] = 0$$

（4）$\tan z$ 的孤立奇点是 $\cos z = 0$ 的点，即有

$$z_k = k\pi + \frac{\pi}{2}, \quad (k = 0, \pm 1, \pm 2, \cdots)$$

考虑到当 $z_n = 2n\pi i, n = 0, \pm 1, \pm 2, \cdots$ 时，$1 - e^z = 0$，所以有

$$z_n = 2n\pi i, n = 0, \pm 1, \pm 2, \cdots$$

也是 $f(z)$ 的孤立奇点；另外，$z = \infty$ 也是 $f(z)$ 的奇点；当 $k \to \infty$ 时，z_k 以 ∞ 为极限点，所以，∞ 为 $f(z)$ 的非孤立奇点。

（i）当 $z = 0$ 时，求极限

$$\lim_{z \to 0} \frac{\tan z}{1 - e^z} = \lim_{z \to 0} \frac{\frac{1}{\cos^2 z}}{-e^z} = -1$$

由于此极限值为一有限值，所以 $z = 0$ 是 $f(z)$ 的可去奇点。同时有

$$\text{Res}[f(z),0] = 0$$

（ii）当 $z_k = k\pi + \frac{\pi}{2}, (k = 0, \pm 1, \pm 2, \cdots)$ 时

解法一 注意到 $\cos z = \sin[z - (k\pi + \frac{\pi}{2})](-1)^{k+1}$，求极限

$$\lim_{z \to z_k}[z - z_k]f(z) = \lim_{z \to z_k} \frac{z - (k\pi + \frac{\pi}{2})}{(-1)^{k+1}\sin[z - (k\pi + \frac{\pi}{2})]} \lim_{z \to z_k} \frac{\sin z}{1 - e^z}$$

$$= (-1)^{k+1} \lim_{z \to z_k} \frac{\sin z}{1 - e^z} = \frac{1}{e^{k\pi + \frac{\pi}{2}} - 1} \neq 0$$

所以，$z_k = k\pi + \frac{\pi}{2}$ 是 $f(z)$ 的一阶极点。由(4-9)式，可得

$$\text{Res}[f(z),z_k] = \frac{1}{e^{k\pi + \frac{\pi}{2}} - 1}$$

解法二 取 $\varphi(z) = \frac{\sin z}{1 - e^z}$，$\psi(z) = \cos z$，并且有

$$\varphi(z_k) = \frac{(-1)^k}{1 - e^{k\pi + \frac{\pi}{2}}} \neq 0, \psi(z_k) = 0, \psi'(z_k) = -\cos z_k = -(-1)^k$$

由(4-10)式，可得

$$\text{Res}[f(z),z_k] = \frac{\varphi(z_k)}{\psi'(z_k)} = \frac{1}{\text{e}^{k\pi+\frac{\pi}{2}}-1}$$

（iii）当 $z_n = 2n\pi i, n = \pm 1, \pm 2, \cdots$ 时，z_n 是 $f(z)$ 的一阶极点。取 $\varphi(z) = \frac{\sin z}{\cos z}, \psi(z) = 1 - \text{e}^z$，考虑到

$$\varphi(z_n) = \frac{\sin z_n}{\cos z_n} \neq 0, \psi(z_n) = 0, \psi'(z_n) = -\text{e}^{z_n} = -1 \neq 0$$

由（4-10）式，可得

$$\text{Res}[f(z),z_n] = \frac{\varphi(z_n)}{\psi'(z_n)} = \lim_{z \to z_n} \frac{\sin z}{\cos z}(-\frac{1}{\text{e}^z}) = \frac{\sin z_n}{\cos z_n}(-\frac{1}{\text{e}^{z_n}})$$

$$= i\frac{\text{e}^{-2n\pi} - \text{e}^{2n\pi}}{\text{e}^{-2n\pi} + \text{e}^{2n\pi}}$$

（5）$f(z)$ 的奇点是 $z_1 = 1, z_2 = -1$ 及 $z_3 = \infty$ 点。考虑到

$$\lim_{z \to z_1}(z - z_1)f(z) = \lim_{z \to z_1}\frac{\text{e}^z}{z - z_2} = \frac{\text{e}}{2} \neq 0$$

$$\lim_{z \to z_2}(z - z_2)f(z) = \lim_{z \to z_2}\frac{\text{e}^z}{z - z_1} = -\frac{\text{e}^{-1}}{2} \neq 0$$

因此，$z_1 = 1, z_2 = -1$ 均为 $f(z)$ 的一阶极点。考虑到 $f(z)$ 在 $1 < |z| < \infty$ 区域内的展开式中有无限多个关于 z 的正幂项，故 $z_3 = \infty$ 为 $f(z)$ 的本性奇点。由（4-9）式及留数之和定理（4-6）式，可得

$$\text{Res}[f(z),z_1] = \lim_{z \to z_1}(z - z_1)f(z) = \frac{\text{e}}{2}$$

$$\text{Res}[f(z),z_2] = \lim_{z \to z_2}(z - z_2)f(z) = -\frac{\text{e}^{-1}}{2}$$

$$\text{Res}[f(z),\infty] = -\{\text{Res}[f(z),z_1] + \text{Res}[f(z),z_2]\} = \frac{\text{e}^{-1} - \text{e}}{2}$$

（6）由函数 $f(z)$ 的分母为零 $1 + z^m = 0$，可得

$$z_k = \sqrt[m]{-1} = \text{e}^{\frac{(2k+1)\pi}{m}i}, k = 0, 1, \cdots, m-1$$

考虑到 $(1 + z^m)'|_{z=z_k} \neq 0$，即 z_k 为 $(z^m + 1)$ 的一阶零点，因而 z_k 为 $f(z)$ 的一阶极点；此外，把 $f(z)$ 在 ∞ 的去心邻域 $1 < |z| < \infty$ 内展开

$$f(z) = z^m \frac{1}{1 + \frac{1}{z^m}} = z^m(1 - \frac{1}{z^m} + \frac{1}{z^{2m}} - \frac{1}{z^{3m}} + \cdots)$$

$$= z^m - 1 + \frac{1}{z^m} - \frac{1}{z^{2m}} + \cdots$$

所以可得 $z=\infty$ 是 $f(z)$ 的 m 阶极点。由(4-10) 式,可得

$$\text{Res}[f(z),z_k] = \lim_{z\to z_k}\frac{z^{2m}}{(1+z^m)'} = \lim_{z\to z_k}\frac{1}{m}z^{m+1} = \frac{z_k}{m}z_k^m = -\frac{z_k}{m}$$

$$= -\frac{1}{m}\text{e}^{\frac{i(2k+1)}{m}\pi}$$

由留数之和定理(4-6) 得

$$\text{Res}[f(z),\infty] = -\sum_{k=0}^{m-1}\left[-\frac{z_k}{m}\right] = \frac{1}{m}\sum_{k=0}^{m-1}z_k = \frac{1}{m}\sum_{k=0}^{m-1}\text{e}^{\frac{(2k+1)\pi_i}{m}}$$

$$= \begin{cases} -1, & m=1 \\ \dfrac{1}{m}\dfrac{\text{e}^{\frac{i\pi}{m}}\left[1-(\text{e}^{\frac{i2\pi}{m}})^m\right]}{1-\text{e}^{\frac{i2\pi}{m}}} = 0, & m>1 \end{cases}$$

或者,由上面给出的 $f(z)$ 在 ∞ 的去心邻域 $1<|z|<\infty$ 内展式,不难看出展开式中正幂项最高次幂为 z^m,且 $\dfrac{1}{z}$ 项的系数 $c_{-1}=\begin{cases}1, & m=1 \\ 0, & m>1\end{cases}$,所以,$\infty$ 为 $f(z)$ 的 m 阶极点,且有

$$\text{Res}[f(z),\infty] = -c_{-1} = \begin{cases} -1, & m=1 \\ 0, & m>1 \end{cases}$$

4.2　计算积分

(1) $\oint_l \dfrac{z\sin z}{(1-\text{e}^z)^3}\text{d}z,\quad l:|z|=1;$

(2) $\oint_l \dfrac{1}{(z-3)(z^5-1)}\text{d}z,\quad l:|z|=2;$

(3) $\oint_l \dfrac{1}{z\sin z}\text{d}z,\quad l:|z|=1;$

(4) $\oint_l \dfrac{1}{(z-1)^2(z^2+1)}\text{d}z,\quad l:x^2+y^2=2(x+y)。$

解　(1) 被积函数 $f(z)=\dfrac{z\sin z}{(1-\text{e}^z)^3}$ 的全部有限的孤立奇点为 $z_k=2k\pi i(k=0,\pm1,\cdots)$,但只有 $z=0$ 一个奇点在 l 内部。由于 $z=0$ 是分子的二阶零点、分母的三阶零点,故它是 $f(z)$ 的一阶极点。

解法一　由(4-9) 式,可得

$$\text{Res}[f(z),0] = \lim_{z\to0}zf(z) = \lim_{z\to0}\frac{z^2\sin z}{(1-\text{e}^z)^3} = \lim_{z\to0}\frac{\sin z}{z}\frac{z^3}{(1-\text{e}^z)^3}$$

$$= \lim_{z\to0}(\frac{z}{1-\text{e}^z})^3 = \lim_{z\to0}(\frac{1}{-\text{e}^z})^3 = (-1)^3 = -1$$

故由留数定理

$$\oint_l \frac{z\sin z}{(1-e^z)^3}dz = 2\pi i \mathrm{Res}[f(z),0] = -2\pi i$$

解法二   当孤立奇点 $z=0$ 的类型不易判断时,可直接采用计算 c_1 的方法求留数,即在 $0<|z|<1$ 内,展开 $f(z)$ 为洛朗级数

$$f(z) = \frac{z\sin z}{(1-e^z)^3} = \frac{z(z-\frac{z^3}{3!}+\frac{z^5}{5!}+\cdots)}{-(z+\frac{z^2}{2!}+\cdots)^3}$$

$$= -\frac{z^2}{z^3}\frac{(1-\frac{z^2}{3!}+\frac{z^4}{5!}+\cdots)}{(1+\frac{z}{2!}+\cdots)^3}$$

记上式等号右边后面的那个分式为 $\varphi(z)$,易知 $\varphi(z)$ 在 $z=0$ 解析,且 $\varphi(0)=1\neq 0$,可得 $z=0$ 为 $-\frac{\varphi(z)}{z}$ 的一阶极点。所以有

$$\mathrm{Res}[\frac{z\sin z}{(1-e^z)^3},0] = \lim_{z\to 0}[z\cdot(\frac{-\varphi(z)}{z})] = -\varphi(0) = -1$$

由留数定理(4-5)式,可得

$$\oint_l \frac{z\sin z}{(1-e^z)^3}dz = 2\pi i \mathrm{Res}[f(z),0] = -2\pi i$$

(2)这里,被积函数 $f(z)$ 在 l 内有五个孤立奇点 $z_k = e^{\frac{2k\pi}{5}i}$,$k=0,1,2,3,4$。若直接应用留数定理计算复积分,需先计算各孤立奇点 z_k 处的留数,然后再求和,但计算五个留数的工作量很大。由于在扩充的复平面上一共有七个孤立奇点,即除 z_k 外,还有 $z=\infty$ 及 $z=3$。由留数之和定理有

$$\sum_{k=0}^{4}\mathrm{Res}[f(z),z_k] = -\mathrm{Res}[f(z),3] - \mathrm{Res}[f(z),\infty]$$

由(4-14)式,可得

$$\mathrm{Res}[f(z),\infty] = -\mathrm{Res}[\frac{1}{z^2}f(\frac{1}{z}),0]$$

$$= -\mathrm{Res}[\frac{z^4}{(1-3z)(1-z^5)},0] = 0$$

或者也可由 $f(z)$ 在 $3<|z|<+\infty$ 内的洛朗展开式,可得

$$\frac{1}{(z-3)(z^5-1)} = \frac{1}{z(1-\frac{3}{z})z^5(1-\frac{1}{z^5})}$$

$$= \frac{1}{z^6}(1 + \frac{3}{z} + \frac{9}{z^2} + \cdots)(1 + \frac{1}{z^5} + \frac{1}{z^{10}} + \cdots)$$

显见 $c_{-1} = 0$，即 $\text{Res}[f(z), \infty] = -c_{-1} = 0$。

考虑到 $z = 3$ 是 $f(z)$ 的一阶极点，由 (4-9) 式，可得

$$\text{Res}[f(z), 3] = \lim_{z \to 3}(z - 3)\frac{1}{(z - 3)(z^5 - 1)} = \frac{1}{242}$$

故由留数定理得

$$\oint_{|z|=2} \frac{1}{(z - 3)(z^5 - 1)}dz = -2\pi i\{\text{Res}[f(z), 3] + \text{Res}[f(z), \infty]\}$$

$$= -\frac{\pi i}{121}$$

(3) 在单位圆 $|z| = 1$ 内，$f(z) = \frac{1}{z\sin z}$ 唯一的奇点是二阶极点 $z = 0$。由 (4-11) 式，有

$$\text{Res}[f(z), 0] = \lim_{z \to 0}\frac{d}{dz}[z^2 f(z)] = \lim_{z \to 0}\frac{d}{dz}[\frac{z}{\sin z}]$$

$$= \lim_{z \to 0}\frac{\sin z - z\cos z}{\sin^2 z} = \lim_{z \to 0}\frac{\cos z - \cos z + z\sin z}{2\sin z\cos z}$$

$$= \lim_{z \to 0}\frac{z}{2\cos z} = 0$$

再由留数定理得

$$\oint_l \frac{1}{z\sin z}dz = 2\pi i\text{Res}[f(z), 0] = 0$$

(4) 被积函数 $f(z) = \frac{1}{(z^2 + 1)(z - 1)^2}$ 的孤立奇点有 $z = \pm i$(一阶极点)，$z = 1$(二阶极点)，但只有孤立奇点 $z = i$ 及 $z = 1$ 在积分回路 l 内。由 (4-9) 式、(4-11) 式及留数定理 (4-5) 式，可得

$$\text{Res}[f(z), i] = \lim_{z \to i}(z - i)f(z) = \lim_{z \to i}\frac{1}{(z + i)(z - 1)^2} = \frac{1}{4}$$

$$\text{Res}[f(z), 1] = \lim_{z \to 1}\frac{d}{dz}[(z - 1)^2 f(z)] = \lim_{z \to 1}\frac{d}{dz}\frac{1}{(z^2 + 1)} = -\frac{1}{2}$$

$$I = \oint_c \frac{1}{(z^2 + 1)(z - 1)^2}dz = 2\pi i[\text{Res}(f(z), i) + \text{Res}(f(z), 1)]$$

$$= 2\pi i(-\frac{1}{2} + \frac{1}{4}) = -\frac{\pi i}{2}$$

4.3 设 $f(z)$ 在 $z = \infty$ 点邻域内的洛朗展式为 $f(z) = c_0 + \frac{c_1}{z} + \frac{c_2}{z^2}$

$+\cdots$, 试求 $f^2(z)$ 在 $z=\infty$ 处的留数。

解 考虑到

$$f^2(z) = \left(c_0 + \frac{c_1}{z} + \frac{c_2}{z^2} + \cdots\right)\left(c_0 + \frac{c_1}{z} + \frac{c_2}{z^2} + \cdots\right)$$

$$= c_0 c_0 + \frac{1}{z} 2c_0 c_1 + \frac{1}{z^2}(2c_0 c_2 + c_1 c_1) + \cdots$$

由(4-4)式,可得

$$\mathrm{Res}\left[f^2(z),\infty\right] = -c_{-1} = -2c_0 c_1$$

4.4 计算积分

(1) $I = \displaystyle\int_0^{\frac{\pi}{2}} \frac{1}{a^2 + \sin^2\varphi}\mathrm{d}\varphi$, $(a > 0)$;

(2) $I = \displaystyle\int_{-\infty}^{+\infty} \frac{x^2 \mathrm{d}x}{(x^2+1)^2(x^2+2x+2)}$;

(3) $I = \displaystyle\int_{-\infty}^{\infty} \frac{\mathrm{d}x}{(1+x^2)^n}$, $(n$ 为正整数$)$;

(4) $I = \displaystyle\int_{-\infty}^{\infty} \frac{x^{2m}}{1+x^{2n}}\mathrm{d}x$, $(m, n$ 为自然数,且 $m < n)$;

(5) $I = \displaystyle\int_{-\infty}^{+\infty} \frac{\cos x}{(x^2+1)(x^2+9)}\mathrm{d}x$;

(6) $I = \displaystyle\int_{-\infty}^{+\infty} \frac{x\sin mx}{x^4 + a^4}\mathrm{d}x, m > 0$, $a > 0$。

解 (1) 利用三角公式,对积分作变换可得

$$I = 2\int_0^{\frac{\pi}{2}} \frac{1}{2a^2 + 1 - \cos 2\varphi}\mathrm{d}\varphi = \int_0^{\pi} \frac{1}{2a^2 + 1 - \cos\theta}\mathrm{d}\theta$$

$$= \frac{1}{2}\int_{-\pi}^{\pi} \frac{1}{2a^2 + 1 - \cos\theta}\mathrm{d}\theta = \frac{1}{2}\int_0^{2\pi} \frac{1}{2a^2 + 1 + \cos\varphi}\mathrm{d}\varphi$$

$$= \frac{\pi}{\sqrt{(2a^2+1)^2 - 1}} = \frac{\pi}{2a}\frac{1}{\sqrt{a^2+1}}$$

以上用到了积分 $\displaystyle\int_0^{2\pi} \frac{1}{a + \cos\varphi}\mathrm{d}\varphi = \frac{2\pi}{\sqrt{a^2-1}}, a > 1$。

(2) 令 $f(z) = \dfrac{z^2}{(z^2+1)^2(z^2+2z+2)}$,则 $f(z)$ 在上半平面有二阶

极点 $z_1 = i$ 和一阶极点 $z_2 = -1 + i$。由(4-11)式,可得

$$\mathrm{Res}\left[f(z), i\right] = \lim_{z \to i}\frac{\mathrm{d}}{\mathrm{d}z}\left[(z-i)^2 f(z)\right] = \lim_{z \to i}\frac{\mathrm{d}}{\mathrm{d}z}\left[\frac{z^2}{(z+i)^2(z^2+2z+2)}\right]$$

$$= \lim_{z \to i} \left[-\frac{2}{z+i} - \frac{2(z+1)}{z^2+2z+2} + \frac{2}{z} \right] \frac{z^2}{(z^2+1)^2(z^2+2z+2)}$$

$$= \left[-\frac{2}{2i} - \frac{2(1+i)}{1+2i} - 2i \right] \frac{-1}{-4(1+2i)}$$

$$= -\frac{6+3i}{5} \frac{1-2i}{20} = -\frac{12-9i}{100}$$

$$\text{Res}[f(z), z_2] = \lim_{z \to z_2} [(z+1-i)f(z)] = \lim_{z \to z_2} \frac{z^2}{(z^2+1)^2(z+1+i)}$$

$$= \frac{(-1+i)^2}{(1-2i)^2(2i)} = \frac{-2i(1+2i)^2}{50i} = \frac{3-4i}{25}$$

由(4-17)式,可得

$$I = 2\pi i \{ \text{Res}[f(z), z_1] + \text{Res}[f(z), z_2] \} = 2\pi i \left(-\frac{7i}{100} \right) = \frac{7\pi}{50}$$

(3) 令 $f(z) = \dfrac{1}{(1+z^2)^n}$,则 $f(z)$ 在上半平面只有 n 阶极点 $z = i$。由 (4-11) 式,可得

$$\text{Res}[f(z), i] = \frac{1}{(n-1)!} \lim_{z \to i} \frac{\mathrm{d}^{n-1}}{\mathrm{d}z^{n-1}} \left[(z-i) \frac{1}{(1+z^2)^n} \right]$$

$$= \frac{1}{(n-1)!} \lim_{z \to i} \frac{\mathrm{d}^{n-1}}{\mathrm{d}z^{n-1}} \left[\frac{1}{(z+i)^n} \right]$$

$$= \frac{1}{(n-1)!} \frac{(-1)^{n-1} n(n+1)\cdots(2n-2)}{(2i)^{2n-1}}$$

$$= \frac{(2n-2)!}{2^{2n-1}[(n-1)!]^2 i}$$

由 (4－17) 式,可得

$$I = 2\pi i \text{Res}[f(z), i] = \begin{cases} \pi, & n=0 \\ \pi \dfrac{(2n-3)!!}{(2n-2)!!}, & n>0 \end{cases}$$

(4) 考虑到在条件 $m < n$ 下,$f(z) = \dfrac{z^{2m}}{1+z^{2n}}$ 满足 $zf(z) \to 0 (z \to \infty)$,$f(z)$ 在上半平面内有 n 个单极点 $z_k = \mathrm{e}^{\frac{i\pi(2k+1)}{2n}}$,$k = 0, 1, 2, \cdots n-1$,利用 (4-9) 式,有

$$\text{Res}[f(z), z_k] = \lim_{z \to z_k} \frac{z^{2m}}{(1+z^{2n})'} = \frac{1}{2n \mathrm{e}^{\frac{(2k+1)(2n-2m-1)\pi i}{2n}}}$$

$$= -\frac{1}{2n} \mathrm{e}^{\frac{(2k+1)(2m+1)\pi i}{2n}}$$

将 n 个留数相加后,可得

$$\sum_{k=0}^{n-1}\mathrm{Res}[f(z),z_k]=-\frac{1}{2n}\sum_{k=0}^{n-1}\left[\mathrm{e}^{\frac{(2m+1)\pi i}{2n}}\right]^{(2k+1)}$$

$$=-\frac{1}{2n}\mathrm{e}^{\frac{(2m+1)\pi i}{2n}}\sum_{k=0}^{n-1}\left[\mathrm{e}^{\frac{(2m+1)\pi i}{n}}\right]^{k}$$

$$=-\frac{1}{2n}\mathrm{e}^{\frac{(2m+1)\pi i}{2n}}\frac{\left[1-\mathrm{e}^{\frac{(2m+1)\pi i}{n}}\right]}{\left[1-\mathrm{e}^{\frac{(2m+1)\pi i}{n}}\right]}$$

$$=\frac{1}{2ni\sin\dfrac{(2m+1)\pi}{2n}}$$

其中利用的求和公式 $a+aq+\cdots+aq^{n-1}=-\dfrac{a(1-q^n)}{1-q}$。

由(4-17)式,可得

$$I=2\pi i\frac{1}{2ni\sin\dfrac{(2m+1)\pi}{2n}}=\frac{\pi}{n\sin\dfrac{(2m+1)\pi}{2n}}$$

(5) 取函数 $F(z)=\dfrac{\mathrm{e}^{iz}}{(z^2+1)(z^2+9)}$,则 $F(z)$ 在上半平面只有两个一阶极点 $z=i,z=3i$。由(4-9)式,可得

$$\mathrm{Res}[F(z),i]=\lim_{z\to i}[(z-i)F(z)]=\lim_{z\to i}\frac{\mathrm{e}^{iz}}{(z+i)(z^2+9)}=\frac{1}{16\mathrm{e}i}$$

$$\mathrm{Res}[F(z),3i]=\lim_{z\to 3i}[(z-3i)F(z)]=\lim_{z\to 3i}\frac{\mathrm{e}^{iz}}{(z^2+1)(z+3i)}$$

$$=-\frac{1}{48\mathrm{e}^3 i}$$

由(4-20)式,可得

$$I=-2\pi Im\{\mathrm{Res}[F(z),i]+\mathrm{Res}[F(z),3i]\}=\frac{\pi}{24\mathrm{e}^3}(3\mathrm{e}^2-1)$$

(6) 取函数 $F(z)=\dfrac{z\mathrm{e}^{imz}}{z^4+a^4}$,则 $F(z)$ 在上半平面只有两个一阶极点

$$z_1=a\mathrm{e}^{i\frac{\pi}{4}}=\frac{a}{\sqrt{2}}(1+i),z_2=a\mathrm{e}^{i\frac{3\pi}{4}}=-\frac{a}{\sqrt{2}}(1-i)$$

由(4-9)式,可得

$$\mathrm{Res}[F(z),z_1]=\lim_{z\to z_1}[(z-z_1)F(z)]=\lim_{z\to z_1}\frac{(z-z_1)z\mathrm{e}^{imz}}{z^4+a^4}$$

$$=\lim_{z\to z_1}\frac{2z-z_1+im(z-z_1)z}{4z^3}\mathrm{e}^{imz}$$

$$= \frac{z_1}{4z_1^3}e^{imz_1} = \frac{z_1^2}{4z_1^4}e^{imz_1} = -\frac{z_1^2}{a^4}e^{imz_1}$$

$$= -\frac{i}{a^2}e^{-(\frac{ma}{\sqrt{2}})(1-i)}$$

$$\text{Res}[F(z),z_2] = \lim_{z \to z_2}[(z-z_2)F(z)] = \lim_{z \to z_2}\frac{(z-z_2)ze^{imz}}{z^4+a^4}$$

$$= \lim_{z \to z_2}\frac{2z-z_2+im(z-z_2)z}{4z^3}e^{imz}$$

$$= \frac{z_2}{4z_2^3}e^{imz_2} = \frac{z_2^2}{4z_2^4}e^{imz_2} = -\frac{z_2^2}{a^4}e^{imz_2}$$

$$= \frac{i}{a^2}e^{-(\frac{ma}{\sqrt{2}})(1+i)}$$

由(4-19)式,可得

$$I = 2\pi\{\text{Res}[F(z),z_1] + \text{Res}[F(z),z_2]\}$$

$$= 2\pi[-\frac{i}{a^2}e^{(\frac{ma}{\sqrt{2}})(-1+i)} + \frac{i}{a^2}e^{-(\frac{ma}{\sqrt{2}})(1+i)}]$$

$$= -\frac{i2\pi}{a^2}e^{-(\frac{ma}{\sqrt{2}})}[e^{i\frac{ma}{\sqrt{2}}} - e^{-i\frac{ma}{\sqrt{2}}}]$$

$$= \frac{2\pi}{a^2}e^{-(\frac{ma}{\sqrt{2}})}\sin\frac{ma}{\sqrt{2}}$$

4.5 计算广义积分

$(1)I = \int_{-\infty}^{+\infty}\frac{dx}{x(x+1)(x^2+1)}$;

$(2)I = \int_0^{+\infty}\frac{\sin2x}{x(1+x^2)}dx$。

解 (1) 这是一个反常积分,反常性即体现在积分区间为无穷区域,又表现为被积函数在 $x=0$ 点不连续($x=0$ 为瑕点),此积分在主值定义下存在。

令 $f(z) = \frac{1}{z(z+1)(z^2+1)}$,则 $f(z)$ 除在上半平面有单极点 $z=i$ 外,还有两个实单极点 $z=0$ 和 $z=-1$。由(4-9)式,可得

$$\text{Res}[f(z),i] = \lim_{z \to i}[(z-i)f(z)] = -\frac{1-i}{4}$$

$$\text{Res}[f(z),0] = \lim_{z \to 0}[zf(z)] = 1$$

$$\text{Res}[f(z),-1] = \lim_{z \to -1}[(z+1)f(z)] = -\frac{1}{2}$$

由(4-18)式,可得

$$I = 2\pi i(-\frac{1-i}{4}) + \pi i(1-\frac{1}{2}) = -\frac{\pi}{2}$$

(2) 不难看出

$$I = \int_0^\infty \frac{\sin 2x}{x(1+x^2)}\mathrm{d}x = \frac{1}{2}\mathrm{Im}\Big[\int_{-\infty}^{+\infty} \frac{\mathrm{e}^{2ix}}{x(1+x^2)}\mathrm{d}x\Big]$$

取 $F(z) = \dfrac{\mathrm{e}^{2iz}}{z(1+z^2)}$, $F(z)$ 在实轴上有奇点 $z=0$. 所以,可以按题 4.5 图

中形式选取路线 C, $F(z)$ 在路线 C 内只有奇点 $z=i$, 因而

$$I = \frac{1}{2}\mathrm{Im}\Big\{2\pi i\mathrm{Res}[F(z),i] - \lim_{r\to 0}\int_{C_{r_1}} \frac{\mathrm{e}^{2iz}}{z(1+z^2)}\mathrm{d}z\Big\}$$

如题 4.5 图, C_{r_1} 是圆周 C_r 的一半,在 C_r 内有一个奇点 $z=0$, 故

$$\lim_{r\to 0}\int_{C_{r_1}} \frac{\mathrm{e}^{2iz}}{z(1+z^2)}\mathrm{d}z = -\pi i,$$

从而

$$I = \frac{1}{2}\mathrm{Im}\Big\{2\pi i\lim_{z\to i}\frac{\mathrm{e}^{2iz}}{z(z+i)} + \pi i\Big\}$$

$$= \frac{1}{2}\mathrm{Im}\Big\{2\pi i(-\frac{\mathrm{e}^{-2}}{2}) + \pi i\Big\} = \frac{\pi}{2}(1-\mathrm{e}^{-2})$$

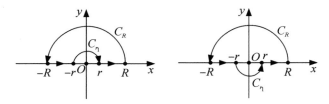

题 4.5 图

也可以按题 4.5 图中另一方式取积分路线 C, 则闭路内 $F(z)$ 有两个
一阶极点 $z=0$ 和 i, 从而有

$$\oint_C \frac{\mathrm{e}^{2iz}}{z(1+z^2)}\mathrm{d}z = \int_{C_R} \frac{\mathrm{e}^{2iz}}{z(1+z^2)}\mathrm{d}z + \int_{C_r} \frac{\mathrm{e}^{2iz}}{z(1+z^2)}\mathrm{d}z + 2i\int_r^R \frac{\sin 2x}{x(1+x^2)}\mathrm{d}x$$

$$= 2\pi i\sum \mathrm{Res}[F(z),z_k]$$

$$= 2\pi i\Big\{\lim_{z\to 0}\frac{\mathrm{e}^{2iz}}{1+z^2} + \lim_{z\to i}\frac{\mathrm{e}^{2iz}}{z(z+i)}\Big\}$$

$$= 2\pi i\Big\{1 - \frac{\mathrm{e}^{-2}}{2}\Big\} = \pi i(2-\mathrm{e}^{-2})$$

所以

$$2i\int_0^{+\infty}\frac{\sin 2x}{x(1+x^2)}\mathrm{d}x = \pi i(2-\mathrm{e}^{-2}) - \lim_{r\to 0}\int_{C_{r_1}}\frac{\mathrm{e}^{2iz}}{z(1+z^2)}\mathrm{d}z$$
$$= \pi i(2-\mathrm{e}^{-2}) - \pi i = \pi i(1-\mathrm{e}^{-2}).$$

故

$$I = \frac{\pi}{2}(1-\mathrm{e}^{-2})$$

4.6 设 $a,b,c>0$，计算 $I = \int_0^\infty \mathrm{e}^{a\cos bx}\sin(a\sin bx)\frac{x\mathrm{d}x}{x^2+c^2}$。

解 注意被积函数是关于 x 的偶函数，而

$$iI = \frac{i}{2}\int_{-\infty}^\infty \mathrm{e}^{a\cos bx}\sin(a\sin bx)\frac{x\mathrm{d}x}{x^2+c^2}$$
$$= \frac{1}{2}\int_{-\infty}^\infty \mathrm{e}^{a\cos bx}\cos(a\sin bx)\frac{x\mathrm{d}x}{x^2+c^2} + \frac{i}{2}\int_{-\infty}^\infty \mathrm{e}^{a\cos bx}\sin(a\sin bx)\frac{x\mathrm{d}x}{x^2+c^2}$$
$$= \frac{1}{2}\int_{-\infty}^\infty \frac{x\mathrm{e}^{a\mathrm{e}^{ibx}}}{x^2+c^2}\mathrm{d}x$$

考虑函数

$$f(z) = \frac{z\mathrm{e}^{a\mathrm{e}^{ibz}}}{z^2+c^2} = \frac{z\mathrm{e}^{a\mathrm{e}^{ibz}}}{c^2-(iz)^2}$$

沿如题 4.6 图所示的路径 $\Gamma = [-R, R] + C_R$
的积分，其中 R 为充分大的正数。$f(z)$ 在上半平
面只有一个一阶极点 $z = ic$。由(4-9) 式，可得

$$\mathrm{Res}[f(z), ic] = \lim_{z\to ic}[(z-ic)f(z)]$$
$$= \lim_{z\to ic}\frac{z\mathrm{e}^{a\mathrm{e}^{ibz}}}{z+ic} = \frac{1}{2}\mathrm{e}^{a\mathrm{e}^{-bc}}$$

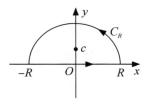

题 4.6 图

由留数定理(4-5) 得

$$\int_{-R}^R f(z)\mathrm{d}z + \int_{C_R} f(z)\mathrm{d}z = 2\pi i\mathrm{Res}[f(z), ic] = \pi i\mathrm{e}^{a\mathrm{e}^{-bc}} \qquad ①$$

上式中的第一个积分为

$$\int_{-R}^R f(z)\mathrm{d}z = \int_{-R}^R \frac{x\mathrm{e}^{a\mathrm{e}^{ibx}}}{x^2+c^2}\mathrm{d}x$$

现在的问题是如何计算 $\int_{C_R} f(z)\mathrm{d}z$。为此令

$$\mathrm{II} = \int_{C_R}\left(f(z) - \frac{1}{z}\right)\mathrm{d}z$$

此时,被积函数

$$f(z) - \frac{1}{z} = \frac{z^2 e^{a e^{ibz}} - z^2 - c^2}{z(z^2+c^2)} = \frac{z(e^{a e^{ibz}} - 1)}{z^2+c^2} - \frac{c^2}{z(z^2+c^2)}$$

由积分不等式及三角不等式

$$|\mathrm{II}| \leqslant \left| \int_{C_R} \frac{z(e^{a e^{ibz}} - 1)}{z^2+c^2} \mathrm{d}z \right| + \left| \int_{C_R} \frac{c^2}{z(z^2+c^2)} \mathrm{d}z \right|$$

$$\leqslant \int_{C_R} \frac{R |e^{a e^{ibz}} - 1|}{R^2 - c^2} | \mathrm{d}z | + \int_{C_R} \frac{c^2}{R(R^2-c^2)} | \mathrm{d}z |$$

$$= \frac{R}{R^2-c^2} \int_{C_R} |e^{a e^{ibz}} - 1| | \mathrm{d}z | + \frac{\pi c^2}{R^2-c^2} \qquad ②$$

当 $z \in C_R$ 时,$z = x + iy = R\cos\theta + iR\sin\theta$,其中 $y > 0, 0 \leqslant \theta \leqslant \pi$,所以有

$$|a e^{ibz}| = a |e^{ib(x+iy)}| = a e^{-by} \leqslant a$$

再由不等式 $|e^z - 1| \leqslant |z| e^{|z|}$(由展开式 $e^z = \sum\limits_{k=0}^{\infty} \frac{z^k}{k!}$ 与三角不等式得,

只需取 $z = a e^{ibz}$,可自己证明),可知

$$|e^{a e^{ibz}} - 1| \leqslant |a e^{ibz}| e^{|a e^{ibz}|} = a e^{-by} e^{a e^{-by}} \leqslant a e^{-by} e^{a} = a e^{a} e^{-bR\sin\theta}$$

所以有

$$\int_{C_R} |e^{a e^{ibz}} - 1| | \mathrm{d}z | \leqslant \int_0^{\pi} a e^{a} e^{-bR\sin\theta} R \mathrm{d}\theta = 2R a e^{a} \int_0^{\pi/2} e^{-bR\sin\theta} \mathrm{d}\theta$$

$$\leqslant 2R a e^{a} \int_0^{\pi/2} e^{-\frac{2bR}{\pi}\theta} \mathrm{d}\theta = \frac{a e^{a}}{b} \pi (1 - e^{-bR})$$

由 ② 式,可得

$$|\mathrm{II}| \leqslant \frac{R a \pi e^{a}}{b(R^2-c^2)} (1 - e^{-bR}) + \frac{\pi c^2}{R^2-c^2} \xrightarrow{R \to +\infty} 0$$

$$\int_{C_R} f(z) \mathrm{d}z = \int_{C_R} \left(f(z) - \frac{1}{z} \right) \mathrm{d}z + \int_{C_R} \frac{1}{z} \mathrm{d}z = \mathrm{II} + \pi i \xrightarrow{R \to +\infty} \pi i$$

最后在 ① 式两端令 $R \to \infty$,即得

$$\int_{-\infty}^{+\infty} \frac{x e^{a e^{ibx}}}{x^2+c^2} \mathrm{d}x + \pi i = \pi i e^{a e^{-bc}}$$

故得

$$I = \frac{\pi}{2} (e^{a e^{-bc}} - 1)$$

第五章　积分变换与 δ 函数

积分变换是一种重要的数学变换方法,傅里叶变换、拉普拉斯变换、梅林变换以及傅里叶一贝塞尔变换等都属于积分变换。通过积分变换能够将分析运算(如微分、积分)转化为代数运算。积分变换的这一特性,使得它在常微分方程、偏微分方程的求解中成为重要的方法之一。积分变换的理论方法不仅在数学的诸多分支中得到广泛的应用,而且在其他应用科学中,如信息论、物理学、现代光学、无线电技术以及工程科学等方面,作为一种研究工具发挥着十分重要的作用。

5.1　内容导读

一、傅里叶(Fourier)级数

1. 周期函数 $f(x)$ 的傅里叶级数展开

(1) 狄利克里(Dirichlet)定理　　设周期为 2π 的函数 $f(x)$ 满足狄利克里条件:在每个周期中,处处连续或只有有限个第一类间断点;只有有限个极值点。则傅里叶级数

$$\frac{C_0}{2} + \sum_{n=1}^{\infty} (C_n \cos nx + D_n \sin nx) \tag{5-1}$$

绝对并且一致收敛,并收敛到

$$\begin{cases} f(x), & \text{在连续点 } x \\ \dfrac{f(x+0)+f(x-0)}{2}, & \text{在第一类间断点 } x \end{cases}$$

其中展开系数

$$C_n = \frac{1}{\pi} \int_{-\pi}^{\pi} f(\zeta) \cos n\zeta \mathrm{d}\zeta, n = 0, 1, 2, \cdots \qquad (5\text{-}2)$$

$$D_n = \frac{1}{\pi} \int_{-\pi}^{\pi} f(\zeta) \sin n\zeta \mathrm{d}\zeta, \ n = 1, 2, \cdots \qquad (5\text{-}3)$$

（2）周期为 $2l$ 的函数 $f(x)$ 的傅里叶级数展开

$$f(x) = \frac{C_0}{2} + \sum_{n=1}^{\infty} \left(C_n \cos \frac{n\pi}{l} x + D_n \sin \frac{n\pi}{l} x \right) \qquad (5\text{-}4)$$

其中系数

$$C_n = \frac{1}{l} \int_{-l}^{l} f(\zeta) \cos \frac{n\pi}{l} \zeta \mathrm{d}\zeta, n = 0, 1, 2, \cdots \qquad (5\text{-}5)$$

$$D_n = \frac{1}{l} \int_{-l}^{l} f(\zeta) \sin \frac{n\pi}{l} \zeta \mathrm{d}\zeta, n = 1, 2, \cdots \qquad (5\text{-}6)$$

2. 定义在有限区间上的函数 $f(x)$ 的傅立叶级数展开

（1）把函数展开为傅里叶正弦级数：设 $f(x)$ 是定义在 $[0, l]$ 上的函数，且满足 $f(0) = 0, f(l) = 0$。则有

$$f(x) = \sum_{n=1}^{\infty} D_n \sin \frac{n\pi}{l} x \qquad (5\text{-}7)$$

其中

$$D_n = \frac{2}{l} \int_{0}^{l} f(\zeta) \sin \frac{n\pi}{l} \zeta \mathrm{d}\zeta, \ n = 1, 2, \cdots$$

（2）把函数展开为傅里叶余弦级数：设 $f(x)$ 是定义在 $[0, l]$ 上的函数，且满足 $f'(x)\mid_{x=0} = 0, f'(x)\mid_{x=l} = 0$。则有

$$f(x) = \frac{C_0}{2} + \sum_{n=1}^{\infty} C_n \cos \frac{n\pi}{l} x \qquad (5\text{-}8)$$

其中

$$C_n = \frac{2}{l} \int_{0}^{l} f(\zeta) \cos \frac{n\pi}{l} \zeta \mathrm{d}\zeta, \ n = 0, 1, 2, \cdots \qquad (5\text{-}9)$$

（3）设 $f(x)$ 是定义在 $[0, l]$ 上的函数，且满足 $f(0) = 0, f'(x)\mid_{x=l} = 0$。则有

$$f(x) = \sum_{n=0}^{\infty} D_n \sin \frac{(2n+1)\pi}{2l} x \qquad (5\text{-}10)$$

其中

$$D_n = \frac{2}{l} \int_{0}^{l} f(\zeta) \sin \frac{(2n+1)\pi \zeta}{2l} \mathrm{d}\zeta \qquad (5\text{-}11)$$

（4）设 $f(x)$ 是定义在 $[0, l]$ 上的函数，且满足 $f'(x)\mid_{x=0} = 0, f(l) = 0$。

则有

$$f(x) = \frac{C_0}{2} + \sum_{n=0}^{\infty} C_n \cos \frac{(2n+1)\pi}{2l} x \tag{5-12}$$

其中

$$C_0 = \frac{2}{l} \int_0^l f(\zeta) \mathrm{d}\zeta \tag{5-13}$$

$$C_n = \frac{2}{l} \int_0^l f(\zeta) \cos \frac{(2n+1)\pi\zeta}{2l} \mathrm{d}\zeta, n = 0,1,2,\cdots \tag{5-14}$$

二、傅里叶积分变换

1. 傅里叶积分变换的定义

设 $f(x)$ 是定义在$(-\infty,\infty)$ 上的实函数,它在任一有限区间上满足狄利克里条件;且 $f(x)$ 在无限区间$(-\infty,\infty)$ 上绝对可积。则

$$\widetilde{f}(k) = \int_{-\infty}^{\infty} f(x) \mathrm{e}^{-ikx} \mathrm{d}x \tag{5-15}$$

定义为函数 $f(x)$ 的**傅里叶积分变换**,记作 $F[f(x)] = \widetilde{f}(k)$,并称 $\widetilde{f}(k)$ 为 $f(x)$ 的**像函数**。同时称

$$f(x) = \frac{1}{2\pi} \int_{-\infty}^{\infty} \widetilde{f}(k) \mathrm{e}^{ikx} \mathrm{d}k \tag{5-16}$$

为像函数 $\widetilde{f}(k)$ 的**傅里叶逆变换**或称为 $\widetilde{f}(k)$ 的**原像**,记作 $F^{-1}[\widetilde{f}(k)] = f(x)$。并且有

$$F^{-1}F[f(x)] = f(x) \tag{5-17}$$

2. 三维空间的傅里叶变换(多重傅里叶变换)

三维空间的非周期函数 $f(x,y,z)$ 或 $f(\vec{r})$ 的三重傅里叶积分变换

$$\widetilde{f}(k_x,k_y,k_z) = \iiint\limits_{\Omega} f(x,y,z) \mathrm{e}^{-i(k_x x + k_y y + k_z z)} \mathrm{d}x \mathrm{d}y \mathrm{d}z \tag{5-18}$$

或

$$f(\vec{k}) = \iiint\limits_{\Omega} f(\vec{r}) \mathrm{e}^{-i\vec{k}\cdot\vec{r}} \mathrm{d}\vec{r} \tag{5-19}$$

称 $\widetilde{f}(\vec{k})$ 为 $f(\vec{r})$ 的**像函数**。记作 $F[f(\vec{r})] = \widetilde{f}(\vec{k})$。

三维空间的非周期函数 $f(x,y,z)$ 或 $f(\vec{r})$ 的三重傅里叶逆变换

$$f(x,y,z) = \frac{1}{(2\pi)^3} \iiint\limits_{\Omega} \widetilde{f}(k_x,k_y,k_z) \mathrm{e}^{i(k_x x + k_y y + k_z z)} \mathrm{d}k_x \mathrm{d}k_y \mathrm{d}k_z \tag{5-20}$$

或

$$f(\vec{r}) = \frac{1}{(2\pi)^3} \iiint_{\Omega} \widetilde{f}(\vec{k}) \mathrm{e}^{\vec{k} \cdot \vec{r}} \, \mathrm{d}\vec{k} \tag{5-21}$$

称 $f(\vec{r})$ 为像函数 $\widetilde{f}(\vec{k})$ 的**三维傅里叶逆变换**,记作 $F^{-1}[\widetilde{f}(\vec{k})] = f(\vec{r})$。

3. 傅里叶变换的性质

(1) 线性性质　若 α, β 是任意常数,则对于函数 $f_1(x)$、$f_2(x)$,有

$$F[\alpha f_1 + \beta f_2] = \alpha F[f_1] + \beta F[f_2] \tag{5-22}$$

(2) 位移定理　设 x_0 为任意常数,则

$$F[f(x - x_0)] = \mathrm{e}^{-ikx_0} F[f(x)] \tag{5-23}$$

(3) 延迟定理　设 k_0 为任意常数,则

$$F[\mathrm{e}^{ik_0 x} f(x)] = \widetilde{f}(k - k_0) \tag{5-24}$$

(4) 导数定理(原像的导数定理)　若函数 $f(x)$ 满足条件: $\lim\limits_{|x| \to \infty} f(x) = 0$,则

$$F[f'(x)] = ik F[f(x)] \tag{5-25}$$

(5) 积分定理

$$F\left[\int_{x_0}^{x} f(\zeta) \mathrm{d}\zeta\right] = \frac{1}{ik} F[f(x)] \tag{5-26}$$

(6) 像的导数定理

$$\frac{\mathrm{d}}{\mathrm{d}k} F[f(x)] = F[ix f(x)] \tag{5-27}$$

(7) 相似定理(横坐标缩放定理)　设 a 为非零常数,有

$$F[f(ax)] = \frac{1}{|a|} \widetilde{f}\left(\frac{k}{a}\right) \tag{5-28}$$

(8) 卷积及卷积定理

① 函数 $f_1(x)$ 与 $f_2(x)$ 的卷积定义为

$$f_1(x) * f_2(x) = \int_{-\infty}^{\infty} f_1(\zeta) f_2(x - \zeta) \mathrm{d}\zeta \tag{5-29}$$

记作 $f_1(x) * f_2(x)$。

② 卷积定理

$$F[f_1(x) * f_2(x)] = \widetilde{f}_1(k) \cdot \widetilde{f}_2(k) \tag{5-30}$$

像函数的卷积定理

$$\widetilde{f}_1(k) * \widetilde{f}_2(k) = 2\pi F[f_1(x) \cdot f_2(x)] \tag{5-31}$$

其中

$$\widetilde{f}_1(k) * \widetilde{f}_2(k) = \int_{-\infty}^{\infty} \widetilde{f}_1(p)\widetilde{f}_2(k-p)\,\mathrm{d}p$$

(9) 乘积定理

$$\int_{-\infty}^{\infty} f_1(x)f_2(x)\,\mathrm{d}x = \frac{1}{2\pi}\int_{-\infty}^{\infty}\widetilde{f}_1^*(k)\widetilde{f}_2(k)\,\mathrm{d}k$$
$$= \frac{1}{2\pi}\int_{-\infty}^{\infty}\widetilde{f}_1(k)\widetilde{f}_2^*(k)\,\mathrm{d}k \tag{5-32}$$

三、拉普拉斯变换

1. 拉普拉斯(Laplace) 变换的定义

设实函数 $f(t)$ 满足下列条件

(1) 当 $t \geqslant 0$ 时, $f(t)$ 和 $f'(t)$ 除具有第一类间断点外都是连续的, 而且在任何有限区间中这种间断点至多只有有限个;

(2) 当 $t < 0$ 时, $f(t) = 0$;

(3) 当 $t \to \infty$ 时, 存在两个实常数 $M > 0$ 和 $s_0 \geqslant 0$, 使得

$$|f(t)| \leqslant Me^{s_0 t}$$

其中, s_0 称为 $f(t)$ 的**增长指数**(或收敛横坐标)(以上条件简称为条件 (A))。则称由

$$\bar{f}(p) = \int_0^{\infty} f(t)e^{-pt}\,\mathrm{d}t \tag{5-33}$$

定义的复变函数 $\bar{f}(p)$ 为函数 $f(t)$ 的**拉普拉斯变换**, 或称为 $f(t)$ 的**像函数**, 记作 $L[f(t)] = \bar{f}(p)$ 或简记为 $L(p)$。而称

$$f(t) = \frac{1}{2\pi i}\int_{s-i\infty}^{s+i\infty}\bar{f}(p)e^{pt}\,\mathrm{d}p, \quad t > 0 \tag{5-34}$$

为复变函数 $\bar{f}(p)$ 的**拉普拉斯逆变换**或称为 $\bar{f}(p)$ 的**原像**, 记作 $L^{-1}[\bar{f}(p)] = f(t)$。并且有

$$f(t) = L^{-1}[\bar{f}(p)] = L^{-1}L[f(t)] \tag{5-35}$$

2. 拉普拉斯变换的存在定理

设实函数 $f(t)$ 满足条件 (A), 则在 $\mathrm{Re}\,p = s > s_0$ 上, 有

(1) 拉普拉斯变换 $\bar{f}(p)$ 存在, 积分 $\int_0^{\infty} f(t)e^{-pt}\,\mathrm{d}t$ 绝对并且一致收敛;

(2) 像函数 $\bar{f}(p)$ 是解析函数。

3. 拉普拉斯变换的性质

(1) 线性性质

$$L[af_1(t) + bf_2(t)] = a\overline{f}_1(p) + b\overline{f}_2(p) \tag{5-36}$$

（2）相似定理

$$L[f(at)] = \frac{1}{a}\overline{f}(\frac{p}{a}), \text{其中 } a > 0 \tag{5-37}$$

（3）微分性质（原像的导数定理）

$$L[f'(t)] = pL[f(t)] - f(0) = p\overline{f}(p) - f(0) \tag{5-38}$$

更一般地，有

$$L[f^{(n)}(t)] = p^n L[f(t)] - p^{n-1}f(0) - p^{n-2}f'(0) - \cdots - f^{(n-1)}(0)$$
$$\tag{5-39}$$

如果 $f(0) = f'(0) = \cdots = f^{(n-1)}(0) = 0$，则有

$$L[f^{(n)}(t)] = p^n L[f(t)] = p^n \overline{f}(p) \tag{5-40}$$

（4）积分性质（原像的积分定理）

$$L\left[\int_0^t f(\tau)\mathrm{d}\tau\right] = \frac{1}{p}L[f(t)] = \frac{1}{p}\overline{f}(p) \tag{5-41}$$

四、反演问题

1. 关于拉普拉斯反演问题的基本性质

（1）像函数的位移定理

$$L[\mathrm{e}^{p_0 t}f(t)] = \overline{f}(p - p_0), (\mathrm{Re}p > \mathrm{Re}p_0, p_0 \text{ 为任意复常数})$$
$$\tag{5-42}$$

（2）延迟函数的像函数定理

$$L[f(t-\tau)H(t-\tau)] = \mathrm{e}^{-p\tau}\overline{f}(p), \quad \tau > 0 \tag{5-43}$$

函数 $f(t-\tau)H(t-\tau)$ 表示将函数 $f(t)H(t)$ 延迟一段时间 τ。这个性质是分析无线电物理中脉冲波问题的有力工具。

（3）像函数的导数定理

$$L[(-t)f(t)] = \frac{\mathrm{d}\overline{f}(p)}{\mathrm{d}p} \tag{5-44}$$

一般地，对自然数 n，有

$$L[(-t)^n f(t)] = \frac{\mathrm{d}^n \overline{f}(p)}{\mathrm{d}p^n} \tag{5-45}$$

（4）像的积分定理

$$\int_p^\infty \overline{f}(q) \, \mathrm{d}q = L\left[\frac{f(t)}{t}\right] \tag{5-46}$$

其中，积分 $\int_p^\infty \overline{f}(q)\mathrm{d}q\,(\mathrm{Re}p > s_0)$ 收敛。

（5）卷积定理

$$L[f_1(t) * f_2(t)] = L[f_1(t)] \cdot L[f_2(t)] = \overline{f}_1(p) \cdot \overline{f}_2(p)$$

$$(5\text{-}47)$$

其中

$$f_1(t) * f_2(t) = \int_0^t f_1(\tau)f_2(t-\tau)\mathrm{d}\tau \qquad (5\text{-}48)$$

称为 $f_1(t)$ 和 $f_2(t)$ 的卷积。卷积具有对称性，即

$$f_1(t) * f_2(t) = f_2(t) * f_1(t) \qquad (5\text{-}49)$$

2. 展开定理（黎曼-梅林反演公式）

设像函数 $\overline{f}(p)$ 是单值的，并满足条件：

（1）在开平面内只有有限个极点为其奇点，且函数 $\overline{f}(p)$ 的所有极点都分布在半平面 $\mathrm{Re}p \leqslant s_0$ 上；

（2）存在一族以原点为圆心，以 R_n 为半径的圆周 C_n，其中

$$R_1 < R_2 < R_3 < \cdots < R_n < \cdots \rightarrow \infty$$

在这族圆周 C_n 上 $\overline{f}(p)$ 满足 $\lim_{n\to\infty}\overline{f}(p) = 0$；

（3）对任意一个 $\mathrm{Re}p \leqslant s_0$，积分 $\int_{s-i\infty}^{s+i\infty}\overline{f}(p)\mathrm{d}p$ 绝对收敛。

则 $\overline{f}(p)$ 的原像函数

$$f(t) = \sum_{\mathrm{Re}p < s_0} \mathrm{Res}[\overline{f}(p)\mathrm{e}^{pt}], t \geqslant 0 \qquad (5\text{-}50)$$

3. 其他求反演的方法

（1）两种特殊情况：设 $\overline{f}(p)$ 是有理函数，即可表示成两个整函数 $A(p)$ 和 $B(p)$ 的商，即

$$\overline{f}(p) = \frac{A(p)}{B(p)}$$

情况一　若 $A(p)$ 和 $B(p)$ 都是多项式且不可约，$B(p)$ 的次数比 $A(p)$ 的次数高，分母 $B(p)$ 有单零点 $p_1, p_2 \cdots p_n$，则有

$$f(t) = \sum_{i=1}^n \mathrm{Res}\left[\frac{A(p_i)}{B(p_i)}\mathrm{e}^{p_i t}\right] = \sum_{i=1}^n \frac{A(p_i)}{B'(p_i)}\mathrm{e}^{p_i t} \qquad (5\text{-}51)$$

情况二　若 $p_1, p_2 \cdots p_n$ 是 $B(p)$ 的单零点，p_{n+1} 是 $B(p)$ 的一个 m 阶零点，则有

$$f(t) = \sum_{i=1}^{n} \frac{A(p_i)}{B'(p_i)} e^{p_i t} + \frac{1}{(m-1)!} \lim_{p \to p_{n+1}} \frac{\mathrm{d}^{m-1}}{\mathrm{d}p^{m-1}} \left[(p - p_{n+1})^m \frac{A(p)}{B(p)} e^{pt} \right]$$

$$(5-52)$$

（2）有理分式反演法：如果像函数 $\bar{f}(p)$ 是有理分式，只要把有理分式分解为一些简单的分项分式之和，求出每个分项的原函数，即可得到相应的原函数。

（3）查表法：一些常用函数的拉普拉斯变换可查阅相应的积分变换表。对于一般的反演问题，可以借助于一些常用函数的拉普拉斯变换以及通过查阅相应的变换表得出。

五、δ 函数

1.δ 函数的定义

定义 Ⅰ δ 函数是指定义在区间 $(-\infty, \infty)$ 上并具有以下性质的函数

$$(1)\delta(x - x_0) = \begin{cases} 0 & x \neq x_0 \\ \infty & x = x_0 \end{cases} \tag{5-53}$$

$$(2)\int_{-\infty}^{+\infty} \delta(x - x_0) \mathrm{d}x = 1 \tag{5-54}$$

定义 Ⅱ   对于任意一个连续函数 $f(x)$，都有

$$\int_{-\infty}^{+\infty} f(x)\delta(x - x_0)\mathrm{d}x = f(x_0) \tag{5-55}$$

2.δ 函数的性质

（1）δ 函数为偶函数，即

$$\delta(x - x_0) = \delta(x_0 - x) \tag{5-56}$$

$$(2)x\delta(x) = 0 \tag{5-57}$$

$$(3)f(x)\delta(x - x_0) = f(x_0)\delta(x - x_0) \tag{5-58}$$

（4）一维 δ 函数可看作是亥维赛函数 $H(x)$ 的导数，即

$$\frac{\mathrm{d}}{\mathrm{d}x} H(x) = \delta(x) \tag{5-59}$$

其中，$H(x) = \begin{cases} 1 & x \geqslant 0 \\ 0 & x < 0 \end{cases}$。

$$(5)\delta(x) = \lim_{n \to \infty} \frac{\sin nx}{\pi x} \tag{5-60}$$

3. 高维 δ 函数

(1) 三维 δ 函数的定义

定义 I　三维 δ 函数是具有以下性质的函数

$$①\delta(\vec{r}-\vec{r}_0)=\begin{cases}0, & \vec{r}\neq\vec{r}_0\\ \infty, & \vec{r}=\vec{r}_0\end{cases} \tag{5-61}$$

$$②\iiint\limits_{\Omega}\delta(\vec{r}-\vec{r}_0)\mathrm{d}\vec{r}=1, \quad \vec{r}_0\in\Omega \tag{5-62}$$

定义 II　对于任意一个在 $(-\infty<x,y,z<\infty)$ 中的连续函数 $f(\vec{r})$，都有

$$\iiint\limits_{\Omega}f(\vec{r})\delta(\vec{r}-\vec{r}_0)\mathrm{d}\vec{r}=f(\vec{r}_0) \tag{5-63}$$

(2) 三维 δ 函数可看作三个一维 δ 函数的乘积

$$\delta(x-x_0,y-y_0,z-z_0)=\delta(x-x_0)\delta(y-y_0)\delta(z-z_0) \tag{5-64}$$

(3) n 维 δ 函数　当取 n 维笛卡尔坐标系时，即设 $X(x_1,x_2,\dots,x_n)$，$X_0(x_{10},x_{20},\dots,x_{n0})$，则在 n 维空间中，有

$$\int f(X)\ \delta(X-X_0)\mathrm{d}X=f(X_0) \tag{5-65}$$

和

$$\delta(X-X_0)=\delta(x_1-x_{10})\delta(x_2-x_{20})\dots\delta(x_n-x_{n0}) \tag{5-66}$$

以及

$$\int\delta(X-X_0)\mathrm{d}X=1 \tag{5-67}$$

4. δ 函数的傅里叶变换(也称为 δ 函数的傅里叶积分展开)

$$\delta(x-x_0)=F^{-1}\left[\mathrm{e}^{-\mathrm{i}kx_0}\right]=\frac{1}{2\pi}\int_{-\infty}^{\infty}\mathrm{e}^{\mathrm{i}k(x-x_0)}\mathrm{d}k \tag{5-68}$$

或者

$$\delta(x-x_0)=\frac{1}{2\pi}\int_{-\infty}^{\infty}\cos k(x-x_0)\mathrm{d}k \tag{5-69}$$

以及

$$\delta(\vec{r}-\vec{r}_0)=\frac{1}{(2\pi)^3}\iiint\limits_{\Omega}\mathrm{e}^{-\mathrm{i}\vec{k}\cdot(\vec{r}-\vec{r}_0)}\mathrm{d}\vec{k} \tag{5-70}$$

5.2　习题导练

5.1　求下列函数的傅里叶变换的像函数

$(1) f(x) = \dfrac{\sin ax}{x}, (a > 0)$；　$(2) f(x) = \varphi(at - b)$；

$(3) f(x) = \sin(ax^2)$；　　　　$(4) f(x) = \cos(ax^2)$，a 和 b 为实常数。

解　（1）**分析**　求函数傅里叶变换的方法，一是由傅里叶变换的定义计算（直接法）；二是由傅里叶变换的性质计算（间接法）。间接法要求掌握傅里叶变换的几个重要性质以及一些常见函数的傅里叶变换。下面采用直接法求解本题

$$F[f(x)] = \int_{-\infty}^{\infty} \frac{\sin ax}{x} e^{-ikx} dx = \int_{-\infty}^{\infty} \frac{e^{i(a-k)x} - e^{-i(a+k)x}}{2ix} dx$$

$$= \int_{-\infty}^{\infty} \frac{\cos(a-k)x + i\sin(a-k)x - \cos(a+k)x + i\sin(a+k)x}{2ix} dx$$

$$= \int_{0}^{\infty} \frac{\sin(a-k)x}{x} dx + \int_{0}^{\infty} \frac{\sin(a+k)x}{x} dx$$

由狄利克雷积分可得

（i）若 $a > |k|$，则无论 $k > 0$ 或 $k < 0$，均有 $a - k > 0$，$a + k > 0$，故有

$$\int_{0}^{\infty} \frac{\sin(a-k)x}{x} dx = \int_{0}^{\infty} \frac{\sin(a+k)x}{x} dx = \frac{\pi}{2}$$

所以有

$$F\left[\frac{\sin ax}{x}\right] = \left(\frac{\pi}{2} + \frac{\pi}{2}\right) = \pi$$

（ii）若 $a = |k|$，则 $k = \begin{cases} a, & k > 0 \\ -a, & k < 0 \end{cases}$

故有　　$a - k = \begin{cases} 0, & k > 0 \\ 2a, & k < 0 \end{cases}$，　　$a + k = \begin{cases} 2a, & k > 0 \\ 0, & k < 0 \end{cases}$。

从而有

$$\int_0^\infty \frac{\sin(a-k)x}{x}\mathrm{d}x = \begin{cases} 0, & k>0 \\[2mm] \dfrac{\pi}{2}, & k<0 \end{cases}$$

$$\int_0^\infty \frac{\sin(a+k)x}{x}\mathrm{d}x = \begin{cases} \dfrac{\pi}{2}, & k>0 \\[2mm] 0, & k<0 \end{cases}$$

所以有

$$F\Big[\frac{\sin ax}{x}\Big] = \frac{\pi}{2}$$

(iii) 若 $a<|\,k\,|$,则有

① 当 $k>0$ 时,$a-k<0,a+k>0$,故有

$$\int_0^\infty \frac{\sin(a-k)x}{x}\mathrm{d}x =-\frac{\pi}{2}; \quad \int_0^\infty \frac{\sin(a+k)x}{x}\mathrm{d}x =\frac{\pi}{2}$$

所以有

$$F\Big[\frac{\sin ax}{x}\Big] = 0$$

② 当 $k<0$ 时,$a-k>0,a+k<0$,故有

$$\int_0^\infty \frac{\sin(a-k)x}{x}\mathrm{d}x =\frac{\pi}{2}; \qquad \int_0^\infty \frac{\sin(a+k)x}{x}\mathrm{d}x =-\frac{\pi}{2}$$

所以有

$$F\Big[\frac{\sin ax}{x}\Big] = 0$$

综合以上 (i)(ii)(iii) 三种情况,可得

$$F[f(x)] = F\Big[\frac{\sin ax}{x}\Big] = \begin{cases} \pi, & a>|\,k\,| \\[2mm] \dfrac{\pi}{2}, & a=|\,k\,| \\[2mm] 0, & a<|\,k\,| \end{cases}$$

(2) **解法一**　按傅里叶变换的定义(5-15) 式,有

$$F[\varphi(ax-b)] = \int_{-\infty}^\infty \varphi(ax-b)\mathrm{e}^{-ikx}\,\mathrm{d}x$$

对上式做积分变量代换 $\zeta = ax-b$,则有

(i) 当 $a>0$ 时

$$F[\varphi(ax-b)] = \int_{-\infty}^\infty \varphi(\zeta)\mathrm{e}^{-ik\frac{\zeta+b}{a}}\,\frac{\mathrm{d}\zeta}{a}$$

$$= \frac{\mathrm{e}^{-ik\frac{b}{a}}}{a} \int_{-\infty}^{\infty} \varphi(\zeta) \mathrm{e}^{-i(\frac{k}{a})\zeta} \mathrm{d}\zeta = \frac{1}{a} \widetilde{f}(\frac{k}{a}) \mathrm{e}^{-i\frac{k}{a}b}$$

(ii) 当 $a < 0$ 时

$$F[\varphi(ax-b)] = -\int_{-\infty}^{\infty} \varphi(\zeta) \mathrm{e}^{-ik\frac{\zeta+b}{a}} \frac{\mathrm{d}\zeta}{a}$$

$$= -\frac{\mathrm{e}^{-ik\frac{b}{a}}}{a} \int_{-\infty}^{\infty} \varphi(\zeta) \mathrm{e}^{-i(\frac{k}{a})\zeta} \mathrm{d}\zeta = -\frac{1}{a} \widetilde{f}(\frac{k}{a}) \mathrm{e}^{-i\frac{k}{a}b}$$

综合以上,可得

$$F[\varphi(ax-b)] = \frac{1}{|a|} \widetilde{f}(\frac{k}{a}) \mathrm{e}^{-i\frac{k}{a}b}$$

解法二　用傅里叶变换的性质,令 $\varphi_1(x) = \varphi(x-b)$,由位移定理 (5-23) 式,得

$$\widetilde{f}_1(k) = F[\varphi_1(x)] = F[\varphi(x-b)] = \mathrm{e}^{-ikb} \widetilde{f}(k)$$

再由相似定理(5-28) 式,得

$$F[\varphi(ax-b)] = F[\varphi_1(ax)] = \frac{1}{|a|} \widetilde{f}_1(\frac{k}{a}) = \frac{1}{|a|} \widetilde{f}(\frac{k}{a}) \mathrm{e}^{-i\frac{k}{a}b}$$

或者可以先令 $g(x) = \varphi(ax)$,由相似定理(5-28) 式,得

$$\widetilde{g}(k) = F[g(x)] = F[\varphi(ax)] = \frac{1}{|a|} \widetilde{f}(\frac{k}{a})$$

再由位移定理(5-23) 式,得

$$F[\varphi(ax-b)] = F[g(x-\frac{b}{a})] = \widetilde{g}(k) \mathrm{e}^{-i\frac{b}{a}k} = \frac{1}{|a|} \widetilde{f}(\frac{k}{a}) \mathrm{e}^{-i\frac{k}{a}b}$$

关于同时使用几种傅里叶变换的性质求某函数的傅里叶变换时,应注意避免出现下面情形的错误:

$$F[\varphi(ax-b)] = F\{\varphi[a(x-\frac{b}{a})]\} = \frac{1}{|a|} F[\varphi(x-\frac{b}{a})]$$

$$= \frac{1}{|a|} [\mathrm{e}^{-ik\frac{b}{a}} \widetilde{f}(k)] = \frac{1}{|a|} \mathrm{e}^{-i\frac{b}{a^2}k} \widetilde{f}(\frac{k}{a})$$

或者

$$F[\varphi(ax-b)] = \mathrm{e}^{-ibk} F[\varphi(ax)] = \frac{1}{|a|} \mathrm{e}^{-ibk} \widetilde{f}(\frac{k}{a})$$

避免出现上述情形的办法是首先查表看能否直接得到所要求解的结果。否则,若要多次使用变换的一些性质时,最好能记清楚公式或严格依照定义求解。

解(3) 和(4)。这里把(3) 和(4) 的傅里叶变换放在一起来解决,令

$$\widetilde{f}_1(k) = \int_{-\infty}^{+\infty} \sin(ax^2)\mathrm{e}^{-ikx}\,\mathrm{d}x, \widetilde{f}_2(k) = \int_{-\infty}^{+\infty} \cos(ax^2)\mathrm{e}^{-ikx}\,\mathrm{d}x$$

设 $a > 0$，令 $y = \sqrt{a}(x - \dfrac{k}{2a})$，则有

$$\widetilde{f}(k) = \widetilde{f}_2(k) + i\widetilde{f}_1(k) = \int_{-\infty}^{+\infty} \mathrm{e}^{iax^2}\mathrm{e}^{-ikx}\,\mathrm{d}x$$

$$= \int_{-\infty}^{+\infty} \mathrm{e}^{i[a(x-\frac{k}{2a})^2 - \frac{k^2}{4a}]}\,\mathrm{d}x = \frac{2}{\sqrt{a}}\mathrm{e}^{-i\frac{k^2}{4a}}\int_{0}^{+\infty} \mathrm{e}^{iy^2}\,\mathrm{d}y$$

注意到

$$\int_{0}^{+\infty} \mathrm{e}^{iy^2}\,\mathrm{d}y = \int_{0}^{+\infty} \cos y^2\,\mathrm{d}y + i\int_{0}^{+\infty} \sin y^2\,\mathrm{d}y$$

由菲涅耳积分公式(4-26)—(4-27)式，可得

$$\widetilde{f}(k) = \frac{1}{\sqrt{a}}\mathrm{e}^{-i\frac{k^2}{4a}}\sqrt{\frac{\pi}{2}}(1+i)$$

$$= \sqrt{\frac{\pi}{a}}\left[\cos(\frac{\pi}{4} - \frac{k^2}{4a}) + i\sin(\frac{\pi}{4} - \frac{k^2}{4a})\right]$$

比较上式中的实部与虚部，可得

$$\widetilde{f}_1(k) = \sqrt{\frac{\pi}{a}}\sin(\frac{\pi}{4} - \frac{k^2}{4a}), \widetilde{f}_2(k) = \sqrt{\frac{\pi}{a}}\cos(\frac{\pi}{4} - \frac{k^2}{4a})$$

把 a 扩大到除 0 以外的任意实数，则有

$$\widetilde{f}(k) = \frac{1}{\sqrt{a}}\mathrm{e}^{-i\frac{k^2}{4a}}\sqrt{\frac{\pi}{2}}(1+i)$$

$$= \sqrt{\frac{\pi}{|a|}}\left[\cos(\frac{\pi}{4} - \frac{k^2}{4a}) + i\sin(\frac{\pi}{4} - \frac{k^2}{4a})\right]$$

比较实、虚部，可得

$$\int_{-\infty}^{+\infty} \cos(ax^2)\mathrm{e}^{-ikx}\,\mathrm{d}x = \sqrt{\frac{\pi}{|a|}}\cos(\frac{\pi}{4} - \frac{k^2}{4|a|}), a \neq 0$$

$$\int_{-\infty}^{+\infty} \sin(ax^2)\mathrm{e}^{-ikx}\,\mathrm{d}x = \pm\sqrt{\frac{\pi}{|a|}}\sin(\frac{\pi}{4} - \frac{k^2}{4|a|}), a \neq 0$$

5.2 求下列函数的拉普拉斯变换的像函数

(1) $f(t) = \mathrm{e}^{-5t}\sin 4t$；　　　(2) $f(t) = t(\cos\omega t + \sin\omega t)$，$\omega$ 为实数；

(3) $f(t) = \mathrm{sh}\omega t$；　　　　　(4) $f(t) = \cos(\omega t + \alpha)$；

(5) $f(t) = \cos^2\omega t$；　　　　(6) $f(t) = \dfrac{\cos at - \cos bt}{b^2 - a^2}$，$a^2 \neq b^2$。

注 以下解答中，设 $f(t) \doteqdot L[f(t)] = \overline{f}(p)$。

解 （1）**解法一**   由拉普拉斯变换的定义(5-33)式,可得

$$L[f(t)] = \int_0^\infty e^{-5t}\sin(4t)\, e^{-pt}\, dt = \int_0^\infty e^{-(5+p)t}\sin(4t)\, dt$$

$$= -\frac{1}{4}\left[e^{-(5+p)t}\cos(4t)\right]_0^\infty + (5+p)\int_0^\infty e^{-(5+p)t}\sin(4t)\, dt$$

$$= \frac{1}{4} - \frac{(5+p)^2}{16}\int_0^\infty e^{-(5+p)t}\sin(4t)\, dt$$

$$= \frac{1}{4} - \frac{(5+p)^2}{16}L[f(t)]$$

从而有

$$L[f(t)] = \frac{4}{(p+5)^2 + 16}$$

解法二   由已知函数的拉普拉斯变换式,可得

$$L[f(t)] = \int_0^\infty e^{-5t}\sin(4t)e^{-pt}dt = \frac{1}{2i}\int_0^\infty \left[e^{(4i-5)t} - e^{-(4i+5)t}\right]e^{-pt}dt$$

$$= \frac{1}{2i}\left(\frac{1}{p+5-4i} - \frac{1}{p+5+4i}\right)$$

$$= \frac{4}{(p+5)^2 + 16}$$

解法三   利用像函数的位移定理(5-42)式及已知函数的变换式,可得

$$L[e^{-5t}\sin(4t)] = \frac{4}{(p+5)^2 + 4^2}$$

（2）**解法一**   由拉普拉斯变换定义,则有

$$L[f(t)] = \int_0^\infty t\cos\omega t\, e^{-pt}dt + \int_0^\infty t\sin\omega t\, e^{-pt}\, dt$$

考虑到

$$\int_0^\infty t e^{i\omega t}\, e^{-pt}\, dt = \int_0^\infty t\, e^{(i\omega - p)t}\, dt$$

$$= \left[\frac{t}{i\omega - p} \cdot e^{(i\omega - p)t}\right]_0^\infty - \frac{1}{i\omega - p}\int_0^\infty e^{(i\omega - p)t}\, dt$$

$$= \frac{1}{(i\omega - p)^2} = \frac{p^2 + 2p\omega i - \omega^2}{(p^2 + \omega^2)^2}$$

比较实部和虚部,得

$$L[f(t)] = \frac{p^2 - \omega^2}{(p^2 + \omega^2)^2} + \frac{2p\omega}{(p^2 + \omega^2)^2} = \frac{1}{p^2 + \omega^2} + \frac{2p\omega - 2\omega^2}{(p^2 + \omega^2)^2}$$

解法二   由像函数的导数定理(5-38)式,有

$$L[t\cos\omega t]=-\frac{\mathrm{d}}{\mathrm{d}p}\frac{p}{p^2+\omega^2}=\frac{p^2-\omega^2}{(p^2+\omega^2)^2}$$

$$L[t\sin\omega t]=-\frac{\mathrm{d}}{\mathrm{d}p}\frac{\omega}{p^2+\omega^2}=\frac{2p\omega}{(p^2+\omega^2)^2}$$

从而有

$$L[t\cos\omega t+t\sin\omega t]=\frac{p^2-\omega^2+2p\omega}{(p^2+\omega^2)^2}=\frac{1}{p^2+\omega^2}+\frac{2p\omega-2\omega^2}{(p^2+\omega^2)^2}$$

或者取 $\varphi(t)=\cos\omega t+\sin\omega t$,有

$$L[\varphi(t)]=\frac{p}{p^2+\omega^2}+\frac{\omega}{p^2+\omega^2}$$

再利用像函数的导数定理(5-38)式,则有

$$L[t\cos\omega t+t\sin\omega t]=-\frac{\mathrm{d}}{\mathrm{d}p}L[f(t)]=\frac{1}{p^2+\omega^2}+\frac{2p\omega-2\omega^2}{(p^2+\omega^2)^2}$$

(3)由像函数的位移定理(5-42)式,有

$$f(t)=\mathrm{sh}\omega t=\frac{\mathrm{e}^{\omega t}-\mathrm{e}^{-\omega t}}{2}\doteqdot\frac{1}{2}\left(\frac{1}{p-\omega}-\frac{1}{p+\omega}\right)=\frac{\omega}{p^2-\omega^2}$$

(4)由三角函数公式及三角函数变换式,可得

$$f(t)=\cos(\omega t+\alpha)=\cos\omega t\cos\alpha-\sin\omega t\sin\alpha$$

$$\doteqdot\frac{p\cos\alpha}{p^2+\omega^2}-\frac{\omega\sin\alpha}{p^2+\omega^2}$$

(5)由三角函数公式及三角函数变换式,可得

$$f(t)=\cos^2\omega t=\frac{\cos(2\omega t)+1}{2}\doteqdot\frac{1}{2}\frac{p}{p^2+4\omega^2}+\frac{1}{2p}$$

$$=\frac{p}{2p^2+8\omega^2}+\frac{1}{2p}$$

(6)$f(t)=\frac{\cos at-\cos bt}{b^2-a^2}\doteqdot\frac{1}{b^2-a^2}\left(\frac{p}{p^2+a^2}-\frac{p}{p^2+b^2}\right)$

$$=\frac{p}{(p^2+b^2)(p^2+a^2)}$$

5.3 已知下列拉普拉斯变换的像函数 $\bar{f}(p)$,求拉普拉斯变换的原函数 $f(t)$。

(1)$\bar{f}(p)=\dfrac{5p-1}{(p+1)(p-2)}$;

(2)$\bar{f}(p)=\dfrac{p^3+2p^2-9p+36}{p^4-81}$;

(3) $\overline{f}(p) = \dfrac{1}{(p^2 + a^2)(p^2 + b^2)}$, $a^2 \neq b^2$;

(4) $\overline{f}(p) = \dfrac{\mathrm{e}^{-\alpha p}}{p^2}$, $\alpha > 0$;

(5) $\overline{f}(p) = \dfrac{1}{p} \dfrac{\mathrm{e}^{-\alpha p}}{1 - \mathrm{e}^{-\alpha p}}$, $\alpha > 0$。

解 (1) **解法一**   先将这个有理分式分解成分项分式,即

$$\overline{f}(p) = \frac{2}{p+1} + \frac{3}{p-2}$$

则有

$$f(t) = L^{-1}[\overline{f}(p)] = 2L^{-1}\left[\frac{1}{p+1}\right] + 3L^{-1}\left[\frac{1}{p-2}\right] = 2\mathrm{e}^{-t} + 3\mathrm{e}^{2t}$$

解法二   利用拉普拉斯逆变换的展开定理(5-50)式,可得

$$f(t) = L^{-1}[\overline{f}(p)] = \mathrm{Res}[\overline{f}(p)\mathrm{e}^{pt}, -1] + \mathrm{Res}[\overline{f}(p)\mathrm{e}^{pt}, 2]$$
$$= 2\mathrm{e}^{-t} + 3\mathrm{e}^{2t}$$

(2) 先将这个有理分式分解成分项分式,即

$$\overline{f}(p) = \frac{p^3 + 2p^2 - 9p + 36}{(p-3)(p+3)(p^2+9)}$$
$$= \frac{1}{2}\frac{1}{p-3} - \frac{1}{2}\frac{1}{p+3} + \frac{p}{p^2+9} - \frac{1}{3}\frac{3}{p^2+9}$$

再利用已知函数的拉普拉斯变换式,即得

$$f(t) = \frac{1}{2}\mathrm{e}^{3t} - \frac{1}{2}\mathrm{e}^{-3t} + \cos 3t - \frac{1}{3}\sin 3t$$

(3) 先将这个有理分式分解成分项分式,即

$$F(p) = \frac{1}{(p^2+a^2)(p^2+b^2)} = \frac{1}{b^2-a^2}\left(\frac{1}{p^2+a^2} - \frac{1}{p^2+b^2}\right)$$
$$= \frac{1}{a(b^2-a^2)}\frac{a}{(p^2+a^2)} - \frac{1}{b(b^2-a^2)}\frac{b}{(p^2+b^2)}$$

即得

$$f(t) = \frac{1}{a(b^2-a^2)}\sin at - \frac{1}{b(b^2-a^2)}\sin bt$$

(4) 由拉斯积分变换的定义式(5-33)及 $\delta(t)$ 函数的基本性质(5-55)式,有

$$L[\delta(t-a)] = \int_0^\infty \delta(t-a)\mathrm{e}^{-pt}\mathrm{d}t = \mathrm{e}^{-ap}$$

再利用拉普拉斯变换的卷积定理(5-47) 及卷积的定义式(5-48) 式,有

$$f(t) = L^{-1}[\overline{f}(p)] = L^{-1}\left[\frac{1}{p^2}e^{-ap}\right]$$

$$= \int_0^t \delta(\tau-a)(t-\tau)\mathrm{d}\tau = \begin{cases} t-a, & 0 < a < t \\ 0, & a > t \end{cases}$$

$$= (t-a)H(t-a)$$

(5) 先把像函数改写成级数求和的形式,即

$$\overline{f}(p) = \frac{1}{p}\frac{e^{-ap}}{1-e^{-ap}}, \quad (a > 0)$$

$$= \frac{1}{p}\sum_{n=1}^{\infty}e^{-nap} = \sum_{n=1}^{\infty}\frac{1}{p}e^{-nap}$$

由 $\delta(t-\beta) \doteqdot e^{-\beta p}$,有

$$L^{-1}[\overline{f}(p)] = \sum_{n=1}^{\infty}L^{-1}\left[\frac{1}{p}e^{-nap}\right]$$

再利用拉普拉斯变换的卷积定理(5-47) 及卷积的定义式(5-48) 式,有

$$f(t) = \sum_{n=1}^{\infty}\int_0^t 1\delta(t-\tau-na)\mathrm{d}\tau = \sum_{n=1}^{\infty}H(t-na)$$

5.4 设 $f_1(t) = \frac{1}{\omega}\sin\omega t$,$f_2(t) = \mathrm{ch}\omega t$($\omega$ 为实数,且 $\omega \neq 0$),求拉普拉斯变换的卷积 $f_1(t) * f_2(t)$。

解 由拉普拉斯卷积定理(5-47) 式,有

$$L[f_1(t) * f_2(t)] = L[f_1(t)] \cdot L[f_2(t)] = \frac{1}{\omega}\frac{\omega}{p^2+\omega^2} \cdot \frac{p}{p^2-\omega^2}$$

$$= \frac{p}{p^2-\omega^4} = \frac{p}{(p-\omega)(p+\omega)(p-i\omega)(p+i\omega)}$$

以上像函数有四个一阶极点,即

$$p_{1,2} = \pm\omega, p_{3,4} = \pm i\omega$$

再利用展开定理(5-50) 式,则有

$$f_1(t) * f_2(t) = \sum_{i=1}^{4}\mathrm{Res}\left[\frac{p_i e^{p_i t}}{p_i^2-\omega^4}\right] = \frac{1}{2\omega^2}(\mathrm{ch}\omega t - \cos\omega t)$$

5.5 用拉普拉斯变换求下列常微分方程的初值问题

$(1)y'' + 2y' - 3y = e^{-t}, y(0) = 0, y'(0) = 1$;

$$(2)\begin{cases} T'' + \dfrac{\pi^2 a^2}{l^2} T = A\sin\omega t \\ T(0) = 0, T'(0) = 0 \end{cases}$$

其中 a, A, ω 均为正的常数。

解 (1)第一步　对方程两边做拉普拉斯变换,设 $L(p) = L[y(x)]$,则有

$$L[y''] + 2L[y'] - 3L[y] = L[\mathrm{e}^{-t}] = \frac{1}{p+1}$$

$$\{p^2 L(p) - py(0) - y'(0)\} + 2\{pL(p) - y(0)\} - 3L(p) = \frac{1}{p+1}$$

第二步　解出像函数,由初始条件,得

$$(p^2 + 2p - 3)L(p) - 1 = \frac{1}{p+1}$$

即有

$$L(p) = \frac{p+2}{(p+1)(p-1)(p+3)}$$

第三步　求逆变换。这里通常有两种方法:

方法一　由拉普拉斯变换的基本性质及已知函数的变换式,即

$$y(t) = L^{-1}[L(p)] = L^{-1}\Big[\Big(-\frac{1}{4}\Big)\frac{1}{p+1} + \frac{3}{8}\frac{1}{p-1} + \Big(-\frac{1}{8}\Big)\frac{1}{p+3}\Big]$$

$$= -\frac{1}{4}L^{-1}\Big[\frac{1}{p+1}\Big] + \frac{3}{8}L^{-1}\Big[\frac{1}{p-1}\Big] + \Big(-\frac{1}{8}\Big)L^{-1}\Big[\frac{1}{p+3}\Big]$$

$$= -\frac{1}{4}\mathrm{e}^{-t} + \frac{3}{8}\mathrm{e}^t - \frac{1}{8}\mathrm{e}^{-3t} = \frac{1}{8}(3\mathrm{e}^t - 2\mathrm{e}^{-t} - \mathrm{e}^{-3t})$$

方法二　利用展开定理(5-50)式,并考虑到像函数 $L(p)$ 为有理函数,则有

$$y(t) = L^{-1}[L(p)] = \sum_{i=1}^{3} L(p_i)\mathrm{e}^{p_i t} = \sum_{i=1}^{3} \frac{A(p_i)}{B'(p_i)}\mathrm{e}^{p_i t}$$

$$= \mathrm{Res}[L(p)\mathrm{e}^{pt}, -1] + \mathrm{Res}[L(p)\mathrm{e}^{pt}, 1] + \mathrm{Res}[L(p)\mathrm{e}^{pt}, -3]$$

$$= -\frac{1}{4}\mathrm{e}^{-t} + \frac{3}{8}\mathrm{e}^t - \frac{1}{8}\mathrm{e}^{-3t} = \frac{1}{8}(3\mathrm{e}^t - 2\mathrm{e}^{-t} - \mathrm{e}^{-3t})$$

(2) 这是个受迫振动方程,设 $\dfrac{\pi a}{l} = \omega_0$,令 $T(t) \doteqdot F(p)$,则有

$$p^2 F(p) - pT(0) - T'(0) + \omega_0^2 F(p) = p^2 F(p) + \omega_0^2 F(p)$$

$$= \frac{A\omega}{p^2 + \omega^2}$$

从而有

$$F(p) = \frac{A\omega}{\omega^2 - \omega_0^2}\left(\frac{1}{p^2 + \omega_0^2} - \frac{1}{p^2 + \omega^2}\right)$$

利用已知函数的变换式,可得方程的解

$$T(t) = \frac{A\omega}{(\omega^2 - \omega_0^2)\omega_0}\sin\omega_0 t - \frac{A}{\omega^2 - \omega_0^2}\sin\omega t$$

$$= \frac{A}{(\omega^2 + \omega_0^2)\omega_0}(\omega\sin\omega_0 t - \omega_0\sin\omega t)$$

$$= \frac{A}{(\omega + \omega_0)\omega_0}\frac{\omega\sin\omega_0 t - \omega_0\sin\omega t}{\omega - \omega_0},(\omega \neq \omega_0)$$

当 $\omega \to \omega_0$ 时,由洛必达法则(ω 为变量),可得

$$T(t) = \lim_{\omega \to \omega_0}\frac{A}{(\omega + \omega_0)\omega_0}\cdot\frac{\omega\sin\omega_0 t - \omega_0\sin\omega t}{\omega - \omega_0}$$

$$= \frac{A}{2\omega_0^2}\sin\omega_0 t - \frac{At}{2\omega_0}\cos\omega_0 t$$

注　$\frac{\pi a}{l} = \omega_0$ 是系统的固有频率,而 ω 是外力的频率。此解表明:当外力的频率趋于系统的固有频率时,此解的第二项 $\frac{At}{2\omega_0}\cos\omega_0 t$ 的振幅 $\frac{At}{2\omega_0}$ 是随时间的增加而变大的(振幅是取模的,与前面的负号无关)。当 $t \to \infty$ 时,系统的振幅也趋于无穷,这就是共振的现象。实际上,当时间加大时,振幅增大到一定程度时,超过系统的承载能力,系统就崩溃了。

5.6　用拉普拉斯变换求常微分方程组

$$(1)\begin{cases} x'' - x - 2y' = e^t, & x(0) = -\frac{3}{2}, x'(0) = \frac{1}{2} \\ x' - y'' - 2y = t^2, & y(0) = 1, y'(0) = -\frac{1}{2} \end{cases}$$

$$(2)\begin{cases} y' + y + 2x' + 2x = e^{-t}, & y(0) = -1, x(0) = 0 \\ 3y' - y + 4x' + x = 0 \end{cases}$$

解　(1) 令 $X(p) = L[x(t)], Y(p) = L[y(t)]$,在方程组两边做拉普拉斯变换,并应用初始条件得

$$\begin{cases} p^2 X(p) + \frac{3}{2}p - \frac{1}{2} - X(p) - 2pY(p) + 2 = \frac{1}{p-1} \\ pX(p) + \frac{3}{2} - p^2 Y(p) + p - \frac{1}{2} - 2Y(p) = \frac{2}{p^3} \end{cases}$$

求解得

$$\begin{cases} X(p) = -\dfrac{3}{2(p-1)} + \dfrac{2}{p^2} \\ Y(p) = -\dfrac{1}{2(p-1)} - \dfrac{1}{p^3} + \dfrac{3}{2p} \end{cases}$$

取拉普拉斯逆变换得原方程组的解为

$$\begin{cases} x(t) = -\dfrac{3}{2}e^t + 2t \\ y(t) = -\dfrac{1}{2}e^t - \dfrac{1}{2}t^2 + \dfrac{3}{2} \end{cases}$$

(2) 首先，对方程两边做拉普拉斯变换，令 $y(t) \doteqdot Y(p)$，$x(t) \doteqdot X(p)$，则原函数的微分方程组变为像函数的代数方程组

$$\begin{cases} pY(p) - y(0) + Y(p) + 2pX(p) - 2x(0) + 2X(p) = \dfrac{1}{p+1} \\ 3pY(p) - 3y(0) - Y(p) + 4pX(p) - 4x(0) + X(p) = 0 \end{cases}$$

考虑到初始条件，有

$$\begin{cases} pY(p) + 1 + Y(p) + 2pX(p) + 2X(p) = \dfrac{1}{p+1} \\ 3pY(p) + 3 - Y(p) + 4pX(p) + X(p) = 0 \end{cases}$$

即

$$\begin{cases} (p+1)Y(p) + 2(p+1)X(p) = \dfrac{-p}{p+1} \\ (3p-1)Y(p) + (4p+1)X(p) = -3 \end{cases}$$

由第一个方程可得

$$Y(p) + 2X(p) = \dfrac{-p}{(p+1)^2}$$

即

$$Y(p) = \dfrac{-p}{(p+1)^2} - 2X(p)$$

代入第二方程，可得

$$X(p) = \dfrac{7p+3}{(p+1)^2(2p-3)}$$

从而有

$$Y(p) = \dfrac{-2p^2 - 11p - 6}{(p+1)^2(2p-3)}$$

注意到像函数 $Y(p)$ 和 $X(p)$ 均为有理函数,故先将有理分式分解成分项分式,即

$$Y(p) = \frac{a_1}{p+1} + \frac{a_2}{(p+1)^2} + \frac{a_3}{2p-3}$$

$$X(p) = \frac{b_1}{p+1} + \frac{b_2}{(p+1)^2} + \frac{b_3}{2p-3}$$

可得

$$Y(p) = \frac{a_1(p+1)(2p-3) + a_2(2p-3) + a_3(p+1)^2}{(p+1)^2(2p-3)}$$

其中系数 a_1, a_2, a_3 满足

$$\begin{cases} 2a_1 + a_3 = -2 \\ -a_1 + 2a_2 + 2a_3 = -11 \\ -3a_1 - 3a_2 + a_3 = -6 \end{cases}$$

解得

$$a_1 = \frac{29}{25}, a_2 = -\frac{3}{5}, a_3 = -\frac{108}{25}$$

从而有

$$Y(p) = \frac{29}{25} \frac{1}{p+1} - \frac{3}{5} \frac{1}{(p+1)^2} - \frac{54}{25} \frac{1}{p - \frac{3}{2}}$$

同理可得

$$X(p) = \frac{b_1(p+1)(2p-3) + b_2(2p-3) + b_3(p+1)^2}{(p+1)^2(2p-3)}$$

系数满足

$$\begin{cases} 2b_1 + b_3 = 0 \\ -b_1 + 2b_2 + 2b_3 = 7 \\ -3b_1 - 3b_2 + b_3 = 3 \end{cases}$$

解得

$$b_1 = -\frac{27}{25}, b_2 = \frac{4}{5}, b_3 = \frac{54}{25}$$

从而

$$X(p) = -\frac{27}{25} \frac{1}{p+1} + \frac{4}{5} \frac{1}{(p+1)^2} + \frac{27}{25} \frac{1}{p - \frac{3}{2}}$$

利用像函数的位移定理(5-42)式及已知函数的变换式,可得原方程组的解

$$y(t) = \frac{29}{25}e^{-t} - \frac{3}{5}te^{-t} - \frac{54}{25}e^{-\frac{3}{2}t}$$

$$x(t) = -\frac{27}{25}e^{-t} + \frac{4}{5}te^{-t} + \frac{27}{25}e^{-\frac{3}{2}t}$$

5.7　计算积分 $\int_{-\infty}^{\infty} \frac{\sin\lambda x}{x}dx$。

解　利用 δ 函数的傅里叶变换(5-69)式,常可以计算定积分。考虑积分

$$F(\lambda) = \int_{-\infty}^{\infty} \frac{\sin\lambda x}{x}dx \qquad ①$$

显然有

$$\frac{dF(\lambda)}{d\lambda} = \int_{-\infty}^{\infty} \cos(\lambda x)dx = 2\pi\delta(\lambda)$$

已知 $\delta(\lambda) = \frac{dH}{d\lambda}$,所以有

$$F(\lambda) = 2\pi H(\lambda) + c,(c\text{ 为积分常数})$$

当 $\lambda > 0$ 时:$F(\lambda) = 2\pi + c$。由 ① 式知,$F(\lambda)$ 是 λ 的奇函数,即 $F(-\lambda) = -F(\lambda)$。所以有,$F(0) = 0$。由此可确定出 $c = -\pi$。从而有

$$F(\lambda) = \begin{cases} \pi & \lambda > 0 \\ 0 & \lambda = 0 \\ -\pi & \lambda < 0 \end{cases}$$

特别地,当 $\lambda = 1$ 时,就有

$$\int_{-\infty}^{\infty} \frac{\sin x}{x}dx = \pi$$

5.8　试证明 $L^{-1}\left[\frac{e^{-\alpha\sqrt{p}}}{\sqrt{p}}\right] = \frac{1}{\sqrt{\pi t}}e^{-\frac{\alpha}{4t}}$。

证明　按照拉普拉斯变换的要求,即当 $F(p) \to 0$,有 $\text{Re}p = s \to \infty$。因此,应规定像函数 $F(p)$ 取单值分支 $-\pi \leqslant \arg p \leqslant \pi$。由拉普拉斯逆变换的定义式(5-34),$F(p)$ 的原函数为

$$\frac{1}{2\pi i}\int_{s-i\infty}^{s+i\infty} \frac{e^{-\alpha\sqrt{p}}}{\sqrt{p}}e^{pt}dp \qquad ①$$

积分路径 $L:\text{Re}p = s > 0$ 是右半平面上的一条平行于虚轴的无限直线。考虑到被积函数是多值函数,$p = 0$ 和 $p = \infty$ 是支点,所以在应用留数定理计算这个积分时,应该取积分围线如题 5.8 图所示。由于被积函数

在积分围线内无奇点,故有

$$\oint_C \frac{e^{-\alpha\sqrt{p}}}{\sqrt{p}} e^{pt}\,dp = 0$$

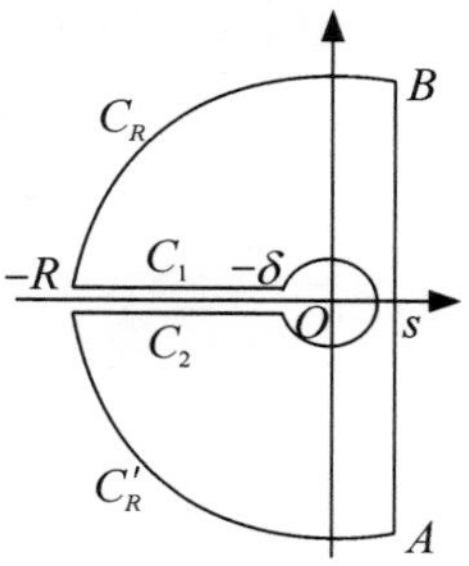

即有

$$\int_A^B \frac{e^{-\alpha\sqrt{p}}}{\sqrt{p}} e^{pt}\,dp + \int_{C_R} \frac{e^{-\alpha\sqrt{p}}}{\sqrt{p}} e^{pt}\,dp$$

$$+ \int_{C_1} \frac{e^{-\alpha\sqrt{p}}}{\sqrt{p}} e^{pt}\,dp + \int_{C_\delta} \frac{e^{-\alpha\sqrt{p}}}{\sqrt{p}} e^{pt}\,dp$$

$$+ \int_{C_2} \frac{e^{-\alpha\sqrt{p}}}{\sqrt{p}} e^{pt}\,dp + \int_{C_R'} \frac{e^{-\alpha\sqrt{p}}}{\sqrt{p}} e^{pt}\,dp = 0 \qquad ②$$

题 5.8 图

其中, C_1 和 C_2 分别沿着负实轴切割的上岸和下岸,而 C_R、C_R' 及 C_δ 则是以原点为圆心而半径分别是 R 和 δ 的圆弧。

对于沿圆弧 C_R 及 C_R' 的积分,由推广的约当引理,可得

$$\lim_{R\to\infty}\int_{C_R} \frac{e^{-\alpha\sqrt{p}}}{\sqrt{p}} e^{pt}\,dp = 0, \quad \lim_{R\to\infty}\int_{C_R'} \frac{e^{-\alpha\sqrt{p}}}{\sqrt{p}} e^{pt}\,dp = 0 \qquad ③$$

而对于沿圆弧 C_δ 的积分,可用与证明约当引理类似的方法,可证

$$\lim_{\delta\to 0}\int_{C_\delta} \frac{e^{-\alpha\sqrt{p}}}{\sqrt{p}} e^{pt}\,dp = 0 \qquad ④$$

在割线两岸 C_1 和 C_2 上的幅角分别为 $+\pi$ 和 $-\pi$,故在 C_1 上,有 $\sqrt{r} = \sqrt{|r|}\,e^{i\frac{\pi}{2}} = i\sqrt{|r|}$,在 C_2 上有 $\sqrt{r} = \sqrt{|r|}\,e^{-i\frac{\pi}{2}} = -i\sqrt{|r|}$,从而有

$$\int_{C_1} \frac{e^{-\alpha\sqrt{p}}}{\sqrt{p}} e^{pt}\,dp = -i\int_\delta^R \frac{1}{\sqrt{r}} e^{-i\alpha\sqrt{r}} e^{-rt}\,dr,$$

$$\int_{C_2} \frac{e^{-\alpha\sqrt{p}}}{\sqrt{p}} e^{pt}\,dp = -i\int_\delta^R \frac{1}{\sqrt{r}} e^{i\alpha\sqrt{r}} e^{-rt}\,dr \qquad ⑤$$

把 ③④⑤ 式代入到 ② 式中,并考虑到 ① 式及 $\int_A^B \frac{e^{-\alpha\sqrt{p}}}{\sqrt{p}} e^{pt}\,dp = \int_{s-iR}^{s+iR} \frac{e^{-\alpha\sqrt{p}}}{\sqrt{p}} e^{pt}\,dp$,取极限 $R\to\infty$,$\delta\to 0$ 时,则有

$$\frac{1}{2\pi i}\int_{s-i\infty}^{s+i\infty} \frac{e^{-\alpha\sqrt{p}}}{\sqrt{p}} e^{pt}\,dp = \frac{1}{2\pi}\int_0^\infty \frac{1}{\sqrt{r}}(e^{-i\alpha\sqrt{r}} + e^{i\alpha\sqrt{r}})e^{-rt}\,dr$$

$$= \frac{2}{\pi}\int_0^\infty e^{-x^2 t}\cos\alpha x\,dx$$

由泊松积分(4-25)式,可得

$$L^{-1}\left[\frac{e^{-\alpha\sqrt{p}}}{\sqrt{p}}\right]=\frac{1}{2\pi i}\int_{s-i\infty}^{s+i\infty}\frac{e^{-\alpha\sqrt{p}}}{\sqrt{p}}e^{pt}\,\mathrm{d}p=\frac{1}{\sqrt{\pi t}}e^{-\frac{a^2}{4t}} \qquad ⑥$$

证毕。

第二编
数学物理方程和特殊函数

数学物理方程，通常是指从物理学及其他各门自然科学、科学技术中所导出的偏微分方程，有时也包括积分方程、微分积分方程和常微分方程。它所研究的内容和所涉及的领域十分广泛，深刻地描述了自然界中的许多物理现象和物理规律。本编仅限于讨论三类典型的二阶线性偏微分方程定解问题的建立及定解问题的基本解法，并讨论两类特殊函数的一些基本性质及其在物理学中的应用。通过对这些典型方程的研究，能够掌握求解定解问题的基本方法，这些方法在电动力学、量子力学以及后续课程中起着重要的作用。

第六章　数学物理方程的导出及定解问题

本章将从几个不同的物理模型出发,导出三类典型的数学物理方程;根据不同的物理性质导出相应的定解条件;给出定解问题的三种提法;最后,简单讨论定解问题的适定性,即解的存在性、唯一性和稳定性的问题。

6.1　内容导读

一、数学物理方程的建立及有关概念

1.建立数学物理方程的常用方法

用数学语言描述某一个物理量变化规律的方程,称为**数学物理方程**。在建立方程时,首先要有清晰的物理思想并能把握物理定律运用的正确性;其次,需要抓住物理现象中的主导作用,略去不重要的因素,并做出合理的近似,由此得到线性的数学物理方程;最后,在导出方程的过程中不必考虑边界及初始状态。建立方程所采用的常用方法有以下几种:

(1) 微元法:首先,确定出描述物理问题的特征物理量 $u(\vec{r},t)$;其次,从所研究的系统中划出具有代表性的一个小微元,分析邻近部分与此微元的相互作用,并运用相应的物理规律,通过数学表达式的形式表示出这种作用;最后,对数学表达式进行化简、整理,即可得到这一物理问题所满足的数学物理方程。

(2) 整体法:首先,确定出描述物理问题的特征物理量 $u(\vec{r},t)$;其次,从所研究的系统中划出一块任意有限大小的体积元,以此体积元为研究对象,通过分析具体的物理过程并运用相应的物理规律,得出积分形式的方程;最后,从积分形式的被积函数构成的等式中导出偏微分形式的方

程。在整体法中，运用高斯公式把面积元的积分转化为体积元的积分，或者运用斯托克斯公式把线积分转化为面积分是建立方程的一个关键性问题。但是，并不是所有问题都可以把积分形式转化成微分形式的方程，有些问题只可能得到积分形式的方程。

（3）演化法：针对某个具体的物理问题，根据它所满足的基本方程推演出相应的偏微分方程。

2. 数学物理方程按其所代表的物理过程或状态，通常分为如下三类：

（1）波动方程

$$u_{tt} - a^2 \nabla^2 u = f(\vec{r}, t) \tag{6-1}$$

它描绘了各向同性的弹性体中的波动过程，或声波、电磁波的传播规律。

（2）输运方程

$$u_t - a^2 \nabla^2 u = f(\vec{r}, t) \tag{6-2}$$

它描述了扩散过程和热传导等过程所满足的规律。

（3）泊松（Poisson）方程和拉普拉斯（Laplace）方程

$$\nabla^2 u = -f(\vec{r}) \text{ 或 } \nabla^2 u = 0 \tag{6-3}$$

它描述了物理现象中稳定场的分布所满足的规律，如重力场、静电场、稳恒磁场等。

以上三类典型方程均为二阶、线性的偏微分方程。方程中的算符 $\nabla^2 = \nabla \cdot \nabla$ 为拉普拉斯算符，在常见的三种坐标系中的表示为

直角坐标系：$\nabla^2 = \dfrac{\partial^2}{\partial x^2} + \dfrac{\partial^2}{\partial y^2} + \dfrac{\partial^2}{\partial z^2}$

柱坐标系中：$\nabla^2 = \dfrac{1}{\rho}\dfrac{\partial}{\partial \rho}(\rho\dfrac{\partial}{\partial \rho}) + \dfrac{1}{\rho^2}\dfrac{\partial^2}{\partial \varphi^2} + \dfrac{\partial^2}{\partial z^2}$

球坐标系中：$\nabla^2 = \dfrac{1}{r^2}\dfrac{\partial}{\partial r}(r^2\dfrac{\partial}{\partial r}) + \dfrac{1}{r^2\sin\theta}\dfrac{\partial}{\partial \theta}(\sin\theta\dfrac{\partial}{\partial \theta}) + \dfrac{1}{r^2\sin^2\theta}\dfrac{\partial^2}{\partial \varphi^2}$

未知函数 $u(\vec{r}, t)$ 称为偏微分方程的解，$u(\vec{r}, t)$ 往往表示某个具体的物理过程的场量特征量，而方程中的非齐次项 $f(\vec{r}, t)$ 表示这个物理场的源项，通常为不含未知函数 u 的已知函数。

请注意，一个方程反映的不只是一个而是一类物理现象，所不同的是方程中的 a 和 $u(\vec{r}, t)$、$f(\vec{r}, t)$ 所代表的物理量是不同的。

二、定解条件

为了完全确定某个具体的物理过程，还必须知道区域边界上的约束

情况和初始时刻的状态,这种物理条件是定出解所必需的,所以也称为**定解条件**。定解条件一般包括边界条件和初始条件,它是方程的定解问题具有唯一性的必要条件。

1. 初始条件

能够完全描述初始时刻系统内部及边界上任意一点的运动状态的条件称为**初始条件**。

(1) 对于波动问题,一般给出系统内各点在初始时刻场量的值和场量对时间变化率的值,即

$$u(\vec{r},t)\,|_{t=0} = \varphi(\vec{r}) \tag{6-4}$$

$$\frac{\partial u}{\partial t}\bigg|_{t=0} = \psi(\vec{r}) \tag{6-5}$$

(2) 对于扩散问题或热传导问题,一般给出系统内各点的场量在初始时刻的值,即

$$u(\vec{r},t)\,|_{t=0} = \varphi(\vec{r}) \tag{6-6}$$

(3) 泊松方程和拉普拉斯方程是描述与时间无关的稳定场分布,不提初始条件。

以上各式中的 $\varphi(\vec{r})$ 和 $\psi(\vec{r})$ 均为已知函数。

2. 边界条件

能够完全描述系统边界上各点在任一时刻 $(t \geqslant 0)$ 的状态的条件称为**边界条件**。从物理学上看,边界条件就是外界通过边界对系统的一种作用的数学表示式。常见的线性边界条件,从数学上分为以下三类:

第一类边界条件(又称狄利克里条件):给出所研究的场量在边界 Σ 上的分布状态,即

$$u(\vec{r},t)\,|_{\Sigma} = h(\Sigma,t) \tag{6-7}$$

第二类边界条件(又称诺依曼条件):给出所研究的场量在边界 Σ 上的外法向 n 方向上的方向导数 $\dfrac{\partial u}{\partial n}$ 的分布状态,即

$$\left(\frac{\partial u}{\partial n}\right)\bigg|_{\Sigma} = h(\Sigma,t) \tag{6-8}$$

第三类边界条件(又称洛平条件):给出所研究的场量与其外法向 n 方向上的方向导数间的线性组合在边界 Σ 上的分布状态,即

$$\left[\alpha\frac{\partial u}{\partial n} + \beta u\right]_{\Sigma} = h(\Sigma,t) \tag{6-9}$$

其中,α,β 为常数系数,它们不同时为零,$h(\Sigma,t)$ 为边界 Σ 上的已知函数。无论那一类边界条件,当 $h(\Sigma,t)\equiv0$ 时,对应的条件为齐次边界条件,否则为非齐次边界条件。

3. 常见的其他类型的边界条件

(1) 自然边界条件

有限性条件:所求场量在所定义的区间内不发散或有限。

周期性条件:由于场量单值性的要求,需要解满足周期性的边界条件。

(2) 衔接条件

如果系统内部出现了某种突变(例如密度或其他相关的物理性质),则需要由突变面(或线或点)上的各种关联条件把它们联结成一个整体,这种关联条件就是衔接条件。它不是通常意义下的边界条件,系统还是作为一个整体问题来进行研究。

三、定解问题

1. 定解问题的三种提法

数学物理方程作为同一类物理现象的共性描述,又称为**泛定方程**。求解泛定方程在定解条件下的解的问题称为**定解问题**。

初值问题:由泛定方程和初始条件构成的定解问题,称初值问题,又称**柯西问题**。

边值问题:由泊松方程或拉普拉斯方程和边界条件构成的定解问题,称边值问题。

根据边界条件类型的不同,边值问题又可分成第一、第二、第三类边值问题,也分别称为**狄利克里问题**、**诺依曼问题**、**洛平问题**。

混合问题(初边值问题):由泛定方程、初始条件和边界条件三者构成的定解问题。

2. 定解问题的适定性

由物理模型建立的定解问题是否反映客观规律性,从数学上可由三个方面加以论证。

(1) 解的存在性:定解问题是否有解。

(2) 解的唯一性:定解问题的解是唯一的。

(3) 解的稳定性:定解问题的解对定解条件或自由项的连续依赖性问题。

定解问题解的存在性、唯一性和稳定性,统称为**解的适定性**。

3. 用数学物理方法研究物理问题的主要步骤

(1) 将物理问题转化为数学上的定解问题;

(2) 用数学方法求出满足方程和定解条件的形式解;

(3) 将求得的解做适当的物理解释并讨论解的适定性问题。

6.2   习题导练

6.1　　弦在介质中振动,单位长度的弦所受的阻力 F 与速度 u_t 呈正比,比例常数 R 称为阻力系数。试推导弦在介质中的横向微振动方程。

解题思路:采用微元法推导。从弦中取出 x 至 $x + \Delta x$ 的任意小微元,分析此微元与邻近部分的相互作用,并根据牛顿第二定律建立纵向与横向的运动方程,通过简化整理,从而得出 $u(x,t)$ 所满足的偏微分方程。

解　　如题 6.1 图,以弦的平衡位置为 x 轴,选取弦上各点的横向位移 $u(x,t)$ 表征弦振动的物理量,现在要导出 $u(x,t)$ 所要满足的微分方程。

考虑到弦是完全柔软的,即在拉紧的情况下弦上各点相互间的张力总是沿着弦的切向。设弦的切向与 x 轴线的夹角为 $\alpha(x,t)$,振动微小意思

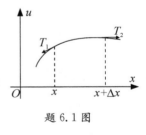

题 6.1 图

即为 $|\alpha| \ll 1$。考察弦中 x 至 $x + \Delta x$ 的任意一小段弦的运动情况,由于 $|\alpha| \ll 1$,所以弦的斜率为

$$\frac{\partial u(x,t)}{\partial x} = \tan\alpha(x,t) \approx \alpha(x,t) \qquad ①$$

所以有 $\left| \dfrac{\partial u(x,t)}{\partial x} \right| \ll 1$,因而 t 时刻这一小段弦的长度为

$$\Delta s = \int_x^{x+\Delta x} \sqrt{1 + \left[\frac{\partial u(x,t)}{\partial x} \right]^2} \, \mathrm{d}x = \int_x^{x+\Delta x} \mathrm{d}x = \Delta x$$

这表明,在微小振动的情况下,这一小段弦的长度在振动的过程中,可以认为是不变的。设 ρ 为弦的线密度,则此微元的质量为 $\Delta m = \rho \Delta x$。

分析受力情况列出方程:设在振动过程中,Δx 弦段两端所受张力分别为 T_1、T_2,方向沿弦的切向,如题 6.1 图。此外,Δx 弦段还受到沿横向方向的阻力作用,即 $f = Ru_t\Delta x$。

考虑到弦仅作横向振动,则由牛顿(Newton)运动定律,有

$$\begin{cases} T_2\cos\alpha_2 - T_1\cos\alpha_1 = 0 & ② \\ T_2\sin\alpha_2 - T_1\sin\alpha_1 - Ru_t(x+\varepsilon_1\Delta x,t)\Delta x = \rho u_{tt}(x+\varepsilon_2\Delta x,t)\Delta x & ③ \end{cases}$$

其中 $\varepsilon_1,\varepsilon_2$ 应满足 $0 \leqslant \varepsilon_1,\varepsilon_2 \leqslant 1$。

考虑到 $|\alpha| \ll 1$,即 $\cos\alpha_1 \approx 1, \cos\alpha_2 \approx 1$,所以有 $T_2 = T_1 = T$。并利用 ① 式,且 $\sin\alpha \approx \tan\alpha$,则运动方程 ③ 变为

$$T\frac{\partial u(x+\Delta x,t) - \partial u(x,t)}{\partial x} - Ru_t(x+\varepsilon_1\Delta x,t)\Delta x$$
$$= \rho u_{tt}(x+\varepsilon_2\Delta x,t)\Delta x$$

即有

$$\frac{T}{\rho}\frac{u_x(x+\Delta x,t) - u_x(x,t)}{\Delta x} - \frac{R}{\rho}u_t(x+\varepsilon_1\Delta x,t)$$
$$= u_{tt}(x+\varepsilon_2\Delta x,t)$$

令 $\Delta x \to 0$,从而有

$$u_{tt}(x,t) + \gamma u_t(x,t) = a^2 u_{xx}(x,t)$$
$$u_{tt} + \gamma u_t = a^2 u_{xx}$$

此即为弦的微小阻尼横振动方程,其中 $a^2 = \dfrac{T}{\rho}, \gamma = \dfrac{R}{\rho}$。这是一个典型的双曲型方程。

6.2　长为 l 的柔软均质轻绳,一端固定在以匀速 ω 转动的竖直轴上,由于惯性离心力的作用,此绳的平衡位置为水平线。试推导此绳相对于水平线的横振动方程。

解题思路:由于所研究的是柔软轻绳,与绳中张力相比,绳的重量完全可略去不计。绳随竖直轴以 ω 匀速转动,不做振动时保持在水平面上。现在研究此绳相对于水平线的横振动,其横向位移 $u(x,t)$ 是 x 和 t 的函数。

解　采用微元法推导。如题 6.2 图所示,从绳中划出 x 至 $x+\Delta x$ 的任意小微元 Δx。与 6.1 题的分析类同,有 $\Delta s \approx \Delta x$,设 ρ 为绳的线密度,则此微元的质量为 $\Delta m = \rho\Delta x$。

分析受力情况并列方程:绳中小微元 Δx 两端所受张力分别为 T_1、T_2,因为绳是柔软的,故 T_1、T_2 沿切线方向;考虑到绳在水平方向(纵向)以匀速 ω 转动,即纵向张力的合力为向心力,则有

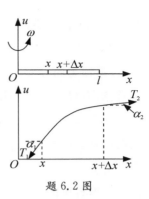

题 6.2 图

$$T_2\cos\alpha_2 - T_1\cos\alpha_1 = (\rho\Delta x)\omega^2 x \qquad ①$$

又由于绳在竖直方向(横向)作微小振动,具有加速度 u_{tt}(这是由横向张力的合力所产生的),由牛顿第二定律,有

$$T_1\sin\alpha_1 - T_2\sin\alpha_2 = \rho\Delta x u_{tt}(x+\varepsilon\Delta x,t)$$

其中 $0 < \varepsilon < 1$。注意到 $\sin\alpha \approx \tan\alpha = u_x$,$\cos\alpha \approx 1$,所以有

$$T_2 u_x\big|_{x+\Delta x} - T_1 u_x\big|_x = \rho\Delta x u_{tt}(x+\varepsilon\Delta x,t) \qquad ②$$

方程 ①② 为

$$\begin{cases} T_2 - T_1 = (\rho\Delta x)\omega^2 x & ③ \\ (T_2 u_x)\big|_{x+\Delta x} - (T_1 u_x)\big|_x = \rho\Delta x u_{tt}(x+\varepsilon\Delta x,t) & ④ \end{cases}$$

又考虑到绳在以角速度 ω 转动时,其上任意一点 x 处所受的张力 $T(x)$ 由从 x 到 l 的一段绳上的惯性离心力所提供,所以有

$$T(x) = \int_x^l \omega^2 x\rho\,\mathrm{d}x = \frac{1}{2}\rho\omega^2(l^2-x^2) \qquad ⑤$$

将 ⑤ 式代入到 ④ 式中,得

$$\left[\frac{1}{2}\rho\omega^2(l^2-x^2)u_x\right]_{x+\Delta x} - \left[\frac{1}{2}\rho\omega^2(l^2-x^2)u_x\right]_x = \rho u_{tt}(x+\varepsilon\Delta x,t)\mathrm{d}x$$

令 $\Delta x \to 0$,从而有

$$u_{tt} - \frac{1}{2}\omega^2\frac{\partial}{\partial x}\big[(l^2-x^2)u_x\big] = 0$$

讨论:若此题中绳并不是一端固定在以匀速 ω 转动的竖直轴上,而是两端均固定,不振动时为一水平直线,即在纵向(水平方向)受力是平衡的,则题中式 ① 应为

$$T_2\cos\alpha_2 - T_1\cos\alpha_1 = 0$$

简化后 $T_2 = T_1 = T$,即绳中张力不随地点而异,由此得绳的自由振动方程

$$u_{tt} - a^2 u_{xx} = 0 \quad \left(a^2 = \frac{T}{\rho}\right)$$

6.3 用匀质材料做成的细圆锥杆(指圆锥角很小,即锥体的长度很

长而底部的圆形截面半径很小），试推导此圆锥杆的纵振动方程。

解　设此圆锥形细杆的对称轴为 x 轴，锥顶为原点 O，x 轴的正向是由锥顶指向锥底，并设圆锥角为 α，如题 6.3 图所示。用 $u(x,t)$ 表示杆做纵振动的位移，并设杆的杨氏模量为 Y，体密度为 ρ。

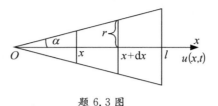

题 6.3 图

任取杆中的一段 $x \to x + \mathrm{d}x$，这是一段圆锥台，上、底半径为

$$r_x = x\tan\alpha, \quad r_{x+\mathrm{d}x} = (x+\mathrm{d}x)\tan\alpha \doteq x\tan\alpha$$

其中由于 α 很小，$\tan\alpha$ 也很小，$\mathrm{d}x$ 是小量，故上面第二式中略去二阶小量，故把这段圆台近似看成圆柱，其圆截面面积为 $\pi(x\tan\alpha)^2$，其体积为 $\pi(x\tan\alpha)^2\mathrm{d}x$。

这段杆的受力为

$$Y\pi(x\tan\alpha)^2 u_x\big|_{x+\mathrm{d}x} - Y\pi(x\tan\alpha)^2 u_x\big|_x = Y\pi(\tan\alpha)^2 \frac{\partial}{\partial x}(x^2 u_x)\mathrm{d}x$$

由牛顿第二定律，该小段杆做纵振动的运动方程为

$$Y\pi(\tan\alpha)^2 \frac{\partial}{\partial x}(x^2 u_x)\mathrm{d}x = \rho\pi x^2(\tan\alpha)^2\mathrm{d}x\, u_{tt}$$

化简可得

$$\rho x^2 u_{tt} - Y\frac{\partial}{\partial x}(x^2 u_x) = 0$$

令 $a^2 = \dfrac{Y}{\rho}$，并考虑 $x \neq 0$ 时，上述方程可写为

$$u_{tt} = \frac{a^2}{x^2}\frac{\partial}{\partial x}(x^2 u_x)$$

或者

$$x^2 u_{tt} - 2a^2 x u_x - a^2 x^2 u_{xx} = 0$$

这就是圆锥杆的振动的波动方程，比均匀杆的波动方程要复杂得多。与杆的波动方程相比较多了第二项，方程成为变系数的偏微分方程。

6.4　电阻率为 γ 的均匀导体，通有均匀分布的直流电，设电流密度为 j，试推导导体内的热传导方程。如果是均匀导线内的热传导，给出一维热传导方程。

解　当导体内有电流通过时，按照焦耳－楞次定律，电流不断产生热

量,若导线均匀且比较细,热量会沿电流流动的方向传递。如题 6.4 图所示,在导线内任取 $x \rightarrow x+\mathrm{d}x$ 这一小段导线在 $\mathrm{d}t$ 时间内的热传导问题,设 k、c、ρ 分别为导线的热传递系数、比热和质量密度,S 表示均匀导线的横截面积,$u(x,t)$ 表示导线内 t 时刻、x 处的温度分布。故本题是要建立传热过程中温度所满足的一个非齐次(有热源)偏微分方程。

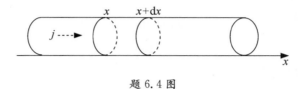

题 6.4 图

由傅里叶实验定律,在 $\mathrm{d}t$ 时间内净流入 $x \rightarrow x+\mathrm{d}x$ 这一小段的热量为

$$\left\{ -k\frac{\partial u}{\partial x}\Big|_x - \left[-k\frac{\partial u}{\partial x}\Big|_{x+\mathrm{d}x} \right] \right\} S\mathrm{d}t = \frac{\partial}{\partial x}(k\frac{\partial u}{\partial x})S\mathrm{d}x\mathrm{d}t$$

由焦耳—楞次定律可知,在 $\mathrm{d}t$ 时间内电流通过这一小体元时产生的热量为 $j^2\gamma S\mathrm{d}x\mathrm{d}t$;由热力学可知,此段小体元温度升高 $\mathrm{d}u$ 所需要的热量为 $c\rho S\mathrm{d}x\mathrm{d}u$。则由热量守恒定律,可得

$$c\rho S\mathrm{d}x\mathrm{d}u = \frac{\partial}{\partial x}(k\frac{\partial u}{\partial x})S\mathrm{d}x\mathrm{d}t + j^2\gamma S\mathrm{d}x\mathrm{d}t$$

即可得方程

$$\frac{\partial u}{\partial t} - \frac{k}{c\rho}\frac{\partial^2 u}{\partial x^2} = \frac{1}{c\rho}j^2\gamma$$

令 $a^2 = \dfrac{k}{c\rho}$,则方程变为

$$u_t - a^2 u_{xx} = \frac{a^2}{k}j^2\gamma$$

6.5 在一维热传导方程 $u_t = \mathrm{D}u_{xx}$ 中,假设热量因杆的物质放射衰变(按指数规律)而有损失,证明上述方程将变为

$$u_t = \mathrm{D}u_{xx} - h\mathrm{e}^{-at}$$

其中 h 和 a 都是大于零的常量。

解 在一维导体内任取 $x \rightarrow x+\mathrm{d}x$ 一小微元,分析此微元在 $\mathrm{d}t$ 时间内的热传导问题,设 k、c、ρ 分别为导体的热传递系数、比热和质量密度,S 表示均匀导线的截面积,$u(x,t)$ 表示导线内 t 时刻、x 处的温度分布。

由傅里叶实验定律,在 $\mathrm{d}t$ 时间内净流入 $x \rightarrow x+\mathrm{d}x$ 这一小段的热量为

$$\left\{-k\left.\frac{\partial u}{\partial x}\right|_x - \left[-k\left.\frac{\partial u}{\partial x}\right|_{x+dx}\right]\right\}Sdt = \frac{\partial}{\partial x}\left(k\frac{\partial u}{\partial x}\right)Sdxdt$$

由题意,杆中的热源因杆的物质放射衰变(按指数规律)而有损失,设在 dt 时间内 $x \to x+dx$ 小微元损失的热量为

$$\gamma e^{-at}dtdxS$$

其中,γ、a 为衰减因子。

由热力学可知,此段小体元温度升高 du 所需要的热量为

$$c\rho Sdxdu$$

则由热量守恒定律,可得

$$c\rho Sdxdu = \frac{\partial}{\partial x}\left(k\frac{\partial u}{\partial x}\right)Sdxdt - \gamma e^{-at}dtdxS$$

即可得方程

$$\frac{\partial u}{\partial t} - \frac{k}{c\rho}\frac{\partial^2 u}{\partial x^2} = \frac{\gamma}{c\rho}e^{-at}$$

令 $D = \frac{k}{c\rho}, h = \frac{\gamma}{c\rho}$,则方程变为

$$u_t = Du_{xx} - he^{-at}$$

6.6   推导电磁波在均匀介质(电容率为 ε,磁导率为 μ)中的传播方程,并求出电磁波的传播速度。

解   设 $\vec{D}$ 为电位移矢量,$\vec{E}$ 为电场强度,$\vec{B}$ 为磁感应强度,$\vec{H}$ 为磁场强度,ρ、$\vec{j}$ 分别为电荷密度和电流密度矢量,则在均匀介质中,有

$$\vec{D} = \varepsilon\vec{E} \qquad ①$$
$$\vec{B} = \mu\vec{H} \qquad ②$$
$$\vec{j} = \sigma\vec{E} \qquad ③$$

其中,σ 为均匀介质的电导率。

于是可得介质中电磁场的麦克斯韦方程组的微分形式,即

$$\begin{cases} \nabla \cdot \vec{E} = \dfrac{\rho}{\varepsilon} & ④ \\[2mm] \nabla \times \vec{E} = -\mu\dfrac{\partial \vec{H}}{\partial t} & ⑤ \\[2mm] \nabla \cdot \vec{H} = 0 & ⑥ \\[2mm] \nabla \times \vec{H} = \vec{j} + \varepsilon\dfrac{\partial \vec{E}}{\partial t} & ⑦ \end{cases}$$

将 ⑦ 式对 t 求导,可得

$$\nabla \times \frac{\partial \vec{H}}{\partial t} = \frac{\partial \vec{j}}{\partial t} + \varepsilon \frac{\partial^2 \vec{E}}{\partial t^2} \qquad \text{⑧}$$

又将 $\nabla \times$ 作用 ⑤ 式,可得

$$\nabla \times (\nabla \times \vec{E}) = -\mu \nabla \times \frac{\partial \vec{H}}{\partial t} \qquad \text{⑨}$$

再把 ⑧ 式代入到 ⑨ 式,可得

$$\nabla \times (\nabla \times \vec{E}) = -\mu \left(\frac{\partial \vec{j}}{\partial t} + \varepsilon \frac{\partial^2 \vec{E}}{\partial t^2} \right) \qquad \text{⑩}$$

根据矢量分析公式,并考虑到 ④ 式,有

$$\nabla \times (\nabla \times \vec{E}) = \nabla (\nabla \cdot \vec{E}) - \nabla^2 \vec{E} = -\nabla^2 \vec{E} \qquad \text{⑪}$$

再由 ⑪ 式和 ⑩ 式,可得

$$\nabla^2 \vec{E} = \mu \frac{\partial \vec{j}}{\partial t} + \varepsilon\mu \frac{\partial^2 \vec{E}}{\partial t^2}$$

考虑到 ③ 式,则有

$$\nabla^2 \vec{E} = \varepsilon\mu \frac{\partial^2 \vec{E}}{\partial t^2} + \sigma\mu \frac{\partial \vec{E}}{\partial t}$$

或者有

$$\frac{\partial^2 \vec{E}}{\partial t^2} = \frac{1}{\varepsilon\mu} \nabla^2 \vec{E} - \frac{\sigma}{\varepsilon} \frac{\partial \vec{E}}{\partial t} \qquad \text{⑫}$$

同理,由 ④—⑦ 式,并考虑到 ①—③ 式,可得

$$\nabla^2 \vec{H} = \varepsilon\mu \frac{\partial^2 \vec{H}}{\partial t^2} + \sigma\mu \frac{\partial \vec{H}}{\partial t}$$

或者有

$$\frac{\partial^2 \vec{H}}{\partial t^2} = \frac{1}{\varepsilon\mu} \nabla^2 \vec{H} + \frac{\sigma}{\varepsilon} \frac{\partial \vec{H}}{\partial t} \qquad \text{⑬}$$

令 $a^2 = \dfrac{1}{\varepsilon\mu}$,$a$ 为电磁波在介质中的传播速度,则由 ⑫ 式和 ⑬ 式,可得

$$\frac{\partial^2 \vec{E}}{\partial t^2} = a^2 \nabla^2 \vec{E} - \frac{\sigma}{\varepsilon} \frac{\partial \vec{E}}{\partial t} \qquad \text{⑭}$$

$$\frac{\partial^2 \vec{H}}{\partial t^2} = a^2 \nabla^2 \vec{H} + \frac{\sigma}{\varepsilon} \frac{\partial \vec{H}}{\partial t} \qquad \text{⑮}$$

6.7 推导电磁波在真空中的传播方程,并求出电磁波在真空中的传播速度。

解 由电动力学可知,真空中电磁场的麦克斯韦方程组的微分形式为

$$\begin{cases} \nabla \cdot \vec{E} = 0 \\ \nabla \times \vec{E} = -\mu_0 \dfrac{\partial \vec{H}}{\partial t} \\ \nabla \cdot \vec{H} = 0 \\ \nabla \times \vec{H} = \varepsilon_0 \dfrac{\partial \vec{E}}{\partial t} \end{cases}$$

其中真空电容率为 ε_0，真空磁导率为 μ_0。按照题 6.6 的推导，直接可得

$$\frac{\partial^2 \vec{E}}{\partial t^2} = \frac{1}{\varepsilon_0 \mu_0} \nabla^2 \vec{E}$$

以及

$$\frac{\partial^2 \vec{H}}{\partial t^2} = \frac{1}{\varepsilon_0 \mu_0} \nabla^2 \vec{H}$$

令 $c^2 = \dfrac{1}{\varepsilon_0 \mu_0}$。其中，$c$ 为电磁波在介质中的传播速度。

6.8　弹性杆原长为 l，一端固定，另一端被拉离平衡位置 b 而静止，放手任其振动，写出定解条件。

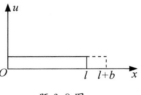

题 6.8 图

解　本题讨论的是弹性杆的纵振动问题，将其平衡位置选在 x 轴上，如题 6.8 图所示。

首先，考虑到放手后才能振动，故放手之时即为振动的初始时刻 $t = 0$。此时，杆振动的速度为零，即有

$$u_t(x,0) = 0$$

又考虑到 $x = l$ 端拉离平衡位置使整个弹性杆伸长了 b，即这个 b 是来自整个杆各部分伸长后的贡献，而不是 $x = l$ 一端伸长的贡献，故整个系统的初始位移为

$$u(x,0) = \frac{b}{l} x$$

其次，再考虑边界条件，由于 $x = 0$ 端固定，即该端没有位移，故有

$$u(0,t) = 0$$

对于 $x = l$ 端，设该端单位面积受外力 $F(t)$ 作用，由胡克定律及牛顿第二定律，有

$$\rho S \Delta x \frac{\partial^2 u(\zeta,t)}{\partial t^2} = -ES \left. \frac{\partial u(l-\Delta x,t)}{\partial x} \right|_{x=l} + SF(t)$$

其中 S 为杆的横截面，E 为杨氏模量。当 $\Delta x \to 0$ 时，有

$$E \left. \frac{\partial u(l,t)}{\partial x} \right|_{x=l} = F(t)$$

考虑到此时 $x = l$ 端，由于放手任其振动时未受外力，故有

$$u_x(l,t) = 0$$

本题的定解条件为

$$\begin{cases} u(0,t) = 0, & u_x(l,t) = 0 \\ u(x,0) = \dfrac{b}{l}x, & u_t(x,0) = 0 \end{cases}$$

6.9　设有单位质点置于点 Q 处，物体 V 的质量体密度为连续函数 $\rho(\xi,\eta,\zeta)$，试推导 Q 点处单位质点对物体 V 的万有引力势函数所满足的方程。

解　采用整体法推导。建立坐标系，如题 6.9 图所示，设 Q 点坐标为 (x,y,z)，V 内任一点坐标 (ξ,η,ζ)。$u(x,y,z)$ 为物体 V 受单位质点的万有引力势函数。

在 V 内任取一微元 $\mathrm{d}V$，其质量为 $\rho(\xi,\eta,\zeta)\mathrm{d}V$，$(\xi,\eta,\zeta)$ 为 $\mathrm{d}V$ 内任一点，如题 6.9 图所示，则由万有引力定律，该微元与单位质点间的万有引力为

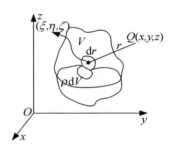

题 6.9 图

$$\mathrm{d}\vec{F} = \frac{G\rho}{r^2}\frac{\vec{r}}{r}\mathrm{d}V = \frac{G\rho}{r^3}\left[(x-\xi)\vec{i} + (y-\eta)\vec{j} + (z-\zeta)\vec{k}\right]\mathrm{d}V \qquad ①$$

其中 $r = \sqrt{(x-\xi)^2 + (y-\eta)^2 + (z-\zeta)^2}$ 为微元 $\mathrm{d}V$ 到点 $Q(x,y,z)$ 的距离，G 为引力常数。

由此，物体 V 与单位质点间的引力为 $\vec{F}(x,y,z) = (F_x, F_y, F_z)$，其中各分量为

$$F_x(x,y,z) = \iiint\limits_{V} G\rho(\xi,\eta,\zeta)\,\frac{(x-\xi)}{r^3}\mathrm{d}V \qquad ②$$

$$F_y(x,y,z) = \iiint\limits_{V} G\rho(\xi,\eta,\zeta)\,\frac{(y-\eta)}{r^3}\mathrm{d}V \qquad ③$$

$$F_z(x,y,z) = \iiint\limits_{V} G\rho(\xi,\eta,\zeta)\,\frac{(z-\zeta)}{r^3}\mathrm{d}V \qquad ④$$

注意到积分变量为 (ξ,η,ζ)，并由题意知 Q 点位于 V 之外，因此，F_x, F_y, F_z

均为含参变量 x,y,z 的常义积分。在积分号下求偏导,故可得

$$\nabla \cdot \vec{F} = div\vec{F}(x,y,z) = \frac{\partial F_x}{\partial x} + \frac{\partial F_y}{\partial y} + \frac{\partial F_z}{\partial z} \equiv 0$$

另一方面,由物理学知识可知,微元 $\mathrm{d}V$ 与单位质点的引力势为 $\mathrm{d}u = -G\frac{\rho}{r}\mathrm{d}V$。于是单位质点对物体 V 的引力势函数为

$$u(x,y,z) = \iiint\limits_{V} -\frac{G\rho}{r}\mathrm{d}V \qquad ⑤$$

此势函数也是一含参变量 x,y,z 的常义积分。为求其满足的方程,注意到

$$\frac{\partial u}{\partial x} = \iiint\limits_{V} G\rho(\xi,\eta,\zeta)\frac{(x-\xi)}{r^3}\mathrm{d}V = F_x(x,y,z) \qquad ⑥$$

同理

$$\frac{\partial u}{\partial y} = F_y(x,y,z), \quad \frac{\partial u}{\partial z} = F_z(x,y,z) \qquad ⑦$$

即

$$grad\,u(x,y,z) = \vec{F}(x,y,z) \qquad ⑧$$

由此可见,万有引力场还是一梯度场。于是有

$$div\,grad\,u(x,y,z) = div\vec{F}(x,y,z) \equiv 0 \qquad ⑨$$

所以,$u(x,y,z)$ 满足二阶、线性、齐次定常偏微分方程即三维的拉普拉斯方程

$$\nabla^2 u = \frac{\partial^2 u}{\partial x^2} + \frac{\partial^2 u}{\partial y^2} + \frac{\partial^2 u}{\partial z^2} = 0 \qquad ⑩$$

讨论:这里,为得到引力势函数满足的方程,充分运用了物理知识。在方程的推导中,在 V 中任取一微元,视其质量集中于其内一点 (ξ,η,ζ),即视 $\mathrm{d}V$ 为一质量为 $\rho(\xi,\eta,\zeta)\mathrm{d}V$ 的质点,然后在其与单位质点构成的系统中应用万有引力定律,之后用三重常义积分得到总引力、总引力势。当 Q 在 V 内时,推导将涉及三重含参量广义积分,此略。

6.10 长为 l 的均匀弦,两端固定,线密度为 ρ,仅由于下列原因而做微小的横振动,试分别写出其定解问题。

(1)受线密度为 $F(x)\sin\omega t$ 的横向力作用;

(2)在 x_0 受谐变力 $F_0\sin\omega t$ 的作用;

(3)在 x_0 以 F_0 把弦拉开,达到平衡后,突然撤除此力;

(4)在 x_0 受冲量为 I 的初始冲击。

分析：本题要求分别写出四种情况下的定解问题，但由于两端均为固定，故边界条件已确定，设 $u(x,t)$ 为横向位移，则

$$u(0,t) = 0, \quad u(l,t) = 0$$

本题的关键在于判定某种物理情况是应该作为泛定方程中的非齐次项，还是应作为初始条件反映出来。其区别在于：泛定方程中非齐次项必须是在"每一时刻"，对弦上"每一地点"都适应；而初始条件仅仅在"初始时刻"，对弦上"每一地点"适应。抓住了这一点，就能正确写出四种不同情况下的定解问题。

解　（1）显然弦是受到一个持续的并且分布在整个弦上的外力作用，即此力在"每一时刻"对"每一地点"都起作用，弦在这个外力作用下做受迫振动，故满足非齐次方程，非齐次项为单位质量的弦所受外力，即 $F(x)\dfrac{\sin\omega t}{\rho}$。此弦初始位移和初始速度为零，故定解问题为

$$\begin{cases} u_{tt}(x,t) - a^2 u_{xx}(x,t) = F(x)\dfrac{\sin\omega t}{\rho} \\ u(0,t) = 0, u(l,t) = 0 \\ u(x,0) = 0, u_t(x,0) = 0 \end{cases}$$

（2）显然弦是受一个持续的外力作用，即此力在"每一时刻"都起作用；但这个力仅作用在 x_0 点，而不是作用在整个弦上，因此与（1）的情况不同。考虑到仅在 x_0 点有力的作用，借助于 δ 函数，将（1）中的非齐次项改写为 $F_0\sin\omega t\dfrac{\delta(x-x_0)}{\rho}$，即它对"每一时刻，每一地点"都适应，故定解问题为

$$\begin{cases} u_{tt}(x,t) - a^2 u_{xx}(x,t) = F_0\sin\omega t\dfrac{\delta(x-x_0)}{\rho} \\ u(0,t) = 0, u(l,t) = 0 \\ u(x,0) = 0, u_t(x,0) = 0 \end{cases}$$

（3）在 x_0 点以 F_0 把弦拉开，使得弦具有一个初位移，当达到平衡后撤除 F_0 后弦开始做横振动，因而在振动的整个过程中弦并没有受到外力作用，故弦满足齐次方程；其次，可计算出由 F_0 所引起的初位移，由题意是在 x_0 处以 F_0 把弦横向拉开 h 距离，然后松手。故定解问题为

$$
\begin{cases}
u_{tt}(x,t) - a^2 u_{xx}(x,t) = 0 \\
u(0,t) = 0, u(l,t) = 0 \\
u(x,0) = \begin{cases} \dfrac{x F_0 (l - x_0)}{Tl}, 0 < x < x_0 \\[2mm] \dfrac{(l-x) F_0 x_0}{Tl}, x_0 < x < l \end{cases} \\
u_t(x,0) = 0
\end{cases}
$$

（4）首先，弦是在受了初始冲击后才开始振动的，在振动过程中不受外力作用，故弦满足齐次方程；其次，分析冲量 I 的初始冲击引起的后果：由于是一个瞬时作用，来不及产生初始位移，作用即消失了，但是在 x_0 点却因受到瞬时作用，速度发生了突变。由于冲量 I 作用于 x_0 点，即冲量的密度分布函数可表示为 $I\delta(x - x_0)$，在 Δx 这一小段的冲量为 $I\delta(x - x_0)\Delta x$，这一小段内各点的速度为 $u_t(x,0)$，$u_t(x,0)$ 就是初始速度。设初始速度 $u_t(x,0)$ 在 Δx 上为常数，由动量定理，可得

$$
(\rho\Delta x) u_t(x,0) = I\delta(x - x_0)\Delta x
$$

故定解问题为

$$
\begin{cases}
u_{tt}(x,t) - a^2 u_{xx}(x,t) = 0 \\
u(0,t) = 0, u(l,t) = 0 \\
u(x,0) = 0, u_t(x,0) = I\dfrac{\delta(x - x_0)}{\rho}
\end{cases}
$$

讨论：（1）为加深对泛定方程中的非齐次项与初始条件区分的认识，可对第（4）种情况加以引伸。利用 δ 函数，把一个瞬时力转化为一个持续力，即可以认为一个 $I\delta(t-0)$ 的力，持续作用于弦上的 x_0 点上，这样可以把它在泛定方程中作为非齐次项表示出来，而初始速度仍为齐次的，以后会看到这两种表述是完全等价的，即（4）的定解问题又可以表示为

$$
\begin{cases}
u_{tt}(x,t) - a^2 u_{xx}(x,t) = I\delta(x - x_0)\dfrac{\delta(t-0)}{\rho} \\
u(0,t) = 0, u(l,t) = 0 \\
u(x,0) = 0, u_t(x,0) = 0
\end{cases}
$$

（2）给出定解问题时，要特别注意区别方程中的非齐次项 $f(\vec{r},t)$、边界条件中的非齐次项 $h(\Sigma,t)$ 以及初始条件 $\varphi(\vec{r})$、$\psi(\vec{r})$ 之间的区别；要能正确判断何时为初始时刻。

6.11　长为 l 的均匀细杆,侧表面绝热,一端温度为 0℃,另一端有恒定热流密度 q 流入,杆的初始温度分布函数是 $\dfrac{x(l-x)}{2}$,试写出相应的定解条件。

解　设杆上各点的温度分布为 $u(x,t)$,则初始温度分布为

$$u(x,0) = \frac{x(l-x)}{2}$$

$x=0$ 端温度为 0℃,则有

$$u(0,t) = 0$$

对于 $x=l$ 端,因为当沿杆长方向有热量流动时,由傅里叶实验定律有

$$-q = -k\frac{\partial u}{\partial x}\Big|_{x=l}$$

注意题意给出的是有恒定热流密度 q 流入,所以上式等号左边为负值,即有

$$u_x(l,t) = \frac{k}{q}$$

本题中定解条件为

$$\begin{cases} u(0,t)=0, u_x(l,t)=\dfrac{q}{k} \\[2mm] u(x,0)=\dfrac{x(l-x)}{2} \end{cases}$$

6.12　两种导热介质的导热系数分别为 k_1 和 k_2,写出在交界面上的衔接条件。

解　衔接条件就是在衔接处物理量应满足的关系式。设导热系数为 k_1 和 k_2 的介质的温度为 $u_1(\vec{r},t)$ 和 $u_2(\vec{r},t)$。在交界面 Σ 上温度不会有突变,所以有

$$u_1(\vec{r},t)\mid_\Sigma = u_2(\vec{r},t)\mid_\Sigma \qquad ①$$

在 Σ 上任取一面积元 $\mathrm{d}s$,设它的法向单位矢量 $\vec{n}$ 是由介质 1 指向介质 2。以 $\mathrm{d}s$ 为横截面在两种介质中分别作长为 ε 的柱体,考察这柱体内的热量变化。由热量守恒定律,有

$$\vec{q}_1 \cdot \vec{n}\mathrm{d}s = \vec{q}_2 \cdot \vec{n}\mathrm{d}s \qquad ②$$

其中 q_1 和 q_2 分别是介质 1 和介质 2 中的热流强度。再由傅里叶定律,有

$$\vec{q}_1 = -k_1\nabla u_1, \qquad \vec{q}_2 = -k_2\nabla u_2 \qquad ③$$

把 ③ 代入 ②,并取 $\varepsilon \to 0$,即得

$$k_1 \frac{\partial u_1}{\partial n}\bigg|_{\Sigma} = k_2 \frac{\partial u_2}{\partial n}\bigg|_{\Sigma} \tag{④}$$

① 和 ④ 即为衔接条件。

6.13 一根杆由截面相同的两段连接而成,两段的材料不同,杨氏模量分别为 E_1 和 E_2,密度分别为 ρ_1 和 ρ_2,试写出杆纵振动时的衔接条件。

解 本题要求写出杆的两段衔接处在纵振动时的衔接条件,也就是要找出在衔接处位移所满足的关系式。在两段衔接处位移应是连续的,故在衔接点左右两侧位移应相同。同时,左右两侧的加速度也应该相等,并由此推得张力也应相等。下面据此写出衔接条件。

设衔接处为 $x = 0$,由在该点两侧的位移相等,得

$$u_1(x,t)\big|_{x=0^-} = u_2(x,t)\big|_{x=0^+} \tag{①}$$

另一方面,考虑介于衔接处两侧的两个断面 $x = 0-\varepsilon$ 和 $x = 0+\varepsilon$ 之间的微元,其中 ε 为任意小正数,则在 $x = 0-\varepsilon$ 端微元所受的张力为 $E_1 S \frac{\partial u_1}{\partial x}\big|_{x=0-\varepsilon}$,在 $x = 0+\varepsilon$ 端所受的张力为 $E_2 S \frac{\partial u_2}{\partial x}\big|_{x=0+\varepsilon}$,假定无其他力作用,则作用在此微元上的合力为

$$E_2 S \frac{\partial u_2}{\partial x}\bigg|_{x=0+\varepsilon} - E_1 S \frac{\partial u_1}{\partial x}\bigg|_{x=0-\varepsilon}$$

又由 ① 式,得

$$\frac{\partial u_1}{\partial t}\bigg|_{x=0^-} = \frac{\partial u_2}{\partial t}\bigg|_{x=0^+}, \quad \frac{\partial^2 u_1}{\partial t^2}\bigg|_{x=0^-} = \frac{\partial^2 u_2}{\partial t^2}\bigg|_{x=0^+}$$

所以,当 ε 很小时,微元在 $x = 0$ 处左右两部分的加速度可以认为是相等的,不妨以 a 记之,于是由牛顿第二定律,可得

$$(\rho_1 + \rho_2)\varepsilon S a = E_2 S \frac{\partial u_2}{\partial x}\bigg|_{x=0+\varepsilon} - E_1 S \frac{\partial u_1}{\partial x}\bigg|_{x=0-\varepsilon}$$

因为 ε 可以任意地小,而 ρ_1, ρ_2, S, a 均有界,故 $(\rho_1 + \rho_2)Sa\varepsilon$ 亦可以任意地小。因而有

$$E_2 S \frac{\partial u_2}{\partial x}\bigg|_{x=0^+} - E_1 S \frac{\partial u_1}{\partial x}\bigg|_{x=0^-} = 0$$

即有

$$E_1 u_{1x}(x,t)\big|_{x=0^-} = E_2 u_{2x}(x,t)\big|_{x=0^+} \tag{②}$$

① 式与 ② 式即为所求的衔接条件。

6.14　半径为 R 而表面熏黑的均匀球体，在温度为 0℃ 的空气中受到阳光的照射，阳光的热流强度为 q_0，写出温度分布满足的边界条件。

解　球的表面熏黑，故吸收系数为 1，意味着表面百分之百吸收太阳照射的热流强度的法向分量。如题 6.14 图所示，在上半球面（$0 < \theta < \frac{\pi}{2}$），因阳光的照射而产生的热流强度的法向分量为 $q_0\cos\theta$，而在下半球面（$\frac{\pi}{2} < \theta < \pi$）则为 0，同时又自然冷却。

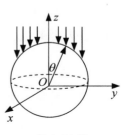

题 6.14 图

注意到球面外法向的温度梯度为 $\frac{\partial u}{\partial n} = \frac{\partial u}{\partial r}$，则按牛顿冷却定律，在上半球面有

$$-k\frac{\partial u}{\partial r}\bigg|_{r=a} + q_0\cos\theta = b(u\,|_{r=a} - 0), 0 < \theta < \frac{\pi}{2}$$

其中 k 为热传导系数，b 为热交换系数，上式即为

$$(k\frac{\partial u}{\partial r} + bu)\bigg|_{r=a} = q_0\cos\theta, 0 < \theta < \frac{\pi}{2} \qquad ①$$

在下半球面有

$$-k\frac{\partial u}{\partial r}\bigg|_{r=a} = b(u\,|_{r=a} - 0), \frac{\pi}{2} < \theta < \pi$$

即

$$(k\frac{\partial u}{\partial r} + bu)\bigg|_{r=a} = 0, \frac{\pi}{2} < \theta < \pi \qquad ②$$

合并 ① 式、② 式，即得所要求的边界条件

$$(\frac{\partial u}{\partial r} + hu)\,|_{r=a} = \begin{cases} \dfrac{q_0\cos\theta}{k}, & 0 < \theta < \dfrac{\pi}{2} \\[2mm] 0, & \dfrac{\pi}{2} < \theta < \pi \end{cases} \qquad ③$$

其中 $h = \dfrac{b}{k}$。本题属于第三类线性非边界条件，但在整个球面上边界条件的表达形式不同。

注：在很多具体问题中，整个边界面上各点的边界条件不一定能有统一的表达式，甚至可能不属于同一种类型。

6.15　把弹簧上端 $x = 0$ 加以固定，在静止弹簧的下端 $x = l$ 轻轻地

挂上质量为 m 的物体,弹簧本身的重量可忽略不计,试写出定解条件。

解   选取坐标,如题 6.15 图。显然,$x=0$ 端的边界
条件为 $u(0,t)=0$,为第一类齐次边界条件。在 $x=l$ 端
的边界条件:重物对弹簧微元下端的作用力为 $\vec{F}$,弹簧中
的弹性力为 $YSu_x(l-\Delta x,t)$,由牛顿第二定律有

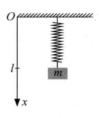

题 6.15 图

$$\rho S\Delta x\frac{\partial^2 u(\zeta,t)}{\partial t^2}=F-YSu_x(l-\Delta x,t)$$

对于质量为 m 的物体,则有

$$m\frac{\partial^2 x_c}{\partial t^2}=-F+mg$$

其中,x_c 是物体质心的坐标。当 $\Delta x\rightarrow 0$ 时取极限,由以上两个方程,可得
边界条件

$$u_x(l,t)=\frac{m}{YS}\big[g-u_{tt}(l,t)\big]$$

因为物体可认为是刚性的,故它的一切点在弹簧做纵向振动时,应该
有相同的纵向加速度,即可用 l 代替 x_c,即有 $\dfrac{\partial^2 x_c}{\partial t^2}=\dfrac{\partial^2 u(l,t)}{\partial t^2}$。这种形式的边
界条件既不属于第一类和第二类,也不属于第三类,但仍是线性边界条件。

对于初始条件,由题意,初始位移为 $u(x,0)=0$,初始速度 $u_t(x,0)$
$=0$。

综合以上,定解条件为

$$\begin{cases} u(0,t)=0,u_x(l,t)=\dfrac{m}{YS}\big[g-u_{tt}(l,t)\big] \\ u(x,0)=0,u_t(x,0)=0 \end{cases}$$

第七章　分离变量法

分离变量法是一种适用范围非常广泛的解法，是求解偏微分方程定解问题中最基本最常用的重要方法之一。但它对区域的边界形状有较强的对称性要求，以便于采用相应的正交曲线坐标系。分离变量的数学基础是常微分方程的本征值理论和线性微分方程的解的叠加原理。

7.1　内容导读

一、分离变量法的基本思想和解题要领

1. 基本思想

将变量分离形式的试探解代入到齐次偏微分方程和齐次边界条件中，使求解偏微分方程的定解问题转化为求解常微分方程的本征值问题。

2. 分离变量法的解题步骤

（1）分离变量：通过引入变量分离形式的试探解，将偏微分方程分解为与变量个数相同的 n 个常微分方程；同时对齐次边界条件进行分离变量并把它转化为常微分方程的边界条件，使这些条件与相应的常微分方程构成 $(n-1)$ 个含待定参数的本征值问题。

（2）求常微分方程的本征值问题：通过求本征值问题，可以得到一系列本征值和相应的本征函数系。

（3）求余下的不构成本征值问题的常微分方程的解：求解对应于各本征值的其他常微分方程的解，并将其代入到试探解中，得到一系列含有任意常数的特解。

（4）利用叠加原理和傅里叶级数展开确定待定系数：利用叠加原理

将所有的特解叠加出一般解,再利用初始条件或其他非齐次边界条件以及本征函数系的展开,确定出通解中所有的待定系数,从而得出定解问题的形式解。

分离变量法的解题要领可归结为四句话:定解条件写完整,边界条件齐次化,四项步骤循序解,本征问题是关键。

3.适用条件

首先,要求方程和边界条件均为线性的;其次,要求由分离变量得到的常微分方程与相应的边界条件能够构成斯特姆—刘维尔本征值问题;此外,对区域的边界形状有较强的对称性要求,以便于采用相应的正交曲线坐标系。

4.常见的本征值问题及本征函数

不同的边界条件,所得到的本征函数不同,下面我们以(7-1)—(7-2)式对应的本征值问题为例,列出常见的几种边界条件下的本征值 λ_n、本征函数 $X_n(x)$ 及模方 $|N_n|^2$。

$$\begin{cases} X''(x) + \lambda X(x) = 0, & 0 < x < l \qquad (7\text{-}1) \\ x = 0 \text{ 以及 } x = l \text{ 处的边界条件} \qquad (7\text{-}2) \end{cases}$$

(1) 当 $X(0) = X(l) = 0$ 时:本征值 $\lambda_n = \mu_n^2 = (\frac{n\pi}{l})^2$,其中 μ_n 是方程 $\sin\mu l = 0$ 的根;模方 $|N_n|^2 = \frac{l}{2}$;本征函数 $X_n(x) = \sin\frac{n\pi}{l}x$,$n = 1, 2, 3, \cdots$。

(2) 当 $X'(0) = X'(l) = 0$ 时:本征值 $\lambda_n = \mu_n^2 = (\frac{n\pi}{l})^2$,其中 μ_n 是方程 $\sin\mu l = 0$ 的根;模方 $|N_n|^2 = \frac{l}{2}$,$(n \neq 0)$,$|N_0|^2 = l$,$(n = 0)$;本征函数 $X_n(x) = \cos\frac{n\pi}{l}x$,$n = 0, 1, 2, \cdots$。

(3) 当 $X(0) = X'(l) = 0$ 时:本征值 $\lambda_n = \mu_n^2 = [\frac{(2n+1)\pi}{2l}]^2$,其中 μ_n 是方程 $\cos\mu l = 0$ 的根;模方 $|N_n|^2 = \frac{l}{2}$;本征函数 $X_n(x) = \sin\frac{2n+1}{2l}\pi x$,$n = 0, 1, 2, \cdots$。

(4) 当 $X'(0) = X(l) = 0$ 时:本征值 $\lambda_n = \mu_n^2 = [\frac{(2n+1)\pi}{2l}]^2$,其中

μ_n 是方程 $\cos\mu l = 0$ 的根;模方 $|N_n|^2 = \dfrac{l}{2}$;本征函数 $X_n(x) = \cos\dfrac{2n+1}{2l}\pi x, n = 0,1,2,\cdots$。

(5) 当 $X(0) = X'(l) + hX(l) = 0$ 时:本征值 $\lambda_n = \mu_n^2$,其中 μ_n 是方程 $\mu\cot\mu l = -h$ 的第 n 个正根;模方 $|N_n|^2 = \dfrac{l(\mu_n^2 + h^2) + h}{2(\mu_n^2 + h^2)}$;本征函数 $X_n(x) = \sin\mu_n x$,常数 $h > 0, n = 1,2,3,\cdots$。

(6) 当 $X'(0) = X'(l) + hX(l) = 0$ 时:本征值 $\lambda_n = \mu_n^2$,其中 μ_n 是方程 $\mu\tan\mu l = h$ 的第 n 个正根;模方 $|N_n|^2 = \dfrac{l(\mu_n^2 + h^2) + h}{2(\mu_n^2 + h^2)}$;本征函数 $X_n(x) = \cos\mu_n x$,常数 $h > 0, n = 1,2,3,\cdots$。

(7) 当 $X'(0) - hX(0) = X(l) = 0$ 时:本征值 $\lambda_n = \mu_n^2$,其中 μ_n 是方程 $\mu\cot\mu l = -h$ 的第 n 个正根;模方 $|N_n|^2 = \dfrac{l(\mu_n^2 + h^2) + h}{2(\mu_n^2 + h^2)}$;本征函数 $X_n(x) = \sin\mu_n(l - x)$,常数 $h > 0, n = 1,2,3,\cdots$。

(8) 当 $X'(0) - hX(0) = X'(l) = 0$ 时:本征值 $\lambda_n = \mu_n^2$,其中 μ_n 是方程 $\mu\tan\mu l = h$ 的第 n 个正根;模方 $|N_n|^2 = \dfrac{l(\mu_n^2 + h^2) + h}{2(\mu_n^2 + h^2)}$;本征函数 $X_n(x) = \cos\mu_n(l - x)$,常数 $h > 0, n = 1,2,3,\cdots$。

(9) 当 $X'(0) - h_1 X(0) = X'(l) + h_2 X(l) = 0$ 时:本征值 $\lambda_n = \mu_n^2$,其中 μ_n 是方程 $\tan\mu l = \dfrac{2h\mu}{\mu^2 - h^2}$ 的第 n 个正根;模方 $|N_n|^2 = \dfrac{l(\mu_n^2 + h^2) + 2h}{2}$;本征函数 $X_n(x) = \mu_n\cos\mu_n x + h\sin\mu_n x$,常数 $h_1, h_2 > 0, n = 1,2,3,\cdots$。

(10) 周期性边界条件下的本征值问题

$$\begin{cases} \Phi''(\varphi) + \lambda\Phi(\varphi) = 0, 0 < \varphi < 2\pi & (7\text{-}3) \\ \Phi(\varphi) = \Phi(\varphi + 2\pi) & (7\text{-}4) \end{cases}$$

本征值 $\lambda_n = \mu_n^2 = n^2$;模方 $|N_n|^2 = \pi, (n \neq 0)$,$|N_0|^2 = 2\pi, (n = 0)$;本征函数 $\Phi_n(\varphi) = a_n\sin n\varphi + b_n\cos n\varphi, n = 0,1,2,\cdots$。

二、非齐次方程含齐次边界条件的定解问题

1. 本征函数系展开法(傅里叶级数展开法)

基本思想及适用条件:通过引入按本征函数系展开的试探解,将非齐次偏微分方程的定解问题,转化为非齐次常微分方程的初值问题(对于泊

松方程,则为非齐次常微分方程的边值问题)。此解法的前提条件是边界条件必须是齐次的。其基本步骤为:

(1) 求出相应的齐次方程满足齐次边界条件的本征函数系;

(2) 将定解问题的试探解、方程的非齐次项及初始条件(或其他边界条件)均按本征函数系展开为级数形式,其展开系数为其他变量的函数,代入到原定解问题中,可得到关于待定函数的常微分方程的初值问题(或边值问题);

(3) 用常数变易法或拉普拉斯积分变换法,求解非齐次常微分方程的初值问题(或边值问题),得到试探解中的系数函数;

(4) 将系数函数代回到原定解问题的解的级数表达式中,即得定解问题的解。

2. 特解法

根据叠加原理,把非齐次偏微分方程的通解(以一维是解问题为例)$u(x,t)$ 分解为齐次偏微分方程的通解 $v(x,t)$ 与非齐次偏微分方程的一个特解 $w(x,t)$ 之和,即 $u(x,t)=v(x,t)+w(x,t)$。对于某些非齐次方程的定解问题,可以通过观察法或待定函数法找出非齐次偏微分方程的这个特解 $w(x,t)$,但要注意所求出的特解应该与齐次方程的通解 $v(x,t)$ 线性无关。由此,就可以把非齐次方程的定解问题转化为相应的齐次方程的定解问题。

3. 冲量定理法

基本思想:在我们所研究的物理问题中,经常会遇到瞬时力或瞬时源的作用问题,此时,可以把非齐次方程中的瞬时源项的定解问题变成相应的齐次方程的初值问题来处理。例如,对于非齐次振动方程而言,可以把初始条件均为零的非齐次方程中的持续作用力看作是一系列瞬时力的叠加,把持续作用力引起的振动看作所有"瞬时"力引起的振动的叠加。根据叠加原理,则有

$$u(x,t) = \int_0^t v(x,t,\tau)\mathrm{d}\tau \tag{7-5}$$

这里,$u(x,t)$ 表示在定解条件均为齐次的条件下非齐次方程的解,而 $v(x,t,\tau)$ 满足相应的齐次方程,且 $v(x,\tau)=0,v_t(x,\tau)=f(x,\tau)$,这样的方法称为**冲量定理法**。解非齐次方程的定解问题还可以用格林函数法,参

见第十二章。

使用冲量定理法的前提是,除了方程是非齐次的之外,初始条件和边界条件必须都是齐次的。否则,就需要按叠加原理把原定解问题分解为齐次方程与非零值的初始条件以及非齐次方程与零值初始条件构成的两个定解问题的叠加,并且只适用于解非稳定场的定解问题。

三、含非齐次边界条件的定解问题

1. 求解含非齐次边界条件的定解问题

下面以一维有界波动和输运问题为例。

方法一:选择一个辅助函数 $p(x,t)$,做变换 $u(x,t)=v(x,t)+p(x,t)$,使辅助函数 $p(x,t)$ 满足与 $u(x,t)$ 相同的非齐次边界条件,从而使新的未知函数 $v(x,t)$ 的边界条件齐次化。由此把含非齐次边界条件的定解问题转化为新未知函数的齐次边界条件的定解问题。其难点是如何求解辅助函数 $p(x,t)$,通常采用试探形式定出。

方法二:利用叠加原理把原定解问题化成两个可求的定解问题。例如,对于一维非齐次波动方程的初边值问题,设 $u(x,t)=v^{\mathrm{I}}(x,t)+v^{\mathrm{II}}(x,t)$,使其分别满足定解问题 I 和 II:

$$\mathrm{I}\begin{cases} v^{\mathrm{I}}_{tt}-a^2 v^{\mathrm{I}}_{xx}=0 \\ v^{\mathrm{I}}(0,t)=0, v^{\mathrm{I}}(l,t)=0 \\ v^{\mathrm{I}}(x,0)=\varphi_1(x), v^{\mathrm{I}}_t(x,0)=\psi_1(x) \end{cases}$$

$$\mathrm{II}\begin{cases} v^{\mathrm{II}}_{tt}-a^2 v^{\mathrm{II}}_{xx}=f_1(x,t) \\ v^{\mathrm{II}}(0,t)=0, v^{\mathrm{II}}(l,t)=0 \\ v^{\mathrm{II}}(x,0)=0, v^{\mathrm{II}}_t(x,0)=0 \end{cases}$$

其中,定解问题 I 可用分离变量法求解,而定解问题 II 可采用按本征函数系展开法求解。

注:对于齐次方程含非齐次边界条件的定解问题,边界条件齐次化的代价可能会使方程变为非齐次的,但这不是绝对的。在一定的边界条件下,恰当选取辅助函数,可能使边界条件齐次化的同时方程仍然是齐次的。

2. 辅助函数 $p(x,t)$ 的选取

由于辅助函数 $p(x,t)$ 的选取具有多样性,选取不同的 $p(x,t)$ 所得到的解 $v(x,t)$ 在形式上会有所不同,但根据解的唯一性,能够保证最后得出的解 $u(x,t)$ 必然唯一。下面给出一维有界波动和输运问题在各种不同

边界条件下,辅助函数 $p(x,t)$ 常见的几种函数形式:

(1) 边界条件　$u(0,t)=\mu(t),u(l,t)=\nu(t)$,可取

$$p(x,t)=\mu(t)+\frac{x}{l}\big[\nu(t)(t)-\mu(t)\big] \tag{7-6}$$

(2) 边界条件　$u(0,t)=\mu(t),u_x(l,t)=\nu(t)$,可取

$$p(x,t)=\mu(t)(1+x)+\frac{x^2}{2l}\big[\nu(t)-\mu(t)\big] \tag{7-7}$$

(3) 边界条件　$u_x(0,t)=\mu(t),u(l,t)=\nu(t)$,可取

$$p(x,t)=\nu(t)\big[1+(x-l)\big]+\frac{(x-l)^2}{2l}\big[\nu(t)-\mu(t)\big] \tag{7-8}$$

(4) 边界条件　$u_x(0,t)=\mu(t),u_x(l,t)=\nu(t)$,可取

$$p(x,t)=\mu(t)x+\frac{x^2}{2l}\big[\nu(t)-\mu(t)\big] \tag{7-9}$$

(5) 边界条件　$u(0,t)=\mu(t),u_x(l,t)+hu(l,t)=\nu(t)$,可取

$$p(x,t)=\frac{\nu(t)-h\mu(t)}{1+hl}x+\mu(t) \tag{7-10}$$

(6) 边界条件　$u_x(0,t)=\mu(t),u_x(l,t)+hu(l,t)=\nu(t)$,可取

$$p(x,t)=\mu(t)x+\frac{1}{h}\big[\nu(t)-(1+hl)\mu(t)\big] \tag{7-11}$$

(7) 边界条件　$u_x(0,t)-h_1u(0,t)=\mu(t),u_x(l,t)+h_2u(l,t)=\nu(t)$,可取

$$p(x,t)=\frac{h_1\nu(t)+h_2\mu(t)}{h_1+h_2+h_1h_2l}x+\frac{\nu(t)-(1+h_2l)\mu(t)}{h_1+h_2+h_1h_2l} \tag{7-12}$$

四、正交曲线坐标系下三类方程的分离变量

1. 亥姆赫兹(Helmholtz)方程在正交曲线坐标系中的表示式

亥姆赫兹方程

$$\nabla^2u(\vec{r})+k^2u(\vec{r})=0 \tag{7-13}$$

在柱坐标(ρ,φ,z)系中

$$\frac{1}{\rho}\frac{\partial}{\partial\rho}(\rho\frac{\partial u}{\partial\rho})+\frac{1}{\rho^2}\frac{\partial^2 u}{\partial\varphi^2}+\frac{\partial^2 u}{\partial z^2}+k^2u=0 \tag{7-14}$$

在球坐标(r,θ,φ)系中

$$\frac{1}{r^2}\frac{\partial}{\partial r}(r^2\frac{\partial u}{\partial r})+\frac{1}{r^2\sin\theta}\frac{\partial}{\partial\theta}(\sin\theta\frac{\partial u}{\partial\theta})+\frac{1}{r^2\sin^2\theta}\frac{\partial^2 u}{\partial\varphi^2}+k^2u=0$$

$$\tag{7-15}$$

拉普拉斯方程 $\nabla^2 u(\vec{r}) = 0$ 可以看作是亥姆赫兹方程中一个特例($k = 0$)。

2. 亥姆赫兹方程在柱坐标(ρ, φ, z)系下分离为三个常微分方程

$$Z'' - \omega^2 Z = 0 \tag{7-16}$$

$$\Phi'' + \nu^2 \Phi = 0 \tag{7-17}$$

$$\rho^2 \frac{\mathrm{d}^2 R}{\mathrm{d}\rho^2} + \rho \frac{\mathrm{d}R}{\mathrm{d}\rho} + [(k^2 + \omega^2)\rho^2 - \nu^2]R = 0 \tag{7-18}$$

其中，常微分方程(7-16) 和(7-17) 的通解分别为

$$Z(z) = A\mathrm{ch}(\omega z) + B\mathrm{sh}(\omega z) \tag{7-19}$$

及

$$\Phi(\varphi) = A\cos(\nu\varphi) + B\sin(\nu\varphi) \tag{7-20}$$

在方程(7-18) 中，做自变量代换 $\sqrt{k^2 + \omega^2}\rho = x, R(\rho) = R(\frac{x}{\sqrt{k^2 + \omega^2}}) = y(x)$，则方程(7-18) 变为

$$x^2 \frac{\mathrm{d}^2 y}{\mathrm{d}x^2} + x \frac{\mathrm{d}y}{\mathrm{d}x} + [x^2 - \nu^2]y = 0 \tag{7-21}$$

方程(7-18) 和(7-21) 均称为 ν **阶贝塞尔**(Bessel) **方程**，它是一种变系数的特殊函数的微分方程。

对于拉普拉斯方程 $\nabla^2 u = 0$，方程(7-18) 变为

$$\rho^2 \frac{\mathrm{d}^2 R}{\mathrm{d}\rho^2} + \rho \frac{\mathrm{d}R}{\mathrm{d}\rho} + (\omega^2 \rho^2 - \nu^2)R = 0 \tag{7-22}$$

此时，若 $\omega = 0$，则方程(7-22) 就退化为欧拉型方程。

3. 亥姆赫兹方程在球坐标(r, θ, φ)系下分离为三个常微分方程

$$\frac{\mathrm{d}}{\mathrm{d}r}(r^2 \frac{\mathrm{d}R}{\mathrm{d}r}) + [k^2 r^2 - l(l+1)]R = 0 \tag{7-23}$$

$$\Phi'' + \nu^2 \Phi = 0 \tag{7-24}$$

$$\frac{1}{\sin\theta} \frac{\mathrm{d}}{\mathrm{d}\theta}(\sin\theta \frac{\mathrm{d}\Theta}{\mathrm{d}\theta}) + [l(l+1) - \frac{\nu^2}{\sin^2\theta}]\Theta = 0 \tag{7-25}$$

其中，方程(7-24) 的解即为(7-20) 式。在(7-25) 式中，做自变量代换 $x = \cos\theta, \Theta(\theta) = y(x)$，则方程(7-25) 变为

$$\frac{\mathrm{d}}{\mathrm{d}x}[(1 - x^2) \frac{\mathrm{d}y}{\mathrm{d}x}] + [l(l+1) - \frac{\nu^2}{1 - x^2}]y = 0 \tag{7-26}$$

方程(7-25) 和(7-26) 均称为**连带勒让德**(Legendre) **方程**。当 $\nu = 0$ 时，方程(7-26) 变为

$$(1-x^2)\frac{\mathrm{d}^2y}{\mathrm{d}x^2}-2x\frac{\mathrm{d}y}{\mathrm{d}x}+l(l+1)y=0 \qquad (7\text{-}27)$$

方程(7-27)称为 l **阶勒让德方程**。

对于方程(7-23)可改写为

$$\frac{1}{r^2}\frac{\mathrm{d}}{\mathrm{d}r}(r^2\frac{\mathrm{d}R}{\mathrm{d}r})+[k^2-\frac{l(l+1)}{r^2}]R=0 \qquad (7\text{-}28)$$

称为**球贝塞尔方程**。

对于拉普拉斯方程 $\nabla^2 u=0$,方程(7-28)变为

$$r^2\frac{\mathrm{d}^2R}{\mathrm{d}r^2}+2r\frac{\mathrm{d}R}{\mathrm{d}r}-l(l+1)R=0 \qquad (7\text{-}29)$$

这是欧拉型方程。其解为

$$\left.\begin{array}{ll} R(r)=Cr^l+Dr^{-(l+1)} & l\neq 0\\[2mm] R(r)=C+Dr^{-1} & l=0 \end{array}\right\} \qquad (7\text{-}30)$$

五、斯特姆-刘维尔本征值问题

1. 斯特姆-刘维尔(Sturm-Liouville)本征值问题

通常,把二阶线性齐次常微分方程

$$\frac{\mathrm{d}}{\mathrm{d}x}[k(x)\frac{\mathrm{d}y}{\mathrm{d}x}]-q(x)y+\lambda\rho(x)y=0 \quad (a\leqslant x\leqslant b) \quad (7\text{-}31)$$

称为**斯特姆-刘维尔型方程**。其中 $k(x)$、$q(x)$、$\rho(x)$ 在区间 $[a,b]$ 内均为非负的已知函数,λ 为待定参数,而称 $\rho(x)$ 为权函数。S-L 方程(7-31)附加上适当的边界条件,就构成了 S-L **本征值问题**。λ 为本征值,满足 S-L 方程及相应的边界条件的非零解就是本征函数。

(1)如在端点 $x=a$ 有 $k(a)\neq 0$,则在该端点要附加三类齐次边界条件(以端点 $x=a$ 为例),有

$$[\alpha y(x)+\beta y'(x)]_{x=a}=0 \qquad (7\text{-}32)$$

其中,$\beta=0$ 或 $\alpha=0$ 时分别对应着第一类和第二类齐次边界条件。

(2)如在端点 $x=a$ 有 $k(a)=0$,$k'(a)=0$,则在该端点存在着有限性的自然边界条件,即

$$y(a)=有限 \quad 或 \quad y(a)\neq\infty \qquad (7\text{-}33)$$

(3)如在端点 $x=a$ 和 $x=b$ 有 $k(a)=k(b)$,则在端点处存在着周期性的自然边界条件,即

$$y(a)=y(b), \quad y'(a)=y'(b) \qquad (7\text{-}34)$$

2. S-L 本征值问题的基本性质

（1）存在定理：存在无限多个分立的、实的本征值 $\lambda_n(n=1,2,3,\cdots)$，它们构成一个递增数列，即

$$\lambda_1 \leqslant \lambda_2 \leqslant \lambda_3 \leqslant \cdots \leqslant \lambda_n \leqslant \lambda_{n+1} \leqslant \cdots \tag{7-35}$$

并且

$$\lim_{n\to\infty}\lambda_n = \infty \tag{7-36}$$

相应地，有无限多个本征函数：$y_1(x), y_2(x), y_3(x), \cdots$。

（2）非负定理：所有的本征值均不为负，即

$$\lambda_n \geqslant 0, \quad n=1,2,3,\cdots \tag{7-37}$$

（3）正交性定理：对应于不同本征值，相应的本征函数在 $a \leqslant x \leqslant b$ 上带权函数 $\rho(x)$ 正交，即

$$\int_a^b y_m^*(x)y_n(x)\rho(x)\mathrm{d}x = 0, \quad (\lambda_n \neq \lambda_m) \tag{7-38}$$

（4）完备性定理：本征函数系 $\{y_n(x)\}$ 在 $a \leqslant x \leqslant b$ 上构成一个完备系，即任意一个有连续的一阶导数和分段连续的二阶导数的函数 $f(x)$，只要在区间 $[a,b]$ 满足与 $\{y_n(x)\}$ 相同的边界条件，则 $f(x)$ 可按此本征函数系展开为绝对且一致收敛的级数

$$f(x) = \sum_{n=1}^\infty C_n y_n(x) \tag{7-39}$$

其中

$$C_n = \frac{1}{N_n^2}\int_a^b f(x)y_n^*(x)\rho(x)\mathrm{d}x, \quad n=1,2,3,\cdots \tag{7-40}$$

(7-39) 式称为 $f(x)$ 关于 $\{y_n(x)\}$ 的**广义傅里叶级数**，C_n 称为**广义傅里叶系数**，其中

$$N_n^2 = \int_a^b |y_n(x)|^2\rho(x)\mathrm{d}x \tag{7-41}$$

N_n 称为 $y_n(x)$ 的**模**，$\frac{1}{N_n}$ 称为 $y_n(x)$ 的**归一化常数**，模为 1 的函数称为归一化函数，记为 $\tilde{y}_n(x)$，有 $\tilde{y}_n(x) = \dfrac{y_n(x)}{N_n}$。若将函数 $f(x)$ 用本征函数系 $\{\tilde{y}_n(x)\}$ 展开，则有

$$f(x) = \sum_{n=1}^\infty \widetilde{C}_n \tilde{y}_n(x) \tag{7-42}$$

其中

$$\widetilde{C}_n = \int_a^b f(x) \widetilde{y}_n^*(x) \rho(x) \mathrm{d}x, \quad n = 1, 2, 3, \cdots \qquad (7\text{-}43)$$

则 $\{\widetilde{y}_n(x)\}$ 的正交性和模可以合并写为

$$\int_a^b \widetilde{y}_m^*(x) \widetilde{y}_n(x) \rho(x) \mathrm{d}x = \delta_{mn} \qquad (7\text{-}44)$$

7.2 习题导练

7.1 求解下列一维振动方程的定解问题

$$(1) \begin{cases} u_{tt} = u_{xx}, & 0 < x < 2, t > 0 \\ u(0,t) = u(2,t) = 0, & t \geqslant 0 \\ u(x,0) = \dfrac{1}{2}\sin\pi x, u_t(x,0) = 0, & 0 \leqslant x \leqslant 2 \end{cases}$$

$$(2) \begin{cases} u_{tt} = a^2 u_{xx}, & 0 < x < \pi, t > 0 \\ u(0,t) = u_x(\pi,t) = 0, & t \geqslant 0 \\ u(x,0) = x^3, u_t(x,0) = 0, & 0 \leqslant x \leqslant \pi \end{cases}$$

$$(3) \begin{cases} u_{tt} - a^2 u_{xx} = 0 \\ u(0,t) = 0, \quad u_x(l,t) = 0 \\ u(x,0) = A\sin\dfrac{\pi x}{l}, \quad u_t(x,0) = 0 \end{cases}$$

解 (1) 设 $u(x,t) = T(t)X(x)$ 代入方程,则有

$$\frac{T''(t)}{T(t)} = \frac{X''(x)}{X(x)} = -\lambda$$

即

$$X'' + \lambda X = 0, \quad T'' + \lambda T = 0.$$

利用边界条件 $u(0,t) = u(2,t) = 0$ 知,$X(0) = X(2) = 0$。故对应的本征值问题为

$$\begin{cases} X'' + \lambda X = 0, & 0 < x < 2 \\ X(0) = X(2) = 0 \end{cases}$$

求上述本征值问题,可得

本征值为　　$\lambda_n = (\frac{n\pi}{2})^2, n = 1,2,3,\cdots$

本征函数　　$X_n(x) = \sin\frac{n\pi x}{2}, n = 1,2,3,\cdots$

将 $\lambda = \lambda_n$ 代入关于 $T(t)$ 的常微分方程中,可求得其解

$$T_n(t) = C_n\cos\frac{n\pi t}{2} + D_n\sin\frac{n\pi t}{2}, n = 1,2,3,\cdots$$

由叠加原理,所求定解问题的形式解为

$$u(x,t) = \sum_{n=1}^{\infty}\sin\frac{n\pi x}{2}(C_n\cos\frac{n\pi t}{2} + D_n\sin\frac{n\pi t}{2})$$

由初始条件可得

$$u(x,0) = \sum_{n=1}^{\infty}C_n\sin\frac{n\pi x}{2} = \frac{1}{2}\sin\pi x$$

$$u_t(x,0) = \sum_{n=1}^{\infty}\frac{n\pi}{2}D_n\sin\frac{n\pi x}{2} = 0$$

由此可得

$$C_n = \begin{cases} \dfrac{1}{2}, & n = 2 \\ 0, & n \neq 2 \end{cases}, \quad D_n = 0$$

故定解问题的解

$$u(x,t) = \frac{1}{2}\cos\pi t\sin\pi x$$

(2) 设 $u(x,t) = X(x)T(t)$,代入方程及齐次边界条件,可得本征值问题

$$\begin{cases} X'' + \lambda X = 0, & 0 < x < \pi \\ X(0) = X'(\pi) = 0 \end{cases}$$

以及 $T(t)$ 满足的方程

$$T'' + \lambda T = 0$$

求解本征值问题,可得

本征值为 $\lambda_n = \left[\dfrac{(n+\frac{1}{2})\pi}{\pi}\right]^2 = (\dfrac{2n+1}{2})^2, n = 0,1,2,\cdots$

本征函数 $X_n(x) = \sin\dfrac{(2n+1)}{2}x, n = 0,1,2,\cdots$

将 $\lambda = \lambda_n$ 代入关于 $T(t)$ 的常微分方程中,可得其解

$$T_n(t) = C_n\cos\frac{(2n+1)at}{2} + D_n\sin\frac{(2n+1)at}{2}, n = 1,2,\cdots$$

由叠加原理,所求定解问题的形式解为

$$u(x,t) = \sum_{n=0}^{\infty}\sin\frac{(2n+1)x}{2}\Big[C_n\cos\frac{(2n+1)at}{2} + D_n\sin\frac{(2n+1)at}{2}\Big]$$

由初始条件及傅里叶级数展开,可得

$$C_n = \frac{2}{\pi}\int_0^{\pi}\zeta^3\sin\frac{(2n+1)}{2}\zeta\mathrm{d}\zeta = \frac{24(-1)^{n-1}}{(2n+1)^2\pi}\Big(\pi^2 - \frac{8}{(2n+1)^2}\Big)$$

$$D_n = 0$$

因此,定解问题的解为

$$u(x,t) = \sum_{n=0}^{\infty}\frac{24(-1)^{n-1}}{(2n+1)^2\pi}\Big[\pi^2 - \frac{8}{(2n+1)^2}\Big]\cos\frac{(2n+1)at}{2}\cdot$$

$$\sin\frac{(2n+1)x}{2}$$

(3) 设 $u(x,t) = X(x)T(t)$,代入方程及齐次边界条件,可得本征值问题

$$\begin{cases} X'' + \lambda X = 0 \\ X(0) = 0, \quad X'(l) = 0 \end{cases}$$

以及 $T(t)$ 满足的方程为

$$T'' + \lambda a^2 T = 0$$

求本征值问题,可得

本征值为 $\qquad \lambda_n = \Big[\frac{(2n+1)\pi}{2l}\Big]^2, n = 0,1,2,\cdots,$

本征函数 $\qquad X_n = \sin\frac{(2n+1)\pi}{2l}x, n = 0,1,2,\cdots$

将 $\lambda = \lambda_n$ 代入 $T(t)$ 的方程,可得方程的通解为

$$T_n(t) = C_n\sin\frac{(2n+1)\pi}{2l}at + D_n\cos\frac{(2n+1)\pi}{2l}at$$

则对应于每一个 λ_n 有

$$u_n(x,t) = \Big[C_n\sin\frac{(2n+1)\pi}{2l}at + D_n\cos\frac{(2n+1)\pi}{2l}at\Big]\sin\frac{(2n+1)\pi}{2l}x$$

由叠加原理,所求定解问题的形式解为

$$u(x,t) = \sum_{n=0}^{\infty}u_n$$

$$= \sum_{n=0}^{\infty} \left[C_n \sin \frac{(2n+1)\pi}{2l} at + D_n \cos \frac{(2n+1)\pi}{2l} at \right] \sin \frac{(2n+1)\pi}{2l} x$$

由初始条件及傅里叶级数展开,可确定系数 C_n、D_n,即

$$C_n = 0$$

$$D_n = \frac{2A}{l} \int_0^l \sin \frac{\pi\zeta}{l} \sin \frac{(2n+1)\pi\zeta}{2l} \mathrm{d}\zeta$$

$$= \frac{A}{l} \int_0^l \cos \frac{(2n-1)\pi\zeta}{2l} \mathrm{d}\zeta - \frac{A}{l} \int_0^l \cos \frac{(2n+3)\pi\zeta}{2l} \mathrm{d}\zeta$$

$$= \frac{2A}{(2n-1)\pi} \sin \frac{(2n-1)\pi x}{2l} \Big|_0^l - \frac{2A}{(2n+3)\pi} \sin \frac{(2n+3)\pi x}{2l} \Big|_0^l$$

$$= \frac{(-1)^{n+1} 8A}{(2n-1)(2n+3)\pi}$$

故可得定解问题的解为

$$u(x,t) = \frac{8A}{\pi} \sum_{n=0}^{\infty} \frac{(-1)^{n+1}}{(2n-1)(2n+3)} \cdot$$

$$\cos \frac{(2n+1)\pi}{2l} at \sin \frac{(2n+1)\pi}{2l} x$$

7.2　求解一维热传导方程的定解问题

$$\begin{cases} u_t = 2u_{xx}, 0 < x < 3, t > 0 \\ u(0,t) = u(3,t) = 0 \\ u(x,0) = 5\sin(4\pi x) - 3\sin(8\pi x) + 2\sin(10\pi x) \end{cases}$$

解　令 $u(x,t) = X(x)T(t)$,代入方程及齐次边界条件,可得本征值问题

$$\begin{cases} X'' + \lambda X = 0, \quad 0 < x < 3 \\ X(0) = X(3) = 0 \end{cases}$$

以及 $T(t)$ 满足的方程为

$$T' + a^2 \lambda T = 0$$

上述本征值问题中的本征值和对应的本征函数

$$\lambda_n = (\frac{n\pi}{3})^2, X_n(x) = \sin \frac{n\pi x}{3}, n = 1,2,3,\cdots$$

将 $\lambda = \lambda_n$ 代入 $T(t)$ 的方程解出

$$T_n(t) = C_n \mathrm{e}^{-(\frac{n\pi a}{3})^2 t}$$

由叠加原理,得定解问题的形式解

$$u(x,t) = \sum_{n=1}^{+\infty} C_n \mathrm{e}^{-(\frac{n\pi a}{3})^2 t} \sin\frac{n\pi}{3}x$$

由初始条件

$$\sum_{n=1}^{+\infty} C_n \sin\frac{n\pi}{l}x = 5\sin(4\pi x) - 3\sin(8\pi x) + 2\sin(10\pi x)$$

由傅里叶级数展开,可得

$$C_n = \frac{2}{l}\int_0^l \varphi(\zeta)\sin\frac{n\pi}{l}\zeta \mathrm{d}x = \begin{cases} 5, & n = 12 \\ -3, & n = 24 \\ 2, & n = 30 \\ 0, & n \neq 12,24,30 \end{cases}$$

则定解问题的解

$$u(x,t) = 5\mathrm{e}^{-32\pi^2 t}\sin(4\pi x) - 3\mathrm{e}^{-128\pi^2 t}\sin(8\pi x) + 2\mathrm{e}^{-200\pi^2 t}\sin(10\pi x)$$

此题也可通过比较级数两端的系数来确定 C_n,即

$$\sum_{n=1}^{+\infty} C_n \sin\frac{n\pi x}{l} = C_1 \sin\frac{\pi x}{l} + \cdots + C_{12} \sin\frac{12\pi x}{l} + \cdots$$
$$= 5\sin(4\pi x) - 3\sin(8\pi x) + 2\sin(10\pi x)$$

可得

$$C_{12} = 5, C_{24} = -3, C_{30} = 2, C_n = 0, (n \neq 12,24,30)$$

由分离变量法解题时,确定系数是一难点。此题比较特殊,可以从两方面来确定系数 C_n。

7.3 求解细杆导热问题。杆长为 l,两端保持 $0℃$,初始温度分布为 $\frac{bx(l-x)}{l^2}$,其中 b 为常数。

解 定解问题为

$$\begin{cases} u_t - a^2 u_{xx} = 0 \\ u(x,t)\mid_{x=0} = u(x,t)\mid_{x=l} = 0 \\ u(x,t)\mid_{t=0} = \dfrac{bx(l-x)}{l^2} \end{cases}$$

令 $u(x,t) = X(x)T(t)$,代入上式定解问题分离变量,得到

$$X''(x) + \lambda^2 X(x) = 0, X(0) = X(l) = 0$$
$$T'(t) + \lambda^2 a^2 T(t) = 0$$

求解关于 $X(x)$ 的本征值问题,得到

$$\lambda_n = (\frac{n\pi}{l})^2, (n = 1, 2, 3, \cdots); X_n(x) = \sin\frac{n\pi}{l}x$$

求解关于 $T(t)$ 的一阶线性微分方程,得到

$$T_n(t) = C_n \mathrm{e}^{-(\frac{n\pi a}{l})^2 t}$$

由叠加原理可得定解问题的形式解

$$u(x, t) = \sum_{n=1}^{\infty} C_n \mathrm{e}^{-(\frac{n\pi a}{l})^2 t} \sin\frac{n\pi}{l}x$$

代入初始条件,有

$$\sum_{n=1}^{\infty} C_n \sin\frac{n\pi}{l}x = \frac{bx(l-x)}{l^2}$$

可得

$$
\begin{aligned}
C_n &= \frac{2}{l}\int_0^l \frac{b\xi(l-\zeta)}{l^2}\sin\frac{n\pi}{l}\xi\mathrm{d}\zeta \\
&= \frac{2b}{l^2}\int_0^l \xi\sin\frac{n\pi}{l}\zeta\mathrm{d}\zeta - \frac{2b}{l^3}\int_0^l \xi^2\sin\frac{n\pi}{l}\zeta\mathrm{d}\zeta \\
&= \frac{4b}{n^3\pi^3}(1 - \cos n\pi) \\
&= \begin{cases} \dfrac{8b}{(2k+1)^3\pi^3}, & n = 2k+1, \\ 0, & n = 2k, \end{cases} \quad k = 0, 1, 2, \cdots
\end{aligned}
$$

故可得该定解问题的解为

$$u(x, t) = \frac{8b}{\pi^3}\sum_{k=0}^{\infty}\frac{1}{(2k+1)^3}\exp\left[-\frac{(2k+1)^2\pi^2 a^2 t}{l^2}\right]\sin\frac{(2k+1)\pi x}{l}$$

7.4　长为 l 的弦,两端固定,弦中的张力为 T,在距弦的左端 $x = 0$ 的 l_0 处($l_0 < l$),以力 F_0 把弦拉开,使 l_0 点离开平衡位置有一小的位移,并使弦处于稳定状态。在 $t = 0$ 时刻突然撤销这一 F_0 的力,求此后弦的振动规律。

解　首先求出初始位移分布,设在 l_0 点的小位移为 h,由受力平衡可得

$$F_0 = T\frac{h}{l_0} + T\frac{h}{l - l_0}$$

$$h = \frac{F_0}{T}\frac{l_0(l - l_0)}{l}$$

可得初始位移分布为

当 $0 < x < l_0$ 时,　$u(x, 0) = \frac{h}{l_0}x = \frac{F_0}{T}\frac{l - l_0}{l}x$

当 $l_0 < x < l$ 时，$u(x,0) = \dfrac{F_0}{T}\dfrac{l_0}{l}(l-x)$

由题意，初始时刻弦处于稳定状态，故有 $u_t(x,0)=0$。此题的定解问题为

$$
\begin{cases}
u_{tt} - a^2 u_{xx} = 0, & 0 < x < l \\[2mm]
u(x,t)\,|_{x=0} = 0, \quad u(x,t)\,|_{x=l} = 0 \\[2mm]
u(x,0) = \begin{cases} \dfrac{F_0}{T}\dfrac{l-l_0}{l}x, & 0 < x < l_0 \\[3mm] \dfrac{F_0}{T}\dfrac{l_0}{l}(l-x), & l_0 < x < l \end{cases} \\[6mm]
u_t(x,0) = 0
\end{cases}
$$

注意到此定解问题与 7.1(1) 题完全一样，只是初始条件的分布不同。故此定解问题的形式解为

$$
u(x,t) = \sum_{n=1}^{\infty}\left(C_n\cos\frac{n\pi a}{l}t + D_n\sin\frac{n\pi a}{l}t\right)\sin\frac{n\pi}{l}x
$$

其中待定系数 C_n、D_n 由初始条件来确定。所以有

$$
u_t(x,0) = \sum_{n=1}^{\infty} D_n\frac{n\pi a}{l}\sin\frac{n\pi}{l}x = 0
$$

由此可得 $D_n=0$。同时有

$$
u(x,0) = \sum_{n=1}^{\infty} C_n\sin\frac{n\pi}{l}x = \begin{cases} \dfrac{F_0}{T}\dfrac{l-l_0}{l}x, & 0 < x < l_0 \\[3mm] \dfrac{F_0}{T}\dfrac{l_0}{l}(l-x), & l_0 < x < l \end{cases}
$$

$$
\begin{aligned}
C_n &= \frac{2}{l}\int_0^{l_0}\frac{F_0}{T}\frac{l-l_0}{l}\zeta\sin\frac{n\pi\zeta}{l}\mathrm{d}\zeta + \frac{2}{l}\int_{l_0}^{l}\frac{F_0}{T}\frac{l_0}{l}(l-\zeta)\sin\frac{n\pi\zeta}{l}\mathrm{d}\zeta \\[2mm]
&= 2\frac{F_0}{T}\frac{l-l_0}{n\pi l}\left(-\zeta\cos\frac{n\pi\zeta}{l}\Big|_0^{l_0} + \int_0^{l_0}\cos\frac{n\pi\zeta}{l}\mathrm{d}\zeta\right) \\[2mm]
&\quad + 2\frac{F_0}{T}\frac{l_0}{n\pi l}\left[-(l-\zeta)\cos\frac{n\pi\zeta}{l}\Big|_{l_0}^{l} - \int_{l_0}^{l}\cos\frac{n\pi\zeta}{l}\mathrm{d}\zeta\right] \\[2mm]
&= -2\frac{F_0}{T}\frac{(l-l_0)l_0}{n\pi l}\cos\frac{n\pi l_0}{l} + 2\frac{F_0}{T}\frac{l-l_0}{n^2\pi^2}\sin\frac{n\pi\zeta}{l}\Big|_0^{l_0} \\[2mm]
&\quad + 2\frac{F_0}{T}\frac{(l-l_0)l_0}{n\pi l}\cos\frac{n\pi l_0}{l} - 2\frac{F_0}{T}\frac{l_0}{n^2\pi^2}\sin\frac{n\pi\zeta}{l}\Big|_{l_0}^{l} \\[2mm]
&= 2\frac{F_0}{T}\frac{l-l_0}{n^2\pi^2}\sin\frac{n\pi l_0}{l} + 2\frac{F_0}{T}\frac{l_0}{n^2\pi^2}\sin\frac{n\pi l_0}{l}
\end{aligned}
$$

$$= 2\frac{F_0}{T}\frac{l}{n^2\pi^2}\sin\frac{n\pi l_0}{l}$$

故可得定解问题的解为

$$u(x,t) = 2\frac{F_0}{T}\sum_{n=1}^{\infty}\frac{l}{n^2\pi^2}\sin\frac{n\pi l_0}{l}\cos\frac{n\pi at}{l}\sin\frac{n\pi x}{l}$$

7.5 求解圆域内狄利克雷边值问题

$$\begin{cases} u_{\rho\rho} + \dfrac{1}{\rho}u_\rho + \dfrac{1}{\rho^2}u_{\varphi\varphi} = 0, & \rho < a, 0 < \varphi < 2\pi \\ u(\rho,\varphi)\,|_{\rho=a} = f(\varphi), & 0 < \varphi < 2\pi \end{cases}$$

其中 $(1)f(\varphi) = A(常数)$；$(2)f(\varphi) = A\cos\varphi$；$(3)f(\varphi) = A\sin^2\varphi + B\cos^2\varphi$。

解 设 $u(r,\varphi) = R(\rho)\Phi(\varphi)$，将偏微分方程分离成如下两个常微分方程

$$\Phi'' + \lambda\Phi = 0 \qquad\qquad ①$$

$$\rho^2 R'' + \rho R' - \lambda R = 0 \qquad\qquad ②$$

方程 ① 和周期条件构成斯特姆-刘维尔本征值问题

$$\begin{cases} \Phi'' + \lambda\Phi = 0 \\ \Phi(\varphi) = \Phi(\varphi + 2\pi) \end{cases}$$

其本征值和相应的本征函数为

$$\lambda_m = m^2, \quad m = 0,1,2,\cdots \qquad\qquad ③$$

$$\Phi_m(\varphi) = A_m\mathrm{con}m\varphi + B_m\sin m\varphi, \quad m = 0,1,2,\cdots \qquad\qquad ④$$

将 $\lambda = \lambda_m$ 代入方程 ② 中，并考虑到解的有界条件，即有

$$\begin{cases} \rho^2 R''_m + \rho R'_m - \lambda_m R_m = 0, & 0 < \rho < a \\ |\,R_m(0)\,| < \infty \end{cases} \qquad\qquad ⑤$$

方程 ② 为欧拉型方程，其通解为

当 $m = 0$ 时：$R_0(\rho) = E_0 + F_0\ln\rho$

当 $m \neq 0$ 时：$R_m(\rho) = E_m\rho^m + F_m\rho^{-m}$

由边值问题 ⑤ 中的有界条件，则有 $F_0 = 0, F_m = 0$。

利用叠加原理，可得圆域内狄利克雷边值问题的级数解为

$$u(\rho,\varphi) = C_0 + \sum_{m=1}^{\infty}\rho^m(C_m\cos m\varphi + D_m\sin m\varphi) \qquad\qquad ⑥$$

其中 $C_0 = A_0 E_0$ 及 $C_m = A_m E_m, D_m = B_m E_m$。由傅里叶级数展开，可求得系数

$$C_0 = \frac{1}{2\pi}\int_0^{2\pi} f(\theta)\,\mathrm{d}\theta \qquad ⑦$$

$$C_m = \frac{1}{\pi a^m}\int_0^{2\pi} f(\theta)\cos m\theta\,\mathrm{d}\theta \qquad ⑧$$

$$D_m = \frac{1}{\pi a^m}\int_0^{2\pi} f(\theta)\sin m\theta\,\mathrm{d}\theta \qquad ⑨$$

把题目(1)(2)(3)中的函数 $f(\varphi)$ 分别代入 ⑦⑧⑨ 式中,并由 ⑥ 式,可得

(1)$C_0 = 2A, C_m = D_m = 0, (m \geqslant 1)$

故定解问题的解为

$$u(\rho,\varphi) = A$$

(2)$C_m = \dfrac{1}{\pi a^m}\displaystyle\int_0^{2\pi} A\cos\theta\cos m\theta\,\mathrm{d}\theta = \begin{cases} \dfrac{A}{a}, & m = 1 \\[2mm] 0, & m = 2,3,4,\cdots \end{cases}$$

$$D_m = 0 \quad m = 1,2,3,\cdots$$

故定解问题的解为

$$u(\rho,\varphi) = \frac{A\rho}{a}\cos\varphi$$

(3) 将 $f(\varphi)$ 改写成 $f(\varphi) = A+(B-A)\cos^2\varphi = \dfrac{A+B}{2} + \dfrac{B-A}{2}\cos 2\varphi$,

并由 ⑦⑧⑨ 式,不难确定出

$$C_0 = \frac{A+B}{2}, \quad D_m = 0, \quad m = 1,2,3,\cdots$$

$$C_m = \frac{1}{\pi a^m}\int_0^{2\pi}\left(\frac{A+B}{2}+\frac{B-A}{2}\cos 2\theta\right)\cos m\theta\,\mathrm{d}\theta = \begin{cases} \dfrac{B-A}{2a^2}, & m = 2 \\[2mm] 0, & m \neq 0,2 \end{cases}$$

故定解问题的解为

$$u(\rho,\varphi) = \frac{A+B}{2} + \frac{B-A}{2a^2}\rho^2\cos 2\varphi$$

7.6 求解下列矩形域上的定解问题

(1)$\begin{cases} u_{xx} + u_{yy} = 0, & 0 < x < \pi, 0 < y < \pi \\ u_x(0,y) = y - \dfrac{\pi}{2}, u_x(\pi,y) = 0, & 0 \leqslant y \leqslant \pi \\ u_y(x,0) = u_y(x,\pi) = 0, & 0 \leqslant x \leqslant \pi \end{cases}$

$$(2)\begin{cases} u_{xx} + u_{yy} = 0, & 0 < x < a, 0 < y < b \\ u_x(0,y) = A, u_x(a,y) = A, & 0 \leqslant y \leqslant b \\ u_y(x,0) = B, u_y(x,b) = B, & 0 \leqslant x \leqslant a \end{cases}$$

其中 A、B 为已知常数。

解 （1）令 $u(x,y) = X(x)Y(y)$，代入拉普拉斯方程及边界条件，可得关于 $X(x)$ 的常微分方程

$$X'' - \lambda X = 0$$

及关于 $Y(y)$ 的本征值问题

$$\begin{cases} Y'' + \lambda Y = 0, & 0 < y < \pi \\ Y'(0) = Y'(\pi) = 0 \end{cases}$$

解得本征值和本征函数为

$$\lambda_n = n^2$$

$$Y_n(y) = \cos ny, \quad n = 0,1,2\cdots$$

方程 $X''_n - \lambda_n X_n = 0$ 的通解为

$$X_0(x) = C_0 + D_0 x$$

$$X_n(x) = C_n e^{nx} + D_n e^{-nx}$$

由叠加原理，可得

$$u(x,y) = C_0 + D_0 x + \sum_{n=1}^{\infty} (C_n e^{nx} + D_n e^{-nx}) \cos ny$$

由边界条件知

$$u_x(0,y) = y - \frac{\pi}{2} = D_0 + \sum_{n=1}^{\infty} n(C_n - D_n)\cos ny$$

$$u_x(\pi,y) = 0 = D_0 + \sum_{n=1}^{\infty} n(C_n e^{n\pi} - D_n e^{-n\pi})\cos ny$$

由此可得 $D_0 = 0$。由傅里叶级数展开，可得

$$C_n = \frac{e^{-n\pi}[1 - (-1)^n]}{n^3 \pi \sinh n\pi}, \quad n = 1,2,3,\cdots$$

$$D_n = \frac{e^{n\pi}[1 - (-1)^n]}{n^3 \pi \sinh n\pi}, \quad n = 1,2,3,\cdots$$

所以有

$$u(x,y) = C_0 + \sum_{n=1}^{\infty} \frac{2[1 - (-1)^n]}{n^3 \pi} \frac{\cosh n(x - \pi)}{\sinh n\pi} \cos ny$$

其中 C_0 为任意常数。

（2）设 $u(x,y) = v(x,y) + w(x,y)$，将原定解问题换为下列两个定解问题

$$\text{I} \begin{cases} w_{xx} + w_{yy} = 0 \\ w_x(0,y) = 0, w_x(a,y) = 0 \\ w_y(x,0) = B, w_y(x,b) = B \end{cases}$$

$$\text{II} \begin{cases} v_{xx} + v_{yy} = 0 \\ v_x(0,y) = A, v_x(a,y) = A \\ v_y(x,0) = 0, v_y(x,b) = 0 \end{cases}$$

由分离变量法可分别计算出定解问题 I、II 的形式解

$$w(x,y) = D_0 + C_0 y + \sum_{n=1}^{\infty} (C_n e^{\frac{n\pi y}{a}} + D_n e^{-\frac{n\pi y}{a}}) \cos \frac{n\pi}{a} x$$

$$v(x,y) = \overline{D}_0 + \overline{C}_0 x + \sum_{n=1}^{\infty} (\overline{C}_n e^{\frac{n\pi x}{b}} + \overline{D}_n e^{-\frac{n\pi x}{b}}) \cos \frac{n\pi}{b} y$$

再分别由定解问题 I、II 的非齐次边界条件可定出系数

$$C_0 = B$$
$$C_n = D_n = 0, \quad n \neq 0$$
$$\overline{C}_0 = A$$
$$\overline{C}_n = \overline{D}_n = 0, \quad n \neq 0$$

因此，定解问题 I、II 的解分别为

$$w(x,y) = D_0 + By$$
$$v(x,y) = \overline{D}_0 + Ax$$

故原定解问题的解为

$$u(x,y) = Ax + By + C$$

其中 $C = D_0 + \overline{D}_0$ 为任意常数。

7.7   半径为 a 的半圆形薄圆板，其表面绝热，在板的周围边界上保持常温 u_0，而在其直径边界上保持常温 u_1，求圆板稳定状态的温度分布。

解   引入极坐标，定解问题为

$$\begin{cases} u_{\rho\rho} + \dfrac{1}{\rho} u_\rho + \dfrac{1}{\rho^2} u_{\varphi\varphi} = 0, & \rho < a, 0 < \varphi < \pi \\ u(\rho,0) = u(\rho,\pi) = u_1, & 0 \leqslant \rho \leqslant a \\ u(a,\varphi) = u_0, |u(0,\varphi)| < \infty, & 0 \leqslant \varphi \leqslant \pi \end{cases}$$

首先使边界条件齐次化，令 $u(r,\varphi) = v(r,\varphi) + u_1$，则 $v(r,\varphi)$ 满足定

解问题

$$\begin{cases} v_{\rho\rho} + \dfrac{1}{\rho}v_\rho + \dfrac{1}{\rho^2}v_{\varphi\varphi} = 0, & \rho < a, 0 < \varphi < \pi \\ v(\rho,0) = v(\rho,\pi) = 0, & 0 \leqslant \rho \leqslant a \\ v(a,\varphi) = u_0 - u_1, \ |\,v(0,\varphi)\,| < \infty, & 0 \leqslant \varphi \leqslant \pi \end{cases}$$

解关于 $v(r,\varphi)$ 的定解问题,令 $v(r,\varphi) = R(\rho)\Phi(\varphi)$,得本征值问题

$$\begin{cases} \Phi'' + \lambda\Phi = 0, & 0 < \varphi < \pi \\ \Phi(0) = \Phi(\pi) = 0 \end{cases} \qquad \text{①}$$

以及

$$\begin{cases} \rho^2 R'' + \rho R' - \lambda R = 0, & 0 < \rho < a \\ |\,R(0)\,| < \infty \end{cases} \qquad \text{②}$$

本征值问题 ① 的本征值和本征函数为

$$\lambda_n = n^2, \quad \Phi_n(\varphi) = \sin n\varphi, \quad n = 1,2,3,\cdots$$

将 $\lambda = \lambda_n$ 代入 ②,得

$$\begin{cases} \rho^2 R''_n + \rho R'_n - n^2 R_n = 0 \\ |\,R_n(0)\,| < \infty \end{cases}$$

这是一个欧拉方程,其满足 $|\,R_n(0)\,| < \infty$ 的有界解为

$$R_n(\rho) = C_n\rho^n, \quad n = 1,2,3,\cdots$$

由叠加原理,得

$$v(\rho,\varphi) = \sum_{n=1}^{\infty} R_n(\rho)\Phi_n(\varphi) = \sum_{n=1}^{\infty} C_n\rho^n \sin n\varphi \qquad \text{③}$$

利用边界条件,可得

$$C_n = \frac{2(u_0 - u_1)}{\pi a^n}\int_0^\pi \sin n\theta\, \mathrm{d}\theta = \frac{2(u_0 - u_1)}{n\pi a^n}\big[1 - (-1)^n\big] \qquad \text{④}$$

所以有

$$\begin{aligned} v(\rho,\varphi) &= \sum_{n=1}^{\infty} \frac{2(u_0 - u_1)}{n\pi}\big[1 - (-1)^n\big]\Big(\frac{\rho}{a}\Big)^n \sin n\varphi \\ &= \sum_{n=1}^{\infty} \frac{4(u_0 - u_1)}{(2n-1)\pi}\Big(\frac{\rho}{a}\Big)^{2n-1}\sin(2n-1)\varphi \qquad \text{⑤} \end{aligned}$$

原定解问题的解

$$u(\rho,\varphi) = u_1 + \sum_{n=1}^{\infty} \frac{4(u_0 - u_1)}{(2n-1)\pi}\Big(\frac{\rho}{a}\Big)^{2n-1}\sin(2n-1)\varphi \qquad \text{⑥}$$

利用恒等式

$$\sum_{n=1}^{\infty} \frac{\sin(2n-1)\varphi}{2n-1}\rho^{2n-1} = \frac{1}{2}\arctan\frac{2\rho\sin\varphi}{1-\rho^2}, \quad |\rho|<1 \qquad ⑦$$

解又可以写成

$$u(\rho,\varphi) = u_1 + \frac{2(u_0-u_1)}{\pi}\arctan\frac{2a\rho\sin\varphi}{a^2-\rho^2}, \quad 0\leqslant\rho<a, 0\leqslant\varphi\leqslant\pi \qquad ⑧$$

注：下面证明 ⑦ 式。事实上，注意到展开式

$$\frac{1}{2}\ln\frac{1+z}{1-z} = \sum_{n=1}^{\infty}\frac{z^{2n-1}}{2n-1}, \quad |z|<1 \qquad ⑨$$

其中 z 为复数，对数函数的单值解析分支取为主值分支，即由 $\ln 1 = 0$ 所确定的分支。记 $\varepsilon = \cos\varphi + i\sin\varphi$，则 $\sin\varphi = \frac{1}{2i}(\varepsilon - \bar\varepsilon)$。因此有

$$\sum_{n=1}^{\infty}\frac{\sin(2n-1)\varphi}{2n-1}\rho^{2n-1} = \frac{1}{2i}\sum_{n=1}^{\infty}\frac{(\varepsilon\rho)^{2n-1}-(\bar\varepsilon\rho)^{2n-1}}{2n-1}$$

$$= \frac{1}{4i}(\ln\frac{1+\varepsilon\rho}{1-\varepsilon\rho} - \ln\frac{1+\bar\varepsilon\rho}{1-\bar\varepsilon\rho})$$

$$= \frac{1}{4i}\ln\frac{1-\rho^2+2i\rho\sin\varphi}{1-\rho^2-2i\rho\sin\varphi}$$

$$= \frac{1}{2}\arctan\frac{2\rho\sin\varphi}{1-\rho^2}, (取主值)$$

$$= \frac{1}{4i}\ln\frac{(1+\varepsilon\rho)(1-\bar\varepsilon\rho)}{(1-\varepsilon\rho)(1+\bar\varepsilon\rho)}$$

$$= \frac{1}{4i}\ln\frac{1-\rho^2+\rho(\varepsilon-\bar\varepsilon)}{1-\rho^2-\rho(\varepsilon-\bar\varepsilon)}$$

7.8　求解非齐次方程的定解问题

$$\begin{cases} u_{tt} - u_{xx} = \frac{1}{2}xt, & 0<x<\pi, t>0 \\ u(0,t) = u(\pi,t) = 0, & t\geqslant 0 \\ u(x,0) = \sin x, u_t(x,0) = 0, & 0\leqslant x\leqslant\pi \end{cases}$$

解　对于含非齐次方程的定解问题，可采用按本征函数展开法求解。考虑到边界条件，可把解 $u(x,t)$ 和方程的非齐次项 $\frac{1}{2}xt$ 均按本征函数系 $\{\sin nx\}(n=1,2,3,\cdots)$ 展开，故有

$$u(x,t) = \sum_{n=1}^{\infty} T_n(t)\sin nx$$

$$\frac{1}{2}xt = \sum_{n=1}^{\infty} f_n(t)\sin nx$$

其中

$$f_n(t) = \frac{2}{\pi} \int_0^\pi \frac{1}{2} t\zeta \sin n\zeta \,\mathrm{d}\zeta = \frac{(-1)^{n+1}}{n} t, \; n = 1,2,3,\cdots$$

把以上两个展开式代入方程中,可得

$$\sum_{n=1}^\infty \left[T_n''(t) + n^2 T_n(t) - f_n(t) \right] \sin nx = 0$$

由本征函数系的完备性可知

$$T_n''(t) + n^2 T_n(t) = f_n(t)$$

根据初始条件,可得

$$T_1(0) = 1; \quad T_n(0) = 0, n = 2,3,4,\cdots; \quad T_n'(0) = 0, n = 1,2,3,\cdots$$

利用以上初始条件及常微分方程的常数变易法,解得

$$T_n(t) = \frac{1}{n} \int_0^t f_n(\tau) \sin n(t-\tau) \,\mathrm{d}\tau + T_n(0) \cos nt$$

$$= \begin{cases} t - \sin t + \cos t, & n = 1 \\ \dfrac{(-1)^{n+1}}{n^3} \left(t - \dfrac{\sin nt}{n} \right), & n \geqslant 2 \end{cases}$$

所以有

$$u(x,t) = (t - \sin t + \cos t)\sin x + \sum_{n=2}^\infty \frac{(-1)^{n+1}}{n^3} \left(t - \frac{\sin nt}{n} \right) \sin nx$$

$$= \cos t \sin x + \sum_{n=1}^\infty \frac{(-1)^{n+1}}{n^3} \left(t - \frac{\sin nt}{n} \right) \sin nx$$

7.9　长为 l 的均匀细杆,其一端保持 $0℃$,另一端绝热,杆的初始温度为 u_0,u_0 为常数。从开始时刻起有一指数衰减的热源作用在杆上,求杆内温度分布。即求解定解问题

$$\begin{cases} u_t = a^2 u_{xx} + A\mathrm{e}^{-at}, & 0 < x < l, t > 0 \\ u(0,t) = 0, \quad u_x(l,t) = 0, & t \geqslant 0 \\ u(x,0) = u_0, & 0 \leqslant x \leqslant l \end{cases}$$

解　由于对应的齐次问题的本征值与本征函数系为

$$\lambda_n = \left(\frac{2n-1}{2l}\pi \right)^2, \quad X_n(x) = \sin \frac{2n-1}{2l}\pi x, \quad n = 1,2,3,\cdots$$

故设定解问题的解为

$$u(x,t) = \sum_{n=1}^{+\infty} T_n(t) \sin \frac{2n-1}{2l}\pi x$$

把方程的非齐次项 $A\mathrm{e}^{-at}$ 也按此本征函数系展开,有

$$Ae^{-at} = \sum_{n=1}^{+\infty} \frac{4Ae^{-at}}{(2n-1)\pi}\sin\frac{2n-1}{2l}\pi x$$

代入方程有

$$\sum_{n=1}^{+\infty}\Big[T'_n(t) + (\frac{2n-1}{2l}\pi a)^2 T_n(t) - \frac{4A}{(2n-1)\pi}e^{-at}\Big]\sin\frac{2n-1}{2l}\pi x = 0$$

可得常微分方程

$$T'_n(t) + (\frac{2n-1}{2l}\pi a)^2 T_n(t) - \frac{4A}{(2n-1)\pi}e^{-at} = 0$$

把初始条件 u_0 也按本征函数系展开,得

$$u_0 = \sum_{n=1}^{+\infty} T_n(0)\sin\frac{2n-1}{2l}\pi x = \sum_{n=1}^{+\infty} \frac{4u_0}{(2n-1)\pi}\sin\frac{2n-1}{2l}\pi x$$

则有

$$T_n(0) = \frac{4u_0}{(2n-1)\pi}$$

利用以上初始条件,由拉普拉斯变换可求得

$$T_n(t) = \frac{F_n}{E_n-a}e^{-at} - (\frac{u_0 F_n}{A} - \frac{F_n}{E_n-a})e^{-E_n t}$$

则定解问题的解

$$u(x,t) = \sum_{n=1}^{+\infty}\Big[(\frac{u_0 F_n}{A} - \frac{F_n}{E_n-a})e^{-E_n t} + \frac{F_n}{E_n-a}e^{-E_n t}\Big]\sin\frac{2n-1}{2l}\pi x$$

其中

$$E_n = (\frac{2n-1}{2l}\pi a)^2, \quad F_n = \frac{4A}{(2n-1)\pi}$$

且设 $a \neq E_n, n = 1, 2, 3, \cdots$。

7.10　求解定解问题

$$(1)\begin{cases} u_t - ku_{xx} = 0, & 0 < x < l, t > 0 \\ u(0,t) = A\sin\omega t, & u(l,t) = 0 \\ u(x,0) = 0, & 0 \leqslant x \leqslant l \end{cases}$$

$$(2)\begin{cases} u_{tt} - a^2 u_{xx} = 0 \\ u(0,t) = A\sin\omega t, & u(l,t) = A\cos\omega t \\ u(x,0) = A\sin\frac{\pi x}{l}, & u_t(x,0) = 0 \end{cases}$$

其中 A、ω 为已知常数。

解　(1) 为使边界条件齐次化,引入新的未知函数 $v(x,t)$ 和辅助函

数 $w(x,t)$。设

$$u(x,t) = w(x,t) + v(x,t)$$

为使 $v(x,t)$ 的边界条件齐次化,选择辅助函数 $w(x,t)$

$$w(x,t) = A(1-\frac{x}{l})\sin\omega t$$

即有

$$u(x,t) = A(1-\frac{x}{l})\sin\omega t + v(x,t) \qquad ①$$

则新未知函数 $v(x,t)$ 满足的定解问题为

$$\begin{cases} v_t(x,t) - kv_{xx}(x,y) = -A\omega(1-\frac{x}{l})\cos\omega t, & 0<x<l,t>0 \\ v(0,t)=0, v(l,t)=0 & t\geqslant 0 \\ v(x,0)=0 & 0\leqslant x\leqslant l \end{cases}$$

用本征函数展开法求解 $v(x,t)$ 的定解问题,即设

$$v(x,t) = \sum_{n=1}^{\infty} T_n(t)\sin\frac{n\pi}{l}x$$

同时将方程的非齐次项按相应齐次问题的本征函数系展开,即

$$-A\omega(1-\frac{x}{l})\cos\omega t = \sum_{n=1}^{\infty} f_n(t)\sin\frac{n\pi}{l}x$$

其中

$$f_n(t) = \frac{2}{l}\int_0^l -A\omega(1-\frac{\zeta}{l})\cos\omega t \sin\frac{n\pi}{l}\zeta d\zeta = -\frac{2A\omega}{n\pi}\cos\omega t$$

由此可得 $T_n(t)$ 所应满足非齐次一阶常微分方程

$$T'_n(t) + k(\frac{n\pi}{l})^2 T_n(t) = -\frac{2A\omega}{n\pi}\cos\omega t$$

利用初始条件 $T_n(0)=0$,由拉普拉斯变换可求得

$$T_n(t) = \frac{2A\omega l^2}{k^2(n\pi)^4 + \omega^2 l^4}\frac{1}{n\pi}\{k(n\pi)^2\exp[-(\frac{n\pi}{l})^2 kt] - k(n\pi)^2\cos\omega t$$

$$-\omega l^2\sin\omega t\}$$

$$= -\frac{2A\omega}{\pi}\frac{1}{n[k^2(\frac{n\pi}{l})^4 + \omega^2]}[\omega\sin\omega t + (\frac{n\pi}{l})^2 k\cos\omega t$$

$$-(\frac{n\pi}{l})^2 k e^{-(\frac{n\pi}{l})^2 kt}]$$

这样就求得了 $v(x,t)$,带入 ① 式,就得到原定解问题的解 $u(x,t)$:

$$u(x,t) = A(1-\frac{x}{l})\sin\omega t - \frac{2A\omega}{\pi}\sum_{n=1}^{\infty}\frac{1}{n[k^2(\frac{n\pi}{l})^4+\omega^2]}$$

$$[\omega\sin\omega t + (\frac{n\pi}{l})^2 k\cos\omega t - (\frac{n\pi}{l})^2 k e^{-(\frac{n\pi}{l})^2 kt}]\sin\frac{n\pi}{l}x$$

（2）为使边界条件齐次化，引入新的未知函数 $v(x,t)$ 和辅助函数 $\omega(x,t)$。设

$$u(x,t) = \omega(x,t) + v(x,t)$$

为使 $v(x,t)$ 的边界条件齐次化，选择辅助函数 $\omega(x,t)$，使其满足

$$\omega(0,t) = A\sin\omega t, \omega(l,t) = A\cos\omega t$$

故有

$$\omega(x,t) = \frac{l-x}{l}A\sin\omega t + \frac{x}{l}A\cos\omega t$$

即有

$$u(x,t) = \frac{l-x}{l}A\sin\omega t + \frac{x}{l}A\cos\omega t + v(x,t)$$

则新未知函数 $v(x,t)$ 满足的定解问题为

$$\begin{cases} v_{tt}(x,t) - a^2 v_{xx}(x,y) = \frac{l-x}{l}A\omega^2\sin\omega t + \frac{x}{l}\omega^2 A\cos\omega t, & 0<x<l, t>0 \\ v(0,t) = 0, \quad v(l,t) = 0, & t\geqslant 0 \\ v(x,0) = -\frac{x}{l}A, \quad v_t(x,0) = -\frac{l-x}{l}A\omega, & 0\leqslant x\leqslant l \end{cases}$$

用本征函数展开法求解 $v(x,t)$ 的定解问题，即设

$$v(x,t) = \sum_{n=1}^{\infty}T_n(t)\sin\frac{n\pi}{l}x$$

同时将方程的非齐次项按相应齐次问题的本征函数系展开，设

$$f(x,t) = \frac{l-x}{l}A\omega^2\sin\omega t + \frac{x}{l}\omega^2 A\cos\omega t = \sum_{n=1}^{\infty}f_n(t)\sin\frac{n\pi}{l}x$$

其中

$$f_n(t) = \frac{2}{l}\int_0^l(\frac{l-\zeta}{l}A\omega^2\sin\omega t + \frac{\zeta}{l}\omega^2 A\cos\omega t)\sin\frac{n\pi}{l}\zeta d\zeta$$

由此可得 $T_n(t)$ 应满足的非齐次常微分方程的初值问题

$$
\begin{cases}
T_n''(t) + (\dfrac{n\pi a}{l})^2 T_n(t) = f_n(t) \\[2mm]
T_n(0) = \dfrac{2}{l}\displaystyle\int_0^l -\dfrac{\zeta}{l}A\sin\dfrac{n\pi\zeta}{l}\mathrm{d}\zeta \\[2mm]
T_n'(0) = \dfrac{2}{l}\displaystyle\int_0^l -\dfrac{l-\zeta}{l}A\omega\sin\dfrac{n\pi\zeta}{l}\mathrm{d}\zeta
\end{cases}
$$

由拉普拉斯变换,可以求得以上初值问题的解

$$
T_n(t) = C_n\cos\frac{n\pi a}{l}t + D_n\sin\frac{n\pi a}{l}t + \frac{l}{n\pi a}\int_0^t f_n(\tau)\sin\frac{n\pi a(t-\tau)}{l}\mathrm{d}\tau
$$

其中

$$
C_n = \frac{2}{l}\int_0^l v(\zeta,0)\sin\frac{n\pi}{l}\zeta\mathrm{d}\zeta
$$

$$
D_n = \frac{2}{n\pi a}\int_0^l v_t(\zeta,0)\sin\frac{n\pi}{l}\zeta\mathrm{d}\zeta
$$

这样就求得了 $v(x,t)$,从而可得原定解问题的解 $u(x,t)$:

$$
u(x,t) = \frac{l-x}{l}A\sin\omega t + \frac{x}{l}A\cos\omega t + v(x,t)
$$

7.11　侧面绝热的均匀细杆长为 l,其导热系数为 κ,初始温度为 T_0,其两端保持不变的温度,即 $u(0,t)=T_1,u(l,t)=T_2,T_1、T_2$ 均为常数。求杆上的温度分布随时间的变化关系。当 $t\to\infty$ 时,给出杆上的温度分布的表达式,并解释这一结果在物理上的合理性及其满足的物理定律。

解　侧面绝热的均匀细杆的热传导问题可视为一维问题,其定解问题为

$$
\begin{cases}
u_t - a^2 u_{xx} = 0, & 0\leqslant x\leqslant l,t>0 \\
u(0,t) = T_1, \quad u(l,t) = T_2, & t\geqslant 0 \\
u(x,0) = T_0, & 0\leqslant x\leqslant l
\end{cases}
\tag{①}
$$

首先要把边界条件齐次化,设

$$
u(x,t) = w(x,t) + v(x,t)
\tag{②}
$$

为使 $w(x,t)$ 满足非齐次边界条件 $w(0,t)=T_1、w(l,t)=T_2$,取

$$
w(x,t) = \frac{T_2-T_1}{l}x + T_1
\tag{③}
$$

可得新未知函数 $v(x,t)$ 满足的定解问题

$$\begin{cases} v_t - a^2 v_{xx} = 0, & 0 \leqslant x \leqslant l, t \geqslant 0 \\ v(0,t) = 0, \quad v(l,t) = 0, & t \geqslant 0 \\ v(x,0) = T_0 - \dfrac{T_2 - T_1}{l}x - T_1, & 0 \leqslant x \leqslant l \end{cases} \qquad ④$$

此定解问题可直接用分离变量法求解。定解问题 ④ 的形式解为

$$v(x,t) = \sum_{n=1}^{\infty} v_n(x,t) = \sum_{n=1}^{\infty} C_n \mathrm{e}^{-(\frac{n\pi a}{l})^2 t} \sin \frac{n\pi x}{l}$$

由定解问题 ④ 中的初始条件,可确定系数 C_n

$$\begin{aligned} C_n &= \frac{2}{l}\int_0^l (T_0 - T_1 - \frac{T_2 - T_1}{l}\zeta)\sin\frac{n\pi\zeta}{l}\mathrm{d}\zeta \\ &= \frac{-2}{n\pi}(T_0 - T_1)\cos\frac{n\pi\zeta}{l}\Big|_0^l - \frac{2(T_2 - T_1)}{l^2}\int_0^l \zeta\sin\frac{n\pi\zeta}{l}\mathrm{d}\zeta \\ &= \frac{2(T_0 - T_1)}{n\pi}[1 - (-1)^n] + \frac{2(T_2 - T_1)}{n\pi l}\zeta\cos\frac{n\pi\zeta}{l}\Big|_0^l \\ &\quad - \frac{2(T_2 - T_1)}{n\pi l}\int_0^l \cos\frac{n\pi\zeta}{l}\mathrm{d}\zeta \\ &= \frac{2(T_0 - T_1)}{n\pi}[1 - (-1)^n] + \frac{2(T_2 - T_1)}{n\pi l}(-1)^n \\ &= \frac{2(T_0 - T_1)}{n\pi} - \frac{2(T_0 - T_2)}{n\pi}(-1)^n \\ &= \frac{2}{n\pi}[(T_0 - T_1) - (-1)^n(T_0 - T_2)] \end{aligned}$$

由此可得原定解问题的解

$$u(x,t) = \frac{T_2 - T_1}{l}x + T_1 + \sum_{n=1}^{\infty}\frac{2}{n\pi}[(T_0 - T_1) - (-1)^n(T_0 - T_2)]$$

$$\mathrm{e}^{-(\frac{n\pi a}{l})^2 t}\sin\frac{n\pi x}{l}$$

从这一解的表达式可看出,当时间 $t \to \infty$ 时,等式右边最后一项为零,即整个求和号内均为零,杆的初始温度 T_0 已不起作用,此时杆内的温度分布为

$$u(x,t) = \frac{T_2 - T_1}{l}x + T_1$$

即当时间 $t \to \infty$ 时,杆内的温度分布只取决于杆两端的温度 T_1 和 T_2,并且呈线性分布。

7.12 梁的横振动问题。设长为 l 的均匀梁两端被支承,求解它的横

振动规律。所讨论的问题可归结为下列定解问题

$$\begin{cases} u_{tt} + a^2 u_{xxxx} = 0, & 0 < x < l, t > 0 \\ u(0,t) = u_{xx}(0,t) = 0, & t \geqslant 0 \\ u(l,t) = u_{xx}(l,t) = 0, & t \geqslant 0 \\ u(x,0) = x(x-l), u_t(x,0) = 0, & 0 \leqslant x \leqslant l \end{cases}$$

其中 $u(x,t)$ 表示位移,a 为常数。边界条件表示梁是简支的,即其两端位移和弯矩都是零。

解法一 令

$$u(x,t) = X(x)T(t)$$

代入齐次方程及齐次边界条件,则有

$$\begin{cases} X^{(4)} - \lambda X = 0 \\ X(0) = X''(0) = 0 \\ X(l) = X''(l) = 0 \end{cases} \qquad ①$$

$$T'' + a^2 \lambda T = 0$$

设 $X(x)$ 是本征值问题 ① 的解,用 $X(x)$ 同乘以 ① 中的方程并在$[0,l]$ 上积分,通过分部积分可得

$$\lambda \int_0^l X^2(x) \mathrm{d}x = \int_0^l [X''(x)]^2 \mathrm{d}x \qquad ②$$

上式计算中用到了本征值问题中的齐次边界条件。则如果 $\lambda = 0$,则 $X(x)$ 满足

$$\begin{cases} X''(x) = 0, & 0 < x < l \\ X(0) = X(l) = 0 \end{cases}$$

即对于 $\lambda \leqslant 0$,本征值问题 ① 没有非零解。所以,本征值问题 ① 的特征值 λ 一定大于零。记 $\lambda = \beta^4, \beta > 0$。此时,本征值问题 ① 的通解为

$$X(x) = A\cosh\beta x + B\sinh\beta x + C\cos\beta x + D\sin\beta x$$

由边界条件,可得

$$\begin{cases} A + C = 0 \\ A - C = 0 \\ A\cosh\beta l + B\sinh\beta l + C\cos\beta l + D\sin\beta l = 0 \\ A\cosh\beta l + B\sinh\beta l - C\cos\beta l - D\sin\beta l = 0 \end{cases}$$

根据前两个方程可得 $A = C = 0$,分析后两个方程可知 $B = 0, D\sin\beta l$

$=0$。因此，问题 ① 有非零解的条件是，当且仅当 $\sin\beta l=0$，这样就得到了本征值和本征函数

$$\lambda_n=\beta_n^4=(\frac{n\pi}{l})^4,\quad X_n(x)=\sin\frac{n\pi x}{l},\quad n=1,2,3,\cdots$$

将 $\lambda_n=\beta_n^4=(\frac{n\pi}{l})^4$ 代入 $T(t)$ 的方程，可解出 $T(t)$ 的通解

$$T_n(t)=A_n\cos[a(\frac{n\pi}{l})^2t]+B_n\sin[a(\frac{n\pi}{l})^2t]$$

由叠加原理，得定解问题的形式解

$$u(x,t)=\sum_{n=1}^{\infty}\{A_n\cos[a(\frac{n\pi}{l})^2t]+B_n\sin[a(\frac{n\pi}{l})^2t]\}\sin\frac{n\pi x}{l}$$

根据初始条件，可确定出系数

$$A_n=\frac{2}{l}\int_0^l\zeta(\zeta-l)\sin\frac{n\pi\zeta}{l}d\zeta=\frac{4l^2}{(n\pi)^3}[(-1)^n-1]$$

$$B_n=0,n=1,2,3,\cdots$$

所以有

$$u(x,t)=\sum_{n=1}^{\infty}\frac{4l^2}{(n\pi)^3}[(-1)^n-1]\cos[a(\frac{n\pi}{l})^2t]\sin\frac{n\pi x}{l}$$

$$=-\sum_{n=1}^{\infty}\frac{8l^2}{(2n-1)^3\pi^3}\cos\{[\frac{(2n-1)\pi}{l}]^2at\}\sin\frac{(2n-1)\pi x}{l}$$

解法二　令
$$u(x,t)=X(x)T(t)$$
代入齐次方程及齐次边界条件，则有
$$\begin{cases}X^{(4)}-\lambda^2X=0\\X(0)=X''(0)=0\\X(l)=X''(l)=0\end{cases}$$
$$T''+a^2\lambda^2T=0$$

（1）当 $\lambda=0$ 时，方程的通解为
$$X(x)=C_1+C_2x+C_3x^2+C_4x^3$$
由边界条件 $X(0)=X''(0)=0$，可得 $C_1=C_3=0$。又由 $X(l)=X''(l)=0$，可得 $C_2=C_4=0$。所以有 $X(x)\equiv0$，故 $\lambda\neq0$。

（2）当 $\lambda>0$ 时，方程的通解为

$$X(x) = C_1 \cosh\sqrt{\lambda}x + C_2 \sinh\sqrt{\lambda}x + C_3 \cos\sqrt{\lambda}x + C_4 \sin\sqrt{\lambda}x$$

由边界条件 $X(0) = X''(0) = 0$,可得

$$\begin{cases} C_1 + C_3 = 0 \\ C_1\lambda - C_3\lambda = 0 \end{cases}$$

即有 $C_1 = C_3 = 0$。又由 $X(l) = X''(l) = 0$,可得

$$\begin{cases} C_2 \sinh\sqrt{\lambda}l + C_4 \sin\sqrt{\lambda}l = 0 \\ C_2 \sinh\sqrt{\lambda}l - C_4 \sin\sqrt{\lambda}l = 0 \end{cases}$$

由此可得 $C_2 = 0, C_4 \sin\sqrt{\lambda}l = 0$。所以有 $\sin\sqrt{\lambda}l = 0$,即 $\sqrt{\lambda}l = n\pi, n = 1, 2, 3, \cdots$。由此可得本征值及本征函数,即

$$\lambda_n = (\frac{n\pi}{l})^2, \quad X_n(x) = \sin\frac{n\pi x}{l}, \quad n = 1, 2, 3, \cdots$$

将 $\lambda_n = (\frac{n\pi}{l})^2$ 代入 $T(t)$ 的方程,可解出 $T(t)$ 的通解

$$T_n(t) = A_n\cos[a(\frac{n\pi}{l})^2 t] + B_n\sin[a(\frac{n\pi}{l})^2 t]$$

由叠加原理,得定解问题的形式解

$$u(x,t) = \sum_{n=1}^{\infty}\{A_n\cos[a(\frac{n\pi}{l})^2 t] + B_n\sin[a(\frac{n\pi}{l})^2 t]\}\sin\frac{n\pi x}{l}$$

根据初始条件,可确定出系数

$$A_n = \frac{2}{l}\int_0^l \zeta(\zeta - l)\sin\frac{n\pi\zeta}{l}d\zeta = \frac{4l^2}{(n\pi)^3}[(-1)^n - 1]$$

$$B_n = 0, \quad n = 1, 2, \cdots$$

所以有

$$u(x,t) = \sum_{n=1}^{\infty}\frac{4l^2}{(n\pi)^3}[(-1)^n - 1]\cos[a(\frac{n\pi}{l})^2 t]\sin\frac{n\pi x}{l}$$

$$= -\sum_{n=1}^{\infty}\frac{8l^2}{(2n-1)^3\pi^3}\cos\{[\frac{(2n-1)\pi}{l}]^2 at\}\sin\frac{(2n-1)\pi x}{l}$$

7.13   求边长分别为 a, b, c 的长方体中的温度分布,设物体表面温度保持 $0℃$,初始温度分布为 $u(x,y,z,0) = \varphi(x,y,z)$。

解   定解问题为

$$\begin{cases} u_t - k(u_{xx} + u_{yy} + u_{zz}) = 0, \quad 0 < x < a, \quad 0 < y < b, \\ \quad 0 < z < c, \quad t > 0 \\ u(0,y,z,t) = u(a,y,z,t) = 0, \quad u(x,0,z,t) = u(x,b,z,t) = 0 \\ u(x,y,0,t) = u(x,y,c,t) = 0 \\ u(x,y,z,0) = \varphi(x,y,z) \end{cases} \quad ①$$

首先将时空变量分离,令

$$u(x,y,z,t) = v(x,y,z)T(t)$$

代入 ① 式中,得

$$T'(t) + \lambda^2 k T(t) = 0 \qquad\qquad ②$$

$$v_{xx} + v_{yy} + v_{zz} + \lambda^2 v = 0 \qquad\qquad ③$$

再令 $v(x,y,z) = X(x)w(y,z)$ 代入 ③ 式,可得关于 $X(x)$ 的本征值问题

$$\begin{cases} X'' + (\lambda^2 - \mu^2)X = 0 \\ X(0) = 0, \quad X(a) = 0 \end{cases} \qquad\qquad ④$$

以及

$$w_{yy} + w_{zz} + \mu^2 w = 0 \qquad\qquad ⑤$$

再令 $w(y,z) = Y(y)Z(z)$ 代入 ⑤ 式,可得另外两个本征值问题

$$\begin{cases} Y'' + (\mu^2 - \nu^2)Y = 0 \\ Y(0) = 0, \quad Y(b) = 0 \end{cases} \qquad\qquad ⑥$$

$$\begin{cases} Z' + \nu^2 Z = 0 \\ Z(0) = 0, \quad Z(c) = 0 \end{cases} \qquad\qquad ⑦$$

求解以上三个本征值问题,它们的本征值与本征函数分别为

$$\nu^2 = \frac{n^2\pi^2}{c^2}, \quad Z_n(z) = \sin\frac{n\pi z}{c}, \quad n = 1,2,3,\cdots$$

$$\mu^2 - \nu^2 = \frac{m^2\pi^2}{b^2}, \quad Y_m(y) = \sin\frac{m\pi y}{b}, \quad m = 1,2,3,\cdots$$

$$\lambda^2 - \mu^2 = \frac{p^2\pi^2}{a^2}, \quad X_p(x) = \sin\frac{p\pi x}{a}, \quad p = 1,2,3,\cdots$$

把上面三个式子相加,得到关于 $v(x,y,z)$ 的本征值问题的本征值和相应的本征函数

$$\lambda_{pmn}^2 = \pi^2\left(\frac{p^2}{a^2} + \frac{m^2}{b^2} + \frac{n^2}{c^2}\right) \qquad\qquad ⑧$$

$$v_{pmn}(x,y,z) = \sin\frac{p\pi x}{a}\sin\frac{m\pi x}{b}\sin\frac{n\pi x}{c}$$

求解关于 $T(t)$ 的常微分方程,将 ⑧ 式代入 ② 式,可求得 $T(t)$ 的通解

$$T_{pmn}(t) = A_{pmn}e^{-\lambda_{pmn}^2 kt}$$

则可得满足方程及边界条件的一系列特解为

$$u_{pmn}(x,y,z,t) = A_{pmn}\sin\frac{p\pi x}{a}\sin\frac{m\pi x}{b}\sin\frac{n\pi x}{c}e^{-\lambda_{pmn}^2 kt}$$

由叠加原理,可得定解问题的解

$$u(x,y,z,t) = \sum_{p=1}^{\infty}\sum_{m=1}^{\infty}\sum_{n=1}^{\infty}A_{pmn}\sin\frac{p\pi x}{a}\sin\frac{m\pi x}{b}\sin\frac{n\pi x}{c}e^{-\lambda_{pmn}^2 kt} \qquad ⑨$$

由初始条件确定系数,可得

$$\varphi(x,y,z) = u(x,y,z,0) = \sum_{p=1}^{\infty}\sum_{m=1}^{\infty}\sum_{n=1}^{\infty}A_{pmn}\sin\frac{p\pi x}{a}\sin\frac{m\pi x}{b}\sin\frac{n\pi x}{c}$$

这是三重傅里叶级数。由本征函数的正交性可得

$$A_{pmn} = \frac{8}{abc}\iiint_0^{a\,b\,c}\varphi(\xi,\zeta,\eta)\sin\frac{p\pi\xi}{a}\sin\frac{m\pi\zeta}{b}\sin\frac{n\pi\eta}{c}\mathrm{d}\xi\mathrm{d}\zeta\mathrm{d}\eta \qquad ⑩$$

将 ⑩ 式代入 ⑨ 式即得原定解问题的解。

7.14 考虑长为 l 的一来一往的传输线,开始时传输线的电位差为常数 u_0,然后让一端短路,另一端开路。求传输线上的电压,即求解问题

$$\begin{cases} u_{tt} = a^2 u_{xx} - bu_t - cu, & 0 < x < l, t > 0 \\ u(0,t) = 0, \quad u_x(l,t) = 0, & t \geqslant 0 \\ u(x,0) = u_0, \quad u_t(x,0) = -\dfrac{G}{C}u_0, & 0 \leqslant x \leqslant l \end{cases}$$

其中 $a^2 = \dfrac{1}{LC}$,$b = \dfrac{LG+RC}{LC}$,$c = \dfrac{RG}{LC}$。R,L 分别是每一回路单位长度的串联电阻与电感,C,G 分别为单位长度的分路电容和电导(线间漏电)。

解 本定解问题属于线性齐次方程和齐次边界条件,可直接用分离变量法求解,设

$$u(x,t) = X(x)T(t)$$

则有

$$T''(t) + bT'(t) + cT(t) + a^2\lambda T(t) = 0 \qquad ①$$

$$\begin{cases} X''(x) + \lambda X(x) = 0 \\ X(0) = X'(l) = 0 \end{cases} \qquad ②$$

本征值问题 ② 的本征值与本征函数为

$$\lambda_n = \left(\frac{2n-1}{2l}\pi\right)^2, \quad X_n(x) = \sin\frac{2n-1}{2l}\pi x, \quad n = 1,2,3,\cdots$$

把 λ_n 的值代入方程 ①,解得

$$T_n(t) = \mathrm{e}^{-\frac{b}{2}t}(C_n\cos\omega_n t + D_n\sin\omega_n t)$$

其中

$$\omega_n^2 = c + \left(\frac{2n-1}{2l}\pi a\right)^2 - \left(\frac{b}{2}\right)^2, \quad \omega_n^2 > 0$$

故定解问题的解

$$u(x,t) = \sum_{n=1}^{+\infty} \mathrm{e}^{-\frac{b}{2}t}(C_n\cos\omega_n t + D_n\sin\omega_n t)\sin\frac{2n-1}{2l}\pi x \qquad ③$$

由初始条件,有

$$\sum_{n=1}^{+\infty} C_n\sin\frac{2n-1}{l}\pi x = u_0$$

$$\sum_{n=1}^{+\infty}\left(-\frac{b}{2}C_n + \omega_n D_n\right)\sin\frac{2n-1}{2l}\pi x = -\frac{G}{C}u_0$$

由傅里叶级数展开理论,可得

$$C_n = \frac{2}{l}\int_0^l u_0\sin\frac{2n-1}{2l}\pi\zeta\mathrm{d}\zeta = \frac{4u_0}{(2n-1)\pi} \qquad ④$$

$$-\frac{b}{2}C_n + \omega_n D_n = \frac{2}{l}\int_0^l \left(-\frac{G}{C}\right)u_0\sin\frac{2n-1}{2l}\pi\zeta\mathrm{d}\zeta = -\frac{4Gu_0}{C(2n-1)\pi}$$

从而有

$$D_n = \frac{2u_0}{(2n-1)\pi\omega_n}\left(\frac{R}{L} - \frac{G}{C}\right) \qquad ⑤$$

把 ④⑤ 式代入 ③ 式,得定解问题的解为

$$u(x,t) = \frac{2u_0}{\pi}\mathrm{e}^{-\frac{b}{2}t}\sum_{n=1}^{+\infty}\frac{1}{2n-1}\left[2\cos\omega_n t + \frac{CR-LG}{LC\omega_n}\sin\omega_n t\right]\sin\frac{2n-1}{2l}\pi x$$

7.15　求下列定解问题的解

$$\begin{cases} u_t = r^{-2}(r^2 u_r)_r, & 0 < r < a, t > 0 \\ u(a,t) = a, \quad |u(0,t)| < \infty & t \geqslant 0 \\ u(r,0) = r, & 0 \leqslant r \leqslant a \end{cases}$$

解　设 $v(x,t) = ru(x,t)$,则 $v(x,t)$ 满足以下定解问题

$$\begin{cases} v_t = v_{rr} & 0 < r < a, t > 0 \\ v(0,t) = 0, \quad v(a,t) = a^2 & t \geqslant 0 \\ v(r,0) = r^2 & 0 \leqslant r \leqslant a \end{cases}$$

又设
$$w(x,t) = v(x,t) - ar$$
则 $w(x,t)$ 满足齐次方程齐次边界条件下的热传导方程的定解问题

$$\begin{cases} w_t = w_{rr}, & 0 < r < a, t > 0 \\ w(0,t) = 0, \quad w(a,t) = 0, & t \geqslant 0 \\ w(r,0) = r(r-a), & 0 \leqslant r \leqslant a, \end{cases}$$

这时可直接利用分离变量法求解,可得

$$w(r,t) = \sum_{n=1}^{+\infty} b_n e^{-\lambda_n^2 t} \sin\lambda_n r$$

其中

$$\lambda_n = \frac{n\pi}{a}$$

$$b_n = \frac{2}{a}\int_0^a \zeta(\zeta - a)\sin\frac{n\pi\zeta}{a}d\zeta = \frac{4a^2}{(n\pi)^3}[(-1)^n - 1], \quad n = 1,2,3,\cdots$$

由此可得到原定解问题的解

$$u(r,t) = a + \frac{w(r,t)}{r} = a + \frac{\left[\sum\limits_{n=1}^{+\infty} b_n e^{-\lambda_n^2 t} \cdot \sin(\lambda_n r)\right]}{r}$$

7.16 在量子物理学中,空间中自由粒子可用 $\psi(\vec{r},t)$ 来描述,它满足如下的薛定谔方程

$$i\hbar\frac{\partial}{\partial t}\psi(\vec{r},t) = -\frac{\hbar^2}{2m}\nabla^2\psi(\vec{r},t)$$

其中 $\hbar = \frac{h}{2\pi}$,h 是普朗克常量,m 为粒子质量。我们把粒子看作在一个三维长为 L 的正立方体($-\frac{L}{2} \leqslant x,y,z \leqslant \frac{L}{2}$) 中的三维波动,且这一波动满足周期性边界条件,试求解这一波动。

解　在正立方体中粒子的能量是恒定的,由此对波函数 $\psi(\vec{r},t)$ 进行分离变量,设

$$\psi(\vec{r},t) = T(t)\varphi(\vec{r})$$

可得

$$i\hbar\varphi(\vec{r})\frac{\partial}{\partial t}T(t) = -\frac{\hbar^2}{2m}T(t)\nabla^2\varphi(\vec{r})$$

令

$$i\hbar\frac{T'(t)}{T(t)} = -\frac{\hbar^2}{2m}\frac{\nabla^2\varphi(\vec{r})}{\varphi(\vec{r})} = E, \quad E > 0$$

由此可得

$$T'(t) + i\frac{E}{\hbar}T(t) = 0$$

$$T(t) = De^{-i\frac{E}{\hbar}t} \qquad\qquad ①$$

其中 D 为常数,并且有

$$\nabla^2\varphi(\vec{r}) = -\frac{2m}{\hbar^2}E\varphi(\vec{r})$$

再设

$$\varphi(\vec{r}) = X(x)Y(y)Z(z)$$

则有

$$\frac{X''}{X} + \frac{Y''}{Y} + \frac{Z''}{Z} = -\frac{2m}{\hbar^2}E$$

令

$$\frac{X''}{X} = -\alpha^2, \quad \frac{Y''}{Y} = -\beta^2, \quad \frac{Z''}{Z} = -\gamma^2, \quad \alpha,\beta,\gamma > 0$$

其中

$$\alpha^2 + \beta^2 + \gamma^2 = \frac{2m}{\hbar^2}E \qquad\qquad ②$$

则构成本征值问题

$$\begin{cases} X'' + \alpha^2 X = 0 \\ X(\frac{L}{2}) = X(-\frac{L}{2}) \end{cases}$$

$$\begin{cases} Y'' + \beta^2 Y = 0 \\ Y(\frac{L}{2}) = Y(-\frac{L}{2}) \end{cases}$$

可得关于 $X(x)$ 的本征值和相应的本征函数

$$\alpha_n = \frac{2n\pi}{L}, \quad n = 1,2,3,\cdots$$

$$X_n(x) = A_{1n}\sin\frac{2n\pi x}{L} + A_{2n}\cos\frac{2n\pi x}{L}$$

或者

$$X_n(x) = A'_n\sin(\frac{2n\pi x}{L} + \theta_{1n})$$

以及关于 $Y(y)$ 的本征值和相应的本征函数

$$\beta_m = \frac{2m\pi}{L}, \quad m = 1,2,3,\cdots$$

$$Y_m(y) = B_{1m}\sin\frac{2m\pi y}{L} + B_{2m}\cos\frac{2m\pi y}{L}$$

或者

$$Y_m(y) = B'_m\sin(\frac{2m\pi y}{L} + \theta_{2m})$$

同理可得关于 $Z(z)$ 的本征值和相应的本征函数

$$\gamma_k = \frac{2k\pi}{L}, \quad k = 1,2,3,\cdots$$

$$Z_k(z) = C_{1k}\sin\frac{2k\pi z}{L} + C_{2k}\cos\frac{2k\pi z}{L}$$

或者

$$Z_k(z) = C'_k\sin(\frac{2k\pi z}{L} + \theta_{3k})$$

把 $\alpha_n,\beta_m,\gamma_k$ 的值代入 ② 式,有

$$\alpha_n^2 + \beta_m^2 + \gamma_k^2 = \frac{2m}{\hbar^2}E_{nmk}$$

即

$$E_{nmk} = \frac{\hbar^2}{2m}\Big[(\frac{2n\pi}{L})^2 + (\frac{2m\pi}{L})^2 + (\frac{2k\pi}{L})^2\Big]$$

把此关系式代入 ① 式,并把系数 A'_n,B'_m,C'_k 吸收到 ① 式的系数 D_{nmk} 中,因此得到薛定谔方程在此周期边界条件下的解

$$\psi(\vec{r},t) = \sum_{n,m,k=1}^{\infty} D_{nmk} e^{-i\frac{\hbar}{2m}\big[(\frac{2n\pi}{L})^2+(\frac{2m\pi}{L})^2+(\frac{2k\pi}{L})^2\big]t}\sin(\frac{2n\pi x}{L} + \theta_{1n})$$

$$\sin(\frac{2m\pi y}{L} + \theta_{2m})\sin(\frac{2k\pi z}{L} + \theta_{3k})$$

7.17 将下列方程化为斯特姆-刘维尔型方程的标准形式:

(1) $xy'' + 2y' + (x+\lambda)y = 0$;

(2) $x^2y'' + 2xy' + x^2y + \lambda xy = 0$(拉盖尔方程);

(3) $x^2y'' + xy' + (\kappa^2x^2 - m^2)y = 0$($m$ 是常量,贝塞尔方程);

(4) $(1-x^2)y'' - 2xy' + \lambda y = 0$(勒让德方程);

(5) $(1-x^2)y'' - 2xy' + (\lambda - \frac{m^2}{1-x^2})y = 0$($m$ 是常量,连带勒让德方程)。

解 （1）原方程可改写为

$$y'' + \frac{2}{x}y' + \frac{x+\lambda}{x}y = 0 \qquad \text{①}$$

此时 $p(x) = \frac{2}{x}$，故有

$$k(x) = e^{\int p(x)\mathrm{d}x} = e^{\int \frac{2}{x}\mathrm{d}x} = e^{2\ln x} = x^2$$

将 ① 式各项乘以 $k(x)$，故 ① 式变为

$$x^2 y'' + 2xy' + x^2 y + \lambda xy = 0 \qquad \text{②}$$

即有

$$\frac{\mathrm{d}}{\mathrm{d}x}\Big[x^2 \frac{\mathrm{d}y}{\mathrm{d}x}\Big] + x^2 y + \lambda xy = 0 \qquad \text{③}$$

（2）原方程可改写为

$$y'' + \frac{1-x}{x}y' + \frac{\lambda}{x}y = 0 \qquad \text{①}$$

此时 $p(x) = \frac{1-x}{x}$，故有

$$k(x) = e^{\int \frac{1-x}{x}\mathrm{d}x} = xe^{-x}$$

将 ① 式各项乘以 $k(x)$，故 ① 式变为

$$x^2 e^{-x} y'' + (1-x)xe^{-x}y' + \lambda xe^{-x}y = 0 \qquad \text{②}$$

即有

$$\frac{\mathrm{d}}{\mathrm{d}x}\Big[xe^{-x}\frac{\mathrm{d}y}{\mathrm{d}x}\Big] + \lambda e^{-x}y = 0 \qquad \text{③}$$

（3）原方程可改写为

$$y'' + \frac{1}{x}y' + \frac{(k^2 x^2 - m^2)}{x^2}y = 0 \qquad \text{①}$$

此时 $p(x) = \frac{1}{x}$，故有

$$k(x) = e^{\int \frac{1}{x}\mathrm{d}x} = e^{\ln x} = x$$

将原方程中各项乘以 $k(x)$，故原方程变为

$$x^3 y'' + x^2 y' + (\kappa^2 x^3 - m^2 x)y = 0 \qquad \text{②}$$

即有

$$\frac{\mathrm{d}}{\mathrm{d}x}\Big[x\frac{\mathrm{d}y}{\mathrm{d}x}\Big] - \frac{m^2}{x}y + k^2 xy = 0 \qquad \text{③}$$

（4）原方程可改写为

$$y'' - \frac{2x}{1-x^2}y' + \frac{\lambda}{1-x^2}y = 0 \qquad\qquad ①$$

此时 $p(x) = -\dfrac{2x}{1-x^2}$，故有

$$k(x) = \mathrm{e}^{\int -\frac{2x}{1-x^2}\mathrm{d}x} = \mathrm{e}^{\ln(1-x^2)} = 1-x^2$$

将 ① 式各项乘以 $k(x)$，故 ① 式变为

$$(1-x^2)y'' - 2xy' + \lambda y = 0 \qquad\qquad ②$$

即有

$$\frac{\mathrm{d}}{\mathrm{d}x}\Big[(1-x^2)\frac{\mathrm{d}y}{\mathrm{d}x}\Big] + \lambda y = 0 \qquad\qquad ③$$

（5）原方程可改写为

$$y'' - \frac{2x}{1-x^2}y' + \frac{\lambda}{1-x^2}y - \frac{m^2}{(1-x^2)^2}y = 0 \qquad\qquad ①$$

此时 $p(x) = -\dfrac{2x}{1-x^2}$，故有

$$k(x) = \mathrm{e}^{\int -\frac{2x}{1-x^2}\mathrm{d}x} = \mathrm{e}^{\ln(1-x^2)} = 1-x^2$$

将 ① 式各项乘以 $k(x)$，故 ① 式变为

$$(1-x^2)y'' - 2xy' + (\lambda - \frac{m^2}{1-x^2})y = 0 \qquad\qquad ②$$

即有

$$\frac{\mathrm{d}}{\mathrm{d}x}\Big[(1-x^2)\frac{\mathrm{d}y}{\mathrm{d}x}\Big] - \frac{m^2}{1-x^2}y + \lambda y = 0 \qquad\qquad ③$$

第八章   二阶线性常微分方程的幂级数解

对数学物理偏微分方程进行分离变量时,会出现其他多种的特殊函数方程,它们大多是二阶线性变系数常微分方程。这些方程的解通常不能用初等函数表示,求它们的幂级数解是经常采用的一种有效方法。

8.1   内容导读

一、二阶线性常微分方程的解析理论

1. 二阶线性常微分方程的常点和奇点

复变函数 $y(z)$ 的二阶线性齐次常微分方程的标准形式为

$$y''(z) + p(z)y'(z) + q(z)y(z) = 0 \qquad (8-1)$$

其中,$p(z)$ 和 $q(z)$ 都是已知的复变函数,称为方程(8-1)的系数。

根据 $p(z)$ 和 $q(z)$ 的解析性质,可将方程(8-1)定义在区间中的点分为两类,即方程的常点和方程的奇点。

方程的常点   如果 $p(z)$ 和 $q(z)$ 都在 z_0 点解析,则 z_0 称为方程(8-1)的**常点**。

方程的奇点   如果 $p(z)$、$q(z)$ 中至少有一个在 z_0 点不解析,则 z_0 称为方程(8-1)的**奇点**。

方程的奇点又可分为两类,即正则奇点和非正则奇点。

正则奇点与非正则奇点   如果 $p(z)$ 以 z_0 为不高于一阶的极点,$q(z)$ 以 z_0 为不高于二阶的极点,即

$$p(z) = \sum_{k=-1}^{\infty} p_k (z - z_0)^k; q(z) = \sum_{k=-2}^{\infty} q_k (z - z_0)^k \qquad (8-2)$$

则称 z_0 为方程(8-1)的**正则奇点**。若 z_0 是方程(8-1)中系数 $p(z)$ 和 $q(z)$ 的分别超过一阶、二阶的极点或本性奇点,则称 z_0 为方程(8-1)的**非正则奇点**。

方程的常点必是解的解析点,故解可以在此点展开为泰勒级数;而方程的奇点,则可能同时也是解的奇点,这时对解的展开,则应考虑洛朗级数展开。

2. 方程常点邻域内的级数解

定理 8-1　若方程(8-1)中的系数函数 $p(z)$ 和 $q(z)$ 在圆域 $|z-z_0|$ $<R$ 内单值解析,则方程(8-1)有满足初始条件 $y(z_0)=c_0$ 和 $y'(z_0)=c_1$ 的解存在,并且此解在圆域 $|z-z_0|<R$ 内唯一且单值解析。其中,c_0,c_1 是任意给定的复常数。

幂级数解法　把方程(8-1)的解在常点 z_0 的邻域 $|z-z_0|<R$ 内展开为泰勒级数的形式,即设

$$y(z) = \sum_{k=0}^{\infty} c_k (z-z_0)^k \tag{8-3}$$

为确定级数解(8-3)中的系数 c_k,将系数函数 $p(z)$ 和 $q(z)$ 在常点 z_0 的邻域 $|z-z_0|<R$ 内展开为泰勒级数,即设

$$p(z) = \sum_{k=0}^{\infty} a_k (z-z_0)^k \tag{8-4}$$

$$q(z) = \sum_{k=0}^{\infty} b_k (z-z_0)^k \tag{8-5}$$

将(8-3)—(8-5)代入到方程(8-1)后,比较方程两边同次幂的系数,即可求出系数 c_k 之间的递推关系,并用初值 c_0 和 c_1 确定各个系数 c_k,从而得到方程(8-1)在常点邻域内的解的幂级数表达式,这种求解的方法称为**幂级数解法**。

级数解(8-3)的收敛半径为点 z_0 到 $p(z)$ 和 $q(z)$ 的最近奇点的距离 R。

3. 正则奇点邻域内的级数解

(1) 方程奇点邻域内的级数解　若 z_0 是方程(8-1)的奇点,则在 z_0 点的邻域 $0<|z-z_0|<R$ 内,方程(8-1)存在两个满足初始条件 $y(z_0)=c_0$ 和 $y'(z_0)=c_1$ 的线性独立解 $y_1(z)$、$y_2(z)$,其形式为

$$y_1(z) = (z-z_0)^{s_1} \sum_{k=-\infty}^{\infty} c_k (z-z_0)^k \tag{8-6}$$

和

$$y_2(z) = (z-z_0)^{s_2} \sum_{k=-\infty}^{\infty} \mathrm{d}_k (z-z_0)^k, \quad (s_1-s_2 \neq 0 \text{ 或整数}) \quad (8\text{-}7)$$

或

$$y_2(z) = Ay_1(z)\ln(z-z_0) + (z-z_0)^{s_2} \sum_{k=-\infty}^{\infty} \mathrm{d}_k (z-z_0)^k \quad (8\text{-}8)$$

其中，$s_1, s_2, A, c_k, d_k (k=0, \pm1, \pm2, \cdots)$ 为待定系数。

（2）正则奇点邻域内方程的级数解　若 z_0 是方程(8-1)的正则奇点，则在 z_0 点的邻域 $0 < |z-z_0| < R$ 内，方程(8-1)存在的两个满足初始条件 $y(z_0)=c_0$ 和 $y'(z_0)=c_1$ 的线性独立解的级数表示式中只有有限个负幂项，其形式为

$$y_1(z) = (z-z_0)^{s_1} \sum_{k=0}^{\infty} c_k (z-z_0)^k \quad (8\text{-}9)$$

$$y_2(z) = (z-z_0)^{s_2} \sum_{k=0}^{\infty} d_k (z-z_0)^k, \quad (s_1-s_2 \neq 0 \text{ 或整数}) \quad (8\text{-}10)$$

或

$$y_2(z) = Ay_1(z)\ln(z-z_0) + (z-z_0)^{s_2} \sum_{k=0}^{\infty} d_k (z-z_0)^k \quad (8\text{-}11)$$

其中，系数 $c_0, d_0 \neq 0$，常数 A 可为零，常数 s_1, s_2 称为正则奇点 z_0 的**指标**。通常把(8-9)式、(8-10)或(8-11)式给出的解 $y_1(z), y_2(z)$ 称为**正则解**。

通常，需要将正则解 $y_1(x)$ 或 $y_2(x)$ 代入方程，通过比较方程两边同次幂的系数，求出指标和递推关系，进而给出系数的普遍表示式，最终求得方程在正则奇点邻域内的两个正则解。实际求解时，总是先把(8-11)式直接代入到方程(8-1)中去确定待定系数 A 和系数 d_k。当 $s_1 = s_2$ 时，A 一定不为零，则方程的两个线性无关的特解由(8-9)式和(8-11)式确定；当 $s_1 - s_2 = m(m=1,2,3,\cdots)$ 时，A 可能等于零。如果 A 不为零，则方程的两个线性无关的特解由(8-9)式和(8-11)式确定；但如果 A 为零，由(8-11)式得到的解与(8-9)的解线性相关，说明该解法中对 s 的设定不满足得到(8-11)解的形式的条件，需要采用弗罗贝尼乌斯(Frobenius)方法，重新定义级数解的展开系数，使得展开系数变成与指数相关的函数代入原方程(8-1)求解，即可得到方程的两个线性无关的特解。

注：在 z_0 点的邻域 $0 < |z-z_0| < R$ 内，当 $A \neq 0$ 或 s_1, s_2 中至少有一个为非整数时，方程的解即为多值函数，z_0 为其支点。为保证方程解的

单值性，应理解为沿某割线剪开后的去心圆域。

二、勒让德方程在常点邻域的级数解及勒让德多项式

1. 勒让德方程的级数解

l 阶勒让德方程

$$(1-x^2)y''(x) - 2xy'(x) + l(l+1)y(x) = 0 \qquad (8\text{-}12)$$

由常点邻域内幂级数解法，可得方程(8-12)的通解为

$$y(x) = C_0 y_0(x) + C_1 y_1(x) \qquad (8\text{-}13)$$

其中

$$y_0(x) = \sum_{k=0}^{\infty} c_{2k} x^{2k} \qquad (8\text{-}14)$$

$$y_1(x) = \sum_{k=0}^{\infty} c_{2k+1} x^{2k+1} \qquad (8\text{-}15)$$

$y_0(x)$ 仅含 x 的偶次幂，$y_1(x)$ 仅含 x 的奇次幂。因此，它们的线性组合 $y(x)$ 即是方程(8-12)的通解，C_0 和 C_1 即为通解中的两个积分常数。级数(8-14)和(8-15)式的收敛半径 $R=1$。即当 $|x|<1$ 时，级数解 $y_0(x)$ 和 $y_1(x)$ 都是绝对收敛的，当 $|x|\geqslant 1$ 中发散；当 $x=\pm 1$ 时，由高斯判别法可以证明，当 l 为非整数时，级数解 $y_0(x)$ 和 $y_1(x)$ 发散。

2. 勒让德多项式

(1) 当 l 为偶数时，即 $l=0,2,4\cdots$ 或 $l=-1,-3,-5\cdots$ 时，无限级数 $y_0(x)$ 退化为一个 l 次多项式，而 $y_1(x)$ 仍为无穷级数，所以 $y_1(x)$ 仍在 $x=\pm 1$ 处发散，如果要得到有限的解，这里只能取积分常数 $C_1=0$；

(2) 当 l 为奇数时，即 $l=1,3,5\cdots$ 或 $l=-2,-4,-6\cdots$ 时，无限级数 $y_1(x)$ 退化为一个 l 次多项式，而 $y_0(x)$ 仍为无穷级数，所以 $y_0(x)$ 仍在 $x=\pm 1$ 处发散，如果要得到有限的解，这里只能取积分常数 $C_0=0$。

(3) 当 l 为正整数时，取 l 次多项式最高次幂项 x^l 的系数为 $c_l = \dfrac{(2l)}{2^l(l!)^2}$。此时，称多项式 $y_0(x)$ 或 $y_1(x)$ 为 l **阶勒让德多项式**，并用符号 $P_l(x)(l=0,1,2,\cdots)$ 表示

$$P_l(x) = \sum_{k=o}^{[\frac{l}{2}]} \frac{(-1)^k(2l-2k)!}{2^l k!(l-k)!(l-2k)!} x^{l-2k} \qquad (8\text{-}16)$$

三、贝塞尔方程在正则奇点邻域的级数解

ν 阶贝塞尔方程

$$x^2 y''(x) + xy'(x) + (x^2 - \nu^2)y(x) = 0 \qquad (8\text{-}17)$$

由方程正则奇点邻域内的级数解法,可得指标方程 $s^2 - \nu^2 = 0$ 的两个根为 $s_1 = \nu, s_2 = -\nu$。

(1) 当 $s_1 - s_2 = 2\nu \neq 0$ 或整数(且 $\nu \neq$ 整数)时,$J_{\pm\nu}(x)$ 为贝塞尔方程的两个线性无关的正则解,则 ν 阶贝塞尔方程的通解为

$$y(x) = AJ_\nu(x) + BJ_{-\nu}(x) \qquad (8\text{-}18)$$

A, B 为与 x 无关的任意常数,其中

$$J_{\pm\nu}(x) = \sum_{k=0}^{\infty} \frac{(-1)^k}{k!\,\Gamma(k\pm\nu+1)} \left(\frac{x}{2}\right)^{2k\pm\nu} \qquad (8\text{-}19)$$

称为**第一类($\pm\nu$ 阶)贝塞尔函数**(简称 ν 阶贝塞尔函数)。并且只要 x 有限,级数解(8-19)就收敛。

(2) 当 $s_1 - s_2 = 2\nu = 0$ 或正整数时,即 $s_1 = \nu = m, s_2 = -\nu = -m$,$m = 0,1,2,\cdots$ 时,有

$$J_m(x) = \sum_{k=0}^{\infty} \frac{(-1)^n}{k!\,(m+k)!} \left(\frac{x}{2}\right)^{m+2k} \qquad (8\text{-}20)$$

$$J_{-m}(x) = (-1)^m J_m(x) \qquad (8\text{-}21)$$

即 $J_m(x)$ 与 $J_{-m}(x)$ 线性相关。

考虑到 $J_m(x)$ 与 $N_m(x)$ 线性无关,则 m 阶贝塞尔方程的通解取为

$$y(x) = AJ_m(x) + BN_m(x) \qquad (8\text{-}22)$$

推广到任意情况,无论 ν 是整数或非整数,$N_\nu(x)$ 与 $J_\nu(x)$ 均线性无关。因此,ν 阶贝塞尔方程的通解均可表示为

$$y(x) = AJ_\nu(x) + BN_\nu(x) \qquad (8\text{-}23)$$

其中,$N_\nu(x)$ 称为 ν 阶**诺依曼(Neumann)函数**或第二类贝塞尔函数,有

$$N_\nu(x) = \frac{J_\nu(x)\cos\nu\pi - J_{-\nu}(x)}{\sin\nu\pi} \qquad (8\text{-}24)$$

$$N_m(x) = \frac{2}{\pi}\left(\ln\frac{x}{2} + C\right)J_m(x) - \frac{1}{\pi}\sum_{k=0}^{m-1} \frac{(m-k-1)!}{k!}\left(\frac{x}{2}\right)^{2k-m}$$

$$- \frac{1}{\pi}\sum_{k=m}^{\infty} \frac{(-1)^{k-m}}{k!\,(k-m)!}\left[\left(1 + \frac{1}{2} + \cdots + \frac{1}{k-m}\right)\right.$$

$$\left. + \left(1 + \frac{1}{2} + \cdots + \frac{1}{k}\right)\right]\left(\frac{x}{2}\right)^{2k-m} \qquad (8\text{-}25)$$

其中,常数 $C \equiv \lim_{n\to\infty}\left(\sum_{k=1}^{n} \frac{1}{k} - \ln n\right) = 0.5772157\cdots$,称为欧拉常数。

(3) 当 $s_1 - s_2 = 2\nu = 2n+1$ 时,即 $\nu = \dfrac{2n+1}{2}(n = 0,1,2,\cdots)$ 时,半奇数阶贝塞尔方程的两个线性无关的解是半奇数阶贝塞尔函数 $J_{n+\frac{1}{2}}(x)$ 和 $J_{-(n+\frac{1}{2})}(x)$,即有

$$y(x) = AJ_{n+\frac{1}{2}}(x) + BJ_{-(n+\frac{1}{2})}(x) \tag{8-26}$$

其中

$$J_{\pm(n+\frac{1}{2})}(x) = \sum_{k=0}^{\infty} \frac{(-1)^k}{k!\,\Gamma(k \pm n + \dfrac{3}{2})} \left(\frac{x}{2}\right)^{2k \pm (n+\frac{1}{2})},$$

$$(n = 0,1,2,\cdots) \tag{8-27}$$

半奇数阶贝塞尔函数的一个重要的特点是它们都可以用初等函数来表示。例如

$$J_{\frac{1}{2}}(x) = \sum_{k=0}^{\infty} \frac{(-1)^k}{k!\,\Gamma(k+\dfrac{3}{2})} \left(\frac{x}{2}\right)^{2k+\frac{1}{2}} = \sqrt{\frac{2}{\pi x}}\sin x \tag{8-28}$$

$$J_{-\frac{1}{2}}(x) = \sum_{k=0}^{\infty} \frac{(-1)^k}{k!\,\Gamma(k+\dfrac{1}{2})} \left(\frac{x}{2}\right)^{2k-\frac{1}{2}} = \sqrt{\frac{2}{\pi x}}\cos x \tag{8-29}$$

由此可清楚看到,半奇数阶贝塞尔函数 $J_{\frac{1}{2}}(x)$ 与 $J_{-\frac{1}{2}}(x)$ 是两个线性无关的函数。

8.2 习题导练

8.1 判断 $x = 0$ 是下列方程的常点还是奇点。根据这一判断,写成解应有的形式,并用幂级数解法,求其不含对数项的解。

(1) ν 阶虚宗量贝塞尔方程

$x^2 y''(x) + xy'(x) - (x^2 + \nu^2)y(x) = 0,\quad (\nu \neq$ 整数、半奇数)

(2) 超几何方程

$x(x-1)y''(x) + [(1+\alpha+\beta)x - \gamma]y'(x) + \alpha\beta y(x) = 0$

其中 α,β,γ 为实数。

(3) 退化超几何方程

$$xy''(x) + (\gamma - x)y'(x) - \alpha y(x) = 0$$

其中，α,γ 是实数，且 $\alpha > 0$，$1 - \gamma \neq 0$ 及整数。

解　(1) ν 阶虚宗量贝塞尔方程

$$x^2 y''(x) + xy'(x) - (x^2 + \nu^2)y(x) = 0, \quad (\nu \neq \text{整数、半奇数}) \quad ①$$

显然，$x = 0$ 是方程 ① 的正则奇点。

做变量代换，令 $\zeta = ix$，则方程 ① 变为

$$\zeta^2 y''(\zeta) + \zeta y'(\zeta) + (\zeta^2 - \nu^2)y(\zeta) = 0$$

这是 ν 阶贝塞尔方程。因此，只要将 ν 阶贝塞尔方程的解，做上面同样的变换 $\zeta = ix$，就可得到 ν 阶虚宗量贝塞尔方程 ① 的解。

当 ν 不是整数时，方程 ① 的两个线性无关的解是 $J_\nu(ix)$ 和 $J_{-\nu}(ix)$，它们的宗量都是虚数。其解的形式为

$$
\begin{aligned}
J_{\pm\nu}(ix) &= \sum_{k=0}^{\infty} \frac{(-1)^k}{k!\,\Gamma(k \pm \nu + 1)}\left(\frac{ix}{2}\right)^{2k\pm\nu} \\
&= (i)^{\pm\nu} \sum_{k=0}^{\infty} \frac{1}{k!\,\Gamma(k \pm \nu + 1)}\left(\frac{x}{2}\right)^{2k\pm\nu} \\
&= (i)^{\pm\nu} I_{\pm\nu}(x) \quad\quad\quad ②
\end{aligned}
$$

其中

$$I_{\pm\nu}(x) = \sum_{k=0}^{\infty} \frac{1}{k!\,\Gamma(k \pm \nu + 1)}\left(\frac{x}{2}\right)^{2k\pm\nu}$$

是实变量 x 的函数。

因 $J_{\pm\nu}(ix)$ 是方程 ① 的解，所以 $I_{\pm\nu}(x)$ 也是方程 ① 的解。$I_{\pm\nu}(x)$ 称为**第一类虚宗量贝塞尔函数**。

(i) 当 $\nu \neq m$ 时，$I_{\pm\nu}(x)$ 是方程 ① 的两个线性无关的解，即方程 ① 的通解为

$$y(x) = AI_\nu(x) + BI_{-\nu}(x)$$

其中 A、B 为任意常数。

(ii) 当 $\nu = m$ 时，由 ② 式，可得

$$
\begin{aligned}
I_{-m}(x) &= i^m J_{-m}(ix) = i^m (-1)^m J_m(ix) = i^{2m}(-1)^m i^{-m} J_m(ix) \\
&= i^{-m} J_m(ix) = I_m(x)
\end{aligned}
$$

即 $I_m(x)$ 与 $I_{-m}(x)$ 线性相关。通常取与 $I_m(x)$ 线性无关的另一个解为

$$K_\nu(x) = \frac{\pi}{2} \frac{I_{-\nu}(x) - I_\nu(x)}{\sin\nu\pi}$$

$K_\nu(x)$ 称为**第二类虚宗量贝塞尔函数**。

可以证明,不管 ν 是否为整数,$K_\nu(x)$ 和 $I_\nu(x)$ 总是线性无关的。因此,方程 ① 的通解又可以表示为

$$y(x) = AI_\nu(x) + BK_\nu(x), \text{(适用于任何 } \nu)$$

(2) 超几何方程

$$x(x-1)y''(x) + [(1+\alpha+\beta)x - \gamma]y'(x) + \alpha\beta y(x) = 0 \qquad ①$$

显然,$x = 0$ 是方程的正则奇点。设方程 ① 的解为

$$y(x) = \sum_{l=0}^{\infty} c_l x^{l+s}, \quad c_0 \neq 0 \qquad ②$$

代入方程 ① 中,得恒等式

$$\sum_{l=0}^{\infty}(l+s)(l+s+1)c_l x^{l+s-1} - \sum_{l=0}^{\infty}(l+s)(l+s+1)c_l x^{l+s}$$
$$+ \sum_{l=0}^{\infty}\gamma(l+s)c_l x^{l+s-1} - \sum_{l=0}^{\infty}(\alpha+\beta+1)(l+s)c_l x^{l+s} - \sum_{l=0}^{\infty}\alpha\beta c_l x^{l+s} \equiv 0$$
$$③$$

由其最低次幂 x^{s-1} 项系数为零,可得指标方程 $s(s-1+\gamma) = 0$。不妨设 $\gamma > 1$,则得 $s = s_1 = 0$ 和 $s = s_2 = 1 - \gamma$。

(i) 当 $s = s_1 = 0$ 时,由 ③ 式可得递推式

$$c_{l+1} = \frac{(l+\alpha)(l+\beta)}{(l+\gamma)(l+1)}c_l, \quad l = 0, 1, 2, \cdots$$

所以,方程 ① 的一个特解(取 $c_0 = 1$)是

$$y_1(x) = 1 + \sum_{l=1}^{\infty}\frac{\alpha(\alpha+1)\cdots(\alpha+l-1)\beta(\beta+1)\cdots(\beta+l-1)}{l!\gamma(\gamma+1)\cdots(\gamma+l-1)}x^l$$

$$= \frac{\Gamma(\gamma)}{\Gamma(\alpha)\Gamma(\beta)}\sum_{l=1}^{\infty}\frac{\Gamma(\alpha+l)\Gamma(\beta+l)}{l!\Gamma(\gamma+l)}x^l, \quad |x| < 1$$

记之为 $F(\alpha, \beta, \gamma; x)$,称为**超几何级数**。

(ii) 当 $s = s_2 = 1 - \gamma$ 时,现在 $s_1 - s_2 \neq$ 整数,可以用类似法求得方程 ① 的另一个特解。下面通过做函数代换的方法求之。设

$$y_2(x) = x^{1-\gamma}g(x)$$

代入方程 ①,可得

$$x(1-x)g'' + [(2-\gamma) - (\alpha+\beta-2\gamma+3)x]g'$$
$$- (\alpha-\gamma+1)(\beta-\gamma+1)g = 0$$

这是以 $\alpha' = \alpha-\gamma+1, \beta' = \beta-\gamma+1, \gamma' = 2-\gamma$ 为参数的超几何方

程。所以有

$$y_2(x) = x^{1-\gamma}F(\alpha-\gamma+1, \beta-\gamma+1, 2-\gamma; x)$$

它以 $x=0$ 为支点。因此,方程 ① 的通解为

$$y(x) = Ay_1(x) + By_2(x)$$
$$= AF(\alpha, \beta, \gamma; x) + Bx^{1-\gamma}F(\alpha-\gamma+1, \beta-\gamma+1, 2-\gamma; x)$$

(3) 退化超几何方程

$$xy''(x) + (\gamma-x)y'(x) - \alpha y(x) = 0 \qquad ①$$

因为 $p(x) = \dfrac{1}{x} - 1, q(x) = -\dfrac{\alpha}{x}$,所以 $x=0$ 是方程 ① 的正则奇点。

设方程 ① 的解为

$$y(x) = \sum_{l=0}^{\infty} c_l x^{l+s}, \quad c_0 \neq 0 \qquad ②$$

代入方程 ①,得恒等式

$$\sum_{l=0}^{\infty}(l+s)(l+s-1)c_l x^{l+s-1} + \sum_{l=0}^{\infty}\gamma(l+s)c_l x^{l+s-1}$$
$$- \sum_{l=0}^{\infty}(l+s)c_l x^{l+s} - \alpha\sum_{l=0}^{\infty}c_l x^{l+s} = 0 \qquad ③$$

由其最低次幂 x^{s-1} 项系数为零,可得指标方程为

$$[s(s-1) + \gamma s]c_0 = 0$$

考虑到 $c_0 \neq 0$,解出两个指标 $s = s_1 = 0$ 和 $s = s_2 = 1-\gamma$。因 $1-\gamma \neq 0$ 及整数,所以方程 ① 的两个独立解为

$$y_1(x) = \sum_{l=0}^{\infty}c_l x^l, \quad y_2(x) = x^{1-\gamma}\sum_{l=0}^{\infty}c_l x^l$$

(i) 当 $s = s_1 = 0$ 时,由 ③ 式可得

$$\sum_{l=2}^{\infty}l(l-1)c_l x^{l-1} + (\gamma-x)\sum_{l=1}^{\infty}lc_l x^{l-1} - \alpha\sum_{l=0}^{\infty}c_l x^l = 0$$
$$\sum_{l=1}^{\infty}l(l+\gamma-1)c_l x^{l-1} - \sum_{l=0}^{\infty}(l+\alpha)c_l x^l = 0$$

当 $l \geqslant 1$ 时,x^{l-1} 项的系数为

$$l(l+\gamma-1)c_l - (l-1+\alpha)c_{l-1} = 0$$

所以,可得系数递推公式

$$c_l = \frac{l-1+\alpha}{l(l-1+\gamma)}c_{l-1}$$

$$= \frac{l-1+\alpha}{l(l-1+\gamma)} \frac{l-2+\alpha}{(l-1)(l-2+\gamma)} \cdots \frac{1+\alpha}{2 \cdot (1+\gamma)} \frac{\alpha}{1 \cdot \gamma} c_0$$

$$= \frac{\Gamma(l+\alpha)\Gamma(\gamma)}{l!\Gamma(l+\gamma)\Gamma(\alpha)} c_0$$

若取 $c_0 = 1$，则方程 ① 的一个特解是

$$y_1(x) = \sum_{l=0}^{\infty} \frac{\Gamma(l+\alpha)\Gamma(\gamma)}{l!\Gamma(l+\gamma)\Gamma(\alpha)} x^l = F(\alpha, \gamma; x)$$

(ii) 当 $s = s_2 = 1 - \gamma$ 时，由 ③ 式可得

$$\sum_{l=0}^{\infty} (l+1-\gamma)(l-\gamma)c_l x^{l-\gamma} + (\gamma-x) \sum_{l=0}^{\infty} (l+1-\gamma)c_l x^{l-\gamma} - \alpha \sum_{l=0}^{\infty} c_l x^{l+1-\gamma} = 0$$

$$\sum_{l=0}^{\infty} l(l+1-\gamma)c_l x^l - \sum_{l=0}^{\infty} (l+1+\alpha-\gamma)c_l x^{l+1} = 0$$

当 $l \geqslant 1$ 时，x^l 项的系数为

$$l(l+1-\gamma)c_l - (l+\alpha-\gamma)c_{l-1} = 0$$

所以，可得系数递推公式

$$c_l = \frac{l+\alpha-\gamma}{l(l+1-\gamma)} c_{l-1}$$

$$= \frac{l+\alpha-\gamma}{l(l+1-\gamma)} \frac{l-1+\alpha-\gamma}{(l-1)(l-\gamma)} \cdots \frac{1+\alpha-\gamma}{1 \cdot (2-\gamma)} c_0$$

$$= \frac{\Gamma(l+1+\alpha-\gamma)\Gamma(2-\gamma)}{l!\Gamma(l+2-\gamma)\Gamma(1+\alpha-\gamma)} c_0$$

若取 $c_0 = 1$，则得方程 ① 的第二个特解是

$$y_2(x) = x^{1-\gamma} \sum_{l=0}^{\infty} \frac{\Gamma(l+1+\alpha-\gamma)\Gamma(2-\gamma)}{l!\Gamma(l+2-\gamma)\Gamma(1+\alpha-\gamma)} x^l$$

$$= x^{1-\gamma} F(\alpha+1-\gamma, 2-\gamma; x)$$

因此，方程 ① 的通解为

$$y(x) = AF(\alpha, \gamma; x) + Bx^{1-\gamma} F(\alpha+1-\gamma, 2-\gamma; x)$$

8.2 求解下列方程的幂级数解：

(1) 已知方程 $y''(x) + y(x) = 0$ 的一个解为 $y_1(x)$，求另一个特解 $y_2(x)$；

(2) $y''(x) - xy'(x) - y(x) = 0$。

解(1) 不难看出方程的一个解为 $y_1 = \sin x$，求另一个解 y_2。注意到此方程的系数 $p(x) = 0$，由 8.5 题中的 ⑧ 式，可得

$$y_2(x) = y_1(x) \int e^{-\int 0 \cdot dx} \frac{1}{y_1^2(x)} dx = \sin x \int \frac{1}{\sin^2 x} dx = C \sin x \cot x$$

可得方程的另一个特解,即

$$y_2 = C\cos x$$

其中"一"号吸收到常数 C 中。

(2) 由于方程的系数 $p(x) = -x, q(x) = -1$,故 $x = 0$ 是方程的常点。对于方程

$$y''(x) - xy'(x) - y(x) = 0 \qquad\qquad ①$$

设其解为

$$y(x) = \sum_{l=0}^{\infty} c_l x^l$$

代入方程 ① 得

$$\sum_{l=2}^{\infty} l(l-1)c_l x^{l-2} - \sum_{l=1}^{\infty} lc_l x^l - \sum_{l=0}^{\infty} c_l x^l = 0$$

即

$$\sum_{l=0}^{\infty} \left[(l+2)(l+1)c_{l+2} - (l+1)c_l\right]x^l = 0$$

考察 x^l 项的系数,可得

$$c_{l+2} = \frac{1}{(l+2)}c_l$$

c_0 为任意常数,从而可得

$$c_2 = \frac{1}{2}c_0, \quad c_4 = \frac{1}{4}c_2 = \frac{1}{4 \cdot 2}c_0, \quad c_6 = \frac{1}{6 \cdot 4 \cdot 2}c_0, \cdots$$

c_1 为任意常数,从而可得

$$c_3 = \frac{1}{3}c_1, \quad c_5 = \frac{1}{5}c_3 = \frac{1}{5 \cdot 3}c_1, \quad c_7 = \frac{1}{7 \cdot 5 \cdot 3}c_1, \cdots$$

所以,方程的通解为

$$y(x) = c_0\left(1 + \frac{1}{2}x^2 + \frac{1}{4 \cdot 2}x^4 + \frac{1}{6 \cdot 4 \cdot 2}x^6 + \cdots\right) + c_1\left(x + \frac{1}{3}x^3 + \right.$$

$$\left. \frac{1}{5 \cdot 3}x^5 + \frac{1}{7 \cdot 5 \cdot 3}x^7 + \cdots\right)$$

$$= c_0 \sum_{l=0}^{\infty} \frac{1}{(2l)!!}x^{2l} + c_1 \sum_{l=0}^{\infty} \frac{1}{(2l+1)!!}x^{2l+1}$$

由于方程的系数 $p(x) = -x, q(x) = -1$ 在全平面为解析函数,所以此级数的收敛半径为 $R = \infty$。

8.3　试在 $x = 0$ 的邻域内用幂级数解法求厄米(Hermite)方程

$$y''(x) - 2xy'(x) + \lambda y(x) = 0, \quad -\infty < x < \infty \qquad ①$$

其中 λ 为常数。并且,讨论在 λ 取哪些值时解的级数形式可退化为多项式? 这些多项式乘以适当常数使最高次幂项成为 $(2x)^l (l = 0,1,2,\cdots)$ 形式, 即称为厄米多项式,记作 $H_l(x)$。写出前几个 $H_l(x)$。

解 由二阶线性常微分方程的级数解法,不难看出 $x = 0$ 是方程 ① 的常点。设

$$y = \sum_{l=0}^{\infty} c_l x^l, \quad xy' = \sum_{l=1}^{\infty} l c_l x^l = \sum_{k=0}^{\infty} k c_k x^k \qquad ②$$

则有

$$y'' = \sum_{l=2}^{\infty} l(l+1) c_l x^{l-2} = \sum_{k=0}^{\infty} (k+1)(k+2) c_{k+2} x^k \qquad ③$$

把 ② 和 ③ 代入方程 ① 得

$$(k+1)(k+2) c_{k+2} - 2k c_k + \lambda c_k = 0$$

即

$$c_{k+2} = \frac{2k - \lambda}{(k+1)(k+2)} c_k, \quad k = 0,1,2,\cdots \qquad ④$$

由 ④ 式,可得

$$c_2 = \frac{-\lambda}{1 \times 2} c_0, \quad c_0 \neq 0; \quad c_3 = \frac{2-\lambda}{2 \times 3} c_1, \quad c_1 \neq 0 \qquad ⑤$$

$$c_{2k} = \frac{-\lambda(4-\lambda)\cdots(4k-4-\lambda)}{(2k)!} c_0 \qquad ⑥$$

$$c_{2k+1} = \frac{(2-\lambda)(6-\lambda)\cdots(4k-2-\lambda)}{(2k+1)!} c_1 \qquad ⑦$$

故有

$$y(x) = c_0 \left[1 - \frac{\lambda}{2!} x^2 - \frac{\lambda(4-\lambda)}{4!} x^4 + \cdots + \frac{\lambda(4-\lambda)\cdots(4k-4-\lambda)}{(2k)!} x^{2k} + \cdots \right]$$

$$+ c_1 \left[x + \frac{2-\lambda}{3!} x^3 + \frac{(2-\lambda)(6-\lambda)}{5!} x^5 + \cdots \right.$$

$$\left. + \frac{(2-\lambda)(6-\lambda)\cdots(4k-2-\lambda)}{(2k+1)!} x^{2k+1} + \cdots \right]$$

$$= c_0 y_0(x) + c_1 y_1(x) \qquad ⑧$$

$y_0(x)$、$y_1(x)$ 两个级数的收敛半径为无穷大。从级数 ⑥⑦ 和 ⑧ 式知,当 $\lambda = 4k - 4, (k = 1,2,3,\cdots)$ 时,$y_0(x)$ 退化为多项式;当 $\lambda = 4k - 2, (k = 1,2,3,\cdots)$ 时,$y_1(x)$ 退化为多项式。

由 ④ 式,若 $\lambda = 2l(l = 0,1,2,\cdots)$,可得

$$c_{k+2} = \frac{2k - 2l}{(k+1)(k+2)}c_k$$

当 l 为偶数时,取 $c_1 = 0$,则方程 ① 的级数解退化为关于 x 的 l 次多项式;当 l 为奇数时,取 $c_0 = 0$,则方程 ① 的级数解退化为关于 x 的 l 次多项式。当取多项式最高次幂项为 $(2x)^l(l = 0,1,2,\cdots)$ 时,即为厄米多项式 $H_l(x)$。所以,对于任意整数 l,厄米方程 ① 的多项式解为

$$H_l(x) = (2x)^l - \frac{l(l-1)}{l!}(2x)^{l-2} + \cdots + (-1)^{[\frac{l}{2}]}\frac{l!}{[\frac{l}{2}]!}(2x)^{l-2[\frac{l}{2}]}$$

前几个 $H_l(x)$ 为 $H_0(x) - 1, H_1(x) = 2x, H_2(x) = 4x^2 - 2, H_3(x) = 8x^3 - 12x, H_4(x) = 16x^4 - 48x^2 + 2$。

8.4   试在 $x = 0$ 的邻域内用幂级数解法求下列切比雪夫方程

$$(1 - x^2)y''(x) - xy'(x) + n^2 y(x) = 0, \quad (n \text{ 为常数})。$$

解   由方程可知,$x = 0$ 为方程的常点,$x = \pm 1$ 是方程的奇点。故在 $|x| < 1$ 的区间内,设方程的解为

$$y(x) = \sum_{k=0}^{\infty} c_k x^k$$

则有

$$y'' = \sum_{k=0}^{\infty} k(k-1)c_k x^{k-2} = \sum_{k=2}^{\infty} k(k-1)c_k x^{k-2}$$

$$= \sum_{k=0}^{\infty} (k+1)(k+2)c_{k+2} x^k$$

$$x^2 y'' = \sum_{k=0}^{\infty} k(k-1)c_k x^k$$

$$y' = \sum_{k=0}^{\infty} kc_k x^{k-1}, \quad xy' = \sum_{k=0}^{\infty} kc_k x^k$$

代入方程可得

$$\sum_{k=0}^{\infty} (k+1)(k+2)c_{k+2} x^k - \sum_{k=0}^{\infty} k(k-1)c_k x^k - \sum_{k=0}^{\infty} kc_k x^k + n^2 \sum_{k=0}^{\infty} c_k x^k = 0$$

即有

$$\sum_{k=0}^{\infty} \{(k+1)(k+2)c_{k+2} - [k(k-1) + k - n^2]c_k\}x^k = 0$$

可得系数的递推关系

$$(k+1)(k+2)c_{k+2} = (k+n)(k-n)c_k$$

$$c_{k+2} = \frac{(k+n)(k-n)}{(k+1)(k+2)} c_k$$

当 n 为偶数，$k = n$ 时，$c_{k+2} = 0$。令

$$k = 2k', \quad k' = 1, 2, \cdots, \frac{n}{2}$$

可得

$$c_{2k'} = \frac{(-1)^{k'}(2k'-2+n)!!n}{(n-2k'-1)!!(2k')!} c_0$$

$$c_{2k'+1} = \frac{(-1)^{k'}(2k'-1+n)!!}{(n-1-2k')!!(2k')!} c_1, \quad 2k'+1 < n$$

$$c_{2k'+1} = \frac{(-1)^{\frac{n}{2}}(2k'-1+n)!!(2k'-1-n)!!}{(2k')!} c_1, \quad 2k'+1 > n$$

因此，可得方程的解为（把 k' 仍记为 k）

$$y_0 = c_0 + c_0 \sum_{k=1}^{\frac{n}{2}} \frac{(-1)^k(2k-2+n)!!n}{(n-2k-1)!!(2k)!} x^{2k}$$

$$y_1(x) = c_1 x + c_1 \sum_{k=1}^{\left[\frac{n-1}{2}\right]} \frac{(-1)^{\frac{n}{2}}(2k-1+n)!!}{(n-1-2k)!!(2k)!} x^{2k+1}$$

$$+ c_1 \sum_{k=\left[\frac{n-1}{2}\right]+1}^{\infty} \frac{(-1)^k(2k-1+n)!!(2k-1-n)!!}{(2k)!} x^{2k+1}$$

当 n 为奇数，令

$$2k'+1 = n, \quad k' = 0, 1, 2, \cdots, \frac{n-1}{2}$$

$$c_{2k'+1} = \frac{(-1)^{k'}(2k'-1+n)!!}{(n-1-2k')!!(2k')!} c_1, \quad c_{2k'+3} = c_{2k'+5} = \cdots = 0$$

$$c_{2k'} = \frac{(-1)^{k'}(2k'-2+n)!! \cdot n}{(n-2k'-1)!!(2k')!} c_0, \quad 2k' < n$$

$$c_{2k'} = \frac{(-1)^{\frac{(n+1)}{2}}(2k'-2+n)!!(2k'-2-n)!!}{(2k')!} c_0, \quad 2k' > n$$

可得方程的解为（把 k' 仍记为 k）

$$y_1(x) = c_1 x + c_1 \sum_{k=1}^{\frac{n-1}{2}} \frac{(-1)^k(2k-1+n)!!}{(n-1-2k)!!(2k)!} x^{2k+1}$$

$$y_2(x) = c_0 + c_0 \sum_{k=1}^{\left[\frac{n}{2}\right]} \frac{(-1)^k(2k-2+n)!!}{(n-2k-1)!!(2k)!} x^{2k}$$

$$+ c_0 \sum_{k=\left[\frac{n}{2}\right]+1}^{\infty} \frac{(-1)^{\frac{(n+1)}{2}}(2k-2+n)!!(2k-2-n)!!}{(2k)!} x^{2k}$$

8.5   如果已知二阶常微分方程

$$y''(x) + p(x)y'(x) + q(x)y(x) = 0 \qquad \text{①}$$

的一个特解 $y_1(x)$ 后，能否通过以上方程求得另一个线性独立的特解？

解   设 $y_1(x)$ 和 $y_2(x)$ 是方程 ① 的两个特解，并定义朗斯基(Wronski)行列式 $W(x)$ 为

$$W(x) = y_1(x)y'_2(x) - y'_1(x)y_2(x) = \begin{vmatrix} y_1(x) & y_2(x) \\ y'_1(x) & y'_2(x) \end{vmatrix} \qquad \text{②}$$

考虑到 $y_1(x)$ 和 $y_2(x)$ 是方程 ① 的两个特解，所以有

$$y''_1 + py'_1 + qy_1 = 0 \qquad \text{③}$$
$$y''_2 + py'_2 + qy_2 = 0 \qquad \text{④}$$

以 $y_1(x)$ 遍乘 ④ 式的每一项，以 $y_2(x)$ 遍乘 ③ 式的每一项，然后两者相减，可得

$$(y_1 y''_2 - y''_1 y_2) + p(y_1 y'_2 - y'_1 y_2) = 0$$

即

$$\frac{\mathrm{d}}{\mathrm{d}x} W(x) + pW(x) = 0 \qquad \text{⑤}$$

显然，⑤ 式是满足 $W(x)$ 的一阶常微分方程，其解为

$$W(x) = \mathrm{e}^{-\int p(x)\mathrm{d}x} \qquad \text{⑥}$$

由此可见，由方程的系数 $p(x)$ 即可求出方程 ① 的朗斯基行列式。

若已知方程 ① 的一个特解，则不用解方程而由下述方法可以求得另一个线性独立的特解。由导数公式，有

$$\frac{\mathrm{d}}{\mathrm{d}x}\left[\frac{y_2(x)}{y_1(x)}\right] = \frac{y'_2(x)y_1(x) - y'_1(x)y_2(x)}{y_1^2(x)} \qquad \text{⑦}$$

将 ②⑥ 式代入到 ⑦ 式中，可得

$$\frac{\mathrm{d}}{\mathrm{d}x}\left[\frac{y_2(x)}{y_1(x)}\right] = \frac{W(x)}{y_1^2(x)} = \frac{\mathrm{e}^{-\int p(x)\mathrm{d}x}}{y_1^2(x)}$$

将上式积分，可得

$$y_2(x) = y_1(x)\int \mathrm{e}^{-\int p(x)\mathrm{d}x} \frac{1}{y_1^2(x)}\mathrm{d}x \qquad \text{⑧}$$

所以，由 ⑧ 式，即可从已知的解 $y_1(x)$ 求出方程 ① 的另一个特解。

8.6 试证明在方程的正则奇点情况下，判断方程一般有两个根。

证明 方程 $y''(x) + p(x)y'(x) + q(x)y(x) = 0$ 中，当点 x_0 是正则奇点时，设点 x_0 是 $p(x)$ 的一阶极点和 $q(x)$ 的二阶极点，则有

$$p(x) = \sum_{l=-1}^{\infty} a_l (x - x_0)^l$$

$$q(x) = \sum_{l=-2}^{\infty} b_l (x - x_0)^l$$

设

$$y(x) = \sum_{l=s}^{\infty} c_l (x - x_0)^l$$

则有

$$y'(x) = \sum_{l=s}^{\infty} c_l l (x - x_0)^{l-1}$$

$$y''(x) = \sum_{l=s}^{\infty} c_l l (l-1)(x - x_0)^{l-2}$$

则 $y''(x)$ 的最低幂项

$$c_s s(s-1)(x - x_0)^{s-2}$$

$y'(x)p(x)$ 的最低幂项

$$c_s a_{-1} s (x - x_0)^{s-2}$$

$y(x)q(x)$ 的最低幂项

$$c_s b_{-2} (x - x_0)^{s-2}$$

由最低幂项系数等于零，得到

$$c_s [s(s-1) + sa_{-1} + b_{-2}] = 0$$

当 $c_s \neq 0$ 时，

$$s(s-1) + sa_{-1} + b_{-2} = 0$$

这就是判定方程，它是变量 s 的二次代数方程，一般有两个根 s_1 和 s_2。

第九章　勒让德多项式和球谐函数

　　第九章及第十章主要是讨论两类特殊函数——勒让德多项式和贝塞尔函数的基本理论,并给出它们在求解数学物理方程定解问题中的应用。由于物理和工程技术上存在很多对称性的问题,因此这些特殊函数的内容不仅在物理学,特别是电动力学及量子力学,同时在工程技术、计算技术等方面都有着广泛的应用。

9.1　内容导读

一、勒让德多项式

1. 勒让德方程的本征值问题

　　勒让德方程在 $x = \pm 1$(即 $\theta = 0, \pi$)往往有自然边界条件"解在 $x = \pm 1$ 保持有限",从而构成以下的本征值问题

$$\begin{cases} (1-x^2)\dfrac{\mathrm{d}^2 y}{\mathrm{d}x^2} - 2x\dfrac{\mathrm{d}y}{\mathrm{d}x} + l(l+1)y = 0 \\ \mid y(x) \mid_{x=\pm 1} < \infty \end{cases} \tag{9-1}$$

其本征值为

$$\lambda_l = l(l+1), \quad l = 0,1,2,\cdots \tag{9-2}$$

　　对于每一个本征值 λ_l 都有一个相应的本征函数 $P_l(x)$,即 l 次勒让德多项式

$$y_l(x) = P_l(x) = \sum_{k=0}^{\left[\frac{l}{2}\right]} (-1)^k \frac{(2l-2k)!}{2^l k!(l-k)!(l-2k)!} x^{l-2k} \tag{9-3}$$

2. 勒让德多项式 $P_l(x)$($P_l(\cos\theta)$)的表示

(1) 前几阶勒让德多项式 $P_l(x)$ 及 $P_l(\cos\theta)$

$$\begin{cases}
P_0(x) = 1 \\[4pt]
P_1(x) = x = \cos\theta \\[4pt]
P_2(x) = \dfrac{1}{2}(3x^2 - 1) = \dfrac{1}{2}(3\cos^2\theta - 1) = \dfrac{1}{4}(3\cos2\theta + 1) \\[4pt]
P_3(x) = \dfrac{5x^3 - 3x}{2} = \dfrac{5\cos^3\theta - 3\cos\theta}{2} = \dfrac{1}{8}(5\cos3\theta + 3\cos\theta) \\[4pt]
P_4(x) = \dfrac{1}{8}(35x^4 - 30x^2 + 3) = \dfrac{1}{64}(35\cos4\theta + 20\cos2\theta + 9) \\[4pt]
P_5(x) = \dfrac{1}{8}(63x^5 - 70x^3 + 15x) = \dfrac{1}{128}(63\cos5\theta + 35\cos3\theta + 30\cos\theta)
\end{cases}$$

$$\tag{9-4}$$

（2）勒让德多项式的微分表示式（也称为罗德里格斯表示式）

$$P_l(x) = \frac{1}{2^l l!} \frac{\mathrm{d}^l}{\mathrm{d}x^l}(x^2 - 1)^l \tag{9-5}$$

（3）勒让德多项式的围线积分表示式（也称为施列夫利积分表示式）

$$P_l(x) = \frac{1}{2^l 2\pi i} \oint_C \frac{(\zeta^2 - 1)^l}{(\zeta - x)^{l+1}} \mathrm{d}\zeta \tag{9-6}$$

其中 C 为 ζ 平面上包围 $\zeta = x$ 点的任一闭合回路。

（4）勒让德多项式的定积分表示式（也称为拉普拉斯积分表示式）

$$P_l(x) = \frac{1}{\pi} \int_0^\pi \left[x + \sqrt{x^2 - 1}\cos\varphi \right]^l \mathrm{d}\varphi \tag{9-7}$$

通过变换 $x = \cos\theta$，从变量 x 变回到变量 θ，有

$$P_l(\cos\theta) = \frac{1}{\pi} \int_0^\pi (\cos\theta + i\sin\theta\cos\varphi)^l \mathrm{d}\varphi \tag{9-8}$$

3. 勒让德多项式的几个特殊值及基本性质

（1）勒让德多项式的几个特殊值

$$P_l(1) = 1, \quad P_l(-1) = (-1)^l, \ |P_l(x)| \leqslant 1, \quad (-1 \leqslant x \leqslant 1) \tag{9-9}$$

$$P_{2n+1}(0) = 0 \tag{9-10}$$

$$P_{2n}(0) = (-1)^n \frac{(2n)!}{\left[(2n)!!\right]^2} = (-1)^n \frac{(2n)!}{2^{2n}(n!)^2} \tag{9-11}$$

（2）勒让德多项式的奇偶性

$$P_l(-x) = (-1)^l P_l(x) \tag{9-12}$$

这表明 $P_l(x)$ 的奇偶性完全由 l 来确定。

(3) 本征函数 $P_l(x)$ 在 $(-1,1)$ 上有 l 个实的零点。

4.勒让德多项式的积分性质

设 k,l 为非负整数,那么当 $0 \leqslant k < l$ 时,则有

$$\int_{-1}^{1} x^k P_l(x) \mathrm{d}x = 0 \tag{9-13}$$

上式可以推广为,当 $f_k(x)$ 是任意一个 k 次多项式,则有

$$\int_{-1}^{1} f_k(x) P_l(x) \mathrm{d}x = 0, \quad k < l \tag{9-14}$$

二、勒让德多项式的生成函数及递推公式

1.勒让德多项式的生成函数

如果函数 $G(x,r)$ 满足关系 $G(x,r) = \sum_n F_n(x) r^n$,则称 $G(x,r)$ 为 $F_n(x)$ 的生成函数(或母函数)。因为有

$$G(x,r) = \frac{1}{\sqrt{1-2rx+r^2}} = \begin{cases} \sum_{l=0}^{\infty} r^l P_l(x), & r < 1 \\ \sum_{l=0}^{\infty} r^{-(l+1)} P_l(x), & r > 1 \end{cases} \tag{9-15}$$

由 $x = \cos\theta$,有

$$G(r,\theta) = \frac{1}{\sqrt{1-2r\cos\theta+r^2}} = \begin{cases} \sum_{l=0}^{\infty} r^l P_l(\cos\theta), & r < 1 \\ \sum_{l=0}^{\infty} r^{-(l+1)} P_l(\cos\theta), & r > 1 \end{cases}$$

$$\tag{9-16}$$

则(9-15)等式左边的函数 $G(x,r) = \dfrac{1}{\sqrt{1-2rx+r^2}}$(或 $G(r,\theta) = \dfrac{1}{\sqrt{1-2r\cos\theta+r^2}}$)**称为勒让德多项式 $P_l(x)$(或 $P_l(\cos\theta)$)的生成函数(或母函数)**。

2.勒让德多项式的递推公式

阶数相邻的勒让德多项式 $P_l(x)$ 以及它们微商之间的关系式,称为勒让德多项式的递推公式。常用的递推公式有($l \geqslant 1$):

$$(2l+1)x P_l(x) - l P_{l-1}(x) = (l+1) P_{l+1}(x) \tag{9-17}$$

$$lP_l(x) = xP'_l(x) - P'_{l-1}(x) \qquad (9\text{-}18)$$

$$P'_{l+1}(x) = xP'_l(x) + (l+1)P_l(x) \qquad (9\text{-}19)$$

$$lP_{l-1}(x) + xP'_{l-1}(x) = P'_l(x) \qquad (9\text{-}20)$$

$$P'_{l+1}(x) - P'_{l-1}(x) = (2l+1)P_l(x) \qquad (9\text{-}21)$$

$$P_l(x) = P'_{l+1}(x) - 2xP'_l(x) + P'_{l-1}(x) \qquad (9\text{-}22)$$

三、勒让德多项式的正交性和归一化

1. 勒让德多项式的正交性

不同阶次的勒让德多项式在区间 $-1 \leqslant x \leqslant 1$ 上彼此正交,即

$$\int_{-1}^{1} P_l(x)P_k(x)\mathrm{d}x = 0, \quad (l \neq k) \quad l,k = 0,1,2\cdots \quad (9\text{-}23)$$

2. 勒让德多项式的模

设 l 阶勒让德多项式 $P_l(x)$ 的模为 N_l,有

$$N_l^2 = \int_{-1}^{1} \left[P_l(x)\right]^2 \mathrm{d}x = \frac{2}{2l+1} \qquad (9\text{-}24)$$

其中 N_l^2 称为 l 阶勒让德多项式的模方,则 l 阶勒让德多项式 $P_l(x)$ 的模 N_l

$$N_l = \sqrt{\frac{2}{2l+1}}, \quad (l = 0,1,2\cdots) \qquad (9\text{-}25)$$

$\dfrac{1}{N_l}$ 称为 l 阶勒让德多项式的归一化因子。

综合以上两式,可得勒让德多项式的正交归一关系式

$$\int_{-1}^{1} P_k(x)\ P_l(x)\mathrm{d}x = \frac{2}{2l+1}\delta_{kl} \qquad (9\text{-}26)$$

通过变换 $x = \cos\theta$,从变量 x 变回到变量 θ,有

$$\int_{0}^{\pi} P_k(\cos\theta)\ P_l(\cos\theta)\sin\theta\mathrm{d}\theta = \frac{2}{2l+1}\delta_{kl} \qquad (9\text{-}27)$$

即 $P_k(\cos\theta)$ 和 $P_l(\cos\theta)$ 在区间 $0 \leqslant \theta \leqslant \pi$ 上带权函数 $\sin\theta$ 正交,其中 δ_{kl}
$$= \begin{cases} 0, & k \neq l \\ 1, & k = l \end{cases}。$$

3. 以勒让德多项式为基的广义傅里叶级数展开

根据斯特姆-刘维尔本征问题的性质,若任意函数 $f(x)$ 在区间 $-1 \leqslant x \leqslant 1$ 具有连续的一阶导数和分段连续的二阶导数,并且满足与 $P_l(x)$ 相同的边界条件,则函数 $f(x)$ 可以勒让德多项式的全体 $\{P_l(x)\}(l = 0,1,$

2,…）为基的函数族，展开为广义**傅里叶级数：**

$$f(x) = \sum_{l=0}^{\infty} C_l P_l(x) \tag{9-28}$$

展开系数

$$C_l = \frac{2l+1}{2} \int_{-1}^{1} f(x) P_l(x) \mathrm{d}x \tag{9-29}$$

同理，定义在 θ 的区间 $[0,\pi]$ 上的函数 $\overline{f}(\theta)$ 可做下述展开

$$\overline{f}(\theta) = \sum_{l=0}^{\infty} \overline{C}_l P_l(\cos\theta) \tag{9-30}$$

其中系数 $\overline{C}_l = C_l$，并且有

$$\overline{C}_l = \frac{2l+1}{2} \int_{0}^{\pi} \overline{f}(\theta) P_l(\cos\theta) \sin\theta \mathrm{d}\theta , \quad (l = 0,1,2\cdots) \tag{9-31}$$

注意到，(9-31) 式的积分是带权重 $\sin\theta$ 的关于 θ 的积分。

4. 拉普拉斯方程的轴对称定解问题

拉普拉斯方程的定解问题，如果具有对称轴，并且取此对称轴为球坐标的极轴，则定解问题可归结为

$$\begin{cases} \dfrac{1}{r^2} \dfrac{\partial}{\partial r}\left(r^2 \dfrac{\partial u}{\partial r}\right) + \dfrac{1}{r^2\sin\theta} \dfrac{\partial}{\partial \theta}\left(\sin\theta \dfrac{\partial u}{\partial \theta}\right) = 0, \\ \qquad 0 \leqslant r < a \text{ 或 } r > a, \quad 0 \leqslant \theta \leqslant \pi \qquad (9\text{-}32) \\ u(r,\theta)\big|_{r=a} = f(\theta), \quad 0 \leqslant \theta \leqslant \pi \qquad\qquad\quad (9\text{-}33) \end{cases}$$

若要求解满足自然边界条件"解在 $\theta = 0$ 和 $\theta = \pi$ 处保持有限"以及"解在 $r = 0$ 和 $r \to \infty$ 时有限"，则定解问题的解

$$u(r,\theta) = \sum_{l=0}^{\infty} \left[C_l r^l + D_l r^{-(l+1)}\right] P_l(\cos\theta) \tag{9-34}$$

四、连带勒让德函数

1. 连带勒让德方程的本征值问题

连带勒让德方程和自然边界条件，即"解在 $x = \pm 1$ 保持有限"构成了以下本征值问题

$$\begin{cases} (1-x^2)y'' - 2xy' + \left[l(l+1) - \dfrac{m^2}{(1-x^2)}\right]y = 0, \quad |x| \leqslant 1 \\ |y(x)|_{x=\pm 1} < \infty \end{cases}$$

$$\tag{9-35}$$

其本征值

$$\lambda_l = l(l+1), \quad l = 0,1,2,\cdots \tag{9-36}$$

本征函数为连带勒让德函数 $P_l^m(x)$

$$P_l^m(x) = (1-x^2)^{\frac{m}{2}} P_l^{(m)}(x), \quad m = 0, \pm1, \pm2, \cdots \pm l \tag{9-37}$$

并称函数 $P_l^m(x)$ 为 m 阶 l 次连带勒让德函数。

注意 $P_l^m(x)$ 是连带勒让德函数的符号，$P_l^{(m)}(x)$ 则表示 $P_l(x)$ 的 m 阶导数。这里的两个参数 l 与 m，在量子力学中分别对应于角动量量子数 l 和磁量子数 m。于是，角动量量子化以及角动量空间取向量子化也是量子力学基本方程含有自然边界条件的必然结果。

2. 连带勒让德函数的几个具体表示式

$$P_1^1(x) = (1-x^2)^{\frac{1}{2}} = \sin\theta \tag{9-38}$$

$$P_2^1(x) = 3x(1-x^2)^{\frac{1}{2}} = \frac{3}{2}\sin2\theta \tag{9-39}$$

$$P_2^2(x) = 3(1-x^2) = 3\sin^2\theta = \frac{3}{2}(1-\cos2\theta) \tag{9-40}$$

$$P_3^1(x) = \frac{3}{2}(5x^2-1)(1-x^2)^{\frac{1}{2}} = \frac{3}{8}(\sin\theta + 5\sin3\theta) \tag{9-41}$$

$$P_3^2(x) = 15x(1-x^2) = \frac{15}{4}(\cos\theta - \cos3\theta) \tag{9-42}$$

$$P_3^3(x) = 15(1-x^2)^{\frac{3}{2}} = \frac{15}{4}(3\sin\theta - \sin3\theta) \tag{9-43}$$

3. 连带勒让德函数的几个基本性质

(1) 本征值 $l(l+1)$ 中的整数 l 满足 $m \leqslant l$，即对于一个确定的 l 值，有 $m = 0, \pm1, \pm2, \cdots \pm l$。当 $m > l$ 时，$P_l^m(x) \equiv 0$；当 $m = 0$ 时，$P_l^0(x) = P_l(x)$。

(2) $P_l^m(x)$ 与 $P_l^{-m}(x)$ 线性相关，并且有

$$P_l^{-m}(x) = (-1)^m \frac{(l-m)!}{(l+m)!} P_l^m(x) \tag{9-44}$$

(3) 若 m 为偶数，$P_l^m(x)$ 则为多项式；若 m 为奇数，$P_l^m(x)$ 则不是多项式。

(4) 当 $l-m = 2n(n = 0,1,2,\cdots)$ 时，$P_l^m(x)$ 为偶函数；当 $l-m = 2n+1,(n = 0,1,2,\cdots)$ 时 $P_l^m(x)$ 为奇函数。

4. 连带勒让德函数的微分和积分表示

(1) 微分表示式（也称罗德利格表示式）

$$P_l^m(x) = (1-x^2)^{\frac{m}{2}} \frac{1}{2^l l!} \frac{\mathrm{d}^{l+m}}{\mathrm{d}x^{l+m}}(x^2-1)^l \qquad (9\text{-}45)$$

(2) 积分表示式（也称为施列夫利积分表示式）

$$P_l^m(x) = \frac{(1-x^2)^{\frac{m}{2}}}{2^l} \frac{1}{2\pi i} \frac{(l+m)!}{l!} \oint_C \frac{(\zeta^2-1)^l}{(\zeta-x)^{l+m+1}} \mathrm{d}\zeta \qquad (9\text{-}46)$$

其中 C 为 ζ 平面中包围 $\zeta = x$ 的任一闭合回路。

(3) 定积分表示式（也称为拉普拉斯积分表示式）

$$P_l^m(\cos\theta) = \frac{i^m}{2\pi} \frac{(l+m)!}{l!} \int_{-\pi}^{\pi} \mathrm{e}^{-im\varphi}[\cos\theta + i\sin\theta\cos\varphi]^l \mathrm{d}\varphi \qquad (9\text{-}47)$$

5. 连带勒让德函数的递推关系

$$(2l+1)(1-x^2)^{\frac{1}{2}} P_l^m = P_{l+1}^{m+1} - P_{l-1}^{m+1} \qquad (9\text{-}48)$$

$$(2l+1)x P_l^m = (l+m)P_{l-1}^m + (l-m+1)P_{l+1}^m \qquad (9\text{-}49)$$

$$(2l+1)(1-x^2)^{\frac{1}{2}} P_l^m = (l+m)(l+m-1)P_{l-1}^{m-1} - (l-m+2)$$
$$(l-m+1)P_{l+1}^{m-1} \qquad (9\text{-}50)$$

$$(2l+1)(1-x^2) \frac{\mathrm{d}P_l^m}{\mathrm{d}x} = (l+1)(l+m)P_{l-1}^m - l(l-m+1)P_{l+1}^m \qquad (9\text{-}51)$$

以上四个递推关系式中的 l 满足 $l \geqslant 1$。

6. 连带勒让德多项式的正交性和完备性

(1) 连带勒让德函数的正交关系：同阶 m 不同次 l 的连带勒让德函数在区间 $-1 \leqslant x \leqslant 1$ 上彼此正交，即

$$\int_{-1}^{1} P_l^m(x)P_k^m(x)\mathrm{d}x = 0, \ l \neq k \qquad (9\text{-}52)$$

(2) 连带勒让德函数的模：设 m 阶 l 次连带勒让德函数的模为 N_l^m，则有

$$[N_l^m]^2 = \int_{-1}^{1} [P_l^m(x)]^2 \mathrm{d}x = \frac{(l+m)!}{(l-m)!} \frac{2}{2l+1} \qquad (9\text{-}53)$$

通过变换 $x = \cos\theta$，从变量 x 变回到变量 θ，有

$$\int_0^{\pi} P_l^m(\cos\theta)P_k^m(\cos\theta)\sin\theta\mathrm{d}\theta = \frac{(l+m)!}{(l-m)!} \frac{2}{2l+1}\delta_{kl}, \ m>0 \quad (9\text{-}54)$$

即 $P_l^m(\cos\theta)$ 和 $P_k^m(\cos\theta)$ 在区间 $0 \leqslant \theta \leqslant \pi$ 上以权函数 $\sin\theta$ 正交。

(3) 以连带勒让德函数为基的广义傅里叶级数展开

连带勒让德函数的全体$\{P_l^m(x)\}$是完备的函数族,则在区间$-1 \leqslant x \leqslant 1$上具有连续的一阶导数和分段连续的二阶导数的任意函数$f(x)$,并且满足与$P_l^m(x)$相同的边界条件,则函数$f(x)$可在以连带勒让德函数族$\{P_l^m(x)\}$为基的函数空间中展开为广义傅里叶级数

$$f(x) = \sum_{l=0}^{\infty} C_l P_l^m(x) \tag{9-55}$$

其中系数

$$C_l = \frac{2l+1}{2} \frac{(l-m)!}{(l+m)!} \int_{-1}^{1} f(x) P_l^m(x) \mathrm{d}x \tag{9-56}$$

(9-55)式右边的级数称为**广义傅里叶级数**,系数C_l称为**广义傅里叶系数**。

定义在θ的区间$[0,\pi]$上的函数$\overline{f}(\theta)$也可做下述展开

$$\overline{f}(\theta) = \sum_{l=0}^{\infty} \overline{C}_1 P_l^m(\cos\theta) \tag{9-57}$$

其中系数$\overline{C}_l = C_l$,并且有

$$\overline{C}_l = \frac{2l+1}{2} \frac{(l-m)!}{(l+m)!} \int_{0}^{\pi} \overline{f}(\theta) P_l^m(\cos\theta) \sin\theta \mathrm{d}\theta \tag{9-58}$$

(9-58)式中的积分是带权重函数$\sin\theta$关于θ的积分。

五、球谐函数

1. 球谐函数

(1)球谐函数方程与单值、有界边界条件构成的本征值问题

$$\begin{cases} \dfrac{1}{\sin\theta} \dfrac{\partial}{\partial\theta}\left(\sin\theta \dfrac{\partial Y}{\partial\theta}\right) + \dfrac{1}{\sin^2\theta} \dfrac{\partial^2 Y}{\partial\varphi^2} + l(l+1)Y = 0 \\ Y(\theta,\varphi) \text{ 单值、有限} \end{cases} \tag{9-59}$$

当在区域$(0 \leqslant \theta \leqslant \pi, 0 \leqslant \varphi \leqslant 2\pi)$中求解时,和本征值$l,m$对应的本征函数为球谐函数(简称球函数)$Y_l^m(\theta,\varphi)$

$$Y_l^m(\theta,\varphi) = P_l^m(\cos\theta) \begin{Bmatrix} \sin m\varphi \\ \cos m\varphi \end{Bmatrix}, \quad \begin{pmatrix} m = 0,1,2,\cdots l \\ l = 0,1,2,\cdots \end{pmatrix} \tag{9-60}$$

记号$\{\}$表示其中所列的函数是线性独立的,可任取其一,$l = 0,1,2\cdots$称为球谐函数$Y_l^m(\theta,\varphi)$的阶。线性独立的l阶球谐函数共有$2l+1$个。

(2)复数形式的球谐函数

$$Y_l^m(\theta,\varphi) = P_l^m(\cos\theta) \mathrm{e}^{im\varphi} \tag{9-61}$$

其中,$m = 0,\pm 1,\pm 2,\cdots \pm l, l = 0,1,2,\cdots$。

2. 球谐函数的正交性和模

(1) 正交归一化关系:球谐函数$\{Y_l^m(\theta,\varphi)\}$($m=0,\pm 1,\pm 2,\cdots \pm l$, $l=0,1,2,\cdots$)在单位球面上($0 \leqslant \theta \leqslant \pi, 0 \leqslant \varphi \leqslant 2\pi$)上的正交归一化关系,即

$$\int_0^\pi \int_0^{2\pi} Y_l^m(\theta,\varphi) Y_k^n(\theta,\varphi) \sin\theta \mathrm{d}\theta \mathrm{d}\varphi$$

$$= \int_0^\pi P_l^m(\cos\theta) P_k^n(\cos\theta) \sin\theta \mathrm{d}\theta \int_0^{2\pi} \left\{ \begin{matrix} \sin m\varphi \\ \cos m\varphi \end{matrix} \right\} \left\{ \begin{matrix} \sin n\varphi \\ \cos n\varphi \end{matrix} \right\} \mathrm{d}\varphi$$

$$= 0 \quad (l \neq k \text{ 或 } m \neq n) \tag{9-62}$$

同理,可得

$$\int_0^{2\pi} \int_0^\pi Y_l^m(\theta,\varphi) \overline{Y_k^n(\theta,\varphi)} \sin\theta \mathrm{d}\theta \mathrm{d}\varphi = \int_0^\pi P_k^n(\cos\theta) P_l^m(\cos\theta) \int_0^{2\pi} \mathrm{e}^{i(m-n)\varphi} \mathrm{d}\varphi$$

$$= 0, \quad (l \neq k \text{ 或 } m \neq n) \tag{9-63}$$

i) 当$m \neq n$(无论$l=k$,或$l \neq k$)以及 ii)$m=n,l \neq k$时,任意两个球谐函数$Y_l^m(\theta,\varphi)$与$Y_k^n(\theta,\varphi)$相乘后在单位球面上积分等于零,即球谐函数有正交性

$$\int_0^\pi \int_0^{2\pi} Y_l^m(\theta,\varphi) Y_k^n(\theta,\varphi) \sin\theta \mathrm{d}\theta \mathrm{d}\varphi = 0, \quad (l \neq k \text{ 或 } m \neq n) \tag{9-64}$$

(2) 球谐函数的模N_l^m

$$[N_l^m]^2 = \int_0^\pi \int_0^{2\pi} [Y_l^m(\theta,\varphi)]^2 \sin\theta \mathrm{d}\theta \mathrm{d}\varphi$$

$$= \int_0^\pi [P_l^m(\cos\theta)]^2 \sin\theta \mathrm{d}\theta \int_0^{2\pi} \left\{ \begin{matrix} \sin^2 m\varphi \\ \cos^2 m\varphi \end{matrix} \right\} \mathrm{d}\varphi$$

$$= \frac{2\pi\delta_m}{2l+1} \frac{(l+m)!}{(l-m)!} \tag{9-65}$$

其中,$\delta_m = \begin{cases} 2, & m=0 \\ 1, & m \neq 0 \end{cases}$。

复数形式的球谐函数$Y_l^m(\theta,\varphi)$的模的平方$[N_l^m]^2$为

$$[N_l^m]^2 = \int_0^\pi \int_0^{2\pi} Y_l^m(\theta,\varphi) [Y_l^m(\theta,\varphi)]^* \sin\theta \mathrm{d}\theta \mathrm{d}\varphi$$

$$= \int_0^\pi [P_l^m(\cos\theta)]^2 \sin\theta \mathrm{d}\theta \int_0^{2\pi} \mathrm{e}^{im\varphi} [\mathrm{e}^{im\varphi}]^* \mathrm{d}\varphi$$

$$= \frac{2}{2l+1} \frac{(l+m)!}{(l-m)!} 2\pi \tag{9-66}$$

3. 以球谐函数为基的广义傅里叶级数展开

球谐函数族$\{Y_l^m(\theta,\varphi)\}$为完备的正交函数族，因此在区域$(0\leqslant\theta\leqslant\pi,0\leqslant\varphi\leqslant2\pi)$中的连续函数$f(\theta,\varphi)$，可按球谐函数$Y_l^m(\theta,\varphi)$展开成广义傅里叶级数：

$$f(\theta,\varphi)=\sum_{l=0}^{\infty}\sum_{m=0}^{l}\left[A_l^m\cos(m\varphi)+B_l^m\sin(m\varphi)\right]P_l^m(\cos\theta)\quad(9\text{-}67)$$

其中系数

$$A_l^m=\frac{2l+1}{2\pi\delta_m}\frac{(l-m)!}{(l+m)!}\int_0^\pi\int_0^{2\pi}f(\theta,\varphi)P_l^m(\cos\theta)\cos(m\varphi)\sin\theta\mathrm{d}\theta\mathrm{d}\varphi$$

$$(9\text{-}68)$$

$$B_l^m=\frac{2l+1}{2\pi}\frac{(l-m)!}{(l+m)!}\int_0^\pi\int_0^{2\pi}f(\theta,\varphi)P_l^m(\cos\theta)\sin(m\varphi)\sin\theta\mathrm{d}\theta\mathrm{d}\varphi$$

$$(9\text{-}69)$$

其中的δ_m如前所述。

在区域$(0\leqslant\theta\leqslant\pi,0\leqslant\varphi\leqslant2\pi)$中，也可把函数$f(\theta,\varphi)$按复数形式的球谐函数$Y_l^m(\theta,\varphi)$展开，则有

$$f(\theta,\varphi)=\sum_{l=0}^{\infty}\sum_{m=-l}^{l}E_l^mY_l^m(\theta,\varphi)=\sum_{l=0}^{\infty}\sum_{m=-l}^{l}E_l^mP_l^m(\cos\theta)\mathrm{e}^{im\varphi}\quad(9\text{-}70)$$

其中系数

$$E_l^m=\frac{2l+1}{4\pi}\frac{(l-m)!}{(l+m)!}\int_0^\pi\int_0^{2\pi}f(\theta,\varphi)P_l^m(\cos\theta)\mathrm{e}^{-im\varphi}\sin\theta\mathrm{d}\theta\mathrm{d}\varphi\quad(9\text{-}71)$$

六、拉普拉斯方程在球形区域上的定解问题

拉普拉斯方程在球形区域上的狄利克雷问题为

$$\begin{cases}\dfrac{\partial^2u}{\partial r^2}+\dfrac{2}{r}\dfrac{\partial u}{\partial r}+\dfrac{1}{r^2}\left(\dfrac{\partial^2u}{\partial\theta^2}+\dfrac{\cos\theta}{\sin\theta}\dfrac{\partial u}{\partial\theta}\right)+\dfrac{1}{r^2\sin^2\theta}\dfrac{\partial^2u}{\partial\varphi^2}=0,\\[2mm]\quad r<a,0\leqslant\theta\leqslant\pi,0\leqslant\varphi\leqslant2\pi\qquad(9\text{-}72)\\[2mm]u(\theta,\varphi)\big|_{r=a}=f(\theta,\varphi)\qquad(9\text{-}73)\\[2mm]u(r,\theta,\varphi)\text{ 单值、有限}\qquad(9\text{-}74)\end{cases}$$

其中，$f(\theta,\varphi)$为已知函数。在非轴对称情况下的一般解为

$$u(r,\theta,\varphi)=\sum_{l=0}^{\infty}\sum_{m=0}^{l}r^l\left[A_l^m\cos m\varphi+B_l^m\sin m\varphi\right]P_l^m(\cos\theta)$$
$$+\sum_{l=0}^{\infty}\sum_{m=0}^{l}r^{-(l+1)}\left[C_l^m\cos m\varphi+D_l^m\sin m\varphi\right]P_l^m(\cos\theta)$$

$$(9\text{-}75)$$

其中，$A_l^m, B_l^m, C_l^m, D_l^m (l = 0, 1, 2, \cdots; m \leqslant l)$ 都是任意常数。

如果所研究的是球域内的定解问题，则定解问题的解为

$$u(r, \theta, \varphi) = \sum_{l=0}^{\infty} \sum_{m=0}^{l} r^l \left[A_l^m \cos m\varphi + B_l^m \sin m\varphi \right] P_l^m(\cos\theta) \quad (9\text{-}76)$$

其中，系数 A_l^m 和 B_l^m 为

$$A_l^m = \frac{2l+1}{2\pi a^l \delta_m} \frac{(l-m)!}{(l+m)!} \int_0^{\pi} \int_0^{2\pi} f(\theta, \varphi) P_l^m(\cos\theta) \cos(m\varphi) \sin\theta \mathrm{d}\theta \mathrm{d}\varphi$$

$$(9\text{-}77)$$

$$B_l^m = \frac{2l+1}{2\pi a^l} \frac{(l-m)!}{(l+m)!} \int_0^{\pi} \int_0^{2\pi} f(\theta, \varphi) P_l^m(\cos\theta) \sin(m\varphi) \sin\theta \mathrm{d}\theta \mathrm{d}\varphi$$

$$(9\text{-}78)$$

如果所研究的是球域外的定解问题，则定解问题的解为

$$u(r, \theta, \varphi) = \sum_{l=0}^{\infty} \sum_{m=0}^{l} r^{-(l+1)} \left[C_l^m \cos m\varphi + D_l^m \sin m\varphi \right] P_l^m(\cos\theta) \quad (9\text{-}79)$$

其中，系数 C_l^m 和 D_l^m 为

$$C_l^m = \frac{(2l+1)a^{l+1}}{2\pi \delta_m} \frac{(l-m)!}{(l+m)!} \int_0^{\pi} \int_0^{2\pi} f(\theta, \varphi) P_l^m(\cos\theta) \cos(m\varphi) \sin\theta \mathrm{d}\theta \mathrm{d}\varphi$$

$$(9\text{-}80)$$

$$D_l^m = \frac{(2l+1)a^{l+1}}{2\pi} \frac{(l-m)!}{(l+m)!} \int_0^{\pi} \int_0^{2\pi} f(\theta, \varphi) P_l^m(\cos\theta) \sin(m\varphi) \sin\theta \mathrm{d}\theta \mathrm{d}\varphi$$

$$(9\text{-}81)$$

9.2   习题导练

9.1   计算定积分

$(1) I = \int_{-1}^{1} x^2 P_l(x) P_{l+2}(x) \mathrm{d}x;$

$(2) I = \int_{-1}^{1} P_l(x) \mathrm{d}x;$

$(3) I = \int_0^{1} P_l(x) \mathrm{d}x;$

$(4)(2l+1)\int_0^1 xP_l(x)\mathrm{d}x$。

解(1) 由勒让德多项式的基本递推关系(9-17)式,有

$$xP_l = \frac{1}{2l+1}\big[(l+1)P_{l+1} + lP_{l-1}\big]$$

$$xP_{l+2} = \frac{1}{2(l+2)+1}\big[(l+3)P_{l+3} + (l+2)P_{l+1}\big]$$

把上两式代入积分式,并利用勒让德多项式的正交性完备性,可得

$$\int_{-1}^1 x^2 P_l(x) P_{l+2}(x)\mathrm{d}x = \int_{-1}^1 xP_l(x)xP_{l+2}(x)\mathrm{d}x$$

$$= \frac{1}{(2l+1)(2l+5)}\int_{-1}^1 \big[(l+1)P_{l+1}(x) + lP_{l-1}(x)\big]\big[(l+3)P_{l+3}(x)$$

$$+ (l+2)P_{l+1}(x)\big]\mathrm{d}x$$

$$= \frac{(l+1)(l+2)}{(2l+1)(2l+5)}\int_{-1}^1 P_{l+1}^2(x)\mathrm{d}x = \frac{(l+1)(l+2)}{(2l+1)(2l+5)}\frac{2}{2(l+1)+1}$$

$$= \frac{2(l+1)(l+2)}{(2l+1)(2l+3)(2l+5)}$$

(2) 由 $P_0(x) = 1$ 和勒让德多项式的正交性可知 $l = 0$ 时,可得

$$\int_{-1}^1 P_l(x)\mathrm{d}x = \int_{-1}^1 P_l(x)P_0(x)\mathrm{d}x = \begin{cases} 2, & l = 0 \\ 0, & l \neq 0 \end{cases}$$

(3) 首先讨论当 $l = 0$ 时,原积分为

$$I = \int_0^1 P_0(x)\mathrm{d}x = \int_0^1 1\mathrm{d}x = 1$$

当 $l \neq 0$ 时,把递推关系(9-18)式代入原积分,则有

$$I = \int_0^1 P_l(x)\mathrm{d}x = \frac{1}{l}\int_0^1 \big[xP'_l(x) - P'_{l-1}(x)\big]\mathrm{d}x$$

$$= \frac{1}{l}\int_0^1 x\mathrm{d}P_l(x) - \frac{1}{l}\int_0^1 \mathrm{d}P_{l-1}(x)$$

$$= \frac{1}{l}xP_l(x)\big|_0^1 - \frac{1}{l}\int_0^1 P_l(x)\mathrm{d}x - \frac{1}{l}P_{l-1}(x)\big|_0^1$$

由于 $P_l(1) = 1$,并注意到等式右边第二项的积分就是原积分,需要移到等式的左边,可得

$$I = \frac{l}{l+1}\Big[\frac{1}{l} - 0 - \frac{1}{l} + \frac{1}{l}P_{l-1}(0)\Big] = \frac{1}{l+1}P_{l-1}(0)$$

并且有

$$P_l(0) = \begin{cases} 0, & l = 2n+1, \quad n = 0,1,2,\cdots \\ 1, & l = 2n = 0 \\ (-1)^n \dfrac{(2n-1)!!}{(2n)!!}, & l = 2n, \quad n = 1,2,3,\cdots \end{cases}$$

把 $l \to l-1$, 并考虑到 $l \neq 0$, 则有

$$P_{l-1}(0) = \begin{cases} 0, & l = 2n, \quad n = 1,2,3,\cdots \\ 1, & l = 2n-1, \quad n = 1 \\ (-1)^{n-1} \dfrac{(2n-3)!!}{(2n-2)!!}, & l = 2n-1, \quad n = 2,3,4,\cdots \end{cases}$$

所以有

$$I = \int_0^1 P_l(x)\,\mathrm{d}x = \frac{1}{l+1} P_{l-1}(0)$$

$$= \begin{cases} 0, & l = 2n, \quad n = 1,2,3,\cdots \\ \dfrac{1}{2}, & l = 2n-1, \quad n = 1 \\ (-1)^{n-1} \dfrac{(2n-3)!!}{(2n)!!}, & l = 2n-1, \quad n = 2,3,4,\cdots \end{cases}$$

(4) 设 $I = \displaystyle\int_0^1 x P_l(x)\,\mathrm{d}x$

(i) 当 $l = 2k+1 (k=0,1,2,\cdots)$ 时, $P_l(x) = P_{2k+1}(x)$ 为 $[-1,1]$ 上的奇函数。因而有

$$I = \frac{1}{2}\int_{-1}^1 x P_{2k+1}(x)\,\mathrm{d}x = \frac{1}{2}\int_{-1}^1 P_1(x) P_{2k+1}(x)\,\mathrm{d}x$$

由正交性可得

$$I = \frac{1}{2}\int_{-1}^1 x P_{2k+1}(x)\,\mathrm{d}x = 0, k = 1,2,\cdots$$

当 $k = 0$ 时

$$I = \frac{1}{2}\int_{-1}^1 x P_1(x)\,\mathrm{d}x = \frac{1}{2}\int_0^1 x^2\,\mathrm{d}x = \frac{1}{3}$$

所以有

$$(2l+1)\int_0^1 x P_l(x)\,\mathrm{d}x = \begin{cases} 0, & l = 2k+1, \quad k = 1,2,\cdots \\ 1, & l = 1 \end{cases}$$

(ii) 当 $l = 2k (k=1,2,3,\cdots)$ 时, 由勒让德多项式的微分表示式, 有

$$I = \int_0^1 x P_{2k}(x)\,\mathrm{d}x = \frac{1}{2^{2k}(2k)!}\int_0^1 x \frac{\mathrm{d}^{2k}}{\mathrm{d}x^{2k}}(x^2-1)^{2k}\,\mathrm{d}x$$

$$= \frac{1}{2^{2k}(2k)!}\left[x\frac{\mathrm{d}^{2k-1}}{\mathrm{d}x^{2k-1}}(x^2-1)^{2k}\bigg|_{x=0}^{x=1} - \int_0^1\frac{\mathrm{d}^{2k-1}}{\mathrm{d}x^{2k-1}}(x^2-1)^{2k}\mathrm{d}x\right]$$

注意到 $\dfrac{\mathrm{d}^{2k-1}}{\mathrm{d}x^{2k-1}}(x^2-1)^{2k}$ 以 $x=1$ 为一级零点,故被积出部分为零,所以有

$$I = \frac{-1}{2^{2k}(2k)!}\int_0^1\frac{\mathrm{d}^{2k-1}}{\mathrm{d}x^{2k-1}}(x^2-1)^{2k}\mathrm{d}x = \frac{-1}{2^{2k}(2k)!}\frac{\mathrm{d}^{2k-2}}{\mathrm{d}x^{2k-2}}(x^2-1)^{2k}\bigg|_{x=0}^{x=1}$$

注意到 $\dfrac{\mathrm{d}^{2k-2}}{\mathrm{d}x^{2k-2}}(x^2-1)^{2k}\bigg|$ 以 $x=1$ 为二级零点,所以有

$$I = \frac{1}{2^{2k}(2k)!}\frac{\mathrm{d}^{2k-2}}{\mathrm{d}x^{2k-2}}(x^2-1)^{2k}\bigg|_{x=0}$$

考虑到

$$(x^2-1)^{2k} = x^{4k} + \cdots + a_{2k}x^{2k}$$
$$+ \frac{(-1)^{k+1}2k(2k-1)\cdots[2k-(k-1)+1]}{(k-1)!}x^{2k-2}$$
$$+ \text{低次项}$$

则有

$$\frac{\mathrm{d}^{2k-2}}{\mathrm{d}x^{2k-2}}(x^2-1)^{2k}\bigg|_{x=0} = \frac{(-1)^{k+1}2k(2k-1)\cdots(k+2)(2k-2)!}{(k-1)!}$$

则有

$$I = \frac{1}{2^{2k}(2k)!}\frac{(-1)^{k+1}2k(2k-1)\cdots(k+2)(2k-2)!}{(k-1)!}$$
$$= \frac{1}{2^{2k}(2k)!}\frac{(-1)^{k+1}(2k)!(2k-2)!}{(k-1)!(k+1)!} = \frac{(-1)^{k+1}(2k-3)!!}{(2k+2)!!}$$

即有

$$(2l+1)\int_0^1 xP_l(x)\mathrm{d}x = (4k+1)\frac{(-1)^{k+1}(2k-3)!!}{(2k+2)!!}, (k=1,2,\cdots)$$

当 $l=0$ 时,$P_l(x) = P_0(x) = 1$,有

$$\int_0^1 xP_0(x)\mathrm{d}x = \int_0^1 x\mathrm{d}x = \frac{1}{2}$$

所以有

$$(2l+1)\int_0^1 xP_l(x)\mathrm{d}x = \int_0^1 xP_0(x)\mathrm{d}x = \frac{1}{2}$$

综合以上结果,可得

$$(2l+1)\int_0^1 xP_l(x)\mathrm{d}x = \begin{cases} \dfrac{1}{2}, & l=0 \\[2mm] 0, & l=2k+1, k=1,2,3,\cdots \\[2mm] 1, & l=1 \\[2mm] \dfrac{(-1)^{k+1}(4k+1)(2k-3)!!}{(2k+2)!!}, & l=2k, k=1,2,3,\cdots \end{cases}$$

注: 在本题(ii)中,虽然也可用递推公式求解,但这里考虑到通过一次分部积分即可直接积出,故采用了 $P_l(x)$ 的微分表示式。

9.2 试导出下列递推公式:

(1) $P'_{l+1}(x) - P'_{l-1}(x) = (2l+1)P_l(x), (l \geqslant 1)$;

(2) $P_l(x) = P'_{l+1}(x) - 2xP'_l(x) + P'_{l-1}(x), (l \geqslant 1)$;

(3) $(x^2-1)P'_l(x) = lxP_l(x) - lP_{l-1}(x)$。

证明 (1) 在勒让德多项式的基本递推关系(9-17)中,对 x 求导可得

$$(2l+1)P_l(x) + x(2l+1)P'_l(x) - (l+1)P'_{l+1}(x) - lP'_{l-1}(x) = 0$$

代入(9-22)式,则有

$$(2l+1)P_l(x) + xP'_l(x) - P'_{l+1}(x) - lP_l(x) = 0$$

再次利用(9-22)式,有

$$(l+1)P_l(x) + \frac{1}{2}\big[P'_{l+1}(x) + P'_{l-1}(x) - P_l(x)\big] - P'_{l+1}(x) = 0$$

所以有

$$(2l+1)P_l(x) = P'_{l+1}(x) - P'_{l-1}(x)$$

得证。

(2) 把母函数的展开式(9-15)两端对 x 求导,则有

$$\frac{r}{(1-2rx+r^2)^{\frac{3}{2}}} = \sum_{l=0}^{\infty} r^l P'_l(x)$$

上式两端同乘 $(1-2rx+r^2)$,并利用母函数的展开式(9-15),可得

$$r\sum_{l=0}^{\infty} r^l P_l(x) = (1-2rx+r^2)\sum_{l=0}^{\infty} r^l P'_l(x)$$

比较上式两端 r^{l+1} 的系数,可得

$$P_l(x) = P'_{l+1}(x) - 2xP'_l(x) + P'_{l-1}(x)$$

(3) 由递推关系(9-18)式,可得

$$x^2 P'_l(x) = xlP_l(x) + xP'_{l-1}(x)$$

将(9-20)式的下标 l 换为 $l-1$,即

$$lP_{l-1}(x) = P'_{l-1}(x) - xP'_{l-1}(x)$$

以上两式相加,有

$$(x^2-1)P'_l(x) = xlP_l(x) - lP_{l-1}(x)$$

得证。

9.3　设 $f(x)$ 是一个 k 次多项式,试证明当 $k < l$ 时,有

$$\int_{-1}^{1} f_k(x)P_l(x)\mathrm{d}x = 0$$

即 $f(x)$ 和 $P_l(x)$ 在 $[-1,1]$ 上正交。

证明　由微分表示式(9-5),可得

$$\int_{-1}^{1} f_k(x)P_l(x)\mathrm{d}x = \frac{1}{2^l l!}\int_{-1}^{1} f_k(x)\frac{\mathrm{d}^l}{\mathrm{d}x^l}(x^2-1)^l\mathrm{d}x$$

$$= \frac{1}{2^l l!}\left[f_k(x)\frac{\mathrm{d}^{l-1}}{\mathrm{d}x^{l-1}}(x^2-1)^l\right]\Big|_{-1}^{1}$$

$$- \frac{1}{2^l l!}\int_{-1}^{1} f'_k(x)\frac{\mathrm{d}^{l-1}}{\mathrm{d}x^{l-1}}(x^2-1)^l\mathrm{d}x$$

上式等号右方的第一项等于零。再进行分部积分 $(k-1)$ 次,上式化成

$$\int_{-1}^{1} f_k(x)P_l(x)\mathrm{d}x = (-1)^k\frac{1}{2^l l!}\int_{-1}^{1} f_k^{(k)}(x)\frac{\mathrm{d}^{l-k}}{\mathrm{d}x^{l-k}}(x^2-1)^l\mathrm{d}x$$

由于 $f_k^{(k)}(x)$ 为常数,所以有

$$(-1)^k\frac{1}{2^l l!}f_k^{(k)}(x)\int_{-1}^{1}\frac{\mathrm{d}^{l-k}}{\mathrm{d}x^{l-k}}(x^2-1)^l\mathrm{d}x$$

$$= (-1)^k\frac{1}{2^l l!}f_k^{(k)}(x)\left[\frac{\mathrm{d}^{l-k-1}}{\mathrm{d}x^{l-k-1}}(x^2-1)^l\right]_{-1}^{1} = 0$$

9.4　以勒让德多项式为基函数,将函数 $f(x) = 5x^3 + 3x^2 + x + 1$ 展开为广义傅里叶级数。

解　设

$$f(x) = \sum_{l=0}^{\infty} C_l P_l(x)$$

考虑到当 $n < l$ 时,由于在区间 $[-1,1]$ 上 x^n 总可以用 $P_l(x)(l=0,1,2,\cdots,n)$ 线性表示出,而 $P_l(x)$ 与 $P_n(x)$ 正交,即有

$$\int_{-1}^{1} P_n(x)P_l(x)\mathrm{d}x = 0,(l=0,1,2,\cdots,n)$$

即当 $l > 3, C_l = 0$。

由(9-29)式,有

$$C_0 = \frac{1}{2}\int_{-1}^{1}(5x^3 + 3x^2 + x + 1)P_0(x)\mathrm{d}x = 2$$

$$C_1 = \frac{3}{2}\int_{-1}^{1}(5x^3 + 3x^2 + x + 1)P_1(x)\mathrm{d}x$$

$$= \frac{3}{2}\int_{-1}^{1}(5x^3 + 3x^2 + x + 1)x\mathrm{d}x = 4$$

$$C_2 = \frac{5}{2}\int_{-1}^{1}(5x^3 + 3x^2 + x + 1)\frac{1}{2}(3x^2 - 1)\mathrm{d}x = 2$$

$$C_3 = \frac{7}{2}\int_{-1}^{1}(5x^3 + 3x^2 + x + 1)\frac{1}{2}(5x^3 - 3x)\mathrm{d}x = 2$$

所以有

$$f(x) = 5x^3 + 3x^2 + x + 1 = 2P_0(x) + 4P_1(x) + 2P_2(x) + 2P_3(x)$$

9.5　以勒让德多项式$\{P_l(x)\}(l = 0,1,\cdots)$为基函数,在区间$[-1,$ $1]$上将函数$f(x) = |x|$展开为广义傅里叶级数。

解　设$f(x) = |x| = \sum_{l=0}^{\infty}C_lP_l(x)$,并应用(9-29)式,则有

$$C_l = \frac{2l+1}{2}\int_{-1}^{1}|x|P_l(x)\mathrm{d}x$$

因为$f(x)$在区间$[-1,1]$上是偶函数,而P_{2n+1}是奇函数,P_{2n}是偶函数,故有

$$C_{2n+1} = 0, n = 0,1,2,\cdots$$

$$C_0 = \frac{1}{2}\int_{-1}^{1}|x|\mathrm{d}x = \frac{1}{2}$$

求C_{2n}的方法有几种。

方法一

$$C_{2n} = \frac{4n+1}{2}\int_{-1}^{1}|x|P_{2n}(x)\mathrm{d}x = (4n+1)\int_{0}^{1}xP_{2n}(x)\mathrm{d}x \qquad ①$$

由(9-21)式,有

$$C_{2n} = \frac{4n+1}{2(2n+1)}\int_{0}^{1}[xP'_{2n+1}(x) - xP'_{2n-1}(x)]\mathrm{d}x$$

$$= \int_{0}^{1}x\mathrm{d}P_{2n+1}(x) - \int_{0}^{1}x\mathrm{d}P_{2n-1}(x)$$

$$= xP_{2n+1}(x)\,|_{0}^{1} - \int_{0}^{1}P_{2n+1}(x)\mathrm{d}x - xP_{2n-1}(x)\,|_{0}^{1} + \int_{0}^{1}P_{2n-1}(x)\mathrm{d}x$$

$$= \int_{0}^{1}P_{2n-1}(x)\mathrm{d}x - \int_{0}^{1}P_{2n+1}(x)\mathrm{d}x$$

由 9.1(3) 题的结果,可知

$$\int_0^1 P_{2n+1}\,\mathrm{d}x = \frac{1}{2n+1}\frac{(-1)^n(2n+2)!}{2^{2n+2}\big[(n+1)!\big]^2}$$

将上式中的 n 换为 $n-1$,则得

$$\int_0^1 P_{2n-1}(x)\,\mathrm{d}x = \frac{1}{2n-1}\frac{(-1)^{n-1}(2n)!}{2^{2n}(n!)^2}$$

则有

$$C_{2n} = \frac{1}{2n-1}\frac{(-1)^{n-1}(2n)!}{2^{2n}(n!)^2} - \frac{1}{2n+1}\frac{(-1)^n(2n+2)!}{2^{2n+2}\big[(n+1)!\big]^2}$$

$$= \frac{(-1)^{n+1}(4n+1)(2n-2)!}{2^{2n}(n-1)!(n+1)!}$$

所以有

$$f(x) = |\,x\,| = \frac{1}{2}P_0(x) + \sum_{n=1}^{\infty}\frac{(-1)^{n+1}(4n+1)(2n-2)!}{2^{2n}(n-1)!(n+1)!}P_{2n}(x),$$

$$|\,x\,| < 1$$

方法二　直接应用勒让德多项式的微分式(9-5),代入系数表示式 ①
中,通过分部积分有

$$C_{2n} = \frac{4n+1}{2^{2n}(2n)!}\int_0^1 x\,\frac{\mathrm{d}^{2n}(x^2-1)^{2n}}{\mathrm{d}x^{2n}}\mathrm{d}x$$

$$= \frac{4n+1}{2^{2n}(2n)!}\left\{\left[x\,\frac{\mathrm{d}^{2n-1}(x^2-1)^{2n}}{\mathrm{d}x^{2n-1}}\right]_0^1 - \int_0^1 \frac{\mathrm{d}^{2n-1}(x^2-1)^{2n}}{\mathrm{d}x^{2n-1}}\mathrm{d}x\right\}$$

已积分出的部分以 $x=\pm1$ 为一阶零点,且以 $x=0$ 为零点。故有

$$C_{2n} = -\frac{4n+1}{2^{2n}(2n)!}\left[\frac{\mathrm{d}^{2n-2}(x^2-1)^{2n}}{\mathrm{d}x^{2n-2}}\right]_0^1$$

由于上式以 $x=\pm1$ 为二阶零点,把上限 $x=1$ 代入为零。把下限 $x=0$ 代入,这时只需注意 $\dfrac{\mathrm{d}^{2n-2}(x^2-1)^{2n}}{\mathrm{d}x^{2n-2}}$ 的常数项,即 $(x^2-1)^{2n}$ 中的 $(2n-2)$ 次幂项,运用二项式定理,有

$$(x^2-1)^{2n} = \sum_{k=0}^{2n}\frac{(-1)^k(2n)!}{(2n-k)!k!}(x^2)^{2n-k}$$

取 $k=n+1$ 的项,则

$$C_{2n} = \frac{4n+1}{2^{2n}(2n)!}\frac{\mathrm{d}^{2n-2}}{\mathrm{d}x^{2n-2}}\left[\frac{(-1)^{n+1}(2n)!\,x^{2n-2}}{(n-1)!(n+1)!}\right]$$

$$= (-1)^{n+1}\frac{(4n+1)(2n-2)!}{\big[2^{2n-1}(n-1)!\big]\big[2^{n+1}(n+1)!\big]}$$

$$= \frac{(-1)^{n+1}(4n+1)(2n-1)!!}{(2n-1)!(2n+2)!!}$$

$$= \frac{(-1)^{n+1}(4n+1)(2n-2)!}{2^{2n}(n-1)!(n+1)!}, n = 1,2,3,\cdots$$

故得与方法一同样的结果。

9.6   给定非负整数 n,l,计算

$$A(n,l) = \frac{2l+1}{2}\int_{-1}^{1} x^n P_l(x)\mathrm{d}x。$$

分析:利用 $P_l(x)$ 的导数表示式,该式是一定可以用分部积分法来计算的,但是在 $n \leqslant l$ 时可以利用勒让德多项式的一些性质化简计算。

解   (i) 当 $0 \leqslant n < l$ 时,由于在区间 $-1 \leqslant x \leqslant 1$ 上,x^n 可以用 $P_i(x)$ ($i = 0,1,2,\cdots n$) 线性表示,而 $P_i(x)$ 和 $P_l(x)$ 正交,即

$$\int_{-1}^{1} P_i(x)P_l(x)\mathrm{d}x = 0$$

所以有

$$A(n,l) = 0$$

(ii) 当 $n = l$ 时,在区间 $-1 \leqslant x \leqslant 1$ 上,把 x^n 展开为

$$x^n = \sum_{i=0}^{n} C_i P_i(x) \qquad\qquad ①$$

考虑到只有 $P_n(x)$ 中才包含有 x^n。比较 x^n 两边的系数并利用 $P_n(x)$ 中 x^n 的系数是 $\frac{(2n)!}{2^n(n!)^2}$,即可定出

$$C_n = \frac{2^n(n!)^2}{(2n)!}$$

再次利用勒让德多项式的正交性和 ① 式,可得

$$A(n,l) = \frac{2l+1}{2}\Big[\sum_{i=0}^{n-1} C_i \int_{-1}^{1} P_i(x)P_n(x)\mathrm{d}x + C_n \int_{-1}^{1} P_n(x)P_n(x)\mathrm{d}x\Big]$$

$$= \frac{2l+1}{2} C_n \int_{-1}^{1} \big[P_n(x)\big]^2 \mathrm{d}x = C_n$$

$$= \frac{2^n(n!)^2}{(2n)!}$$

(iii) 当 $n > l$ 时,利用 $P_l(x)$ 的微分表示式(9−5)和分部积分法,类似于计算 $P_n(x)$ 模值的过程,得到

$$A(n,l) = \frac{2l+1}{2}\int_{-1}^{1} x^n P_l(x)\mathrm{d}x = \frac{2l+1}{2}\frac{1}{2^l l!}\int_{-1}^{1} x^n \frac{\mathrm{d}^l}{\mathrm{d}x^l}(x^2-1)^l \mathrm{d}x$$

$$= \frac{2l+1}{2^{l+1}l!}\left[x^n\frac{\mathrm{d}^{l-1}}{\mathrm{d}x^{l-1}}(x^2-1)^l + (-1)n\int_{-1}^1 x^{n-1}\frac{\mathrm{d}^{l-1}}{\mathrm{d}x^{l-1}}(x^2-1)^l\mathrm{d}x\right]$$

$$= \cdots = \frac{2l+1}{2^{l+1}l!}(-1)^l\frac{n!}{(n-l)!}\int_{-1}^1 x^{n-l}(x^2-1)^l\mathrm{d}x$$

当 $n-l$ 是奇数时,被积函数是奇函数,故 $A(n,l)=0$。当 $n-l$ 是偶数时,被积函数是偶函数,所以有

$$A(n,l) = \frac{2l+1}{2^l l!}\frac{(-1)^l n!}{(n-l)!}\int_0^1 x^{n-l}(x^2-1)^l\mathrm{d}x$$

对其中的积分,利用分部积分,得

$$\int_0^1 x^{n-l}(x^2-1)^l\mathrm{d}x = \frac{x^{n-l+1}(x^2-1)^l}{n-l+1}\Big|_0^1$$
$$-\frac{2}{n-l+1}\int_0^1 x^{n-l+2}(x^2-1)^{l-1}\mathrm{d}x$$

反复利用分部积分,使得积分中 x 的次数不断升高,(x^2-1) 的次数不断降低,最后得到

$$A(n,l) = \frac{(2l+1)n!(n-l-1)!!}{(n-l)!(n+l+1)!!}$$

9.7　将下列函数按球谐函数 $Y_l^m(\theta,\varphi)$ 展开

(1) $f(\theta,\varphi) = \sin\theta\cos\varphi$;

(2) $f(\theta,\varphi) = (1+3\cos\theta)\sin\theta\cos\varphi$;

(3) $f(\theta,\varphi) = 3\sin^2\theta\cos^2\varphi - 1$;

(4) $f(\theta,\varphi) = \cos\varphi\sin3\theta$。

解　(1) 首先,把函数 $\sin\theta\cos\varphi$ 对 φ 展开为傅里叶级数,注意到这已经是关于变量 φ 的傅里叶级数了,只不过这级数只有 $m=1$ 一个单项 $\cos\varphi$,其系数为 $\sin\theta$;其次,以 $P_l^1(\cos\theta)(l=1,2,3,\cdots)$ 为基,在 $[0,\pi]$ 区间上把 $\sin\theta$ 展开,注意到函数 $\sin\theta\cos\varphi$ 也已经是关于变量 θ 的广义傅里叶级数了,只不过这级数只有 $l=1$ 一个单项 $P_1^1(\cos\theta)=\sin\theta$。这样,$\sin\theta\cos\varphi = P_1^1(\cos\theta)\cos\varphi$ 正是球谐函数 $Y_l^m(\theta,\varphi)$ 之一,无须再做展开,即有

$$\sin\theta\cos\varphi = P_1^1(\cos\theta)\cos\varphi$$

(2) $(1+3\cos\theta)\sin\theta\cos\varphi = \sin\theta\cos\varphi + 3\sin\theta\cos\theta\cos\varphi$
$$= \sin\theta\cos\varphi + \sin2\theta\cos\varphi$$

考虑到(9-37)式,有

$$P_1^1(\cos\theta) = (1-\cos^2\theta)^{\frac{1}{2}}\frac{\mathrm{d}}{\mathrm{d}\cos\theta}P_1(\cos\theta) = \sin\theta$$

$$P_2^1(\cos\theta) = (1-\cos^2\theta)^{\frac{1}{2}}\frac{\mathrm{d}}{\mathrm{d}\cos\theta}P_2(\cos\theta) = \sin\theta3\cos\theta = \frac{3}{2}\sin2\theta$$

由此可得

$$(1+3\cos\theta)\sin\theta \cdot \cos\varphi = P_1^1(\cos\theta)\cos\varphi + P_2^1(\cos\theta)\cos\varphi$$
$$= Y_1^1(\theta,\varphi) + Y_2^1(\theta,\varphi)$$

（3）首先把 $f(\theta,\varphi)$ 对 φ 展开为傅里叶级数，即有

$$f(\theta,\varphi) = \frac{3}{2}\sin^2\theta(1+\cos2\varphi) - 1 = (\frac{3}{2}\sin^2\theta - 1) + \frac{3}{2}\sin^2\theta\cos2\varphi$$

这个傅里叶级数中含有两项：一是 $m = 2$ 的 $\cos2\varphi$，其系数 $f_2(\theta) = \frac{3}{2}\sin^2\theta$；二是 $m = 0$ 的 1，其系数 $f_0(\theta) = \frac{3}{2}\sin^2\theta - 1$。

其次，把 $f_2(\theta) = \frac{3}{2}\sin^2\theta$ 按 $P_l^2(\cos\theta)(l = 2,3,\cdots)$ 展开，则有

$$\frac{3}{2}\sin^2\theta = \frac{1}{2}P_2^2(\cos\theta)$$

这就是展开结果，即只含 $l = 2$ 项。此外，还需把 $f_0(\theta) = \frac{3}{2}\sin^2\theta - 1$ 按 $P_l^0(\cos\theta)$ 即 $P_l(\cos\theta)(l = 0,1,2,\cdots)$ 展开，利用前几个勒让德多项式的表示式，可得

$$f_0(\theta) = \frac{3}{2}\sin^2\theta - 1 = \frac{3}{2}(1-\cos^2\theta) - 1 = -\frac{1}{2}(3\cos^2\theta - 1)$$
$$= -P_2(\cos\theta)$$

所以有

$$f(\theta,\varphi) = -P_2(\cos\theta) + \frac{1}{2}P_2^2(\cos\theta)\cos2\varphi$$

（4）注意到

$$\sin3\theta = \sin\theta(4\cos^2\theta - 1) = (1-\cos^2\theta)^{\frac{1}{2}}\frac{\mathrm{d}}{\mathrm{d}\cos\theta}(\frac{4}{3}\cos^3\theta - \cos\theta)$$

$$= (1-\cos^2\theta)^{\frac{1}{2}}\frac{\mathrm{d}}{\mathrm{d}\cos\theta}\left[\frac{4}{3}\frac{2}{5}P_3(\cos\theta) + \frac{4}{3}\frac{3}{5}P_1(\cos\theta) - P_1(\cos\theta)\right]$$

$$= -\frac{8}{15}P_3^1(\cos\theta) + \frac{1}{5}P_1^1(\cos\theta)$$

所以有

$$\cos\varphi\sin3\theta = \left[-\frac{8}{15}P_3^1(\cos\theta) + \frac{1}{5}P_1^1(\cos\theta)\right]\cos\varphi$$

$$= \left[-\frac{4}{15}P_3^1(\cos\theta) + \frac{1}{10}P_1^1(\cos\theta)\right]\left[e^{i\varphi} + e^{-i\varphi}\right]$$

$$= -\frac{16}{5}\sqrt{\frac{\pi}{21}}\left[Y_3^1(\theta,\varphi) + Y_3^{-1}(\theta,\varphi)\right]$$

$$+ \frac{1}{5}\sqrt{\frac{2\pi}{3}}\left[Y_1^1(\theta,\varphi) + Y_1^{-1}(\theta,\varphi)\right]$$

9.8　稳定温度场问题。设有半径为 1 的球体，其整个表面上的温度分布保持为 $u(1,\theta) = 18\cos^2\theta$，求在球内任何点的稳定温度分布 $u(r,\theta)$。

解　选取球坐标系。因为球体内部无热源，而表面给定的温度分布与 φ 无关，故该问题具有轴对称性，即球体内 (r,θ,φ) 处的温度分布为 $u(r,\theta)$，并满足定解问题

$$\begin{cases} \dfrac{1}{r^2}\dfrac{\partial}{\partial r}(r^2\dfrac{\partial u}{\partial r}) + \dfrac{1}{r^2\sin\theta}\dfrac{\partial}{\partial\theta}(\sin\theta\dfrac{\partial u}{\partial\theta}) = 0, & 0 < r < 1, \quad ① \\ u(r,\theta)\mid_{r=1} = 18\cos^2\theta, & 0 < \theta < \pi \quad ② \end{cases}$$

应用分离变量法求解。令

$$u(r,\theta) = R(r)\Theta(\theta)$$

将其代入方程 ①，得

$$r^2R'' + 2rR' - \lambda R = 0 \qquad ③$$

$$\frac{1}{\sin\theta}\frac{d}{d\theta}(\sin\theta\frac{d\Theta}{d\theta}) + \lambda\Theta = 0 \qquad ④$$

其中 λ 为非负实数。令 $\lambda = l(l+1)$。并且引入变量 $x = \cos\theta(-1\leqslant x\leqslant 1)$，将 $\Theta(\theta)$ 记成 $y(x)$。由斯特姆-刘维尔本征值问题，当方程中的 $k(x) = 1 - x^2$ 在 $x = \pm 1$ 处为零时，应在两边界点加自然边界条件，即

$$\begin{cases} (1-x^2)\dfrac{d^2 y}{dx^2} - 2x\dfrac{dy}{dx} + l(l+1)y = 0 \\ \mid y(x)\mid_{x=\pm 1} < \infty \end{cases} \qquad ⑤$$

本征值问题 ⑤ 中的方程为勒让德方程，它的通解为

$$y_l(x) = A_l P_l(x) + B_l Q_l(x) \qquad ⑥$$

其中 $P_l(x)$ 和 $Q_l(x)$ 分别为第一类和第二类勒让德函数。因此方程 ④ 的通解为

$$\Theta_l(\theta) = A_l P_l(\cos\theta) + B_l Q_l(\cos\theta) \qquad ⑦$$

为了使解 $y(x)$ 满足式 ⑤ 中的自然边界条件(或者使解 $\Theta(\theta)$ 在区间 $0\leqslant\theta\leqslant\pi$ 上有界)，应取 $B_l = 0$。故其本征值为

$$\lambda_l = l(l+1), \quad l = 0,1,2,\cdots$$

相应的本征函数为

$$y_l(x) = A_l P_l(x) \text{ 或者 } \Theta_l(\theta) = A_l P_l(\cos\theta) \tag{⑧}$$

方程 ③ 是欧拉(Euler)方程,其通解为

$$R_l(r) = C_{1l} r^l + D_{1l} r^{-(l+1)} \tag{⑨}$$

利用叠加原理,得定解问题的解为

$$u(r,\theta) = \sum_{l=0}^{\infty} \left[C_l r^l P_l(\cos\theta) + D_l r^{-(l+1)} P_l(\cos\theta) \right]$$

为使 $u(r,\theta)$ 在 $r=0$ 点有界,应取 $D_l = 0$,即

$$u(r,\theta) = \sum_{l=0}^{\infty} C_l r^l P_l(\cos\theta) \tag{⑩}$$

由边界条件 ②,可得

$$u(r,\theta) \mid_{r=1} = 18\cos^2\theta = \sum_{l=0}^{\infty} C_l P_l(\cos\theta)$$

令 $\cos\theta = x$,有

$$C_l = \frac{2l+1}{2} \int_{-1}^{1} 18x^2 P_l(x) \mathrm{d}x$$

$$C_l = 0, \quad (l > 2)$$

$$C_0 = \frac{1}{2} \int_{-1}^{1} 18x^2 P_0(x) \mathrm{d}x = \frac{1}{2} \int_{-1}^{1} 18x^2 \mathrm{d}x = 6$$

$$C_2 = \frac{2 \cdot 2 + 1}{2} \int_{-1}^{1} 18x^2 P_2(x) \mathrm{d}x = \frac{5}{2} \int_{-1}^{1} 18x^2 \, \frac{1}{2}(3x^2 - 1) \mathrm{d}x = 12$$

把这些系数值代入 ⑩,则得所求定解问题的解为

$$u(r,\theta) = 6P_0(\cos\theta) + 12r^2 P_2(\cos\theta) = 6(1 - r^2 + 3r^2\cos^2\theta)$$

9.9　一个半径为 a 的空心球,如果表面充电到电势为 $u_0\sin^2\theta$,计算球内电场中的电势分布。

解　这道题与上一道题类同,故定解问题为

$$\begin{cases} \dfrac{1}{r^2} \dfrac{\partial}{\partial r}(r^2 \dfrac{\partial u}{\partial r}) + \dfrac{1}{r^2\sin\theta} \dfrac{\partial}{\partial \theta}(\sin\theta \dfrac{\partial u}{\partial \theta}) = 0, & 0 < r < a \quad ① \\ u(r,\theta) \mid_{r=a} = u_0\sin^2\theta, & 0 < \theta < \pi \quad ② \end{cases}$$

此定解问题的解为

$$u(r,\theta) = \sum_{l=0}^{\infty} C_l r^l P_l(\cos\theta) \tag{③}$$

将 ③ 式代入边界条件 ②,可得

$$u_0\sin^2\theta = u(a,\theta) = \sum_{l=0}^{\infty} C_l a^l P_l(\cos\theta)$$

令 $\cos\theta = x$，可得

$$C_l a^l = \frac{2l+1}{2}\int_{-1}^{1} u_0(1-x^2)P_l(x)\mathrm{d}x$$

$$= \frac{2l+1}{2}\int_{-1}^{1}\frac{2}{3}[P_0(x)-P_2(x)]P_l(x)\mathrm{d}x$$

考虑到 $P_l(x)$ 在 $[-1,1]$ 上的正交性，$C_l = 0, (l \neq 0,2)$。直接计算可得

$$C_0 = \frac{2}{3}u_0, \quad C_2 = -\frac{2}{3a^2}u_0$$

把这些系数值代入 ③，则得所求定解问题的解为

$$u(r,\theta) = \frac{2}{3}u_0\left[1-(\frac{r}{a})^2 P_2(\cos\theta)\right]$$

9.10　一空心圆球区域，内半径为 r_1，外半径为 r_2，内球面上有恒定电势 u_0，外球面上电势保持为 $u_1\cos^2\theta$，其中 u_0,u_1 均为常数。试求内外球面之间空心圆球区域中的电势分布。

解　根据题意可知，该问题具有轴对称，定解条件为

$$\begin{cases}\frac{1}{r^2}\frac{\partial}{\partial r}(r^2\frac{\partial u}{\partial r}) + \frac{1}{r^2\sin\theta}\frac{\partial}{\partial\theta}(\sin\theta\frac{\partial u}{\partial\theta}) = 0, & r_1\leqslant r\leqslant r_2, \quad 0\leqslant\theta\leqslant\pi \\ u(r,\theta)\mid_{r=r_1} = u_0, \quad u(r,\theta)\mid_{r=r_2} = u_1\cos^2\theta \end{cases}$$

此定解问题的通解为

$$u(r,\theta) = \sum_{l=0}^{\infty}\left(A_l r^l + \frac{B_l}{r^{l+1}}\right)P_l(\cos\theta)$$

根据边界条件，有

$$A_0 + \frac{B_0}{r_1} + \frac{1}{2}(3\cos^2\theta-1)\left(A_2 r_1^2 + \frac{B_2}{r_1^3}\right) = u_0$$

$$A_0 + \frac{B_0}{r_2} + \frac{1}{2}(3\cos^2\theta-1)\left(A_2 r_2^2 + \frac{B_2}{r_2^3}\right) = u_1\cos^2\theta$$

$$A_l = B_l = 0, \quad l = 1,3,4,5,\cdots$$

解得

$$A_0 = \left(\frac{u_1}{3}r_2 - u_0 r_1\right)\frac{1}{(r_2-r_1)}, \quad B_0 = \left(-\frac{u_1}{3}+u_0\right)\frac{r_1 r_2}{(r_2-r_1)}$$

$$A_2 = \frac{2u_1}{3}\frac{r_2^3}{r_2^5-r_1^5}, \quad B_2 = -\frac{2u_1}{3}\frac{r_1^5 r_2^3}{r_2^5-r_1^5}$$

因而，该定解问题的解为

$$u(r,\theta) = A_0 + \frac{B_0}{r} + \frac{1}{2}(3\cos^2\theta - 1)\left(A_2 r^2 + \frac{B_2}{r^3}\right)$$

9.11　半径为 a 的半球,其表面上温度分布保持为 $u_0\cos\theta$,底部绝热,试求半球内部点的稳定温度分布。

解　取球心为球坐标系的极点,垂直于底面的半径方向为球坐标系的极轴方向。这样,极轴是对称轴,则此问题与 φ 无关。定解问题为

$$\begin{cases} \dfrac{1}{r^2}\dfrac{\partial}{\partial r}(r^2\dfrac{\partial u}{\partial r}) + \dfrac{1}{r^2\sin\theta}\dfrac{\partial}{\partial\theta}(\sin\theta\dfrac{\partial u}{\partial\theta}) = 0, \quad r<a, \quad 0<\theta<\dfrac{\pi}{2} & ① \\[2mm] u(r,\theta)\,|_{r=a} = u_0\cos\theta, \quad 0\leqslant\theta<\dfrac{\pi}{2} & ② \\[2mm] \dfrac{\partial}{\partial\theta}u(r,\theta)\Big|_{\theta=\frac{\pi}{2}} = 0 & ③ \end{cases}$$

此定解问题仅在半球区域($0\leqslant\theta<\dfrac{\pi}{2}$,即 $0<x\leqslant1$)有意义,考虑到在半球底面($\theta=\dfrac{\pi}{2}$)上满足第二类齐次边界条件。必须采用偶延拓,即把边界条件补充定义成为 $\cos\theta$ 的偶函数,即

$$u(a,\theta) = f(\theta) = \begin{cases} u_0\cos\theta, & 0\leqslant\theta\leqslant\dfrac{\pi}{2} \\[2mm] -u_0\cos\theta, & \dfrac{\pi}{2}\leqslant\theta\leqslant\pi \end{cases} \quad ④$$

即

$$f(x) = \begin{cases} u_0 x, & 0\leqslant x\leqslant1 \\ -u_0 x, & -1\leqslant x\leqslant0 \end{cases} \quad ⑤$$

我们用边界条件 ④ 代替 ② 和 ③。现在定解问题在整个球内区域有意义。考虑到在轴对称情况下,该定解问题的解为

$$u(r,\theta) = \sum_{l=0}^{\infty} C_l r^l P_l(\cos\theta) \quad ⑥$$

代人边界条件 ⑤ 得

$$\sum_{l=0}^{\infty} C_l a^l P_l(x) = f(x) = u_0\,|\,x\,| \quad ⑦$$

所以有

$$\begin{cases} C_{2n+1}a^{2n+1} = 0 \\ C_{2n}a^{2n} = \dfrac{(-1)^{n+1}(4n+1)(2n-2)!!}{(2n-1)(2n+2)!!}u_0 & ⑧ \\ C_0 = \dfrac{1}{2}u_0 \end{cases}$$

将 ⑧ 式代入 ⑦ 式,有

$$C_0 = \frac{1}{2}u_0, \quad C_{2n+1} = 0, \quad C_{2n}a^{2n} = \frac{(-1)^{n+1}(4n+1)(2n-2)!!}{(2n-1)(2n+2)!!}u_0$$

因此得

$$u(r,\theta) = \frac{1}{2}u_0 + \sum_{n=1}^{\infty} \frac{(-1)^{n+1}(4n+1)(2n-2)!!}{(2n-1)!(2n+2)!!} \frac{u_0}{a^{2n}} r^{2n} P_{2n}(\cos\theta) \quad ⑨$$

⑨ 式在半球区域$(0 \leqslant \theta < \dfrac{\pi}{2})$上即为定解问题 ①②③ 的解。

9.12 设有一半径为a的导体球,在与球心距离为$d(d > a)$的地方放一点电荷$4\pi\varepsilon_0 q$,求导体外的电势分布。

解 取球心为球坐标系的极点,极轴通过点电荷,则极轴是对称轴,此问题与φ无关。由静电场的电势分布可知,如果没有导体球,则电势应该为$\dfrac{q}{\sqrt{d^2 - 2dr\cos\theta + r^2}}$。当电场中放进导体球后,导体球面上产生负的感应电荷,故静电势应修正为

$$u(r,\theta) = \frac{q}{\sqrt{d^2 - 2dr\cos\theta + r^2}} + v(r,\theta) \quad ①$$

其中$v(r,\theta)$为导体球上的静电感应电荷产生的电势分布,它应满足定解问题

$$\begin{cases} \dfrac{1}{r^2}\dfrac{\partial}{\partial r}(r^2\dfrac{\partial v}{\partial r}) + \dfrac{1}{r^2\sin\theta}\dfrac{\partial}{\partial\theta}(\sin\theta\dfrac{\partial v}{\partial\theta}) = 0 & ② \\ v(r,\theta)\mid_{r=a} = \dfrac{-q}{\sqrt{d^2 - 2da\cos\theta + a^2}}, \quad \lim_{r\to\infty}v(r,\theta) = 0 & ③ \end{cases}$$

可得上述定解问题的解

$$v(r,\theta) = \sum_{l=0}^{\infty} D_l r^{-(l+1)} P_l(\cos\theta) \quad ④$$

由边界条件 ③,可得

$$\sum_{l=0}^{\infty} D_l a^{-(l+1)} P_l(\cos\theta) = \frac{-q}{\sqrt{d^2 - 2da\cos\theta + a^2}}$$

并且有

$$\sum_{l=0}^{\infty} D_l a^{-(l+1)} P_l(\cos\theta) = -q \sum_{l=0}^{\infty} a^l d^{-(l+1)} P_l(\cos\theta)$$

比较两边的广义傅里叶系数,可得

$$D_l = -q a^{2l+1} d^{-(l+1)}$$

把这些系数值代入 ①,得所求定解问题的解为

$$u(r,\theta) = \frac{q}{\sqrt{d^2 - 2dr\cos\theta + r^2}} - q \frac{a}{d} \sum_{l=0}^{\infty} (\frac{a^2}{d})^l r^{-(l+1)} P_l(\cos\theta) \qquad ⑤$$

由母函数表示,得

$$v(r,\theta) = \frac{-a \dfrac{q}{d}}{\sqrt{(\dfrac{a^2}{d})^2 - 2 \dfrac{a^2}{d} r\cos\theta + r^2}} \qquad ⑥$$

所以有

$$u(r,\theta) = \frac{q}{\sqrt{d^2 - 2dr\cos\theta + r^2}} - \frac{q \dfrac{a}{d}}{\sqrt{(\dfrac{a^2}{d})^2 - 2 \dfrac{a^2}{d} r\cos\theta + r^2}}, \quad r > a$$

9.13　求球形区域 $\Omega = \{(x,y,z), | 0 < a < \sqrt{x^2+y^2+z^2} = r < b\}$ 上的狄利克雷问题的解

$$\begin{cases} \nabla^2 u = 0, & (x,y,z) \in \Omega \quad ① \\ u(r,\theta)\,|_{r=a} = f_1(\theta), \quad u(r,\theta)\,|_{r=b} = f_2(\theta), & 0 < \theta < \pi \quad ② \end{cases}$$

解　在球坐标系下上述定解问题可化为下列边值问题

$$\begin{cases} \dfrac{1}{r^2} \dfrac{\partial}{\partial r}(r^2 \dfrac{\partial u}{\partial r}) + \dfrac{1}{r^2 \sin\theta} \dfrac{\partial}{\partial \theta}(\sin\theta \dfrac{\partial u}{\partial \theta}) = 0, & a < r < b, 0 \leqslant \theta < \pi \\ u(r,\theta)\,|_{r=a} = f_1(\theta), \quad u(r,\theta)\,|_{r=b} = f_2(\theta) & 0 \leqslant \theta \leqslant \pi \end{cases} ③$$

利用分离变量法,其解具有如下形式

$$u(r,\theta) = \sum_{l=0}^{\infty} [C_l r^l P_l(\cos\theta) + D_l r^{-(l+1)} P_l(\cos\theta)] \qquad ④$$

由边界条件 ②,可得

$$f_1(\theta) = \sum_{l=0}^{\infty} [C_l a^l P_l(\cos\theta) + D_l a^{-(l+1)} P_l(\cos\theta)]$$

$$f_2(\theta) = \sum_{l=0}^{\infty} [C_l b^l P_l(\cos\theta) + D_l b^{-(l+1)} P_l(\cos\theta)]$$

利用勒让德多项式的正交性关系式,可得

$$\int_0^\pi f_1(\theta)P_n(\cos\theta)\sin\theta d\theta = \sum_{l=0}^\infty (C_l a^l + D_l a^{-(l+1)})\int_0^\pi P_l(\cos\theta)P_n(\cos\theta)\sin\theta d\theta$$

$$= \frac{2}{2n+1}\big[C_l a^l + D_l a^{-(l+1)}\big]$$

$$\int_0^\pi f_2(\theta)P_n(\cos\theta)\sin\theta d\theta = \sum_{l=0}^\infty (C_l b^l + D_l b^{-(l+1)})\int_0^\pi P_l(\cos\theta)P_n(\cos\theta)\sin\theta d\theta$$

$$= \frac{2}{2n+1}\big[C_l b^l + D_l b^{-(l+1)}\big]$$

设

$$\frac{2}{2n+1}\int_0^\pi f_1(\theta)P_n(\cos\theta)\sin\theta d\theta = A_n$$

$$\frac{2}{2n+1}\int_0^\pi f_2(\theta)P_n(\cos\theta)\sin\theta d\theta = B_n$$

则有

$$C_l b^l + D_l b^{-(l+1)} = B_l, \quad C_l a^l + D_l a^{-(l+1)} = A_l$$

解得

$$C_l = \frac{A_l a^{l+1} - B_l b^{l+1}}{a^{2l+1} - b^{2l+1}}, \quad D_l = \frac{a^{l+1}b^{l+1}(A_l b^l - B_l a^l)}{b^{2l+1} - a^{2l+1}}$$

把这些系数值代入 ④，即得所求定解问题的解。

9.14　半径为 a 的球形区域内部没有电荷，球面上的电势为 $u_0\sin^2\theta\cos\varphi\sin\varphi$，$u_0$ 为常数，求球形区域内部的电势分布。

解　这是静电场电势分布问题，其定解问题为

$$\begin{cases} \nabla^2 u = 0, \quad r < a & ① \\ u(r,\theta,\varphi)\,|_{r=a} = u_0\sin^2\theta\cos\varphi\sin\varphi, \quad 0\leqslant\theta<\pi, \quad 0\leqslant\varphi\leqslant2\pi & ② \\ u(r,\theta,\varphi)\,|_{r=0} = \text{有限值} & ③ \end{cases}$$

由于球面边界条件与 θ 和 φ 均有关系，由此可知这是一个非轴对称的问题。设

$$u(r,\theta,\varphi) = R(r)\Theta(\theta)\Phi(\varphi)$$

代入方程 ①，经过分离变量得到拉普拉斯方程的一系列特解

$$u_l^m(r,\theta,\varphi) = R_l\Theta_l^m\Phi_m = R_l(r)Y_l^m(\theta,\varphi)$$
$$= r^l(A_l^m\cos m\varphi + B_l^m\sin m\varphi)P_l^m(\cos\theta) + r^{-(l+1)}(C_l^m\cos m\varphi + D_l^m\sin m\varphi)P_l^m(\cos\theta)$$

其中，$A_l^m, B_l^m, C_l^m, D_l^m(l=0,1,2,\cdots m\leqslant l)$ 都是任意常数。由叠加原理得定解问题的通解

$$u(r,\theta,\varphi) = \sum_{l=0}^{\infty} \sum_{m=0}^{l} r^l [A_l^m \cos m\varphi + B_l^m \sin m\varphi] P_l^m(\cos\theta)$$

$$+ \sum_{l=0}^{\infty} \sum_{m=0}^{l} r^{-(l+1)} [C_l^m \cos m\varphi + D_l^m \sin m\varphi] P_l^m(\cos\theta) \qquad ④$$

考虑到自然边界条件 ③，得 $C_l^m = D_l^m = 0$。所以有

$$u(r,\theta,\varphi) = \sum_{l=0}^{\infty} \sum_{m=0}^{l} r^l [A_l^m \cos m\varphi + B_l^m \sin m\varphi] P_l^m(\cos\theta) \qquad ⑤$$

把边界条件 ② 代入式 ⑤，有

$$\sum_{l=0}^{\infty} \sum_{m=0}^{l} a^l [A_l^m \cos m\varphi + B_l^m \sin m\varphi] P_l^m(\cos\theta) = u_0 \sin^2\theta \cos\varphi \sin\varphi$$

利用三角函数和连带勒让德多项式的正交性和归一性，可算出上式中的待定系数；或者，通过比较系数法也可得到。考虑到

$$u_0 \sin^2\theta \cos\varphi \sin\varphi = \frac{1}{6} u_0 (3\sin^2\theta) \sin 2\varphi = \frac{1}{6} u_0 P_2^2(\cos\theta) \sin 2\varphi \qquad ⑥$$

⑥ 式是广义傅里叶级数，不过只含有球函数 $P_2^2(\cos\theta)\sin 2\varphi$ 的单项，把 ⑥ 式代入式 ⑤，比较系数可得

$$B_2^2 = \frac{u_0}{6a^2}(l=2, m=2), \quad B_l^m = 0(l \neq 2, m \neq 2),$$

$$A_l^m = 0(l, m = 0, 1, 2, \cdots)$$

所以有

$$u(r,\theta,\varphi) = \frac{u_0}{6a^2} r^2 P_2^2(\cos\theta) \sin 2\varphi$$

9.15   在半径为 a 的球形区域的外部求解定解问题

$$\begin{cases} \nabla^2 u = 0, \quad r > a & ① \\ \left. \frac{\partial}{\partial r} u(r,\theta,\varphi) \right|_{r=a} = u_0 \left(\sin^2\theta \sin^2\varphi - \frac{1}{3} \right) & ② \\ u(r,\theta,\varphi) \big|_{r \to \infty} = 有限值 & ③ \end{cases}$$

解   本定解问题中的边界条件与 θ 和 φ 均有关系，由此可知这是一个非轴对称的问题。由前面的讨论可知，此定解问题的通解为

$$u(r,\theta,\varphi) = \sum_{l=0}^{\infty} \sum_{m=0}^{l} r^l [A_l^m \cos m\varphi + B_l^m \sin m\varphi] P_l^m(\cos\theta)$$

$$+ \sum_{l=0}^{\infty} \sum_{m=0}^{l} r^{-(l+1)} [C_l^m \cos m\varphi + D_l^m \sin m\varphi] P_l^m(\cos\theta) \qquad ④$$

考虑到自然边界条件 ③，可得 $A_l^m = B_l^m = 0$。

则有

$$u(r,\theta,\varphi) = \sum_{l=0}^{\infty} \sum_{m=0}^{l} r^{-(l+1)} \left[C_l^m \cos m\varphi + D_l^m \sin m\varphi \right] P_l^m(\cos\theta) \qquad ⑤$$

把边界条件 ② 代入式 ⑤,有

$$-(l+1)\sum_{l=0}^{\infty} \sum_{m=0}^{l} a^{-(l+2)} \left[C_l^m \cos m\varphi + D_l^m \sin m\varphi \right] P_l^m(\cos\theta)$$

$$= u_0 \left(\sin^2\theta \sin^2\varphi - \frac{1}{3} \right) \qquad\qquad ⑥$$

把 $u_0 \left(\sin^2\theta \sin^2\varphi - \frac{1}{3} \right)$ 按球谐函数展开,有

$$u_0 \left(\sin^2\theta \sin^2\varphi - \frac{1}{3} \right) = \frac{u_0}{3} \left[-\frac{1}{2}(3\sin^2\theta)\cos 2\varphi + \frac{3}{2}(1-\cos^2\theta) - 1 \right]$$

$$= \frac{u_0}{3} \left[-\frac{1}{2} P_2^2(\cos\theta)\cos 2\varphi - \frac{1}{2}(3\cos^2\theta - 1) \right]$$

$$= \frac{u_0}{3} \left[-\frac{1}{2} P_2^2(\cos\theta)\cos 2\varphi - P_2(\cos\theta) \right]$$

把上式代入 ⑥ 比较系数,可得

$$C_2^0 = \frac{u_0}{9} a^4, \quad C_2^2 = \frac{u_0}{18} a^4,$$

$$C_l^m = 0 (l \neq 2, m \neq 0,2), \quad D_l^m = 0 (l, m = 0,1,2,\cdots)$$

则有

$$u(r,\theta,\varphi) = \frac{u_0 a^4}{9} \frac{1}{r^3} P_2(\cos\theta) + \frac{u_0 a^4}{18} \frac{1}{r^3} P_2^2(\cos\theta)\cos 2\varphi$$

第十章 贝塞尔函数 柱函数

贝塞尔函数是理论物理与现代科学技术领域中经常遇到的一类特殊函数,它被广泛应用到数学、物理、光通信和其他科学技术领域之中。本章主要讨论贝塞尔方程的解,即贝塞尔函数、半奇数阶贝塞尔函数、虚宗量贝塞尔函数和球贝塞尔函数的基本性质及其应用。

10.1 内容导读

一、贝塞尔方程的解

1. 第一类贝塞尔函数

对于 ν 阶贝塞尔方程

$$x^2 y''(x) + x y'(x) + (x^2 - \nu^2) y(x) = 0 \qquad (10\text{-}1)$$

在 $x = 0$ 点处有两个正则解 $J_\nu(x)$ 和 $J_{-\nu}(x)$,称为第一类贝塞尔函数,简称 ν 阶贝塞尔函数,即

$$J_{\pm\nu}(x) = \sum_{k=0}^{\infty} \frac{(-1)^k}{k\,!\,\Gamma(k \pm \nu + 1)} \left(\frac{x}{2}\right)^{2k\pm\nu} \qquad (10\text{-}2)$$

如果 $\nu \neq$ 整数,$J_{\pm\nu}(x)$ 为贝塞尔方程的两个线性无关的正则解。

如果 $\nu = m$(m 为整数),可得整数阶贝塞尔函数

$$J_m(x) = \sum_{k=0}^{\infty} \frac{(-1)^k}{k\,!\,(k+m)} \left(\frac{x}{2}\right)^{2k+m} \qquad (10\text{-}3)$$

并且有

$$J_{-m}(x) = (-1)^m J_m(x) \qquad (10\text{-}4)$$

$$J_m(x) = (-1)^m J_m(-x) \qquad (10\text{-}5)$$

(10-4)式说明 $J_m(x)$ 与 $J_{-m}(x)$ 线性相关。

当 x 很小时 $(x \to 0)$,级数解(10-3)的近似表达式为

$$J_\nu(x) \approx \frac{1}{\Gamma(\nu+1)}(\frac{x}{2})^\nu, \quad \nu \neq -1, -2, -3, \cdots \tag{10-6}$$

特别是

$$J_0(0) = 1, \quad J_m(0) = 0, \quad (m = 1, 2, 3, \cdots) \tag{10-7}$$

即当 $x \to 0$ 时,无论 ν 是否为零,$J_\nu(x)$ 都是有界的。

当 x 很大时 $(x \to \infty)$,级数解(10-3)的近似式为

$$J_\nu(x) \approx \sqrt{\frac{2}{\pi x}} \cos(x - \frac{\pi}{2}\nu - \frac{\pi}{4}) + 0(x^{-\frac{3}{2}}) \tag{10-8}$$

即当 $|x| \to \infty$ 时,$J_\nu(x)$ 的振幅与 $\sqrt{x}$ 呈反比。

2.第二类贝塞尔函数(又称诺依曼函数)

$$N_\nu(x) = \frac{\cos(\nu\pi)J_\nu(x) - J_{-\nu}(x)}{\sin(\nu\pi)} \tag{10-9}$$

当 $\nu \to m$ 时,定义整数阶诺依曼函数 $N_m(x)$ 为

$$N_m(x) = \lim_{\nu \to m} \frac{\cos(\nu\pi)J_\nu(x) - J_{-\nu}(x)}{\sin(\nu\pi)} \tag{10-10}$$

$N_m(x)$ 是存在的,所以无论 ν 是整数或非整数,$N_\nu(x)$ 都是 ν 阶贝塞尔方程的另一个特解,并且有

$$N_{-m}(x) = (-1)^m N_m(x) \tag{10-11}$$

故将负整数阶诺依曼函数的计算归结为正整数阶诺依曼函数的计算。

当 x 很小时 $(x \to 0)$,$N_0(x) \to -\infty$,$N_m(x) \to \pm\infty$,$(m \neq 0)$,$N_\nu(x) \to \pm\infty$,$(\nu \neq 0)$,这说明,当 $x \to 0$ 时,无论 ν 或 m 是否为零,$N_m(x)$ 都是无界的。

当 x 很大时,$(x \to \infty)$,其近似为

$$N_\nu(x) \approx \sqrt{\frac{2}{\pi x}} \sin(x - \frac{\pi}{4} - \frac{\nu\pi}{2}) \tag{10-12}$$

这说明,当 $x \to \infty$ 时,$N_\nu(x) \to 0$。

3.第三类贝塞尔函数(也称汉克尔函数)

$$H_\nu^{(1)}(x) = J_\nu(x) + iN_\nu(x) \tag{10-13}$$

$$H_\nu^{(2)}(x) = J_\nu(x) - iN_\nu(x) \tag{10-14}$$

$H_\nu^{(1)}(x)$ 和 $H_\nu^{(2)}(x)$ 也是贝塞尔方程的两个线性无关的解。

当 x 很小时 $(x \to 0)$,$H_\nu^{(1)}$、$H_\nu^{(2)}$ 的性质决定于 $N_\nu(x)$ 和 $J_\nu(x)$ 在 $x \to$

0 时的性质。当 x 很大时（$x \to \infty$），其渐近展开式为

$$H_\nu^{(1)}(x) \approx \sqrt{\frac{2}{\pi x}} \mathrm{e}^{i(x-\frac{\pi}{2}\nu-\frac{\pi}{4})} + 0(x^{-\frac{3}{2}}) \tag{10-15}$$

$$H_\nu^{(2)}(x) \approx \sqrt{\frac{2}{\pi x}} \mathrm{e}^{-i(x-\frac{\pi}{2}\nu-\frac{\pi}{4})} + 0(x^{-\frac{3}{2}}) \tag{10-16}$$

上述两式分别乘上时间因子 $\mathrm{e}^{-i\omega t}$，当 x 很大时，$H_\nu^{(1)}(x)\mathrm{e}^{-i\omega t}$ 代表一个沿 x 的正向传播的波，$H_\nu^{(2)}(x)\mathrm{e}^{-i\omega t}$ 代表一个沿 x 的负方向传播的波。

4. 贝塞尔方程的通解及三类贝塞尔函数的关系

（1）当 $\nu \ne$ 整数时，贝塞尔方程的通解为

$$y(x) = AJ_\nu(x) + BJ_{-\nu}(x) \tag{10-17}$$

（2）无论 ν 是否为零或整数，$N_\nu(x)$ 与 $J_\nu(x)$ 总是线性无关的，故贝塞尔方程的通解均可表示为

$$y(x) = AJ_\nu(x) + BN_\nu(x) \tag{10-18}$$

（3）无论 ν 是否为零或整数，贝塞尔方程的通解都可以表示为 $H_\nu^{(1)}(x)$ 和 $H_\nu^{(2)}(x)$ 的线性组合，即

$$y(x) = AH_\nu^{(1)}(x) + BH_\nu^{(2)}(x) \tag{10-19}$$

（4）三类贝塞尔函数的关系为

$$J_\nu(x) = \frac{1}{2}\left[H_\nu^{(1)}(x) + H_\nu^{(2)}(x)\right] \tag{10-20}$$

$$N_\nu(x) = \frac{1}{2i}\left[H_\nu^{(1)}(x) - H_\nu^{(2)}(x)\right] \tag{10-21}$$

其中 A、B 为任意常数。

二、整数阶贝塞尔函数的性质

1. 整数阶贝塞尔函数的振荡特性及整数阶第一类贝塞尔函数 $J_m(x)$ 的零点分布

（1）贝塞尔函数的振荡特性

由贝塞尔方程解的近似表示（10-8）式及（10-12）式可知，当 x 变为足够大且为实变数时，$J_\nu(x)$ 和 $N_\nu(x)$ 是相位相差 $\frac{\pi}{2}$ 的两个衰减振荡函数。

（2）整数阶第一类贝塞尔函数 $J_m(x)$ 的零点分布

（i）$J_m(x)$ 有无穷多个实的零点，且只有单重实零点；

(ii)$J_m(x)$ 的零点关于原点对称分布；

(iii)$J_m(x)$ 的零点与 $J_{m+1}(x)$ 的零点相间分布，即 $J_m(x)$ 的任意两个相邻零点之间必有且仅有一个 $J_{m+1}(x)$ 的零点；

(iv)$J_m(x)$ 的最小正零点 $\omega_1^{(m)}$ 比 $J_{m+1}(x)$ 的最小正零点 $\omega_1^{(m+1)}$ 更小；

(v)$J_m(x)$ 的零点都是孤立的，当 $m \geqslant 1$ 时，除 $x=0$ 是 $J_m(x)$ 的 m 阶零点外，其他零点都是一阶的，$J_0(x)$ 的零点则是一阶的；

(vi) 以 x_n^m 表示 $J_m(x)$ 的第 n 个正零点，则 $\lim\limits_{n \to +\infty}[x_{n+1}^m - x_n^m] = \pi$，即 $J_m(x)$ 几乎是以 2π 为周期的周期函数。

2. 贝塞尔函数的母函数

$$e^{\frac{x}{2}(z-\frac{1}{z})} = \sum_{m=-\infty}^{\infty} J_m(x)z^m \tag{10-22}$$

等号左方的函数 $e^{\frac{x}{2}(z-\frac{1}{z})}$ 称为整数阶贝塞尔函数 $J_m(x)$ 的**母函数**。当 x 为实数时，有

$$e^{ix\cos\varphi} = J_0(x) + 2\sum_{m=1}^{\infty} i^m J_m(x)\cos m\varphi$$

此式可看作函数 $e^{ix\cos\varphi}$ 的傅里叶级数展开式，并且有

$$\cos(x\cos\varphi) = J_0(x) + 2\sum_{m=1}^{\infty}(-1)^m J_{2m}(x)\cos 2m\varphi \tag{10-23}$$

$$\sin(x\cos\varphi) = 2\sum_{m=1}^{\infty}(-1)^m J_{2m+1}(x)\sin(2m+1)\varphi \tag{10-24}$$

上两式的左方，表示平面波的空间因子（振幅因子）；右方中的每一项都是柱面波的空间因子。这就说明可以将(10-23)式和(10-24)式解释为用柱面波去表示平面波。

3. 整数阶贝塞尔函数的加法公式

$$J_m(x+y) = \sum_{k=-\infty}^{+\infty} J_k(x)J_{m-k}(y) \tag{10-25}$$

4. 整数阶贝塞尔函数 $J_m(x)$ 的积分表示式

(1) 整数阶贝塞耳函数 $J_m(x)$ 的围线积分表示式

$$J_m(x) = \frac{1}{2\pi i}\oint_l \frac{e^{\frac{x}{2}(z-\frac{1}{z})}}{z^{m+1}}dz \tag{10-26}$$

这里 l 为围绕 $z=0$ 点的任一逆时针方向的闭曲线。

(2) 整数阶贝塞尔函数的定积分表示式

$$J_m(x) = \frac{1}{2\pi}\int_{-\pi}^{\pi}\cos(x\sin\varphi - m\varphi)\mathrm{d}\varphi,\ (m=0,\pm1,\pm2,\cdots)$$

$$(10\text{-}27)$$

当 m 不为整数时,上式也成立。

5. 贝塞尔函数的递推公式

$$\frac{\mathrm{d}}{\mathrm{d}x}[x^v J_v(x)] = x^v J_{v-1}(x) \tag{10-28}$$

$$\frac{\mathrm{d}}{\mathrm{d}x}[x^{-v} J_v(x)] = -x^{-v} J_{v+1}(x) \tag{10-29}$$

$$J_{v-1}(x) + J_{v+1}(x) = \frac{2v}{x}J_v(x) \tag{10-30}$$

$$J_{v-1}(x) - J_{v+1}(x) = 2J'_v(x) \tag{10-31}$$

在(10-29)式中,取 $\nu=0$,有

$$J'_0(x) = -J_1(x) \tag{10-32}$$

在(10-28)式中,取 $\nu=1$,有

$$[xJ_1(x)]' = xJ_0(x) \ \text{或} \ xJ_0(x) = \int_0^x \zeta J_1(\zeta)\mathrm{d}\zeta \tag{10-33}$$

其中(10-32)式、(10-33)式是两个重要的特殊情形,很常用。

6. 柱函数的定义

通常把任意一个满足下述递推公式的函数称为**柱函数**,并以 $Z_v(x)$ 表示:

$$\frac{\mathrm{d}}{\mathrm{d}x}[x^v Z_v(x)] = x^v Z_{v-1}(x) \tag{10-34}$$

$$\frac{\mathrm{d}}{\mathrm{d}x}[x^{-v} Z_v(x)] = -x^{-v} Z_{v+1}(x) \tag{10-35}$$

或者有

$$Z_{v-1}(x) + Z_{v+1}(x) = \frac{2v}{x}Z_v(x) \tag{10-36}$$

$$Z_{v-1}(x) - Z_{v+1}(x) = 2Z'_v(x) \tag{10-37}$$

贝塞尔函数、诺伊曼函数和汉克尔函数都属于柱函数,并且柱函数一定是贝塞尔方程的解。但并非所有 $J_v(x)$ 和 $N_v(x)$ 的线性组合都能符合柱函数的上述递推关系,即贝塞尔方程的解不一定是柱函数。

三、贝塞尔方程的本征值问题

1. m 阶贝塞尔方程的本征值问题

$$\begin{cases} \dfrac{\mathrm{d}}{\mathrm{d}\rho}\left(\rho\dfrac{\mathrm{d}R}{\mathrm{d}\rho}\right)+\left(\omega^2\rho-\dfrac{m^2}{\rho}\right)R=0, \quad 0\leqslant\rho\leqslant b & (10\text{-}38) \\[2mm] |R(0)|<\infty & (10\text{-}39) \\[2mm] \left(\alpha\dfrac{\mathrm{d}R}{\mathrm{d}\rho}+\beta R\right)\Big|_{\rho=b}=0 & (10\text{-}40) \end{cases}$$

ω_i 值的平方 ω_i^2 就是此定解问题的本征值，ω_i 是超越方程

$$\alpha\omega J'_m(\omega b)+\beta J_m(\omega b)=0 \tag{10-41}$$

的根。可以证明，这样的根有无限多个，都是单根，用 $\omega_i(i=1,2,3,\cdots)$ 表示正数根（不考虑负数根），由小到大排列为

$$\omega_1,\omega_2,\omega_3,\cdots,\omega_i,\cdots \tag{10-42}$$

相应的本征函数为

$$R_i(\rho)=J_m(\omega_i\rho) \tag{10-43}$$

负数根的本征函数与相应正数根的本征函数最多只差一正负号，故不必考虑。

2. 不同本征值的贝塞尔函数的正交性与归一化

对应于不同本征值的同阶贝塞尔函数系 $\{J_m(\omega_i\rho)\}$ 在区间 $0\leqslant\rho\leqslant b$ 上带权 ρ 正交，即

$$\int_0^b J_m(\omega_i\rho)J_m(\omega_j\rho)\rho\mathrm{d}\rho=0\,(i\neq j,i,j=1,2,3,\cdots) \tag{10-44}$$

设 m 阶贝塞尔本征函数的模为 N_i，则 m 阶贝塞尔本征函数的模方

$$N_i^2=\int_0^b[R_i(\rho)]^2\rho\mathrm{d}\rho=\frac{b^2}{2(\omega_i)^2}\left\{[R'_i(b)]^2+(\omega_i)^2\left(1-\frac{m^2}{(\omega_i b)^2}\right)[R_i(b)]^2\right\}$$
$$\tag{10-45}$$

或者有

$$N_i^2=\int_0^b J_m^2(\omega_i\rho)\rho\mathrm{d}\rho=\frac{b^2}{2}\left\{[J'_m(\omega_i b)]^2+\left(1-\frac{m^2}{(\omega_i b)^2}\right)[J_m(\omega_i b)]^2\right\}$$
$$\tag{10-46}$$

（1）如果是第一类齐次边界条件，则有

$$[N_i]^2=\frac{b^2}{2}[J'_m(\omega_i b)]^2=\frac{b^2}{2}[J_{m+1}(\omega_i b)]^2 \tag{10-47}$$

（2）如果是第二类齐次边界条件，则有

$$\left[N_i\right]^2 = \frac{1}{2}\left[b^2 - \left(\frac{m}{\omega_i}\right)^2\right]\left[J_m(\omega_i b)\right]^2 \qquad (10\text{-}48)$$

3. 以贝塞尔本征函数族为基的广义傅里叶级数展开

若任意函数 $f(\rho)$ 在区间 $0 \leqslant \rho \leqslant b$ 具有连续的一阶导数和分段连续的二阶导数，且 $f(\rho)$ 在区间 $0 \leqslant \rho \leqslant b$ 上平方可积，则函数 $f(\rho)$ 在区间 $0 \leqslant \rho \leqslant b$ 上可以贝塞尔本征函数系 $\{J_m(\omega_i \rho)\}$ 为基展开为广义傅里叶级数

$$f(\rho) = \sum_{i=1}^{\infty} f_i J_m(\omega_i \rho) \qquad (10\text{-}49)$$

其中系数

$$f_i = \frac{1}{\left[N_i\right]^2} \int_0^b f(\rho) J_m(\omega_i \rho) \rho \mathrm{d}\rho \qquad (10\text{-}50)$$

若要求出 $f(\rho)$ 的广义傅里叶级数展开，需计算（10-50）式中的积分。很多情况下，求积分是办不到的，甚至当 $f(\rho)$ 有简单形式时也是如此。实际运用中，我们常用数值法或图解法。

四、虚宗量贝塞尔方程与虚宗量贝塞尔函数

1. 虚宗量贝塞尔方程与虚宗量贝塞尔函数

（1）ν 阶虚宗量（变型）贝塞尔方程

$$\rho^2 \frac{\mathrm{d}^2 R(\rho)}{\mathrm{d}\rho^2} + \rho \frac{\mathrm{d}R(\rho)}{\mathrm{d}\rho} + (-\omega^2 \rho^2 - \nu^2)R(\rho) = 0 \qquad (10\text{-}51)$$

做变量代换 $x = \omega\rho, y(x) = R(\rho)$，则方程（10-51）变为

$$x^2 y''(x) + x y'(x) - (x^2 + \nu^2) y(x) = 0$$

其中 x 为实数。

（2）ν 阶虚宗量贝塞尔方程的解

（i）当 $\nu \neq$ 整数时，ν 阶虚宗量贝塞尔方程的通解为

$$y(x) = A I_\nu(x) + B I_{-\nu}(x) \qquad (10\text{-}52)$$

$I_{\pm\nu}(x)$ 称为**虚宗量贝塞尔函数或第一类虚宗量贝塞尔函数**，并有

$$I_{\pm\nu}(x) = \sum_{k=0}^{\infty} \frac{1}{k! \Gamma(k \pm \nu + 1)} \left(\frac{x}{2}\right)^{2k \pm \nu} \qquad (10\text{-}53)$$

是实变量 x 的函数。

（ii）无论 ν 是否为整数，$K_\nu(x)$ 和 $I_\nu(x)$ 总是线性无关的。此时 ν 阶虚宗量贝塞耳方程的通解为

$$y(x) = A I_\nu(x) + B K_\nu(x) \qquad (10\text{-}54)$$

其中 $K_\nu(x)$ 称为 ν 阶**第二类虚宗量贝塞尔函数（也称麦克唐纳函数）**，有

$$K_\nu(x) = \frac{\pi}{2} \frac{I_{-\nu}(x) - I_\nu(x)}{\sin\pi\nu} \tag{10-55}$$

2. 第一类虚宗量贝塞尔函数的基本性质

(1) $I_m(x)$ 和 $I_{-m}(x)$ 线性相关，并且有

$$I_{-m}(x) = I_m(x) \tag{10-56}$$

(2) 奇偶性

$$I_m(-x) = (-1)^m I_m(x) \tag{10-57}$$

(3) 特殊值

$$I_0(0) = 1, \quad I_m(0) = 0 \quad (m = 1, 2, 3, \cdots) \tag{10-58}$$

由级数形式 (10-53) 可知，当 x 为大于零的实数时，所有的项都是正的，因此 $I_\nu(x)$ 不会有实零点。

(4) 当 x 很大时 ($x \to \infty$)，虚宗量贝塞尔函数 $I_\nu(x)$ 和 $K_\nu(x)$ 的渐近式为

$$I_\nu(x) \approx \frac{e^x}{\sqrt{2\pi x}}[1 + o(x^{-1})] \tag{10-59}$$

$$K_\nu(x) \sim \sqrt{\frac{\pi}{2x}} e^{-x}[1 + o(x^{-1})] \tag{10-60}$$

(5) $I_m(x)$ 的递推公式为

$$I_{m-1}(x) - I_{m+1}(x) = \frac{2m}{x} I_m(x), \quad I_{m+1}(x) + I_{m-1}(x) = 2I'_m(x) \tag{10-61}$$

$$I'_m(x) + \frac{m}{x} I_m(x) = I_{m-1}(x), \quad I'_m(x) - \frac{m}{x} I_m(x) = I_{m+1}(x) \tag{10-62}$$

五、半奇数阶贝塞尔函数

半奇数阶贝塞尔函数的一个重要特点就是它可以用初等函数来表示，例如

$$J_{\frac{1}{2}}(x) = \sqrt{\frac{2}{\pi x}} \sum_{k=0}^{\infty} \frac{(-1)^k}{(2k+1)!} x^{2k+1} = \sqrt{\frac{2}{\pi x}} \sin x \tag{10-63}$$

$$J_{-\frac{1}{2}}(x) = \sqrt{\frac{2}{\pi x}} \sum_{k=0}^{\infty} \frac{(-1)^k}{(2k)!} x^{2k} = \sqrt{\frac{2}{\pi x}} \cos x \tag{10-64}$$

$$J_{\frac{2m+1}{2}}(x) = (-1)^m \sqrt{\frac{2}{\pi}} \cdot x^{\frac{2m+1}{2}} \frac{d^m}{(x dx)^m}\left(\frac{\sin x}{x}\right) \tag{10-65}$$

$$J_{-\frac{2m+1}{2}}(x) = \sqrt{\frac{2}{\pi}} \cdot x^{\frac{2m+1}{2}} \frac{d^m}{(x dx)^m}\left(\frac{\cos x}{x}\right) \qquad (10\text{-}66)$$

其中 $J_{\frac{2m+1}{2}}(x)$ 和 $J_{-\frac{2m+1}{2}}(x)$ 是两个线性无关的函数。

六、球贝塞尔方程及球贝塞尔函数

1. 球贝塞尔方程

$$r^2 R''(r) + 2r R'(r) + [k^2 r^2 - l(l+1)] R(r) = 0 \qquad (10\text{-}67)$$

这里 $k^2 \geqslant 0$。做变量代换 $x = kr$，有 $R(r) = y(x)$，则有

$$x^2 y''(x) + 2x y'(x) + [x^2 - l(l+1)] y(x) = 0 \qquad (10\text{-}68)$$

2. 球贝塞尔方程的解

球贝塞尔方程(10-68)的两个线性无关的解可以表示为

$$x^{-\frac{1}{2}} J_{l+\frac{1}{2}}(x), \quad x^{-\frac{1}{2}} N_{l+\frac{1}{2}}(x) \qquad (10\text{-}69)$$

或者，可以表示为

$$x^{-\frac{1}{2}} H^{(1)}_{l+\frac{1}{2}}(x), \quad x^{-\frac{1}{2}} H^{(2)}_{l+\frac{1}{2}}(x) \qquad (10\text{-}70)$$

并称

$$j_l(x) = \sqrt{\frac{\pi}{2x}} J_{l+\frac{1}{2}}(x) \qquad (10\text{-}71)$$

$$n_l(x) = \sqrt{\frac{\pi}{2x}} N_{l+\frac{1}{2}}(x) \qquad (10\text{-}72)$$

$$h^{(1)}_l(x) = \sqrt{\frac{\pi}{2x}} H^{(1)}_{l+\frac{1}{2}}(x) \qquad (10\text{-}73)$$

$$h^{(2)}_l(x) = \sqrt{\frac{\pi}{2x}} H^{(2)}_{l+\frac{1}{2}}(x) \qquad (10\text{-}74)$$

分别为球贝塞尔函数、球诺依曼函数和球汉克尔函数。球贝塞尔方程(10-68)的通解可由 $j_l(x)$，$n_l(x)$，$h^{(1)}_l$ 和 $h^{(2)}_l$ 之中的任意两个的线性组合得到。当 l 为整数时，球贝塞尔函数也可用初等函数表示出来。

3. 球贝塞尔方程的本征值问题

$$\begin{cases} \dfrac{d}{dr}\left(r^2 \dfrac{dR}{dr}\right) - l(l+1)R + k^2 r^2 R = 0 & 0 < r < b \\ R(0) \neq \infty, \quad \left[\alpha \dfrac{dR}{dr} + \beta R\right]\Big|_{r=b} = 0 \end{cases} \qquad (10\text{-}75)$$

其中 $k^2 = \lambda$ 为本征值，l 是整数，α 和 β 是不同时为零的非负实数。

本征值为

$$\lambda_i = (k_i)^2 = (\frac{x_i}{b})^2, \quad i = 1, 2, 3, \cdots \tag{10-76}$$

其中 x_i 为下列方程的第 i 个正根,即

$$\alpha \frac{x_i}{b} j'_l(x_i) + \beta j_l(x_i) = 0 \tag{10-77}$$

相应的本征函数

$$j_l(k_i r) \text{ 或者 } j_l(\frac{x_i}{b}r), \quad i = 1, 2, 3, \cdots \tag{10-78}$$

4. 不同本征值的球贝塞尔方程的正交性与归一化

对应于不同本征值的 l 阶球贝塞尔函数在区间 $[0, b]$ 上带权 r^2 正交,即

$$\int_0^b j_l(k_i r) j_l(k_j r) r^2 \mathrm{d}r = 0, \quad k_i \neq k_j \tag{10-79}$$

设 l 阶球贝塞尔函数 $j_l(k_i r)$ 的模为 N_i,则 l 阶球贝塞尔函数的模方为

$$[N_i]^2 = \int_0^b [j_l(k_i r)]^2 r^2 \mathrm{d}r = \frac{\pi}{2k_i} \int_0^b [J_{l+\frac{1}{2}}(k_i r)]^2 r \mathrm{d}r \tag{10-80}$$

5. 以球贝塞尔本征函数族为基的广义傅里叶级数展开

若函数 $f(r)$ 在区间 $[0, b]$ 中连续并只有有限个极值,则 $f(r)$ 可按照本征函数 $j_l(k_i r)$ 展开为广义贝塞尔级数,即

$$f(r) = \sum_{i=1}^{\infty} f_i j_l(k_i r) \tag{10-81}$$

其中系数

$$f_i = \frac{1}{[N_i]^2} \int_0^b f(r) j_l(k_i r) r^2 \mathrm{d}r \tag{10-82}$$

10.2　习题导练

10.1　计算下列积分:

(1) $\int_0^{\infty} \mathrm{e}^{-\alpha x} J_0(bx) \mathrm{d}x, \quad \mathrm{Re}\, a > 0$;

(2) $\int_0^1 (1-x^2) J_0(\mu x) x \mathrm{d}x$,其中 $J_0(\mu) = 0$,(μ 为实数);

(3) $\int J_1(x)\mathrm{d}x$, 其中 $J_0(\mu) = 0$;

(4) $\int x^4 J_1(x)\mathrm{d}x$;

(5) $\int x^3 J_{-2}(x)\mathrm{d}x$;

(6) $\int_0^\infty \mathrm{e}^{-ax} J_1(bx)\mathrm{d}x$, $(a > 0, a, b$ 均为实常数$)$。

(1) **解法一**　由于 $J_0(bx)$ 不可能写成另一贝塞尔函数的微分,所以不便用分部积分计算。在本例中注意到被积函数中有 e^{-ax} 的因子,可尝试 $J_0(x)$ 采用的积分表示式,代入进行计算,则有

$$I = \int_0^\infty \mathrm{e}^{-ax} J_0(bx)\mathrm{d}x = \int_0^\infty \mathrm{e}^{-ax} \frac{1}{2\pi}\int_{-\pi}^\pi \mathrm{e}^{ibx\sin\varphi}\mathrm{d}\varphi\mathrm{d}x$$

因为上述无穷积分绝对收敛,而且对 φ 是一致收敛的,所以可以交换积分次序,故有

$$I = \frac{1}{2\pi}\int_{-\pi}^\pi \mathrm{d}\varphi\int_0^\infty \mathrm{e}^{(-a+ib\sin\varphi)x}\mathrm{d}x = \frac{1}{2\pi}\int_{-\pi}^\pi \frac{1}{a - ib\sin\varphi}\mathrm{d}\varphi$$

这是一个三角函数有理式的积分,由留数定理中的计算方法,令 $z = \mathrm{e}^{i\varphi}$,则有 $\mathrm{d}\varphi = \frac{1}{iz}\mathrm{d}z$, $\sin\varphi = \frac{z^2 - 1}{2iz}$,从而有

$$I = \frac{1}{\pi i}\oint_{|z|=1} \frac{1}{bz^2 - 2az - b}\mathrm{d}z$$

被积函数的奇点为一阶极点,即

$$z_{1,2} = \frac{a}{b} \pm \frac{1}{b}\sqrt{a^2 + b^2}$$

且只有 $|z_1| = \left|\frac{a}{b} - \frac{1}{b}\sqrt{a^2 + b^2}\right| < 1$,并且有

$$\mathrm{Res}\left[\frac{1}{bz^2 - 2az - b}, z_1\right] = -\frac{1}{2\sqrt{a^2 + b^2}}$$

所以有

$$I = -\frac{1}{\pi i}\cdot 2\pi i\,\mathrm{Res}\left[\frac{1}{bz^2 - 2az - b}, z_1\right] = \frac{1}{\sqrt{a^2 + b^2}}$$

解法二　代入贝塞尔函数的级数表示,并逐项积分,可得

$$I = \int_0^\infty \mathrm{e}^{-ax} J_0(bx)\mathrm{d}x = \int_0^\infty \mathrm{e}^{-ax}\sum_{k=0}^\infty \frac{(-1)^k}{(k!)^2}\left(\frac{bx}{2}\right)^{2k}\mathrm{d}x$$

$$= \sum_{k=0}^{\infty} \frac{(-1)^k}{(k!)^2} (\frac{b}{2})^{2k} \int_0^{\infty} e^{-ax} x^{2k} dx = \sum_{k=0}^{\infty} \frac{(-1)^k}{(k!)^2} (\frac{b}{2})^{2k} \frac{(2k)!}{a^{2k+1}}$$

$$= \frac{1}{a} \sum_{k=0}^{\infty} \frac{1}{k!} (-\frac{1}{2})(-\frac{3}{2})(-\frac{5}{2})\cdots(-\frac{2k-1}{2})(\frac{b}{a})^{2k}$$

$$= \frac{1}{a} \left[1 + (\frac{b}{a})^2\right]^{-\frac{1}{2}} = \frac{1}{\sqrt{a^2+b^2}}$$

这种做法的难点是级数求和,求和时还往往要有一定的限制条件。上面的求和就要求 $\left|\frac{b}{a}\right| < 1$。就本题而言,容易证明,原来的积分在 $\mathrm{Re}\, a > 0$ 的任意闭区域中一致收敛,因而在 $\mathrm{Re}\, a > 0$ 的任意区域内解析,而积分出的结果也在同一区域内解析。根据解析延拓的原理,是可以去掉这个限制条件的。

(2) 由递推关系式(10-28)及分部积分,可得

$$\int_0^1 (1-x^2) J_0(\mu x) x dx = \int_0^1 (1-x^2) \frac{1}{\mu} \frac{d}{dx}[x J_1(\mu x)] dx$$

$$= (1-x^2) \frac{1}{\mu} [x J_1(\mu x)] \Big|_0^1 + \frac{2}{\mu} \int_0^1 x^2 J_1(\mu x) dx$$

$$= -\lim_{x \to 0} \left[\frac{1}{\mu} x J_1(\mu x)\right] + \frac{2}{\mu^2} x^2 J_2(\mu x) \Big|_0^1$$

$$= -\lim_{x \to 0} \left[\frac{1}{\mu} x J_1(\mu x) + \frac{2}{\mu^2} x^2 J_2(\mu x)\right] + \frac{2}{\mu^2} J_2(\mu)$$

再利用 $J_m(x)$ 在 $x \to 0$ 的渐进行为,有

$$J_0(x) = 1, \quad \lim_{x \to 0} x^m J_m(x) = 0, \quad m = 1,2,3\cdots$$

可以求得

$$\int_0^1 (1-x^2) J_0(\mu x) x dx = \frac{2}{\mu^2} J_2(\mu)$$

再令递推关系(10-30)中的 $\nu = 1$,则有

$$J_0(x) + J_2(x) = \frac{2}{x} J_1(x)$$

并考虑到 $J_0(\mu) = 0$,就有

$$J_2(\mu) = \frac{2}{\mu} J_1(\mu)$$

代入即得

$$\int_0^1 (1-x^2) J_0(\mu x) x dx = \frac{4}{\mu^3} J_1(\mu)$$

（3）由递推关系式(10-32)及分部积分,可得

$$\int J_1(x)\,\mathrm{d}x = -\int J'_0(x)\,\mathrm{d}x = -J_0(x)$$

（4）计算积分,就是要把函数从积分号下解脱出来,而要做到这一点,就需要设法将被积函数全部或部分变成某函数的微分的形式,这样便可通过积分或分部积分将之计算出来。

解法一   由递推关系式(10-28)及分部积分法,可得

$$\int x^4 J_1(x)\,\mathrm{d}x = \int x^2 [x^2 J_1(x)]\,\mathrm{d}x = \int x^2\,\frac{\mathrm{d}}{\mathrm{d}x}[x^2 J_2(x)]\,\mathrm{d}x$$

$$= x^2 x^2 J_2(x) - \int x^2 J_2(x) 2x\,\mathrm{d}x$$

$$= x^4 J_2(x) - 2\int \frac{\mathrm{d}}{\mathrm{d}x}[x^3 J_3(x)]\,\mathrm{d}x$$

$$= x^4 J_2(x) - 2x^3 J_3(x) + C$$

其中,C 为任意常数。再由递推关系式(10-30),可得

$$J_3(x) = \frac{4}{x}J_2(x) - J_1(x), \quad J_2(x) = \frac{2}{x}J_1(x) - J_0(x)$$

所以有

$$\int x^4 J_1(x)\,\mathrm{d}x = x^2 J_0(x)(8-x^2) + 4x J_1(x)(x^2-4) + C$$

解法二   由递推关系式(10-32)及分部积分,可得

$$\int x^4 J_1(x)\,\mathrm{d}x = -\int x^4\,\frac{\mathrm{d}}{\mathrm{d}x}[J_0(x)]\,\mathrm{d}x = -x^4 J_0(x) + 4\int x^3 J_0(x)\,\mathrm{d}x$$

$$= -x^4 J_0(x) + 4\int x^2 [x J_1(x)]'\,\mathrm{d}x$$

$$= -x^4 J_0(x) + 4x^3 J_1(x) - 8\int x^3 J_1(x)\,\mathrm{d}x$$

$$= -x^4 J_0(x) + 4x^3 J_1(x) - 8x^3 J_2(x) + C$$

$$= x^2 J_0(x)(8-x^2) + 4x J_1(x)(x^2-4) + C$$

（5）由分部积分及递推关系(10-28),可得

$$\int x^3 J_{-2}(x)\,\mathrm{d}x = \int x^4 [x^{-1} J_{-2}(x)]\,\mathrm{d}x = x^4 [x^{-1} J_{-1}(x)] - 4\int x^3 x^{-1} J_{-1}(x)\,\mathrm{d}x$$

$$= x^3 J_{-1}(x) - 4\int x^2 J_{-1}(x)\,\mathrm{d}x = -x^3 J_1(x) - 4\int x^2 J_0(x)\,\mathrm{d}x$$

$$= -x^3 J_1(x) - 4x^2 J_0(x) + 8\int x J_0(x)\,\mathrm{d}x$$

$$= (-x^3 + 8x)J_1(x) - 4x^2 J_0(x) + C$$

由此看到,有了 $J_0(x)$、$J_1(x)$ 的值,就可以计算任意阶的函数 $J_m(x)$ 的值。

(6) 利用递推公式 $\dfrac{\mathrm{d}}{\mathrm{d}x}[J_0(bx)] = -bJ_1(bx)$,代入原式,且对此进行分部积分,可得

$$I = \frac{1}{b} - \frac{a}{b}\int_0^\infty \mathrm{e}^{-ax} J_0(bx)\,\mathrm{d}x = \frac{1}{b} - \frac{a}{b}\frac{1}{\sqrt{a^2 + b^2}}$$

10.2　试由递推公式计算 $J_{\frac{3}{2}}(x)$ 及 $J_{-\frac{3}{2}}(x)$。

解　已知

$$J_{\frac{1}{2}}(x) = \sqrt{\frac{2}{\pi x}}\sin x, \quad J_{-\frac{1}{2}}(x) = \sqrt{\frac{2}{\pi x}}\cos x$$

在递推关系(10-30)式中,取 $\nu = \dfrac{1}{2}$,可得

$$J_{-\frac{1}{2}}(x) + J_{\frac{3}{2}}(x) = \frac{1}{x}J_{\frac{1}{2}}(x)$$

$$J_{\frac{3}{2}}(x) = \frac{1}{x}\sqrt{\frac{2}{\pi x}}\sin x - \sqrt{\frac{2}{\pi x}}\cos x = \sqrt{\frac{2}{\pi x}}\left(\frac{1}{x}\sin x - \cos x\right)$$

$$= -\sqrt{\frac{2}{\pi}}x^{\frac{3}{2}}\frac{1}{x}\frac{\mathrm{d}}{\mathrm{d}x}\left(\frac{\sin x}{x}\right)$$

在递推关系(10-30)式中,取 $\nu = -\dfrac{1}{2}$,可得

$$J_{-\frac{3}{2}}(x) + J_{\frac{1}{2}}(x) = -\frac{1}{x}J_{-\frac{1}{2}}(x)$$

$$J_{-\frac{3}{2}}(x) = -\frac{1}{x}J_{-\frac{1}{2}}(x) - J_{\frac{1}{2}}(x)$$

$$= -\frac{1}{x}\sqrt{\frac{2}{\pi x}}\cos x - \sqrt{\frac{2}{\pi x}}\sin x = -\sqrt{\frac{2}{\pi x}}\left(\frac{1}{x}\sin x + \cos x\right)$$

$$= \sqrt{\frac{2}{\pi}}x^{\frac{3}{2}}\frac{1}{x}\frac{\mathrm{d}}{\mathrm{d}x}\left(\frac{\cos x}{x}\right)$$

10.3　在区间 $[0, \rho_0]$ 上,以 $J_0(\omega_i^0\rho)$($\omega_i^0\rho_0$ 是 $J_0(x)$ 的零点)为基函数,把函数 $f(\rho) = u_0$(u_0 为常数)展开为傅里叶-贝塞尔级数。

解　由(10-49)、(10-50)式,可得

$$f(\rho) = u_0 = \sum_{i=1}^\infty f_i J_0(\omega_i\rho)$$

其中系数

$$f_i = \frac{1}{[N_i]^2} \int_0^{\rho_0} u_0 J_0(\omega_i \rho) \rho \mathrm{d}\rho$$

这里的 N_i 由(10-47)式给出,即

$$[N_i]^2 = \frac{\rho_0^2 [J_1(\omega_i \rho_0)]^2}{2}$$

所以有

$$f_i = \frac{2u_0}{\rho_0^2 [J_1(\omega_i \rho_0)]^2} \int_0^{\rho_0} J_0(\omega_i \rho) \rho \mathrm{d}\rho$$

考虑到递推公式(10-28),有

$$J_1'(\omega_i \rho) + \frac{1}{\omega_i \rho} J_1(\omega_i \rho) = J_0(\omega_i \rho)$$

即

$$\frac{\mathrm{d}}{\mathrm{d}\rho} \left[\frac{\rho J_1(\omega_i \rho)}{\omega_i} \right] = \rho J_0(\omega_i \rho)$$

所以有

$$f_i = \frac{2u_0}{\rho_0 \omega_i J_1(\omega_i \rho_0)}$$

$$f(\rho) = u_0 = \sum_{i=1}^{\infty} \frac{2u_0}{\rho_0 \omega_i J_1(\omega_i \rho_0)} J_0(\omega_i \rho)$$

10.4 证明:$(1) J_2(x) = J_0''(x) - \frac{1}{x} J_0'(x)$;$(2) J_3(x) = 3J_0'(x) + 4J_0'''(x)$。

证明 (1)

方法一 利用递推公式(10-29),取 $\nu = m$,并将左端展开得

$$-mx^{-1} J_m(x) + J_m'(x) = -J_{m+1}(x) \qquad ①$$

在上式中,取 $m = 1$,得

$$-\frac{J_1(x)}{x} + J_1'(x) = -J_2(x)$$

即

$$J_2(x) = \frac{J_1(x)}{x} - J_1'(x) \qquad ②$$

又由递推公式(10-32)有

$$-J_0'(x) = J_1(x) \qquad ③$$

将③代入②得

$$J_2(x) = J_0''(x) - \frac{1}{x}J_0'(x)$$

方法二 在递推公式(10-31)中,取 $\nu = 1$,得

$$J_0(x) = J_2(x) + 2J_1'(x) \qquad ④$$

将方法一中的③式代入④式,可得

$$J_2(x) = J_0(x) + 2J_0''(x) \qquad ⑤$$

由递推公式,并展开左端可得

$$J_1(x) + xJ_1'(x) = xJ_0(x) \qquad ⑥$$

将方法一中的③式代入⑥式,得

$$J_0(x) = -\frac{J_0'(x)}{x} - J_0''(x) \qquad ⑦$$

将⑦式代入④式即证毕。

(2) 在递推公式(10-31)中,取 $\nu = 2$,得

$$J_3(x) = J_1(x) - 2J_2'(x) \qquad ⑧$$

取 $\nu = 1$ 并两端求导,得

$$J_2'(x) = J_0'(x) - 2J_1''(x) \qquad ⑨$$

将⑨式代入⑧式,可得

$$J_3(x) = J_1(x) - 2J_0'(x) + 4J_1''(x)$$

将本题(1)方法一中的③式代入上式,得

$$J_3(x) = -3J_0'(x) - 4J_0'''(x)$$

即为

$$J_3(x) + 3J_0'(x) + 4J_0'''(x) = 0$$

此题证明方法充分利用了递推公式,并用 $J_0(x)$ 及其各阶导数表示高阶贝塞尔函数。此证法不是唯一的。

10.5 验证 $J_0(x) = \dfrac{1}{\pi}\displaystyle\int_0^\pi \cos(x\cos\varphi)\mathrm{d}\varphi = \dfrac{1}{\pi}\displaystyle\int_{-1}^1 \dfrac{\cos(xt)}{\sqrt{1-t^2}}\mathrm{d}t$,满足零阶贝塞尔方程。

证 令 $t = \cos\varphi$,则有 $\mathrm{d}t = -\sin\varphi\mathrm{d}\varphi$,$\sqrt{1-t^2} = \sin\varphi$,所以有

$$\int_{-1}^1 \frac{\cos(xt)}{\sqrt{1-t^2}}\mathrm{d}t = -\int_\pi^0 \frac{\cos(x\cos\varphi)}{\sin\varphi}\sin\varphi\mathrm{d}\varphi = \int_0^\pi \cos(x\cos\varphi)\mathrm{d}\varphi$$

考虑到

$$J'_0(x) = -\frac{1}{\pi}\int_0^\pi \sin(x\cos\varphi)\cos\varphi \, d\varphi$$

$$= \frac{1}{\pi}\left[\sin x(\cos\varphi)\sin\varphi\right]_0^\pi - \frac{1}{\pi}\int_0^\pi \cos(x\cos\varphi)x\sin^2\varphi \cdot x \, d\varphi$$

$$J''_0(x) = -\frac{1}{\pi}\int_0^\pi \cos(x\cos\varphi)\cos^2\varphi \, d\varphi$$

故有

$$J''_0(x) + \frac{1}{x}J'_0(x) + J_0(x) = 0$$

即

$$x^2 J''_0(x) + x J'_0(x) + x^2 J_0(x) = 0$$

10.6 试由表达式 $J_m(x) = \frac{1}{\pi}\int_0^\pi \cos(x\sin\varphi - m\varphi)d\varphi$，证明

$$J_{-m}(x) = (-1)^m J_m(x), \quad m = 1,2,3,\cdots$$

证明 在贝塞尔的积分表示式中，取 $\nu = -m$，得 J_{-m} 的表达式，即

$$J_{-m}(x) = \frac{1}{\pi}\int_0^\pi \cos(x\sin\varphi + m\varphi)d\varphi$$

做变量代换，令 $\varphi = \pi - \theta$，则有

$$J_{-m}(x) = \frac{1}{\pi}\int_0^\pi \cos(x\sin\theta - m\pi - m\theta)d\theta$$

$$= \frac{1}{\pi}\int_0^\pi (-1)^m \cos(x\sin\theta - m\theta)d\theta$$

$$= (-1)^m J_m(x), m = 1,2,3,\cdots$$

10.7 若 x 为实数，m 为整数或零，试证 $|J_m(x)| \leqslant 1$。

证明 由贝塞尔函数的积分表示式，可得

$$|J_m(x)| \leqslant \frac{1}{2\pi}\left|\int_{-\pi}^\pi \cos(x\sin\varphi - m\varphi)d\varphi\right|$$

$$\leqslant \frac{1}{2\pi}\int_{-\pi}^\pi |\cos(x\sin\varphi - m\varphi)||d\varphi|$$

$$\leqslant \frac{1}{2\pi}\int_{-\pi}^\pi |d\varphi| \leqslant \frac{1}{2\pi}2\pi = 1$$

10.8 有均匀圆柱体，半径为 b，高为 h，柱侧面绝热，上下底面温度分布分别保持 $f_1(\rho)$ 和 $f_2(\rho)$。试求圆柱内部的稳恒温度分布。

解 采用柱坐标系，原点在下底中心，z 轴沿着圆柱的轴。其定解问题表示为

$$\begin{cases} \nabla^2 u(\rho,z) = 0, \quad \rho < b, \quad 0 < z < h & \text{①} \\[2mm] \left.\dfrac{\partial u(\rho,z)}{\partial \rho}\right|_{\rho=b} = 0, \quad |u(0,z)|_{\rho=0} < \infty & \text{②} \\[2mm] u(\rho,z)|_{z=0} = f_1(\rho) & \text{③} \\[2mm] u(\rho,z)|_{z=h} = f_2(\rho) & \text{④} \end{cases}$$

考虑到此定解问题与 φ 无关，故令

$$u(\rho,z) = R(\rho)Z(z)$$

则 ① 式变为

$$\begin{cases} Z'' + \mu Z = 0 & \text{⑤} \\[2mm] \rho^2 R'' + \rho R' + (k^2\rho^2 - 0)R = 0, \quad k^2 = -\mu & \text{⑥} \end{cases}$$

则 ② 式变为

$$R'(b) = 0, \quad |R(0)| < \infty \tag{⑦}$$

解由 ⑥⑦ 构成的本征值问题，属于齐次的第二类边界条件，所以有

$$R(\rho) = J_0(k\rho)$$

代入边界条件 ⑦，可得

$$kJ_0'(kb) = 0$$

即 $k = 0$，或 $J_0'(kb) = 0$，亦即

$$k = 0 \text{ 或 } J_1(kb) = 0$$

故本征值为

$$k_0 = 0, \quad k_m = \frac{x_m^1}{b}, \quad m = 1,2,3,\cdots \tag{⑧}$$

本征函数为

$$R_0(\rho) = J_0(\rho) = 1, \quad R_m(\rho) = J_0\left(\frac{x_m^1}{b}\rho\right) \tag{⑨}$$

其中 x_m^1 为 $J_0'(x)$ 的第 m 个正根，亦即 $J_1(x)$ 的第 m 个正的零点。将⑧式代入方程 ⑤，并解方程 ⑤，可得

$$Z_0(z) = c_0 z + d_0, \quad Z_m(z) = c_m e^{\frac{x_m^1}{b}z} + d_m e^{-\frac{x_m^1}{b}z} \tag{⑩}$$

由 ⑨ 和 ⑩ 式，将以上特解叠加起来，有

$$u(\rho,z) = c_0 z + d_0 + \sum_{m=1}^{\infty}\left[c_m e^{\frac{x_m^1}{b}z} + d_m e^{-\frac{x_m^1}{b}z}\right]J_0\left(\frac{x_m^1}{b}\rho\right) \tag{⑪}$$

为决定系数 c_0、d_0、c_m 和 d_m，将 ⑪ 式代入边界条件 ③，可得

$$d_0 + \sum_{m=1}^{\infty} [c_m + d_m] J_0(\frac{x_m^1}{b}\rho) = f_1(\rho) \qquad ⑫$$

而将 ⑪ 式代入边界条件 ④,可得

$$c_0 h + d_0 + \sum_{m=1}^{\infty} [c_m e^{\frac{x_m^1}{b}h} + d_m e^{-\frac{x_m^1}{b}h}] J_0(\frac{x_m^1}{b}\rho) = f_2(\rho) \qquad ⑬$$

由(10-48)式,可得本征函数的模方为

$$N_m^2 = \int_0^b J_0^2(\frac{x_m^1}{b}\rho)\rho\mathrm{d}\rho = \frac{b^2}{2} J_0^2(x_m^1) \qquad ⑭$$

把 ⑫⑬ 式右边的 $f_1(\rho)$ 和 $f_2(\rho)$ 分别展开为傅里叶-贝塞尔级数,并利用 ⑭ 式,然后与左边比较,即得

$$\begin{cases} d_0 = \dfrac{2}{b^2}\displaystyle\int_0^b f_1(\rho)\rho\mathrm{d}\rho = f_{10} \\[3mm] c_0 h + d_0 = \dfrac{2}{b^2}\displaystyle\int_0^b f_2(\rho)\rho\mathrm{d}\rho = f_{20} \end{cases} \qquad ⑮$$

$$\begin{cases} c_m + d_m = \dfrac{2}{b^2[J_0(x_m^1)]^2}\displaystyle\int_0^b \rho f_1(\rho) J_0(\frac{x_m^1}{b}\rho)\mathrm{d}\rho = f_{1m} \\[3mm] c_m e^{\frac{x_m^1}{b}h} + d_m e^{-\frac{x_m^1}{b}h} = \dfrac{2}{b^2[J_0(x_m^1)]^2}\displaystyle\int_0^b \rho f_2(\rho) J_0(\frac{x_m^1}{b}\rho)\mathrm{d}\rho = f_{2m} \end{cases} \qquad ⑯$$

从而解得

$$\begin{cases} d_0 = f_{10} = \dfrac{2}{b^2}\displaystyle\int_0^b f_1(\rho)\rho\mathrm{d}\rho \\[4mm] c_m = \dfrac{f_{1m} e^{\frac{x_m^1}{b}h} - f_{2m}}{e^{\frac{x_m^1}{b}h} - e^{\frac{x_m^1}{b}h}} = \dfrac{-f_{1m} e^{\frac{x_m^1}{b}h} + f_{2m}}{2\mathrm{sh}(\frac{x_m^1}{b}h)} \end{cases} \qquad ⑰$$

$$\begin{cases} c_0 = \dfrac{(f_{20} - f_{10})}{h} = \dfrac{2}{b^2 h}\displaystyle\int_0^b [f_2(\rho) - f_1(\rho)]\rho\mathrm{d}\rho \\[4mm] d_m = \dfrac{f_{1m} e^{\frac{x_m^1}{b}h} - f_{2m}}{e^{\frac{x_m^1}{b}h} - e^{\frac{x_m^1}{b}h}} = \dfrac{f_{1m} e^{\frac{x_m^1}{b}h} - f_{2m}}{2\mathrm{sh}(\frac{x_m^1}{b}h)} \end{cases} \qquad ⑱$$

此定解问题的解即是 ⑪ 式,其中系数由 ⑰⑱ 给出。

10.9　一圆柱体,半径为 b,高为 h,其下底面的温度保持为恒定的 T(常量),其余表面的温度保持 0℃。试求圆柱内部的稳恒温度分布。

解　采用柱坐标系,原点设在下底中心,z 轴沿着圆柱的轴。考虑到此定解问题与 φ 无关,则其定解问题表示为

$$\begin{cases} \nabla^2 u(\rho,z) = 0, \quad \rho < b, \quad 0 < z < h & \text{①} \\ u(\rho,z)\mid_{\rho=b} = 0, \quad \mid u(0,z)\mid_{\rho=0} < \infty & \text{②} \\ u(\rho,z)\mid_{z=0} = T & \text{③} \\ u(\rho,z)\mid_{z=h} = 0 & \text{④} \end{cases}$$

令 $u(\rho,z) = R(\rho)Z(z)$，则 ① 式变为

$$\begin{cases} \rho^2 R'' + \rho R' + (\omega^2\rho^2 - 0)R = 0 & \text{⑤} \\ Z'' - \omega^2 Z = 0 & \text{⑥} \end{cases}$$

方程 ⑤ 属于零阶贝塞尔方程，由边界条件 ② 可得 $R(b) = 0$，并考虑到有界自然边界条件 $\mid R(0)\mid < \infty$，可得 $R(\rho)$ 的本征值问题为

$$\rho^2 R'' + \rho R' + \omega^2\rho^2 R = 0 \qquad\qquad \text{⑦}$$

$$\mid R(0)\mid < \infty, \quad R(b) = 0 \qquad\qquad \text{⑧}$$

以上本征值问题中的 ω 由

$$J_0(\omega b) = 0$$

的根 $\omega_1, \omega_2, \omega_3, \cdots$ 确定，这些 ω_i 值的平方 ω_i^2 就是问题的本征值，相应的本征函数为

$$R_0(\rho) = J_0(\omega_i\rho), (i = 1,2,3,\cdots) \qquad\qquad \text{⑨}$$

将 ω_i 代入方程 ⑥，解得

$$Z_i(z) = c_i \text{ch}(\omega_i z) + d_i \text{sh}(\omega_i z)$$

利用叠加原理可得定解问题 ①—④ 的形式解为

$$u(\rho,z) = \sum_{i=1}^{\infty} \left[c_i\text{ch}(\omega_i z) + d_i\text{sh}(\omega_i z) \right] J_0(\omega_i\rho) \qquad\qquad \text{⑩}$$

代入边界条件 ④，可得

$$T = \sum_{i=1}^{\infty} c_i J_0(\omega_i\rho)$$

代入边界条件 ③，可得

$$0 = \sum_{i=1}^{\infty} \left[c_i\text{ch}(\omega_i h) + d_i\text{sh}(\omega_i h) \right] J_0(\omega_i\rho)$$

利用贝塞尔函数的正交归一性，可得

$$c_i = \frac{2}{b^2 \left[J'_0(\omega_i b) \right]^2} \int_0^b T J_0(\omega_i\rho)\rho\mathrm{d}\rho = \frac{2T}{b\omega_i J_1(\omega_i b)}$$

$$d_i = -\frac{\text{ch}(\omega_i h)}{\text{sh}(\omega_i h)} c_i = -\frac{\text{ch}(\omega_i h)}{\text{sh}(\omega_i h)} \frac{2T}{b\omega_i J_1(\omega_i b)}$$

所求定解问题的解为

$$u(\rho, z) = \sum_{i=1}^{\infty} \left[c_i \mathrm{ch}(\omega_i z) + d_i \mathrm{sh}(\omega_i z) \right] J_0(\omega_i \rho)$$

$$= \sum_{i=1}^{\infty} c_i \left[\mathrm{ch}(\omega_i z) - \frac{\mathrm{ch}(\omega_i h)}{\mathrm{sh}(\omega_i h)} \cdot \mathrm{sh}(\omega_i z) \right] J_0(\omega_i \rho)$$

$$= \frac{2T}{b} \sum_{i=1}^{\infty} \frac{1}{\omega_i J_1(\omega_i b)} \left[\mathrm{ch}(\omega_i z) - \frac{\mathrm{ch}(\omega_i h)}{\mathrm{sh}(\omega_i h)} \mathrm{sh}(\omega_i z) \right] J_0(\omega_i \rho)$$

10.10 半径为 b,高度为 h 的均匀圆柱,侧面绝热,下底面温度保持为 $0\,°\mathrm{C}$,上底面保持为 $\varphi(\rho) = 1 - \dfrac{\rho^2}{b^2}$。试求柱内温度分布规律。

解 采用柱坐标系,原点在下底中心,z 轴沿着圆柱的轴。考虑到定解条件均与 φ 无关,故设稳定的温度分布为 $u = u(\rho, z)$,并满足拉普拉斯方程的定解问题

$$\begin{cases} \nabla^2 u(\rho, z) = 0, \quad \rho < b, \quad 0 < z < h & \text{①} \\ u_\rho(\rho, z)\big|_{\rho=b} = 0, \quad u(\rho, z)\big|_{\rho=0} < \infty & \text{②} \\ u(\rho, z)\big|_{z=0} = 0 & \text{③} \\ u(\rho, z)\big|_{z=h} = 1 - \dfrac{\rho^2}{b^2} & \text{④} \end{cases}$$

令 $u(\rho, z) = R(\rho) Z(z)$。注意到圆柱侧面的边界条件是齐次的,上底面的边界条件为非齐次,分离变量得本征值问题

$$\begin{cases} \rho^2 R'' + \rho R' + \omega^2 \rho^2 R = 0 & \text{⑤} \\ |R(0)| < \infty, \quad R'(b) = 0 & \text{⑥} \end{cases}$$

和关于 $Z(z)$ 的常微分方程

$$Z'' - \omega^2 Z = 0 \qquad\qquad \text{⑦}$$

由于柱侧是第二类齐次边界条件,方程⑤在自然边界条件即⑥式中的第一式之下的解是

$$R(\rho) = C J_0(\omega \rho)$$

以此代入边界条件⑥式中的第二式,则有

$$J_0'(\omega b) = 0 \ \text{即} \ J_1(\omega b) = 0$$

因此,以上本征值问题中的 ω 由

$$J_1(\omega b) = 0 \qquad\qquad \text{⑧}$$

的根 $\omega_0, \omega_1, \omega_2, \omega_3, \cdots$ 确定,这些 ω_i 值的平方 ω_i^2 就是问题的本征值;当 $\omega_0 = 0$ 时,$J_1(0) = 0$,即 $J_0'(0) = 0$ 满足边界条件⑥,所以应保留 $\omega_0 = 0$ 的

情况。当 $\omega_0 = 0$ 时,方程 ⑤ 的解在边界条件 ⑥ 之下的解为 $R(\rho) = C$。所以,相应的本征函数为

$$R_0(\rho) = 1, R_i(\rho) = J_0(\omega_i\rho), (i=1,2,3,\cdots) \qquad ⑨$$

本征函数的模方为

$$[N_i]^2 = \frac{1}{2}b^2[J_0(\omega_i b)]^2, \quad i \geqslant 0$$

将 ω_i 代入 $Z(z)$ 的方程 ⑦,相应的通解为

$$Z_0(z) = c_0 + d_0 z, Z_i(z) = c_i \mathrm{ch}(\omega_i z) + d_i \mathrm{sh}(\omega_i z)$$

利用叠加原理可得定解问题 ① － ④ 的一般解为

$$u(\rho,z) = c_0 + d_0 z + \sum_{i=1}^{\infty}[c_i \mathrm{ch}(\omega_i z) + d_i \mathrm{sh}(\omega_i z)]J_0(\omega_i \rho) \qquad ⑩$$

代入下底面的边界条件,可得

$$u(\rho,0) = c_0 + \sum_{i=1}^{\infty} c_i J_0(\omega_i \rho) = 0$$

故得 $c_i = 0, i = 0,1,2,\cdots$。再代入上底面的边界条件,得

$$u(\rho,h) = d_0 h + \sum_{i=1}^{\infty} d_i \mathrm{sh}(\omega_i h) J_0(\omega_i \rho) = 1 - \frac{\rho^2}{b^2}$$

利用贝塞尔函数的正交归一性,可得

$$d_0 = \frac{1}{[N_0]^2 h}\int_0^b (1-\frac{\rho^2}{b^2})\rho \mathrm{d}\rho = \frac{2}{hb^2}\int_0^b (1-\frac{\rho^2}{b^2})\rho \mathrm{d}\rho = \frac{1}{2h}$$

$$d_i = \frac{1}{[N_i]^2 \mathrm{sh}(\omega_i h)}\int_0^b (1-\frac{\rho^2}{b^2})J_0(\omega_i \rho)\rho \mathrm{d}\rho$$

$$= \frac{2}{b^2[J_0(\omega_i b)]^2 \mathrm{sh}(\omega_i h)}\int_0^b (1-\frac{\rho^2}{b^2})J_0(\omega_i \rho)\rho \mathrm{d}\rho$$

$$= -\frac{4}{[\omega_i b]^2 J_0(\omega_i b)\mathrm{sh}(\omega_i h)}$$

所求定解问题的解为

$$u(\rho,z) = \frac{1}{2h}z - \frac{4}{b^2}\sum_{i=1}^{\infty}\frac{\mathrm{sh}(\omega_i z)}{[\omega_i]^2 J_0(\omega_i b)\mathrm{sh}(\omega_i h)}J_0(\omega_i \rho)$$

10.11 半径为 b 的无限长均匀圆柱体加热到温度 T,在初始时刻放入 $0℃$ 的水中冷却。试求圆柱体内的各点的温度变化规律。

解 选用柱坐标系,所求温度分布 $u(\rho,\varphi,z,t)$ 满足三维齐次热传导方程。但由于方程和定解条件中的已知函数均与变量 φ,z 无关,从而所求问题的解 u 只能是 ρ,t 两个变量的函数,即归结为二维热传导方程的混合

问题

$$
\begin{cases}
u_t = a^2 \left(u_{\rho\rho} + \dfrac{1}{\rho} u_\rho \right), & 0 < \rho < b, \quad t > 0 \quad \text{①} \\[2mm]
u(\rho,t)\big|_{t=0} = T & \text{②} \\[2mm]
u(\rho,t)\big|_{\rho=b} = 0 & \text{③}
\end{cases}
$$

对上述定解问题进行分离变量,设

$$
u(\rho,t) = R(\rho)T(t) \qquad \text{④}
$$

可得

$$
\begin{cases}
\rho^2 R''(\rho) + \rho R'(\rho) + \omega^2 \rho^2 R(\rho) = 0, \quad (0 \leqslant \rho \leqslant b) \\[2mm]
R(b) = 0, \quad |R(0)| < M
\end{cases} \qquad \text{⑤}
$$

其中 T 为有限值,并且有

$$
T'(t) + a^2 \omega^2 T(t) = 0 \qquad \text{⑥}
$$

本征值问题 ⑤ 的本征值为

$$
\omega_i^0 = \frac{x_i}{b}, i = 1,2,3,\cdots
$$

本征函数为

$$
R_i(\rho) = J_0\!\left(\frac{x_i \rho}{b}\right) \qquad \text{⑦}
$$

其中 x_i 表征 $J_0(x) = 0$ 的第 i 个正根,称之为 $J_0(x)$ 的第 i 个零点。同时有

$$
T_i(t) = C_i \mathrm{e}^{-[(a\omega_i^0)^2 t]} \qquad \text{⑧}
$$

利用叠加原理,可得定解问题的解为

$$
u(\rho,t) = \sum_{i=1}^{\infty} C_i \mathrm{e}^{-[(a\omega_i^0)^2 t]} J_0(\omega_i^0 \rho) \qquad \text{⑨}
$$

由初始条件得

$$
T = \sum_{i=1}^{\infty} C_i J_0(\omega_i^0 \rho)
$$

$$
\begin{aligned}
C_i &= \frac{2T}{[\omega_i^0 b J_1(\omega_i^0 b)]^2} \int_0^b J_0(\omega_i^0 \rho) \rho \,\mathrm{d}\rho \\[2mm]
&= \frac{2T}{[\omega_i^0 b J_1(\omega_i^0 b)]^2} (\omega_i^0 b) J_1(\omega_i^0 b) \\[2mm]
&= \frac{2T}{(\omega_i^0 b) J_1(\omega_i^0 b)}
\end{aligned}
$$

所求定解问题的解为

$$u(\rho,t) = 2T\sum_{i=1}^{\infty} \frac{b}{\omega_i^0 J_1(x_i)} e^{-[(a\omega_i^0)^2 t]} J_0(\omega_i^0 \rho)$$

10.12　设有半径为 b 的薄均匀圆盘,盘面绝缘,在圆盘的周边上温度为零,并且在初始时刻圆盘内的温度分布 $f(\rho,\varphi)$ 为已知。求圆盘内的温度分布规律 $u(\rho,\varphi,t)$。

解　此问题归结为二维热传导方程的混合问题,其定解问题为

$$\begin{cases} u_t = a^2\left(u_{\rho\rho} + \dfrac{1}{\rho}u_\rho + \dfrac{1}{\rho^2}u_{\varphi\varphi}\right), & 0<\rho<b, \ \ 0<\varphi<2\pi, \ \ t>0 & \text{①} \\[2mm] u(\rho,\varphi,t)\big|_{t=0} = f(\rho,\varphi) & \text{②} \\[2mm] u(\rho,\varphi,t)\big|_{\rho=b} = 0 & \text{③} \end{cases}$$

令

$$u(\rho,\varphi,t) = V(\rho,\varphi)T(t) \qquad\qquad\qquad ④$$

于是方程 ① 变成

$$T'(t) + a^2\lambda T(t) = 0 \qquad\qquad\qquad ⑤$$

以及

$$V_{\rho\rho} + \frac{1}{\rho}V_\rho + \frac{1}{\rho^2}V_{\varphi\varphi} + \lambda V(\rho,\varphi) = 0 \qquad\qquad ⑥$$

边界条件 ③ 为

$$V(\rho,\varphi)\big|_{\rho=b} = 0 \qquad\qquad\qquad ⑦$$

要求满足齐次边界条件 ⑦ 的方程的非零解为 $V(\rho,\varphi)$。方程 ⑥ 称为亥姆霍兹方程。不难看出方程 ⑤ 的通解为

$$T(t) = Ce^{-\lambda a^2 t}$$

本征值问题 ⑥⑦ 就变成定解问题,再次利用分离变量,令 $V(\rho,\varphi) = R(\rho)\Phi(\varphi)$,方程 ⑥ 变成两个常微分方程

$$\rho^2 R''(\rho) + \rho R'(\rho) + (\lambda\rho^2 - \mu)R(\rho) = 0$$

$$\Phi''(\varphi) + \mu\Phi(\varphi) = 0$$

由斯特姆-刘维尔本征值问题,有

$$\text{I}\quad\begin{cases} \rho^2 R''(\rho) + \rho R'(\rho) + (\lambda\rho^2 - \mu)R(\rho) = 0 \\ |R(0)| < \infty \\ R(b) = 0 \end{cases}$$

$$\text{II}\quad\begin{cases} \Phi''(\varphi) + \mu\Phi(\varphi) = 0 \\ \Phi(0) = \Phi(2\pi), \quad \Phi'(0) = \Phi'(2\pi) \end{cases}$$

对于本征值问题 II，当 $\mu = \mu_m = m^2, m = 0, 1, 2, \cdots$ 时，有非零解

$$\Phi_0(\varphi) = \frac{A_0}{2}, \Phi_m(\varphi) = A_m\cos m\varphi + B_m\sin m\varphi, m = 1, 2, 3, \cdots$$

因此，对于某个 $\mu_m = m^2$，令 $\lambda = \omega^2$，本征值问题 I 变成

$$\begin{cases} \rho^2 R''(\rho) + \rho R'(\rho) + (\omega^2\rho^2 - m^2)R(\rho) = 0, & (0 \leqslant \rho \leqslant b) \\ R(b) = 0 \quad | R(0) | < M \end{cases}$$

由贝塞尔方程的本征值问题，得本征值为

$$\omega_i^m = \frac{x_i^m}{b}, \quad i = 1, 2, 3, \cdots$$

相应的本征函数为

$$R_{m,i}(\rho) = J_m(\frac{x_i^m\rho}{b})$$

其中，x_i^m 表征 $J_m(x) = 0$ 的第 i 个正根，称之为 $J_m(x)$ 的第 i 个零点。于是得到

$$V_{m,i}(\rho, \varphi) = (A_m\cos m\varphi + B_m\sin m\varphi)J_m(\frac{x_i^m\rho}{b})$$

同时有

$$T_{m,i}(t) = C_{m,i}\mathrm{e}^{-(a\omega_i^m)^2 t}$$

利用叠加原理，可得定解问题的解为

$$u(\rho, \varphi, t) = \sum_{m=0}^{\infty}\sum_{i=1}^{\infty}\mathrm{e}^{-(a\omega_i^m)^2 t}[A_{m,i}\cos m\varphi + B_{m,i}\sin m\varphi]J_0(\frac{x_i^m}{b}\rho)$$

由初始条件

$$f(\rho, \varphi) = \sum_{m=0}^{\infty}\sum_{i=1}^{\infty}[A_{m,i}\cos m\varphi + B_{m,i}\sin m\varphi]J_0(\frac{x_i^m}{b}\rho)$$

可证明，函数系 $\cos m\varphi J_m(\frac{x_i^m\rho}{b}), \sin m\varphi J_m(\frac{x_i^m\rho}{b})$ 在区域 $0 \leqslant \varphi \leqslant 2\pi, 0 \leqslant \rho \leqslant b$ 内构成带权 ρ 的正交完备系。因此，$A_{m,i}, B_{m,i}$ 就是按这个函数系展开成级数的系数，即

$$A_{m,i} = \frac{\int_0^b\int_0^\pi f(\rho, \varphi)\cos m\varphi J_m(\frac{x_i^m\rho}{b})\rho\mathrm{d}\rho\mathrm{d}\varphi}{k\pi\int_0^b[J_m(\frac{x_i^m\rho}{b})]^2\rho\mathrm{d}\rho}, \quad \delta = \begin{cases} 1, m \neq 0 \\ 2, m = 0 \end{cases}$$

$$B_{m,i} = \frac{\int_0^b\int_0^\pi f(\rho, \varphi)\sin m\varphi J_m(\frac{x_i^m\rho}{b})\rho\mathrm{d}\rho\mathrm{d}\varphi}{\pi\int_0^b[J_m(\frac{x_i^m\rho}{b})]^2\rho\mathrm{d}\rho}, \quad B_{0,m} = 0$$

10. 13 一半径为 b 的薄弹性圆膜,边界固定,在初始时刻,圆膜呈旋转抛物面形状,中心点最大位移为 $A(A \ll b)$。试求圆膜的振动规律。

解 取以圆膜中心为原点的极坐标系,并考虑到方程自由项和定解条件均与 φ 无关,故设位移 $u = u(\rho, t)$,则定解问题为

$$\begin{cases} u_{tt} = a^2 \left(u_{\rho\rho} + \dfrac{1}{\rho} u_\rho \right), & 0 < \rho < b, \quad t > 0 & ① \\[2mm] u(\rho, t) \big|_{\rho=b} = 0, \quad \lim\limits_{\rho \to 0} u(\rho, t) < \infty & ② \\[2mm] u(\rho, t) \big|_{t=0} = A \left(1 - \dfrac{\rho^2}{b^2} \right), \quad u_t(\rho, t) \big|_{t=0} = 0 & ③ \end{cases}$$

设分离变量的解

$$u(\rho, \varphi) = R(\rho) T(t) \qquad ④$$

代入方程 ① 和边界条件 ②,得

$$\begin{cases} \rho^2 R''(\rho) + \rho R'(\rho) + \omega^2 \rho^2 R(\rho) = 0 \\ |R(0)| < \infty, \quad R(b) = 0 \end{cases} \qquad ⑤$$

同时有

$$T''(t) + \omega^2 a^2 T(t) = 0 \qquad ⑥$$

⑤ 中的方程可化为零阶贝塞尔方程,通解为

$$R(\rho) = C_1 J_0(\omega\rho) + C_2 N_0(\omega\rho)$$

由 $|R(0)| < \infty$,知 $C_2 = 0$。再由边界条件 $R(b) = 0$,得

$$J_0(\omega b) = 0$$

故

$$\omega_n^0 b = x_n^0, \quad 即 \ \omega_n^0 = \frac{x_n^0}{b} \qquad ⑦$$

即 x_n^0 是 $J_0(x)$ 的正零点。相应的本征函数为

$$R_n(\rho) = J_0(\omega_n^0 \rho) \qquad ⑧$$

对这些本征值,不难得出 ⑥ 的解为

$$T_n(t) = A_n \cos a\omega_n^0 t + B_n \sin a\omega_n^0 t \qquad ⑨$$

$$u_n(\rho, t) = (A_n \cos a\omega_n^0 t + B_n \sin a\omega_n^0 t) J_0(\omega_n^0 \rho)$$

利用叠加原理可设原定解问题的解为

$$u(\rho, t) = \sum_{n=1}^{\infty} [C_n \cos(a\omega_n^0 t) + D_n \sin(a\omega_n^0 t)] J_0(\omega_n^0 \rho)$$

由初始条件 ③,得

$$u(\rho,t)\big|_{t=0} = A\left(1-\frac{\rho^2}{b^2}\right) = \sum_{n=0}^{\infty} C_n J_0(\omega_n^0 \rho)$$

$$\sum_{n=1}^{\infty} a\omega_n^0 D_n \sin(a\omega_n^0 t) J_0(\omega_n^0 \rho) = 0,$$

$$D_n = 0, \quad C_n = \frac{2A}{b^2\left[J'_0(\omega_n^0 b)\right]} \int_0^b \left(1-\frac{\rho^2}{b^2}\right) J_0(\omega_n^0 \rho)\rho d\rho$$

$$= \frac{2A}{b^2 J_1^2(\omega_n^0 b)} \left[\int_0^b J_0(\omega_n^0 \rho)\rho d\rho - \frac{1}{b^2}\int_0^b \rho^3 J_0(\omega_n^0 \rho) d\rho\right]$$

计算上式后一个积分,并注意到递推公式(10-28),可得

$$\int_0^b \rho^3 J_0(\omega_n^0 \rho) d\rho = \int_0^b \rho^2 d\left[\frac{\rho J_1(\omega_n^0 \rho)}{\omega_n^0 b}\right]$$

$$= \left[\rho^3 \frac{J_1(\omega_n^0 \rho)}{\omega_n^0 b}\right]_0^b - \frac{2}{\omega_n^0 b}\int_0^b \rho^2 J_1(\omega_n^0 \rho) d\rho$$

于是,利用公式$\int x^{m+1} J_m(\alpha x) dx = x^{m+1}\frac{J_{m+1}(\alpha x)}{\alpha} + C$,则有

$$C_n = \frac{2A}{b^2\left[J_1(\omega_n^0 \rho)\right]}\left\{\left[\frac{\rho J_1(\omega_n^0 \rho)}{\omega_n^0}\right]\bigg|_0^b - \left[\frac{\rho J_1(\omega_n^0 \rho)}{\omega_n^0}\right]\bigg|_0^b + \frac{4}{\omega_n^0 b}\left[\frac{\rho^2 J_1(\omega_n^0 \rho)}{(\omega_n^0)^2}\right]\bigg|_0^b\right\}$$

$$= \frac{2A}{b^2\left[J_1(\omega_n^0 b)\right]^2}\left[\frac{b}{\omega_n^0}J_1(\omega_n^0 b) - \frac{b}{\omega_n^0}J_1(\omega_n^0 b) + \frac{4}{(\omega_n^0)^3 b}J_1(\omega_n^0 b)\right]$$

由递推公式(10-30),有

$$J_2(\omega_n^0) = \frac{2}{\omega_n^0}J_1(\omega_n^0) - J_0(\omega_n^0) = \frac{2}{\omega_n^0}J_1(\omega_n^0)$$

则有

$$C_n = \frac{4A}{\left[J_1(\omega_n^0 b)\right]^2 (\omega_n^0 b)^2}J_2(\omega_n^0 \rho) = \frac{8A}{J_1(\omega_n^0 b)(\omega_n^0 b)^3}$$

所求定解问题的解为

$$u(\rho,t) = 8A\sum_{n=1}^{\infty}\frac{1}{\left[\omega_n^0 b\right]^3 J_1(\omega_n^0 b)}J_0(\omega_n^0 \rho)\cos a\omega_n^0 t$$

10. 14   证明虚宗量贝塞尔函数 $I_m(x)$ 的递推公式(10-61)及(10-62)。

证明   (1)由虚宗量贝塞尔函数,可知

$$J_m(ix) = i^m I_m(x) = i^m I_{-m}(x)$$

在递推关系(10-31)式中,取 $\nu = m$,则有

$$J_{m-1}(ix) - J_{m+1}(ix) = 2\frac{dJ_m(ix)}{d(ix)}$$

即有

$$i^{m-1}I_{m-1}(x) - i^{m+1}I_{m+1}(x) = 2i^m \frac{1}{i}\frac{\mathrm{d}I_m(x)}{\mathrm{d}x}$$

$$I_{m-1}(x) + I_{m+1}(x) = 2\frac{\mathrm{d}I_m(x)}{\mathrm{d}x}$$

即证明了(10-61)式：$I_{m+1}(x) + I_{m-1}(x) = 2I'_m(x)$

（2）在递推关系(10-29)式中，取 $\nu = m$，则有

$$-mJ_m(ix) + ix\frac{\mathrm{d}J_m(ix)}{\mathrm{d}(ix)} = -ixJ_{m+1}(ix)$$

即有

$$miI_m(x) - ix\frac{\mathrm{d}I_m(x)}{\mathrm{d}x} = -ixI_{m+1}(x)$$

$$I_{m+1}(x) = I'_m(x) - \frac{m}{x}I_m(x)$$

即证明了(10-62)式。

第十一章 积分变换法求解定解问题

积分变换法是通过积分变换简化定解问题的一种有效的求解方法。对于多个自变量的线性偏微分方程,通过实施积分变换可减少方程的自变量个数,从而求出原偏微分方程的解,并且定解问题的解能够直接由积分形式给出。积分变换法在求解数学物理方程中具有广泛的用途,尤其是对于无界区域及半无界区域的定解问题。常用的积分变换法有傅里叶变换法和拉普拉斯变换法两种。

11.1 内容导读

一、积分变换法的基本概念

1. 积分变换法的基本思想

把某函数类 A 中的函数 $f(x)$,经过某种可逆的积分变换

$$F(p) = \int k(x,p) f(x) \mathrm{d}x \qquad (11\text{-}1)$$

变换到另一个函数类 B 中的函数 $F(p)$,其中 $F(p)$ 称为 $f(x)$ 的**像函数**,$f(x)$ 称为 $F(p)$ 的**原函数**,而 $k(x,p)$ 是 p 和 x 的已知函数,称为积分变换的**核**。在变换(11-1)式下,原来的偏微分方程可以减少自变量的个数,直至化成常微分方程;原来的常微分方程可变成代数方程,从而使在函数类 B 中的运算简化。

2. 用积分变换法解定解问题的步骤

(1) 根据自变量的变化范围和定解条件的具体情况,选取适当的积分变换;

（2）对定解问题做积分变换：在此过程中，凡是在对方程取变换时没有用到的定解条件都必须做相应的变换，以得到像函数的定解条件；

（3）求解关于像函数的常微分方程的定解问题或代数方程，得到像函数；

（4）对像函数做积分逆变换，可得原定解问题的解。

积分变换法的难点在于求积分逆变换，为此，常常需要综合应用积分变换的有关性质、积分公式表、留数定理等。这里需要一些经验和技巧，掌握一些常见的积分变换公式是非常必要的。

二、用傅里叶变换法求解数学物理方程的初值问题

对于无界区域的初值问题，根据傅里叶积分变换法中的"原像的导数定理"，可使原函数满足的偏微分方程转化为像函数的常微分方程。对于半无界区域的定解问题，可采用傅里叶正弦变换（第一类边界条件）或傅里叶余弦变换（第二类边界条件）；也可将边界条件齐次化后，采用延拓法，然后再用傅里叶变换法求解。

用傅里叶积分变换法求解定解问题时，不必像分离变量法那样区分方程及边界条件是否齐次的。对于无界空间（如果是半无界空间，可延拓成无界空间的定解问题），则由于没有边界条件，它不存在分立的本征值和相应的本征函数，因此场量函数不是在离散的本征函数上展开，而是以傅里叶积分形式出现，这就导致了傅里叶变换。

三、用拉普拉斯变换法求解数学物理方程的定解问题

利用拉普拉斯变换法求解定解问题时，往往是针对时间变量 t 进行的，特别是对带有边界条件的定解问题。这种方法的使用不受方程和边界条件是齐次或非齐次的限制，也不受空间是有限或无限的限制，但会受到反演的限制，因为求反演时，常常会遇到各种运算上的困难。

四、傅里叶积分变换法与拉普拉斯积分变换法的使用情况

无论是何种积分变换，它们都有一个重要的性质：就是把原来场函数的偏微分运算通过积分变换化为像函数关于参变量的乘积运算，这个重要性质是积分变换法求解定解问题的基础。该性质意味着，如果我们在像函数空间求解的定解问题与原定解问题相比较，此时自变量的个数要比原定解问题少，因为原定解问题关于自变量求偏导的运算，已经化为像函数关于参变量的乘积运算，因此求解像函数的定解问题比求解原定解问

题来得要简单一些。

1. 选择积分变换法的基本原则

如果定解问题中至少有一个变量是无界的,就可以考虑用积分变换法求解。但对于一个具体的定解问题而言,到底应当选用哪一种积分变换法,要考虑以下几个原则:

(1) 所涉及的自变量的变化区间和该变换的要求一致;

(2) 未知函数的该种积分变换存在;

(3) 要求函数 $f(x)$ 及其导数 $f^{(n)}(x)$ 在该种积分变换下具有简单的代数关系;

(4) 涉及的未知函数及其低阶导数的特殊值正好由原定解问题中的定解条件给出。

2. 比较两种积分变换法的使用情况

(1) 傅里叶变换法可用来求常微分方程、积分方程和偏微分方程的各类定解问题,特别适合求无界区域的定解问题,即要求自变量在$(-\infty, +\infty)$上变化(如无界初值问题的坐标变量)。这种解法的优点之一是不必区分方程及边界条件齐次或非齐次;优点之二是对一些具有奇异性质的函数,如阶跃函数、δ 函数经过积分变换后,可变成连续函数,易于处理;优点之三是对于半无界问题可通过延拓的方法,使之成为无界问题,从而采用傅里叶变换法求解。

(2) 拉普拉斯变换法适用范围更加广泛,可用来求常微分方程、积分方程和偏微分方程的各类定解问题,特别适合求解常微分方程的初值问题或半无界区域的定解问题,要求自变量在$[0,\infty)$上变化,在$(-\infty,0)$上函数为零(如半无界边值问题的时间变量)。用之求解定解问题的区域可以是有界的也可以是无界的,方程和边界条件可以是齐次的也可以是非齐次的。缺点是有些用别的方法求解并不太复杂的问题用拉普拉斯变换法求解时计算很烦琐,尤其是求反演时往往会遇到不少运算上的困难。

(3) 对有些问题,两种变换都是可行的,或者也可以采用其他的变换,如汉克尔变换、梅林变换等,此时就要根据具体问题选择一种合适的变换,以使得像函数及逆变换容易求得。总之,积分变换是古典分析和近代分析的一种强有力的运算工具。

3. 半无界区域的定解问题

半无界问题可以根据定解条件进行解析延拓以形成无界空间的定解问题来求解，在做延拓之前，需要将边界条件齐次化。半无界问题在边界处符合齐次边界条件，无界问题是没有边界条件的，所以从无界问题求出的解必须保证在原先的边界处符合半无界问题所给出的边界条件，这是通过给定的定解条件对场函数进行延拓来完成的，具体情况要区分对什么变量进行什么变换做具体的分析后才能确定延拓的具体形式。

11.2　习题导练

11.1　用傅里叶积分变换法求解自由振动方程的初值问题

$$\begin{cases} u_{tt} - a^2 u_{xx} = 0, & -\infty < x < \infty, t > 0 \\ u\mid_{t=0} = \varphi(x) \\ u_t\mid_{t=0} = 0 \end{cases}$$

解　令 $u(x,t)$ 的傅立叶变换为 $\tilde{u}(k,t)$，则有

$$\tilde{u}(k,t) = \int_{-\infty}^{\infty} u(x,t) e^{-ikx} dx$$

附加上自然边界条件

$$\lim_{x \to \pm\infty} u(x,t) = 0, \quad \lim_{x \to \pm\infty} \frac{\partial u(x,t)}{\partial x} = 0$$

则由原像的导数定理(5-25)，有

$$\int_{-\infty}^{\infty} \frac{\partial^2 u(x,t)}{\partial x^2} e^{-ikx} dx = -k^2 \int_{-\infty}^{\infty} u(x,t) e^{-ikx} dx$$

故原偏微分方程定解问题成为常微分方程的定解问题

$$\begin{cases} \dfrac{d^2 \tilde{u}(k,t)}{dt^2} + k^2 a^2 \tilde{u}(k,t) = 0 \\ \tilde{u}(k,0) = \tilde{\varphi}(k) \\ \tilde{u}_t(k,0) = 0 \end{cases}$$

其中 $\tilde{\varphi}(k)$ 为初始函数 $\varphi(x)$ 的傅里叶变换。

求解像函数的定解问题,可得

$$\tilde{u}(k,t) = \tilde{\varphi}(k)\cos kat$$

代入反演公式(5-16),即可得

$$u(x,t) = \frac{1}{2\pi}\int_{-\infty}^{\infty}\tilde{\varphi}(k)\cos kat\, e^{ikx}\, dk$$

$$= \frac{1}{2\pi}\cdot\frac{1}{2}\int_{-\infty}^{\infty}\tilde{\varphi}(k)(e^{ik(x+at)}+e^{ik(x-at)})\, dk$$

$$= \frac{1}{2}[\varphi(x+at)+\varphi(x-at)]$$

它表示初位移分成相等的两部分,分别以速率 a 向左右两个方向传播。

11.2   用傅里叶积分变换法解自由振动方程的初值问题

$$\begin{cases} u_{tt}-c^2 u_{xx}=0, & -\infty < x < \infty, t>0 \\ u\big|_{t=0}=u_0 e^{-(\frac{x}{a})^2} \\ u_t\big|_{t=0}=0 \end{cases}$$

解   令 $u(x,t)$ 的傅里叶变换为 $\tilde{u}(k,t)$,则有

$$\tilde{u}(k,t) = \int_{-\infty}^{\infty} u(x,t)e^{-ikx}\, dx$$

附加上自然边界条件 $\lim\limits_{x\to\pm\infty} u(x,t)=0$, $\lim\limits_{x\to\pm\infty}\dfrac{\partial u(x,t)}{\partial x}=0$,则有

$$\int_{-\infty}^{\infty}\frac{\partial^2 u(x,t)}{\partial x^2}e^{-ikx}\, dx = -k^2\int_{-\infty}^{\infty} u(x,t)e^{-ikx}\, dx$$

初始条件也可以做相应的变换,考虑到

$$\int_{-\infty}^{\infty} e^{-(\frac{x}{a})^2} e^{-ikx}\, dx = \sqrt{\pi}a e^{-(\frac{ka}{2})^2}$$

故原偏微分方程定解问题成为常微分方程的定解问题

$$\begin{cases} \dfrac{d^2\tilde{u}(k,t)}{dt^2}+k^2 c^2\tilde{u}(k,t)=0 \\ \tilde{u}(k,0)=u_0 a\sqrt{\pi}e^{-(\frac{ka}{2})^2} \\ \tilde{u}_t(k,0)=0 \end{cases}$$

求解像函数的定解问题,可得

$$\tilde{u}(k,t) = u_0 a\sqrt{\pi}e^{-(\frac{ka}{2})^2}\cdot\cos kct$$

代入反演公式(5-16),即可得

$$u(x,t) = \frac{1}{2\pi}\int_{-\infty}^{\infty} \tilde{u}(k,t)e^{-8kx}\,\mathrm{d}k = \frac{1}{2\pi}u_0 a\sqrt{\pi}\int_{-\infty}^{\infty} e^{-(\frac{ka}{2})^2}\cos kct \cdot e^{ikx}\,\mathrm{d}k$$

$$= \frac{u_0 a}{2\sqrt{\pi}}\int_{-\infty}^{\infty} e^{-(\frac{ka}{2})^2}\cos kct \cdot e^{ikx}\,\mathrm{d}k$$

$$= \frac{u_0 a}{4\sqrt{\pi}}\int_{-\infty}^{\infty} e^{-(\frac{ka}{2})^2}\left[e^{ik(x+a)} + e^{ik(x-a)}\right]\mathrm{d}k$$

$$= \frac{u_0}{2}\left[e^{-(\frac{x+a}{a})^2} + e^{-(\frac{x-a}{a})^2}\right]$$

注意到,这正是直接运用 11.1 题的结果。

讨论:在上面的求解过程中,实际上可不必算出初始条件的傅里叶变换,而只需设

$$\tilde{u}(k,0) = u_0 F(k) = u_0\int_{-\infty}^{\infty} e^{-(\frac{x}{a})^2} e^{-ikx}\,\mathrm{d}x$$

因此有

$$\tilde{u}(k,t) = u_0 F(k)\cos kct$$

再求反演

$$u(x,t) = \frac{1}{2\pi}\int_{-\infty}^{\infty} \tilde{u}(k,t)e^{ikx}\,\mathrm{d}k = \frac{u_0}{2\pi}\int_{-\infty}^{\infty} F(k)\cos kct \cdot e^{ikx}\,\mathrm{d}k$$

$$= \frac{1}{2\pi}\frac{u_0}{2}\int_{-\infty}^{\infty} F(k)\left[e^{ik(x+a)} + e^{ik(x-a)}\right]\mathrm{d}k$$

由 $F(k)$ 的傅里叶变换的反演公式

$$\frac{1}{2\pi}\int_{-\infty}^{\infty} F(k)e^{ikx}\,\mathrm{d}k = e^{-(\frac{x}{a})^2}$$

立即可得

$$u(x,t) = \frac{u_0}{2}\left[e^{-(\frac{x+a}{a})^2} + e^{-(\frac{x-a}{a})^2}\right]$$

11.3 无限长梁在初始位移和初始速度下的自由振动可归结如下初值问题

$$\begin{cases} u_{tt} + a^2 u_{xxxx} = 0, & t>0, \quad -\infty<x<\infty \\ u(x,0) = \varphi(x), & -\infty<x<\infty \\ u_t(x,0) = a\psi''(x) \end{cases}$$

其中,$\varphi(x)$ 及 $\psi(x)$ 均为已知函数,求此初值问题。

解 (1)以 t 为参量,把 x 变换成 k,即做傅里叶变换,令

$$\tilde{u}(k,t) = \int_{-\infty}^{\infty} u(x,t)e^{-ikx}\,\mathrm{d}x = F[u(x,t)]$$

$$\tilde{\varphi}(k) = F[\varphi(x)], \quad \tilde{\psi}(k) = F[\psi(x)]$$

则原定解问题变换为关于像函数 $\tilde{u}(k,t)$ 的常微分方程的定解问题

$$\begin{cases} \dfrac{\partial^2 \tilde{u}}{\partial t^2} + a^2 k^4 \tilde{u}(k,t) = 0 \\ \tilde{u}(k,t)\,|_{t=0} = \tilde{\varphi}(k), \quad \tilde{u}_t(k,t)\,|_{t=0} = -ak^2\tilde{\psi}(k) \end{cases}$$

（2）以 k 为参量，解上述关于像函数 $\tilde{u}(k,t)$ 的常微分方程，可得

$$\tilde{u}(k,t) = \tilde{\varphi}(k)\cos(ak^2 t) - \tilde{\psi}(k)\sin(ak^2 t)$$

（3）以 t 为参量，把 k 变换回 x，即做傅里叶逆变换

$$u(x,t) = F^{-1}[\tilde{u}(k,t)]$$
$$= F^{-1}[\tilde{\varphi}(k)\cos(ak^2 t)] - F^{-1}[\tilde{\psi}(k)\sin(ak^2 t)]$$

由卷积定理(5-30)，有

$$u(x,t) = F^{-1}F[\varphi(x) * F^{-1}(\cos ak^2 t)] - F^{-1}F[\psi(x) * (\sin ak^2 t)]$$

考虑到

$$F^{-1}[\cos ak^2 t] + iF^{-1}[\sin ak^2 t] = F^{-1}[e^{iak^2 t}] = \frac{1}{2\pi}\int_{-\infty}^{\infty} e^{iak^2 t} e^{ikx}\,dk$$

$$= \frac{1}{2\pi}e^{-i\frac{x^2}{4at}}\int_{-\infty}^{\infty} e^{iat(k+\frac{x}{2at})^2}\,dk = \frac{1}{2\pi}\frac{1}{\sqrt{at}}e^{-i\frac{x^2}{4at}}\int_{-\infty}^{\infty} e^{i[\sqrt{at}(k+\frac{x}{2at})]^2}\,d(\sqrt{at}\,k)$$

$$= \frac{2}{\pi\sqrt{at}}e^{-i\frac{x^2}{4at}}\int_{0}^{\infty} e^{i\zeta^2}\,d\zeta, \qquad (\zeta = \sqrt{at}(k+\frac{x}{2at}))$$

$$= \frac{1}{\pi\sqrt{at}}e^{-i\frac{x^2}{4at}}e^{i\frac{\pi}{4}}\frac{\sqrt{\pi}}{2} = \frac{1}{2}\sqrt{\frac{1}{\pi at}}\left[\cos(\frac{\pi}{4}-\frac{x^2}{4at}) + i\sin(\frac{\pi}{4}-\frac{x^2}{4at})\right]$$

上面引用了留数定理中推出的菲涅尔积分公式（4-26）、（4-27）式。
比较上式两边的实部和虚部，得

$$F^{-1}[\cos ak^2 t] = \frac{1}{2}\sqrt{\frac{1}{\pi at}}\cos(\frac{\pi}{4}-\frac{x^2}{4at})$$

$$F^{-1}[\sin ak^2 t] = \frac{1}{2}\sqrt{\frac{1}{\pi at}}\sin(\frac{\pi}{4}-\frac{x^2}{4at})$$

由卷积定义，可得

$$u(x,t) = \frac{1}{2\sqrt{\pi at}}\left[\int_{-\infty}^{\infty} \varphi(x-\zeta)\cos(\frac{\pi}{4}-\frac{\zeta^2}{4at})\,d\zeta\right.$$

$$\left. - \int_{-\infty}^{\infty} \psi(x-\zeta)\sin(\frac{\pi}{4}-\frac{\zeta^2}{4at})\,d\zeta\right]$$

11.4　求解半无界均匀细杆的导热问题

$$\begin{cases} u_t - a^2 u_{xx} = 0, x > 0, t > 0 \\ u(0,t) = N_0 \\ u(x,0) = 0 \end{cases}$$

其中，N_0 为已知常量。

解法一　本题属于第一类非齐次边界条件，首先应把问题化成第一类齐次边界条件，然后用奇延拓把半无界问题化成无界问题来求解。设

$$u(x,t) = v(x,t) + N_0$$

其中，$v(x,t)$ 满足定解问题

$$\begin{cases} v_t - a^2 v_{xx} = 0, x > 0, t > 0 \\ v(0,t) = 0 \\ v(x,0) = -N_0 \end{cases}$$

把初始条件做奇延拓，则有

$$v(x,0) = \varphi(x) = \begin{cases} N_0, & x < 0 \\ -N_0, & x > 0 \end{cases}$$

从而构成定解问题

$$\begin{cases} v_t - a^2 v_{xx} = 0, -\infty < x < +\infty, t > 0 \\ v(x,0) = \varphi(x) = \begin{cases} N_0, & x < 0 \\ -N_0, & x > 0 \end{cases} \end{cases}$$

参看教材 $P361$ 例题 $11.2.2$，可得其解

$$v(x,t) = \frac{1}{2a\sqrt{\pi t}} \int_{-\infty}^{\infty} \varphi(\zeta) e^{-\frac{(x-\zeta)^2}{4a^2 t}} d\zeta$$

$$= \frac{N_0}{2a\sqrt{\pi t}} \left[\int_{-\infty}^{0} e^{-\frac{(x-\zeta)^2}{4a^2 t}} d\zeta + \int_{0}^{\infty} e^{-\frac{(x-\zeta)^2}{4a^2 t}} d\zeta \right]$$

在上式右端的第一个积分中，令 $z = \dfrac{x-\zeta}{2a\sqrt{t}}$，而在第二个积分中令 $z = \dfrac{\zeta-x}{2a\sqrt{t}}$，则有

$$v(x,t) = -\frac{N_0}{\sqrt{\pi}} \left[\int_{-\infty}^{\frac{x}{2a\sqrt{t}}} e^{-z^2} dz + \int_{\frac{x}{2a\sqrt{t}}}^{\infty} e^{-z^2} dz \right] = -N_0 erf\left[\frac{x}{2a\sqrt{t}} \right]$$

其中，误差函数 $erf(x)$ 的定义为

$$erf(x) = \frac{2}{\sqrt{\pi}} \int_0^x \mathrm{e}^{-x^2} \mathrm{d}x$$

这样对于 $x \geqslant 0$ 区域,原定解问题的解为

$$u(x,t) = N_0 \left[1 - erf(\frac{x}{2a\sqrt{t}}) \right] = N_0 \, erfc(\frac{x}{2a\sqrt{t}})$$

其中余弦误差函数 $erfc(x)$ 的定义为 $erfc(x) = 1 - erf(x)$

解法二:对泛定方程和边界条件做拉普拉斯变换,至于初始条件则通过导数定理而考虑到,变换的结果为

$$\begin{cases} p\bar{u} - a^2 \bar{u}_{xx} = 0 \quad x > 0 \\ \bar{u}(0,p) = N_0 \dfrac{1}{p} \end{cases}$$

式中 $\bar{u} = \bar{u}(x,p)$。以上关于像函数的常微分方程的通解是

$$\bar{u}(x,p) = A\mathrm{e}^{\frac{\sqrt{p}x}{a}} + B\mathrm{e}^{\frac{\sqrt{p}x}{a}}$$

考虑到 $\lim\limits_{x \to \infty} \bar{u}(x,p)$ 不应为无限大,取积分常数 $B = 0$。再利用边界条件可定出积分常数 $A = N_0 \dfrac{1}{p}$,从而有

$$\bar{u}(x,p) = N_0 \frac{1}{p} \mathrm{e}^{\frac{\sqrt{p}x}{a}}$$

通过反演,并利用余弦误差函数 $erfc(x)$ 的定义,可得原定解问题的解

$$u(x,t) = N_0 \, erfc(\frac{x}{2a\sqrt{t}})$$

11.5 求解一维无界杆的有源导热问题

$$\begin{cases} u_t - a^2 u_{xx} = f(x,t) \quad -\infty < x < \infty, t > 0 \\ u(x,0) = \varphi(x) \end{cases}$$

其中,$f(x,t)$ 及 $\varphi(x)$ 均为已知函数。

解 采用傅里叶变换法求解,分三步进行。

(1) 将 t 看作参数,设

$$u(x,t) \leftrightarrow \tilde{u}(k,t), \quad f(x,t) \leftrightarrow \tilde{f}(k,t), \quad \varphi(x) \leftrightarrow \tilde{\varphi}(k)$$

则原定解问题经变换后成为

$$\begin{cases} \tilde{u}_t(k,t) + a^2 k^2 \tilde{u}(k,t) = \tilde{f}(k,t) \\ \tilde{u}(k,0) = \tilde{\varphi}(k) \end{cases}$$

(2) 将 k 看作参数,求解上述常微分方程的初值问题。采用拉普拉斯变换法,可得

$$\tilde{u}(k,t) = \tilde{\varphi}(k)\mathrm{e}^{-a^2k^2t} + \int_0^t \tilde{f}(k,t)\mathrm{e}^{-a^2k^2(t-\tau)}\mathrm{d}k$$

（3）再将 t 看作参数,对上式进行反演,考虑到变换式

$$\mathrm{e}^{-a^2k^2t} \leftrightarrow \frac{1}{2a\sqrt{\pi t}}\mathrm{e}^{-\frac{x^2}{4a^2t}}$$

及卷积定理(5-47)式,可得

$$u(x,t) = \frac{1}{2a\sqrt{\pi t}}\int_{-\infty}^{\infty}\varphi(\zeta)\mathrm{e}^{-\frac{(x-\zeta)^2}{4a^2t}}\mathrm{d}\zeta$$

$$+ \int_0^t\left[\frac{1}{2a\sqrt{\pi(t-\tau)}}\int_{-\infty}^{\infty}f(\zeta,\tau)\mathrm{e}^{-\frac{(x-\zeta)^2}{4a^2(t-\tau)}}\mathrm{d}\zeta\right]\mathrm{d}\tau$$

$$= \int_{-\infty}^{\infty}\varphi(\zeta)G(x,t;\zeta,0)\mathrm{d}\zeta + \int_0^t\left[\int_{-\infty}^{\infty}f(\zeta,\tau)G(x,t;\zeta,\tau)\mathrm{d}\zeta\right]\mathrm{d}\tau$$

其中

$$G(x,t;\zeta,\tau) = \frac{1}{2a\sqrt{\pi(t-\tau)}}\mathrm{e}^{-\frac{(x-\zeta)^2}{4a^2(t-\tau)}}, \quad t > \tau$$

11.6　用傅里叶变换法求解三维热传导方程的初值问题

$$\begin{cases} u_t - a^2(u_{xx} + u_{yy} + u_{zz}) = 0, & (-\infty < x,y,z < \infty, t > 0) \\ u(\vec{r},0) = \varphi(\vec{r}) \end{cases}$$

其中 $\varphi(\vec{r})$ 为已知函数。

解　把 $u(x,y,z,t)$ 对自变量 x,y,z 展开为三重傅里叶积分,令 $u(x, y,z,t)$ 的傅立叶变换为 $\tilde{u}(\vec{k},t)$,即

$$u(\vec{r},t) = \frac{1}{(2\pi)^3}\int_{-\infty}^{\infty}\int_{-\infty}^{\infty}\int_{-\infty}^{\infty}\tilde{u}(\vec{k},t)\mathrm{e}^{i\vec{k}\cdot\vec{r}}\mathrm{d}\vec{k}_1\mathrm{d}\vec{k}_2\mathrm{d}\vec{k}_3 \qquad ①$$

其中,$\vec{r} = x\vec{i}_1 + y\vec{i}_2 + z\vec{i}_3, \vec{k} = k_1\vec{i}_1 + k_2\vec{i}_2 + k_3\vec{i}_3$。

故原定解问题转化为像函数的定解问题

$$\begin{cases} \tilde{u}_t(\vec{k},t) + k^2a^2\tilde{u}(\vec{k},t) = 0 & ② \\ \tilde{u}(\vec{k},0) = \tilde{\varphi}(\vec{k}) = \int_{-\infty}^{\infty}\int_{-\infty}^{\infty}\int_{-\infty}^{\infty}\varphi(\vec{r}')\mathrm{e}^{-i\vec{k}\cdot\vec{r}'}\mathrm{d}\vec{r}' & ③ \end{cases}$$

其中 $\tilde{\varphi}(k)$ 为初始函数 $\varphi(x)$ 的傅里叶变换。求解像函数的定解问题,可得

$$\tilde{u}(\vec{k},t) = \tilde{\varphi}(k_1,k_2,k_3)\mathrm{e}^{-k^2a^2t}$$

即

$$\tilde{u}(\vec{k},t) = \int_{-\infty}^{\infty}\int_{-\infty}^{\infty}\int_{-\infty}^{\infty}\varphi(\vec{r}')\mathrm{e}^{-i\vec{k}\cdot\vec{r}'}\mathrm{d}\vec{r}' \cdot \mathrm{e}^{-k^2a^2t}$$

代入反演公式 ① 中,即可得

$$u(\vec{r},t) = \frac{1}{(2\pi)^3}\int_{-\infty}^{\infty}\int_{-\infty}^{\infty}\int_{-\infty}^{\infty}\left[\int_{-\infty}^{\infty}\int_{-\infty}^{\infty}\int_{-\infty}^{\infty}\varphi(\vec{r}')\mathrm{e}^{-i\vec{k}\cdot\vec{r}}\,\mathrm{d}\vec{r}'\right]\cdot\mathrm{e}^{-k^2a^2t}\mathrm{e}^{i\vec{k}\cdot\vec{r}}\,\mathrm{d}\vec{k}$$

交换积分顺序,有

$$u(\vec{r},t) = \frac{1}{(2\pi)^3}\int_{-\infty}^{\infty}\int_{-\infty}^{\infty}\int_{-\infty}^{\infty}\varphi(\vec{r}')\left[\int_{-\infty}^{\infty}\int_{-\infty}^{\infty}\int_{-\infty}^{\infty}\mathrm{e}^{i\vec{k}\cdot(\vec{r}-\vec{r}')}\,\mathrm{e}^{-k^2a^2t}\mathrm{d}\vec{k}\right]\mathrm{d}\vec{r}' \quad ④$$

上式括号内的定积分改用球坐标系进行积分

$$I = \int_{-\infty}^{\infty}\int_{-\infty}^{\infty}\int_{-\infty}^{\infty}\mathrm{e}^{i\vec{k}\cdot(\vec{r}-\vec{r}')}\,\mathrm{e}^{-k^2a^2t}\mathrm{d}\vec{k}$$

$$= \int_{k=0}^{\infty}\int_{\theta=0}^{\pi}\int_{\varphi=0}^{2\pi}\mathrm{e}^{ik|\vec{r}-\vec{r}'|\cos\theta}\mathrm{e}^{-k^2a^2t}k^2\sin\theta\mathrm{d}\varphi\mathrm{d}\theta\mathrm{d}k$$

$$= 2\pi\int_{k=0}^{\infty}\int_{\theta=0}^{\pi}\mathrm{e}^{ik|\vec{r}-\vec{r}'|\cos\theta}\cdot\mathrm{d}(\cos\theta)\mathrm{e}^{-k^2a^2t}(-k^2)\mathrm{d}k$$

$$= 2\pi\int_0^{\infty}\frac{1}{k|\vec{r}-\vec{r}'|}\frac{1}{i}(\mathrm{e}^{ik|\vec{r}-\vec{r}'|}-\mathrm{e}^{-ik|\vec{r}-\vec{r}'|})\mathrm{e}^{-k^2a^2t}k^2\mathrm{d}k$$

$$= 4\pi\int_0^{\infty}\frac{1}{k|\vec{r}-\vec{r}'|}\sin k|\vec{r}-\vec{r}'|\mathrm{e}^{-k^2a^2t}k^2\mathrm{d}k$$

$$= \frac{2\pi}{|\vec{r}-\vec{r}'|}\int_0^{\infty}\sin k|\vec{r}-\vec{r}'|\mathrm{e}^{-k^2a^2t}k^2\mathrm{d}(k^2)$$

$$= \frac{2\pi}{|\vec{r}-\vec{r}'|}\int_0^{\infty}\sin k|\vec{r}-\vec{r}'|\frac{1}{(-a^2t)}\mathrm{d}(\mathrm{e}^{-k^2a^2t})$$

$$= \frac{2\pi}{|\vec{r}-\vec{r}'|}\left[\sin k|\vec{r}-\vec{r}'|\frac{1}{(-a^2t)}\mathrm{e}^{-k^2a^2t}\Big|_0^{\infty}+\frac{1}{a^2t}\int_0^{\infty}\mathrm{e}^{-k^2a^2t}\cdot\right.$$

$$\left.\mathrm{d}(\sin k|\vec{r}-\vec{r}'|)\right]$$

$$= \frac{2\pi}{a^2t}\int_0^{\infty}\mathrm{e}^{-k^2a^2t}\cos k|\vec{r}-\vec{r}'|\mathrm{d}k$$

再利用泊松积分公式(4-25),可得

$$\int_0^{\infty}\mathrm{e}^{-k^2x^2}\cos bx\,\mathrm{d}x = \frac{\sqrt{\pi}}{2a}\mathrm{e}^{-\frac{b^2}{4a^2}},\quad a>0$$

$$I = \frac{2\pi}{a^2t}\frac{\sqrt{\pi}}{2a\sqrt{t}}\mathrm{e}^{-\frac{|\vec{r}-\vec{r}'|^2}{4a^2t}} = \left(\frac{\sqrt{\pi}}{a\sqrt{t}}\right)^3\mathrm{e}^{-\frac{|\vec{r}-\vec{r}'|^2}{4a^2t}} \quad ⑤$$

把 ⑤ 式代入到 ④ 式,即可得原定解问题的解

$$u(\vec{r},t) = \frac{1}{(2\pi)^3}\int_{-\infty}^{\infty}\int_{-\infty}^{\infty}\int_{-\infty}^{\infty}\varphi(\vec{r}')\left[\left(\frac{\sqrt{\pi}}{a\sqrt{t}}\right)^3\right]\mathrm{e}^{-\frac{|\vec{r}-\vec{r}'|^2}{4a^2t}}\mathrm{d}\vec{r}'$$

$$= \frac{1}{(2a\sqrt{\pi t})^3}\int_{-\infty}^{\infty}\int_{-\infty}^{\infty}\int_{-\infty}^{\infty}\varphi(\vec{r}')\mathrm{e}^{-\frac{|\vec{r}-\vec{r}'|^2}{4a^2t}}\mathrm{d}\vec{r}'$$

11.7　求解下列定解问题

$$\begin{cases} u_t = a^2 u_{xx}, & 0 < x < \infty, t > 0 \\ u(x,0) = 0, & u_x(0,t) = q(t) \\ |u(x,t)| < M & 0 < x < \infty, t > 0 \end{cases}$$

解　(1) 以 x 为参量，对变量 t 做拉普拉斯变换，令

$$L[u(x,t)] = \bar{u}(x,p), \quad L[q(t)] = \bar{q}(p)$$

$$L[u_t(x,t)] = p\bar{u}(x,p) - u(x,0)$$

则原定解问题变换为

$$\begin{cases} \dfrac{\mathrm{d}^2 \bar{u}}{\mathrm{d}x^2} - \dfrac{p}{a^2}\bar{u}(x,p) = 0 \\ \bar{u}_x(0,p) = \bar{q}(k), \quad |\bar{u}(x,p)| < M \end{cases}$$

(2) 以 p 为参量，解上述关于像函数 $\bar{u}(x,p)$ 的常微分方程，可得

$$\bar{u}(x,p) = C(p)\mathrm{e}^{-\frac{\sqrt{p}}{a^2}x} + D(p)\mathrm{e}^{\frac{\sqrt{p}}{a^2}x}$$

考虑到像函数的两个定解条件，所以有

$$D(p) = 0, \quad \bar{u}_x(0,p) = \bar{q}(p)$$

则有

$$\bar{u}(x,p) = -\frac{a}{\sqrt{p}}\bar{q}(p)\mathrm{e}^{\frac{\sqrt{p}}{a^2}x}$$

(3) 以 x 为参量，做拉普拉斯逆变换，即把 p 变回 t。应用以下公式与拉普拉斯变换的卷积定理(5-47)，有

$$L^{-1}\left[\frac{1}{\sqrt{p}}\mathrm{e}^{-\frac{\sqrt{p}}{a}x}\right] = \frac{1}{\sqrt{\pi t}}\mathrm{e}^{-\frac{x^2}{4a^2 t}}$$

可得原定解问题的解

$$u(x,t) = -\int_0^t q(\tau)\frac{a}{\sqrt{\pi(t-\tau)}}\mathrm{e}^{-\frac{x^2}{4a^2(t-\tau)}}\mathrm{d}\tau$$

11.8　求解在无失真条件下($RC = LG$)，电报方程的定解问题

$$\begin{cases} u_{xx} = LCu_{tt} + (RC + LG)u_t + RGu \\ u(x,0) = 0, \quad u_t(x,0) = 0 \\ u(0,t) = \varphi(t), \quad \lim\limits_{x \to \infty} u(x,t) = 0 \end{cases}$$

解　令 $\alpha^2 = \dfrac{1}{LC}, \beta = \sqrt{RG}$，并考虑到无失真条件，则原方程化为

$$u_{xx} = \frac{1}{\alpha^2}u_{tt} + 2\frac{\beta}{\alpha}u_t + \beta^2 u$$

(1) 以 x 为参量,对变量 t 做拉普拉斯变换,令

$$L[u(x,t)] = \bar{u}(x,p), \quad L[\varphi(t)] = \bar{\varphi}(p)$$
$$L[u_t(x,t)] = p\bar{u}(x,p) - u(x,0)$$
$$L[u_{tt}(x,t)] = p^2\bar{u}(x,p) - pu(x,0) - u_t(x,0)$$

于是定解问题化为下列常微分方程的边值问题

$$\begin{cases} \dfrac{d^2\bar{u}}{dx^2} = \left(\dfrac{1}{a^2}p^2 + \dfrac{2\beta}{\alpha}p + \beta^2\right)\bar{u} \\ \bar{u}(0,p) = \bar{\varphi}(p), \quad \lim_{x\to\infty}|\bar{u}(x,p)| < M \end{cases}$$

(2) 以 p 为参量,解上述关于像函数 $\bar{u}(x,p)$ 的常微分方程,可得

$$\bar{u}(x,p) = C(p)\exp\left[-\left(\frac{1}{\alpha}p + \beta\right)x\right] + D(p)\exp\left[\left(\frac{1}{\alpha}p + \beta\right)x\right]$$

因为 $\lim\limits_{x\to\infty}|\bar{u}(x,p)| < M$,所以 $D(p) = 0$;因为 $\bar{u}(0,p) = \bar{\varphi}(p)$,所以 $C(p) = \bar{\varphi}(p)$。

故而

$$\bar{u}(x,p) = \bar{\varphi}(p)\exp\left[-\left(\frac{p}{a} + \beta\right)\right]x$$

(3) 以 x 为参量,把 p 变换回 t,即做拉普拉斯逆变换,运用延迟函数的像函数定理(5-43):

若 $\varphi(t)H(t) \leftrightarrow \bar{\varphi}(p)$,则 $\varphi(t-\tau)H(t-\tau) \leftrightarrow e^{-p\tau}\bar{\varphi}(p)$,得

$$u(x,t) = L^{-1}[\bar{u}(x,p)] = e^{-\beta x}\varphi\left(t - \frac{x}{a}\right)H\left(t - \frac{x}{a}\right)$$

或者

$$u(x,t) = \begin{cases} e^{-\beta x}\varphi\left(t - \dfrac{x}{a}\right), & t \geqslant \dfrac{x}{a} \\ 0, & t < \dfrac{x}{a} \end{cases}$$

11.9　求解半无界定解问题

$$\begin{cases} u_{tt} - a^2 u_{xx} = 0, & x > 0, t > 0 \\ u\mid_{t=0} = u_t\mid_{t=0} = 0, & x \geqslant 0 \\ u\mid_{x=0} = A\sin\omega t, & t \geqslant 0 \\ \lim_{x\to\infty}|u(x,t)| < \infty \end{cases}$$

并给出物理解释。

解　对方程及定解条件关于变量 t 做拉普拉斯变换,得

$$\begin{cases} \overline{u}_{xx}(x,p) = \dfrac{p^2}{a^2}\overline{u}(x,p), & x > 0 \\[2mm] \overline{u}(0,p) = \dfrac{A\omega}{p^2+\omega^2} \end{cases}$$

以 p 为参数,求出像函数常微分方程的通解,即

$$\overline{u}(x,p) = C_1(p)\mathrm{e}^{-\frac{px}{a}} + C_2(p)\mathrm{e}^{\frac{px}{a}}$$

因为 $\lim\limits_{x\to\infty}|u(x,t)| < \infty$,所以 $\overline{u}(x,p)$ 有界,故取 $C_2(p) = 0$。利用

$$\overline{u}(0,p) = \frac{A\omega}{p^2+\omega^2}$$

可得

$$C_1(p) = \frac{A\omega}{p^2+\omega^2}$$

所以有

$$\overline{u}(x,p) = \frac{A\omega}{p^2+\omega^2}\mathrm{e}^{-\frac{px}{a}}$$

利用延迟函数的像函数定理(5-43),可得

$$u(x,t) = A\sin\omega\left(t-\frac{x}{a}\right)H\left(t-\frac{x}{a}\right) = \begin{cases} A\sin\omega\left(t-\dfrac{x}{a}\right), & t \geqslant \dfrac{x}{a} \\[3mm] 0, & 0 \leqslant t < \dfrac{x}{a} \end{cases}$$

物理意义:方程和初始条件表示半无界弦没有外力作用,并且初始位移和初始速度都是零,左边界位移是 t 的周期函数,特征线是 $t-\dfrac{x}{a} = c$。

对于给定的点 $x(x>0)$,在时刻 $t_0 = \dfrac{x}{a}$ 之前,即 $c < 0$,左边界的位移还没有传播到该点($u(x,t)=0$);在时刻 $t_0 = \dfrac{x}{a}$ 之后,即 $c > 0$,左边界的位移已经传播到该点,波按左边界位移函数的方式沿特征线传播,即

$$u(u,t) = A\sin\omega\left(t-\frac{x}{a}\right)$$

11.10　利用偶延拓方法导出下列定解问题的求解公式

$$\begin{cases} u_{tt} - a^2 u_{xx} = f(x,t), & x>0,t>0 \\ u(x,0) = \varphi(x), u_t(x,0) = \psi(x), & x \geqslant 0 \\ u_x(0,t) = 0, & t \geqslant 0 \end{cases}$$

这里的函数 $\varphi(x)$、$\psi(x)$ 和 $f(x,t)$ 满足 $\varphi'(0) = \psi'(0) = 0, f_x(0,t) = 0$。

解 对函数 $f(x,t)$ 和 $\varphi(x)$、$\psi(x)$ 做偶延拓

$$F(x,t)=\begin{cases} f(x,t), & x\geqslant 0,t\geqslant 0 \\ f(-x,t), & x<0,t\geqslant 0 \end{cases}$$

$$\Phi(x)=\begin{cases} \varphi(x), & x\geqslant 0 \\ \varphi(-x), & x<0 \end{cases}$$

$$\Psi(x)=\begin{cases} \psi(x), & x\geqslant 0 \\ \psi(-x), & x<0 \end{cases}$$

与 $F(x,t),\Phi(x)$ 和 $\Psi(x)$ 对应的初值问题的解是

$$u(x,t)=\frac{1}{2}\big[\Phi(x+at)+\Phi(x-at)\big]+\frac{1}{2a}\int_{x+at}^{x+at}\Psi(\zeta)\mathrm{d}\zeta$$

$$+\frac{1}{2a}\int_0^t\int_{x-a(t-\tau)}^{x+a(t-\tau)}F(\zeta,\tau)\mathrm{d}\tau$$

这个 $u(x,t)$ 限制在 $x\geqslant 0$ 上就是原问题的解,下面确定 $u(x,t)$ 的表达式。当 $x\geqslant at$ 时,$x-at,x+at\geqslant 0$,于是有

$$u(x,t)=\frac{1}{2}\big[\varphi(x+at)+\varphi(x-at)\big]+\frac{1}{2a}\int_{x-at}^{x+at}\psi(\zeta)\mathrm{d}\zeta$$

$$+\frac{1}{2a}\int_0^t\int_{x-a(t-\tau)}^{x+a(t-\tau)}f(\zeta,\tau)\mathrm{d}\tau$$

当 $0\leqslant x<at$ 时,有

$$u(x,t)=\frac{1}{2}\big[\varphi(x+at)+\varphi(at-x)\big]+\frac{1}{2a}\int_{x-at}^0\psi(-\zeta)\mathrm{d}\zeta$$

$$+\frac{1}{2a}\int_0^{x+at}\psi(\zeta)\mathrm{d}\zeta+\frac{1}{2a}\int_0^{t-\frac{x}{a}}\Big[\int_{x-a(t-\tau)}^0 f(-\zeta,\tau)\mathrm{d}\zeta$$

$$+\int_0^{x+a(t-\tau)}f(\zeta,\tau)\mathrm{d}\zeta\Big]\mathrm{d}\tau+\frac{1}{2a}\int_{t-\frac{x}{a}}^t\int_{x-a(t-\tau)}^{x+a(t-\tau)}f(\zeta,\tau)\mathrm{d}\zeta\mathrm{d}\tau$$

$$=\frac{1}{2}\big[\varphi(x+at)+\varphi(at-x)\big]+\frac{1}{2a}\int_0^{x+at}\psi(\zeta)\mathrm{d}\zeta+\frac{1}{2a}\int_0^{at-x}\psi(\zeta)\mathrm{d}\zeta$$

$$+\frac{1}{2a}\int_0^{t-\frac{x}{a}}\Big[\int_0^{x+a(t-\tau)}f(\zeta,\tau)\mathrm{d}\zeta+\int_0^{a(t-\tau)-x}f(\zeta,\tau)\mathrm{d}\zeta\Big]\mathrm{d}\tau$$

$$+\frac{1}{2a}\int_{t-\frac{x}{a}}^t\int_{x-a(t-\tau)}^{x+a(t-\tau)}f(\zeta,\tau)\mathrm{d}\zeta\mathrm{d}\tau$$

11.11 用拉普拉斯变换法求解一阶偏微分方程的定解问题

$$\begin{cases} xu_t+u_x=x, & x>0,t>0, \\ u(0,t)=0, & t\geqslant 0, \\ u(x,0)=0, & x\geqslant 0. \end{cases}$$

解 对方程及定解条件关于变量 t 实行拉普拉斯变换,可得

$$px\bar{u}(x,p) + \bar{u}_x(x,p) = \frac{x}{p}$$

把 p 看作参数,上式可以写成 $\dfrac{\mathrm{d}\bar{u}}{\bar{u} - p^{-2}} = -px\,\mathrm{d}x$

所以有 $\ln|\bar{u} - p^{-2}| = -\dfrac{p}{2}x^2 + C(p)$,即

$$\bar{u}(x,p) = \frac{1}{p^2} + D(p)\mathrm{e}^{-\frac{px^2}{2}}$$

由 $u(0,t) = 0$ 知 $\bar{u}(0,p) = 0$,所以有 $D = -p^{-2}$。因此有

$$\bar{u}(x,p) = \frac{1}{p^2}(1 - \mathrm{e}^{-\frac{px^2}{2}})$$

从而

$$u(x,t) = t - (t - \frac{1}{2}x^2)H(t - \frac{1}{2}x^2) = \begin{cases} t, & 0 \leqslant t < \dfrac{1}{2x^2} \\ \dfrac{1}{2x^2}, & t \geqslant \dfrac{1}{2x^2} \end{cases}$$

11.12 试用拉普拉斯变换法求零阶贝塞尔方程

$$x^2 y'' + xy' + x^2 y(x) = 0$$

满足条件 $y(0) = 1, y'(0) = 1$ 的解。

解 该方程即 $xy'' + y' + xy(x) = 0$,对方程中各项进行拉普拉斯变换,并记

$$L[y(x)] = \int_0^\infty y(x)\mathrm{e}^{-px}\mathrm{d}x = Y(p)$$

对上式两边求导,可得

$$\frac{\mathrm{d}Y(p)}{\mathrm{d}p} = \frac{\mathrm{d}}{\mathrm{d}p}\int_0^\infty y(x)\mathrm{e}^{-px}\mathrm{d}x = \int_0^\infty \frac{\mathrm{d}}{\mathrm{d}p}[y(x)\mathrm{e}^{-px}]\mathrm{d}x$$

$$= \int_0^\infty [-xy(x)]\mathrm{e}^{-px}\mathrm{d}x = L[(-xy(x)]$$

再由拉普拉斯变换的微分性质(5-39)式及像函数的导数定理(5-44),有

$$L[y'(x)] = pY(p) - y(0) = pY(p) - 1$$

$$L[xy''(x)] = (-1)\frac{\mathrm{d}L[y''(x)]}{\mathrm{d}p} = -\frac{\mathrm{d}}{\mathrm{d}p}[p^2 Y(p) - py(0) - y'(0)]$$

$$= -\frac{\mathrm{d}}{\mathrm{d}p}[p^2 Y(p) - p] = -[p^2\frac{\mathrm{d}Y}{\mathrm{d}p} + 2pY(p) - 1]$$

于是原方程变为

$$-\left[p^2\frac{\mathrm{d}Y}{\mathrm{d}p}+2pY(p)-1\right]+pY(p)-1-\frac{\mathrm{d}Y}{\mathrm{d}p}=0$$

即

$$\frac{\mathrm{d}Y}{\mathrm{d}p}=-\frac{pY(p)}{p^2+1}$$

$$Y(p)=\frac{C}{\sqrt{p^2+1}}=\frac{C}{p}(1+\frac{1}{p^2})^{-\frac{1}{2}}$$

在 $|p|>1$ 中将 $(1+\dfrac{1}{p^2})^{-\frac{1}{2}}$ 用二项式展开定理展开，所以有

$$Y(p)=\frac{C}{p}\sum_{n=0}^{\infty}\frac{(2n)!}{2^{2n}(n!)^2}\frac{(-1)^n}{p^{2n}}$$

对上式取逆变换并应用

$$L[t^\alpha]=\int_0^\infty t^\alpha \mathrm{e}^{-pt}\mathrm{d}t=\frac{\Gamma(\alpha+1)}{p^{\alpha+1}}$$

可得

$$y(x)=L^{-1}[Y(p)]=C\sum_{n=0}^{\infty}\frac{(-1)^n}{2^{2n}(n!)^2}L^{-1}\left[\frac{(2n)!}{p^{2n+1}}\right]$$

$$=C\sum_{n=0}^{\infty}\frac{(-1)^n}{2^{2n}(n!)^2}x^{2n}=\sum_{n=0}^{\infty}\frac{(-1)^n}{2^{2n}(n!)^2}x^{2n}$$

在上式中，由 $y(0)=1$ 可得 $C=1$。这正是零阶贝塞尔函数的级数表达式，即

$$y(x)=J_0(x)$$

由此可见

$$L[J_0(x)]=Y(p)=\frac{1}{\sqrt{p^2+1}}$$

第十二章　格林函数法

格林函数法是理论物理学中最常用的数学方法之一。数学物理方程定解问题的实质是反映场 $u(\vec{r},t)$ 与产生这个场的场源 $f(\vec{r},t)$ 之间的关系。在线性物理中，如果我们能够事先求出点源产生的场，即可用叠加的方法计算出任意区域内连续分布的源所产生的场。这种通过先求点源函数，再求一般定解问题的解的方法就叫作格林（Green）函数法，点源的场就称为格林函数。格林函数法不仅限于解稳态边值问题，而且也可用来解非稳态边值问题或混合问题。

12.1　内容导读

一、格林（Green）函数及格林函数法

1. 格林函数及格林函数法

格林函数又称点源函数或影响函数，表示在 $\vec{r_0}$ 点放置的点源在任意场点 $\vec{r}$ 产生的场，它的物理意义是点源影响函数，记为 $G(\vec{r}\,|\,\vec{r_0})$，即格林函数所满足的方程为

$$LG(\vec{r}\,|\,\vec{r_0}) = \delta(\vec{r} - \vec{r_0}) \qquad (12\text{-}1)$$

这里，L 代表线性微分算符。

设 $u(\vec{r})$ 表示待求的场量，非齐次项 $f(\vec{r})$ 代表该场的源，则对于线性数学物理方程

$$Lu = f \qquad (12\text{-}2)$$

如果满足方程（12-1）的格林函数 $G(\vec{r}\,|\,\vec{r_0})$ 已知，则任意源的方程（12-2）的解为

$$u(\vec{r}) = \int G(\vec{r}\,|\,\vec{r_0}) f(\vec{r_0})\,\mathrm{d}\vec{r_0} \tag{12-3}$$

这种通过先求点源影响函数 $G(\vec{r}\,|\,\vec{r_0})$，再求一般定解问题的解 $u(\vec{r})$ 的方法称为**格林函数法**。

如果方程中还含有时间变量，或者所要讨论的物理问题中还带有边界条件或初始条件时，则格林函数还与这些定解条件有关。所以，格林函数是一个点源在一定的边界条件或初始条件下所产生的结果。

2. 格林函数法的基本解题步骤

(1) 根据所要求解的定解问题，选择合适的积分公式来表示定解问题的解；

(2) 建立格林函数 $G(\vec{r}\,|\,\vec{r_0})$ 或 $G(\vec{r},t\,|\,\vec{r_0},t)$ 的定解问题；

(3) 求格林函数 $G(\vec{r}\,|\,\vec{r_0})$ 或 $G(\vec{r},t\,|\,\vec{r_0},t)$，得到格林函数的表示式；

(4) 将求得的 $G(\vec{r}\,|\,\vec{r_0})$ 或 $G(\vec{r},t\,|\,\vec{r_0},t)$ 代入积分公式，通过计算积分即可得所求定解问题的解。

这里有两个关键的问题：一是怎样求出与定解问题对应的格林函数 G；二是解出格林函数后，通过怎样的一个积分公式来表示定解问题的解。

3. 格林函数 $G(\vec{r}\,|\,\vec{r_0})$ 的对称性

格林函数 $G(\vec{r}\,|\,\vec{r_0})$ 具有源点 $\vec{r_0}$ 与场点 $\vec{r}$ 的交换对称性，即

$$G(\vec{r}\,|\,\vec{r_0}) = G(\vec{r_0}\,|\,\vec{r}) \tag{12-4}$$

二、泊松方程边值问题的格林函数法

1. 格林公式

设 Ω 是以分片光滑的曲面 Σ 为边界的有界连通区域，则对于在 $\Omega + \Sigma$ 上有连续的一阶偏导数，在 Ω 内具有连续的二阶偏导数的任意函数 $u(\vec{r})$ 及 $v(\vec{r})$，有

第一格林公式

$$\oiint_{\Sigma} u \nabla v \cdot \mathrm{d}\vec{S} = \iiint_{\Omega} (u\nabla^2 v + \nabla u \cdot \nabla v)\mathrm{d}V$$

第二格林公式（又称格林公式）

$$\oiint_{\Sigma} \left(u\frac{\partial v}{\partial n} - v\frac{\partial u}{\partial n}\right)\mathrm{d}S = \iiint_{\Omega} (u\nabla^2 v - v\nabla^2 u)\mathrm{d}V \tag{12-5}$$

类似地，可得平面格林公式，即

$$\iint_D (u\nabla^2 v - v\nabla^2 u)\mathrm{d}S = \oint_C \left(u\frac{\partial v}{\partial n} - v\frac{\partial u}{\partial n}\right)\mathrm{d}l \tag{12-6}$$

其中 D 是平面有界单连通域，C 是 D 的光滑周界，n 是 C 的外法线方向。

2. 泊松方程边值问题的解的积分公式

三维泊松方程的边值问题，可用统一的形式表示为

$$\begin{cases}\nabla^2 u = f(\vec{r}), & \vec{r}\in\Omega \tag{12-7}\\ \left[\alpha\dfrac{\partial u}{\partial n} + \beta u\right]_\Sigma = g(\vec{r}) \tag{12-8}\end{cases}$$

$\alpha=0,\beta\neq0$ 时为第一边值问题或**狄利克雷问题**；$\alpha\neq0,\beta=0$ 时为第二类边值问题或**诺依曼问题**；α,β 都不等于零时为第三类边值问题或**洛平问题**。

设格林函数 $G(\vec{r}\,|\,\vec{r_0})$ 满足方程

$$\nabla^2 G(\vec{r}\,|\,\vec{r_0}) = \delta(\vec{r}-\vec{r_0}) \tag{12-9}$$

则方程(12-7)的解为

$$u(\vec{r}) = \iiint_\Omega G(\vec{r_0}\,|\,\vec{r})f(\vec{r_0})\mathrm{d}V_0 + \oiint_\Sigma \left[u(\vec{r_0})\frac{\partial G(\vec{r_0}\,|\,\vec{r})}{\partial n}\right.$$
$$\left. - G(\vec{r_0}\,|\,\vec{r})\frac{\partial u(\vec{r_0})}{\partial n}\right]\mathrm{d}S_0 \tag{12-10}$$

此式即为**泊松方程的基本积分公式**。

(1) 对于第一边值问题，若要求 $G(\vec{r}\,|\,\vec{r_0})$ 满足定解问题

$$\begin{cases}\nabla^2 G(\vec{r}\,|\,\vec{r_0}) = \delta(\vec{r}-\vec{r_0}) \tag{12-11}\\ G(\vec{r}\,|\,\vec{r_0})\,|_\Sigma = 0 \tag{12-12}\end{cases}$$

则泊松方程第一边值问题(12-7)—(12-8)的解的积分公式为

$$u(\vec{r}) = \iiint_\Omega G(\vec{r_0}\,|\,\vec{r})f(\vec{r_0})\mathrm{d}V_0 + \frac{1}{\beta}\oiint_\Sigma g(\vec{r_0})\frac{\partial G(\vec{r_0}\,|\,\vec{r})}{\partial n}\mathrm{d}S_0 \tag{12-13}$$

(2) 对于第二边值问题，若要求 $G(\vec{r}\,|\,\vec{r_0})$ 满足如下定解问题

$$\begin{cases}\nabla^2 G(\vec{r}\,|\,\vec{r_0}) = \delta(\vec{r}-\vec{r_0}) \tag{12-14}\\ \left.\dfrac{\partial G(\vec{r}\,|\,\vec{r_0})}{\partial n}\right|_\Sigma = 0 \tag{12-15}\end{cases}$$

则泊松方程第二边值问题(12-7)—(12-8)的解的积分公式为

$$u(\vec{r}) = \iiint_\Omega G(\vec{r_0}\,|\,\vec{r})f(\vec{r_0})\mathrm{d}V_0 - \frac{1}{\alpha}\oiint_\Sigma g(\vec{r_0})G(\vec{r_0}\,|\,\vec{r})\mathrm{d}S_0$$

$$\tag{12-16}$$

考虑到方程 (12-14) 和边界条件 (12-15) 相矛盾,解式 (12-16) 不存在。

(3) 对于第三边值问题,若要求 $G(\vec{r}|\vec{r_0})$ 满足如下定解问题

$$\begin{cases} \nabla^2 G(\vec{r}|\vec{r_0}) = \delta(\vec{r}-\vec{r_0}) & (12\text{-}17) \\ \left[\alpha\dfrac{\partial G}{\partial n}+\beta G\right]_\Sigma = 0 & (12\text{-}18) \end{cases}$$

则泊松方程第三边值问题 (12-7) — (12-8) 的解的积分公式为

$$u(\vec{r}) = \iiint_\Omega G(\vec{r_0}|\vec{r})f(\vec{r_0})\mathrm{d}V_0 - \frac{1}{\alpha}\oiint_\Sigma g(\vec{r_0})G(\vec{r_0}|\vec{r})\mathrm{d}S_0$$

$$(12\text{-}19)$$

对于二维泊松方程的第一边值问题

$$\begin{cases} \nabla^2 u = f(\vec{r}), & \vec{r} \in D & (12\text{-}20) \\ u|_C = g(\vec{r}) & (12\text{-}21) \end{cases}$$

解的积分形式为

$$u(\vec{r}) = \iint_D G(\vec{r}|\vec{r_0})f(\vec{r_0})\mathrm{d}S + \oint_C g(\vec{r_0})\frac{\partial}{\partial n}G(\vec{r}|\vec{r_0})\mathrm{d}l \quad (12\text{-}22)$$

其中,格林函数 $G(\vec{r}|\vec{r_0})$ 满足定解问题

$$\begin{cases} \nabla^2 G(\vec{r}|\vec{r_0}) = \delta(\vec{r}-\vec{r_0}), & r \in D & (12\text{-}23) \\ G(\vec{r}|\vec{r_0})|_C = 0 & (12\text{-}24) \end{cases}$$

3. 用电像法求格林函数

通常,泊松方程边值问题的格林函数可分成两部分,即

$$G = G_0 + G_1 \quad (12\text{-}25)$$

第一项 G_0 是泊松方程的基本解,满足

$$\nabla^2 G_0 = \delta(\vec{r}-\vec{r_0}) \quad (12\text{-}26)$$

G_0 是描述位于 $\vec{r_0}$ 点的点源在无界空间产生的稳定场;第二项 G_1 满足相应的齐次方程和相应的边界条件。如在第一边值问题中,有

$$\begin{cases} \nabla^2 G_1 = 0 & (12\text{-}27) \\ G_1|_\Sigma = -G_0|_\Sigma & (12\text{-}28) \end{cases}$$

此时,可将 G_1 看成是一个虚点源所产生的场,这个虚点源的位置在所考虑的区域边界之外;由边界条件 (12-28) 可知,这个虚点源在界面 Σ 上产生的场和位于 $\vec{r_0}$ 的真实点源在 Σ 上产生的场大小相等、符号相反,它们之间相互抵消,这样就使得边界条件 (12-12) 能够满足,这样的虚点源

称为位于 $\vec{r}_0$ 的真实点源的电像。对于某些特殊的区域如球形、半空间等，可以用初等方法求得到 G_1，从而也就得到格林函数 G，这种求解 G 的方法称为**电像法**。参见例题 12.3 及例题 12.4。

三、输运方程的格林函数法

1. 一维有界齐次边界条件下齐次输运方程的定解问题

$$\begin{cases} u_t - a^2 u_{xx} = 0, & 0 < x < l, \quad t > 0 & (12\text{-}29) \\ u|_{x=0} = 0, \quad u|_{x=l} = 0, & t > 0 & (12\text{-}30) \\ u|_{t=0} = \varphi(x), & 0 \leqslant x \leqslant l & (12\text{-}31) \end{cases}$$

设格林函数 $G(x,t\,|\,x_0,0)$ 满足定解问题

$$\begin{cases} G_t - a^2 G_{xx} = 0, & 0 < x < l, \quad t > 0 & (12\text{-}32) \\ G|_{x=0} = 0, \quad G|_{x=l} = 0, & t > 0 & (12\text{-}33) \\ G|_{t=0} = \delta(x-x_0), & 0 \leqslant x \leqslant l & (12\text{-}34) \end{cases}$$

格林函数 $G(x,t\,|\,x_0,0)$ 的一般解为

$$G(x,t\,|\,x_0,0) = \frac{2}{l} \sum_{k=1}^{\infty} \sin\frac{k\pi}{l}x_0 \cdot e^{-(\frac{k a\pi}{l})^2 t} \cdot \sin\frac{k\pi}{l}x \quad (12\text{-}35)$$

则定解问题(12-29)—(12-31)的解的积分形式为

$$u(x,t) = \int_0^l \varphi(x_0) G(x,t\,|\,x_0,0)\,\mathrm{d}x_0 \quad (12\text{-}36)$$

即

$$u(x,t) = \frac{2}{l} \int_0^l \Big[\sum_{k=1}^{\infty} \sin\frac{k\pi}{l}x_0 \cdot e^{-(\frac{k a\pi}{l})^2 t} \cdot \sin\frac{k\pi}{l}x \Big] \varphi(x_0)\,\mathrm{d}x_0$$

$$(12\text{-}37)$$

2. 一维有界齐次边界条件下非齐次输运方程的定解问题

$$\begin{cases} w_t - a^2 w_{xx} = f(x,t), & 0 < x < l, \quad t > 0 & (12\text{-}38) \\ w|_{x=0} = 0, \quad w|_{x=l} = 0, & t > 0 & (12\text{-}39) \\ w|_{t=0} = \varphi(x), & 0 \leqslant x \leqslant l & (12\text{-}40) \end{cases}$$

设格林函数 $G(x,t\,|\,x_0,\tau)$ 或 $G(x,t-\tau\,|\,x_0,0)$ 满足定解问题

$$\begin{cases} G_t - a^2 G_{xx} = 0, & 0 < x < l, \quad t > \tau & (12\text{-}41) \\ G|_{x=0} = 0, \quad G|_{x=l} = 0, & t > \tau & (12\text{-}42) \\ G|_{t=\tau} = \delta(x-x_0), & 0 \leqslant x \leqslant l & (12\text{-}43) \end{cases}$$

格林函数 $G(x,t\,|\,x_0,\tau)$ 或 $G(x,t-\tau\,|\,x_0,0)$ 的一般解

$$G(x,t\,|\,x_0,\tau) = G(x,t-\tau\,|\,x_0,0)$$

$$= \frac{2}{l}\sum_{k=1}^{\infty}\sin\frac{k\pi}{l}x_0 \cdot e^{-(\frac{k\pi}{l})^2(t-\tau)} \cdot \sin\frac{k\pi}{l}x \qquad (12\text{-}44)$$

则定解问题(12-38)—(12-40)的解的积分形式为

$$w(x,t) = \int_0^l \varphi(x_0)G(x,t\,|\,x_0,0)\mathrm{d}x_0 + \int_0^t\int_0^l f(x_0,\tau)$$

$$G(x,t-\tau\,|\,x_0,0)\mathrm{d}x_0\mathrm{d}\tau \qquad (12\text{-}45)$$

利用格林函数 $G(x,t\,|\,x_0,0)$ 的表示式(12-35)及 $G(x,t-\tau\,|\,x_0,0)$ 的表示式(12-44),有

$$w(x,t) = \frac{2}{l}\int_0^l\Big[\sum_{k=1}^{\infty}e^{-(\frac{k\pi}{l})^2 t}\cdot\sin\frac{k\pi}{l}x\cdot\sin\frac{k\pi}{l}x_0\Big]\varphi(x_0)\mathrm{d}x_0$$

$$+\frac{2}{l}\int_0^t\int_0^l\Big[\sum_{k=1}^{\infty}e^{-(\frac{k\pi}{l})^2(t-\tau)}\cdot\sin\frac{k\pi}{l}x\cdot\sin\frac{k\pi}{l}x_0\Big]f(x_0,\tau)\mathrm{d}x_0\mathrm{d}\tau$$

$$(12\text{-}46)$$

3. 一维无界齐次输运方程的初值问题

$$\begin{cases} u_t - a^2 u_{xx} = 0, & -\infty < x < \infty, \quad t > 0 & (12\text{-}47) \\ u|_{t=0} = \varphi(x), & -\infty < x < \infty & (12\text{-}48) \end{cases}$$

设格林函数 $G(x,t\,|\,x_0,0)$ 满足定解问题

$$\begin{cases} G_t - a^2 G_{xx} = 0, & -\infty < x < \infty, \quad t > 0 & (12\text{-}49) \\ G|_{t=0} = \delta(x-x_0), & -\infty < x < \infty & (12\text{-}50) \end{cases}$$

格林函数 $G(x,t\,|\,x_0,0)$ 的一般解为

$$G(x,t\,|\,x_0,0) = \frac{1}{2a\sqrt{\pi t}}e^{-\frac{(x-x_0)^2}{4a^2 t}} \qquad (12\text{-}51)$$

则定解问题(12-47)—(12-48)的解的积分形式为

$$u(x,t) = \int_{-\infty}^{\infty}\varphi(x_0)G(x,t\,|\,x_0,0)\mathrm{d}x_0 \qquad (12\text{-}52)$$

即

$$u(x,t) = \frac{1}{2a\sqrt{\pi t}}\int_{-\infty}^{\infty}\varphi(x_0)e^{-\frac{(x-x_0)^2}{4a^2 t}}\mathrm{d}x_0 \qquad (12\text{-}53)$$

4. 一维无界非齐次输运方程的初值问题

$$\begin{cases} u_t - a^2 u_{xx} = f(x,t), & -\infty < x < \infty, \quad t > 0 & (12\text{-}54) \\ u|_{t=0} = \varphi(x), & -\infty < x < \infty & (12\text{-}55) \end{cases}$$

设格林函数 $G(x,t-\tau\,|\,x_0,0)$ 满足定解问题

$$\begin{cases} G_t - a^2 G_{xx} = 0, & -\infty < x < \infty, \quad t > \tau & (12\text{-}56) \\ G\big|_{t=\tau} = \delta(x-x_0), & -\infty < x < \infty & (12\text{-}57) \end{cases}$$

由(12-51)式,有

$$G(x,t-\tau\,|\,x_0,0) = \frac{1}{2a\sqrt{\pi(t-\tau)}} \mathrm{e}^{\frac{(x-x_0)^2}{4a^2(t-\tau)}} \qquad (12\text{-}58)$$

则定解问题(12-54)—(12-55)的解的积分形式为

$$u(x,t) = \int_{-\infty}^{\infty} \varphi(x_0) G(x,t\,|\,x_0,0)\mathrm{d}x_0 + \int_0^t \int_{-\infty}^{\infty} f(x_0,\tau)$$

$$G(x,t-\tau\,|\,x_0,0)\mathrm{d}x_0\mathrm{d}\tau \qquad (12\text{-}59)$$

四、波动方程的格林函数法

1. 一维有界齐次边界条件下波动方程的定解问题

$$\begin{cases} w_{tt} - a^2 w_{xx} = f(x,t), & 0 < x < l, \quad t > 0 & (12\text{-}60) \\ w\big|_{x=0} = 0, \quad w\big|_{x=l} = 0, & t > 0 & (12\text{-}61) \\ w\big|_{t=0} = \varphi(x), \quad w_t\big|_{t=0} = \psi(x), & 0 < x < l & (12\text{-}62) \end{cases}$$

设格林函数 $G(x,t\,|\,x_0,0)$ 满足定解问题

$$\begin{cases} G_{tt} - a^2 G_{xx} = 0, & 0 < x < l, \quad t > 0 & (12\text{-}63) \\ G\big|_{x=0} = 0, \quad G\big|_{x=l} = 0, & t > 0 & (12\text{-}64) \\ G\big|_{t=0} = 0, \quad G_t\big|_{t=0} = \delta(x-x_0), & 0 < x < l & (12\text{-}65) \end{cases}$$

格林函数 $G(x,t\,|\,x_0,0)$ 的一般解为

$$G(x,t\,|\,x_0,0) = \sum_{k=1}^{\infty} \frac{2}{\pi a k} \sin\frac{k\pi x_0}{l} \sin\frac{k\pi a}{l}t \sin\frac{k\pi x}{l} \qquad (12\text{-}66)$$

同时有

$$G(x,t-\tau\,|\,x_0,0) = \sum_{k=1}^{\infty} \frac{2}{\pi a k} \sin\frac{k\pi x_0}{l} \sin\frac{k\pi a(t-\tau)}{l} \sin\frac{k\pi x}{l}$$

$$(12\text{-}67)$$

则定解问题(12-60)—(12-62)的解 $w(x,t)$ 的积分形式为

$$w(x,t) = \frac{\partial}{\partial t} \int_0^l \varphi(x_0) G(x,t\,|\,x_0,0)\mathrm{d}x_0 + \int_0^l \psi(x_0) G(x,t\,|\,x_0,0)\mathrm{d}x_0$$

$$+ \int_0^t \Big(\int_0^l f(x_0,\tau) G(x,t-\tau\,|\,x_0,0)\mathrm{d}x_0 \Big)\mathrm{d}\tau \qquad (12\text{-}68)$$

即有

$$w(x,t) = \sum_{k=1}^{\infty} \big[\varphi_k \cos(\frac{k\pi a}{l}t) + \psi_k \sin(\frac{k\pi a}{l}t) \big] \sin(\frac{k\pi}{l}x)$$

$$+ \sum_{k=1}^{\infty} \int_0^t \sin \frac{k\pi a}{l}(t-\tau) \sin(\frac{k\pi}{l}x) f_k(\tau) \mathrm{d}\tau \quad (12\text{-}69)$$

其中

$$\varphi_k = \frac{2}{l} \int_0^l \varphi(x_0) \sin(\frac{k\pi}{l}x_0) \mathrm{d}x_0 \quad (12\text{-}70)$$

$$\psi_k = \frac{2}{\pi a k} \int_0^l \psi(x_0) \sin(\frac{k\pi}{l}x_0) \mathrm{d}x_0 \quad (12\text{-}71)$$

$$f_k(\tau) = \frac{2}{\pi a k} \int_0^l f(x_0, \tau) \sin(\frac{k\pi}{l}x_0) \mathrm{d}x_0 \quad (12\text{-}72)$$

2. 一维有界非齐次边界条件下波动方程的定解问题

$$\begin{cases} w_{tt} - a^2 w_{xx} = f(x,t), & 0 < x < l, \quad t > 0 \quad (12\text{-}73) \\ w|_{x=0} = \mu_1(t), \quad w|_{x=l} = \mu_2(t), & t > 0 \quad (12\text{-}74) \\ w|_{t=0} = \varphi(x), \quad w_t|_{t=0} = \psi(x), & 0 \leqslant x \leqslant l \quad (12\text{-}75) \end{cases}$$

首先设

$$w(x,t) = u(x,t) + \frac{\mu_2(t) - \mu_1(t)}{l} x + \mu_1(t) \quad (12\text{-}76)$$

则 $u(x,t)$ 满足的定解问题为

$$\begin{cases} u_{tt} - a^2 u_{xx} = f_1(x,t), & 0 < x < l, \quad t > 0 \quad (12\text{-}77) \\ u|_{x=0} = 0, \quad u|_{x=l} = 0, & t > 0 \quad (12\text{-}78) \\ u|_{t=0} = \varphi_1(x), \quad u_t|_{t=0} = \psi_1(x), & 0 \leqslant x \leqslant l \quad (12\text{-}79) \end{cases}$$

其中

$$f_1(x,t) = f(x,t) - \left\{ \mu_1''(t) + \frac{x}{l} [\mu_2''(t) - \mu_1''(t)] \right\} \quad (12\text{-}80)$$

$$\varphi_1(x) = \varphi(x) - \left\{ \mu_1(0) + \frac{x}{l} [\mu_2(0) - \mu_1(0)] \right\} \quad (12\text{-}81)$$

$$\psi_1(x) = \psi(x) - \left\{ \mu_1'(0) + \frac{x}{l} [\mu_2'(0) - \mu_1'(0)] \right\} \quad (12\text{-}82)$$

则定解问题(12-77)—(12-79)的解由(12-69)式给出。

3. 三维无界波动方程的初值问题

$$\begin{cases} w_{tt} - a^2(w_{xx} + w_{yy} + w_{zz}) = 0, & -\infty < x,y,z < \infty, \quad t > 0 \quad (12\text{-}83) \\ w|_{t=0} = \varphi(x,y,z), & -\infty < x,y,z < \infty \quad (12\text{-}84) \\ w_t|_{t=0} = \psi(x,y,z), & -\infty < x,y,z < \infty \quad (12\text{-}85) \end{cases}$$

设格林函数 $G(\vec{r},t \mid \vec{r}_0, 0)$ 满足定解问题

$$\begin{cases} G_{tt} - a^2(G_{xx} + G_{yy} + G_{zz}) = 0, & -\infty < x, y, z < \infty, \quad t > 0 \quad (12\text{-}86) \\ G|_{t=0} = 0, & -\infty < x, y, z < \infty \quad (12\text{-}87) \\ G_t|_{t=0} = \delta(\vec{r} - \vec{r_0}), & -\infty < x, y, z < \infty \quad (12\text{-}88) \end{cases}$$

三维无界波动方程中格林函数 $G(\vec{r}, t \mid \vec{r_0}, 0)$ 的一般解为

$$G(\vec{r}, t \mid \vec{r_0}, 0) = \frac{1}{4\pi a} \frac{\delta(\mid \vec{r} - \vec{r_0} \mid - at)}{\mid \vec{r} - \vec{r_0} \mid}, \quad t > 0 \quad (12\text{-}89)$$

则定解问题(12-83)—(12-85)的解的积分形式为

$$\begin{aligned} w(\vec{r}, t) &= \frac{\partial}{\partial t} \iiint_{\infty} \varphi(\vec{r_0}) G(\vec{r}, t \mid \vec{r_0}, 0) \mathrm{d}\vec{r_0} + \iiint_{\infty} \psi(\vec{r_0}) G(\vec{r}, t \mid \vec{r_0}, 0) \mathrm{d}\vec{r_0} \\ &= \frac{1}{4\pi a} \frac{\partial}{\partial t} \iiint_{\infty} \varphi(\vec{r_0}) \frac{\delta(\mid \vec{r} - \vec{r_0} \mid - at)}{\mid \vec{r} - \vec{r_0} \mid} \mathrm{d}\vec{r_0} \\ &\quad + \frac{1}{4\pi a} \iiint_{\infty} \psi(\vec{r_0}) \frac{\delta(\mid \vec{r} - \vec{r_0} \mid - at)}{\mid \vec{r} - \vec{r_0} \mid} \mathrm{d}\vec{r_0} \quad (12\text{-}90) \end{aligned}$$

或者为

$$w(\vec{r}, t) = \frac{1}{4\pi a} \left[\frac{\partial}{\partial t} \iint_{S_{at}^r} \frac{\varphi(\vec{r_0})}{at} \mathrm{d}S + \iint_{S_{at}^r} \frac{\psi(\vec{r_0})}{at} \mathrm{d}S \right] \quad (12\text{-}91)$$

其中 S_{at}^r 是以 $\vec{r} = \{x, y, z\}$ 为中心，以 at 为半径的球面。

12. 2　习题导练

12. 1　验证 $u(\rho) = \ln \dfrac{1}{\rho}$ 是二维拉普拉斯方程的基本解，其中 $\rho = \sqrt{(x - x_0)^2 + (y - y_0)^2}$。

解　将二维拉普拉斯方程化为极坐标形式

$$\nabla^2 u = \frac{1}{\rho} \frac{\partial}{\partial \rho} \left(\rho \frac{\partial u}{\partial \rho} \right) + \frac{1}{\rho^2} \frac{\partial^2 u}{\partial \varphi^2} = 0, \quad (\rho \neq 0)$$

选取 $u = \ln \dfrac{1}{\rho} = -\ln\rho$，则有

$$\frac{\partial u}{\partial \rho} = -\frac{1}{\rho}, \quad \frac{\partial^2 u}{\partial \varphi^2} = 0$$

代入方程中,可得

$$\frac{1}{\rho}\frac{\partial}{\partial\rho}\Big[\rho(-\frac{1}{\rho})\Big]+\frac{1}{\rho^2}\cdot 0 = 0$$

证毕。此题也可用直角坐标系验证。

注：$u=\ln\dfrac{1}{\rho}$ 在 $\rho\neq 0$ 即 $(x,y)\neq(x_0,y_0)$ 的任何点处满足 $\nabla^2 u = 0$，

其作用、地位等同于 $u=\ln\dfrac{1}{r}$ 在三维拉普拉斯方程解中的作用，其中 $r=$

$\sqrt{(x-x_0)^2+(y-y_0)^2+(z-z_0)^2}$。

12.2   证明格林函数的对称性：$G(\vec{r_1}\mid\vec{r_2})=G(\vec{r_2}\mid\vec{r_1})$。

证明   设 M_1、M_2 为区域 D 内任意二点，分别以 M_1、M_2 为中心，以 ε 为半径作圆 K_{M_1}、K_{M_2}，使其完全含于 D 内且互不相交，其边界分别记作 C_{M_1}、C_{M_2}。

在复连通域 $D-K_{M_1}-K_{M_2}=D_\varepsilon$ 内，利用格林公式(12-6)，可得

$$\iint_{D_\varepsilon}(u\nabla^2 v - v\nabla^2 u)\mathrm{d}S = \oint_{C+C_{M_1}+C_{M_2}}(u\frac{\partial v}{\partial n}-v\frac{\partial u}{\partial n})\mathrm{d}l$$

取 $u=G(M|M_1)$，$v=G(M|M_2)$，则在 D_ε 内有：$\nabla^2 u=0$，$\nabla^2 v=0$，且在 D 的边界线 C 上，有 $u|_C=0$、$v|_C=0$，代入上式，可得

$$\oint_{C_{M_1}}\Big[G(M|M_1)\frac{\partial G(M|M_2)}{\partial n}-G(M|M_2)\frac{\partial G(M|M_1)}{\partial n}\Big]\mathrm{d}l$$

$$+\oint_{C_{M_2}}\Big[G(M|M_1)\frac{\partial G(M|M_2)}{\partial n}-G(M|M_2)\frac{\partial G(M|M_1)}{\partial n}\Big]\mathrm{d}l = 0$$

其中 n 均表示对应边界的外法线方向。

在 C_{M_1} 所围成的域内 $G(M|M_2)$ 是调和函数，故在 C_{M_1} 上及其内部 $\dfrac{\partial G(M|M_2)}{\partial n}$ 有界，所以有

$$\Big|\oint_{C_{M_1}}G(M|M_1)\frac{\partial G(M|M_2)}{\partial n}\mathrm{d}l\Big| \leqslant K\oint_{C_{M_1}}G(M|M_1)\mathrm{d}l$$

$$=K\oint_{C_{M_1}}\Big[\frac{1}{4\pi r_{M_1 M}}-g(M|M_1)\Big]\mathrm{d}l$$

$$=K\frac{1}{4\pi\varepsilon}4\pi\varepsilon^2 - Kg^*4\pi\varepsilon^2$$

其中，g^* 为 $g(M|M_2)$ 在 C_{M_1} 上的平均值。

再利用调和函数的积分表达式，可知

$$G(M_1|M_2) = -\iint_{C_{M_1}}\frac{\partial G(M|M_1)}{\partial n}G(M|M_2)\mathrm{d}l$$

所以，当 $\varepsilon \to 0$ 时，有

$$\iint_{C_{M_1}} \left[G(M|M_1) \frac{\partial G(M|M_2)}{\partial n} - G(M|M_2) \frac{\partial G(M|M_1)}{\partial n} \right] \mathrm{d}l = G(M_1|M_2)$$

同理，当 $\varepsilon \to 0$ 时，有

$$\iint_{C_{M_2}} \left[G(M|M_1) \frac{\partial G(M|M_2)}{\partial n} - G(M|M_2) \frac{\partial G(M|M_1)}{\partial n} \right] \mathrm{d}l = G(M_2|M_1)$$

故得

$$G(\vec{r}_1 \,|\, \vec{r}_2) = G(\vec{r}_2 \,|\, \vec{r}_1)$$

即格林函数是对称的。

12.3　求解上半平面拉普拉斯方程第一边值问题的格林函数

$$\begin{cases} \nabla^2 G(x,y|x_0,y_o) = -\dfrac{\delta(x-x_0)\delta(y-y_0)}{\varepsilon_0}, & -\infty < x < \infty,\ 0 \leqslant y < \infty \\ G(x,y|x_0,y_o)\big|_{y=o} = 0 \end{cases}$$

的解，并由此推出上半平面第一边值问题的泊松公式。

解　我们知道，在三维空间中，单位点电荷的静电势 $u(\vec{r})$ 符合的方程为 $\nabla^2 u(\vec{r}) = -\dfrac{\delta(\vec{r}-\vec{r_0})}{\varepsilon_0}$（$\varepsilon_0$ 为真空电容率）。所以，一无限长均匀带电的直导线（参看题 12.3 图（a））所产生的电势符合的方程为

$$\nabla^2 u(x,y) = -\frac{\delta(x-x_0)\delta(y-y_0)}{\varepsilon_0}$$

其中 $\delta(x-x_0)\delta(y-y_0)$ 为单位线电荷密度。

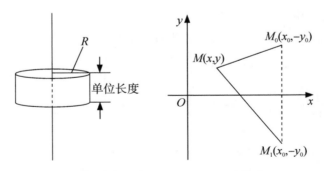

（a）无限长均匀电荷的直导线　　（b）电像法

题 12.3 图　无限长均匀带电的直导线产生的电势

现在从物理学角度来求二维拉普拉斯方程无界问题的格林函数。根据静电场的高斯定理，有

$$\oiint_S \vec{E} \cdot \mathrm{d}\vec{S} = \frac{\Sigma q_i}{\varepsilon_0} \quad E \cdot 2\pi R = \frac{1}{\varepsilon_0}$$

式中 $E = -\dfrac{\mathrm{d}u}{\mathrm{d}R}$，$E$ 为电场强度，u 为电势。把 $R = 1$ 处的电势 u 作为零电势，则

$$u(x,y) = \int_0^u \mathrm{d}u = \int_1^R \vec{E} \cdot \mathrm{d}\vec{l} = \int_1^R \frac{1}{2\pi\varepsilon_0} \frac{1}{R} \mathrm{d}R$$

由此得出

$$u(x,y) = -\frac{1}{2\pi\varepsilon_0} \ln R = \frac{1}{2\pi\varepsilon_0} \ln \frac{1}{R}$$

即

$$u(x,y) = \frac{1}{2\pi\varepsilon_0} \ln \frac{1}{\sqrt{(x-x_0)^2 + (y-y_0)^2}}$$

由电像法如题 12.3 图(b)所示，在 $(x_0, -y_0)$ 放置一像电荷(单位长负线电荷)，于是有

$$G(x,y \mid x_0, y_0) = \frac{1}{2\pi\varepsilon_0} \left(\ln \frac{1}{\sqrt{(x-x_0)^2 + (y-y_0)^2}} \right.$$
$$\left. - \ln \frac{1}{\sqrt{(x-x_0)^2 + (y+y_0)^2}} \right)$$

这就是问题的解。

对于上半平面第一边值问题

$$\begin{cases} \nabla^2 u(x,y) = 0, & 0 \leqslant y < \infty, \ -\infty < x < +\infty \\ u(x,0) = \varphi(x), & -\infty < x < +\infty \end{cases}$$

由(12-22)式，可得上述定解问题解的积分公式为

$$u(x,y) = -\int_{-\infty}^{+\infty} \varphi(x_0) \frac{\partial G}{\partial y_0} \mathrm{d}x_0$$

而 $\dfrac{\partial G}{\partial y_0} = \dfrac{1}{2\pi} \cdot \dfrac{y-y_0}{[(x-x_0)^2 + (y-y_0)^2]} + \dfrac{1}{2\pi} \dfrac{y+y_0}{[(x-x_0)^2 + (y-y_0)^2]}$

$$\left. \frac{\partial G}{\partial y_0} \right|_{y_0=0} = \frac{1}{\pi} \frac{y}{(x-x_0)^2 + y^2}$$

所以 $u(x,y) = \dfrac{1}{\pi} \displaystyle\int_{-\infty}^{+\infty} \dfrac{y}{(x-x_0)^2 + y^2} \varphi(x_0) \mathrm{d}x_0$。

12.4   给出格林函数满足的定解问题

$$\begin{cases} \dfrac{1}{\rho} \dfrac{\partial}{\partial \rho}\left(\rho \dfrac{\partial G}{\partial \rho}\right) + \dfrac{1}{\rho^2} \dfrac{\partial^2 G}{\partial \varphi^2} = \delta(\rho - \rho_0), & 0 < \rho < a, \quad 0 \leqslant \varphi \leqslant 2\pi \\ G(\rho, \varphi \mid \rho_0, \varphi_0) \big|_{\rho=a} = 0 \end{cases}$$

的解。并利用其结果，求定解问题

$$\begin{cases} \dfrac{1}{\rho}\dfrac{\partial}{\partial \rho}(\rho\dfrac{\partial u}{\partial \rho}) + \dfrac{1}{\rho^2}\dfrac{\partial^2 u}{\partial \varphi^2} = 0, \quad 0 < \rho < a, \quad 0 \leqslant \varphi \leqslant 2\pi \\ u(\rho,\varphi)\mid_{\rho=a} = f(\varphi) \end{cases}$$

的解。其中 $f(\varphi)$ 为已知函数。

解 先求格林函数 $G(\rho,\varphi)$ 所满足的定解问题。这个格林函数相当于在圆内任意一点 M_0 放置电量为 $-\varepsilon_0$ 的点电荷，圆的外壳（圆周）接地，来求圆内任意一点 M 处的电势，这个电势即为格林函数，可用电像法求得。由静电场知识可知，圆内任意一点 M 的电势由两部分叠加而成：一部分是由 M_0 处电量为 $-\varepsilon_0$ 的点电荷产生的电势（等于 $\dfrac{1}{2\pi}\ln\dfrac{1}{\rho_{MM_0}}$）；另一部分则是由 M_0 处点电荷在内边界上引起的感应电荷产生的电势。当 M 位于边界上时，二者叠加结果为零。

把圆心与点 $M_0(x_0, y_0)$ 连接并延长到 M_1，使$\dfrac{\rho_0}{a} = \dfrac{a}{\rho_1}$，式中 ρ_0 和 ρ_1 分别是 M_0 和 M_1 距圆心的距离，如题 12.4 图所示，点 M_1 为点 M_0 关于 $\rho = a$ 的像点。这就是说，点 M_1 的矢径 $\rho_1 = \dfrac{a^2}{\rho_0}$。在点 M_1 放置点电荷，其符号与点 M_0 处

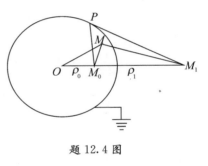

题 12.4 图

的点电荷相反，叫作点 M_0 处的点电荷的电像，点 M_0 处的点电荷和它的电像在圆内任意一点 M 处产生的电场的电势即为所求的格林函数 $G(\rho,\varphi)$。

在$\dfrac{\rho_0}{a} = \dfrac{a}{\rho_1}$ 的条件下，$\triangle PM_0O \sim \triangle M_1PO$，所以有

$$\frac{\rho_0}{a} = \frac{a}{\rho_1} = \frac{\rho_{M_0P}}{\rho_{M_1P}}, \quad \rho_{M_1P} = \frac{a}{\rho_0}\rho_{M_0P}$$

即

$$\rho_1 = \frac{a^2}{\rho_0}$$

若在点 M_1 放置符号相反而电量为 $\dfrac{a}{\rho_0}$ 倍的点电荷，则这两个点电荷在电场中的电势在圆的边界 C 上

$$G(\rho_0,\varphi) = -\frac{1}{2\pi}\ln\frac{1}{\rho_{M_0 P}} + \frac{1}{2\pi}\ln(\frac{a}{\rho_0}\frac{1}{\rho_{M_1 P}}) = 0$$

所以,点 M_0 处的点电荷和它的电像在圆内任意一点 M 处产生的电场的电势

$$\begin{aligned}
G(\rho,\varphi) &= -\frac{1}{2\pi}\ln\frac{1}{\rho_{M_0 M}} + \frac{1}{2\pi}\ln(\frac{a}{\rho_0}\frac{1}{\rho_{MM_1}}) \\
&= -\frac{1}{2\pi}\ln\frac{1}{\rho_{M_0 M}} + \frac{1}{2\pi}\ln\frac{1}{\rho_{MM_1}} + \frac{1}{2\pi}\ln\frac{a}{\rho_0} \qquad ①
\end{aligned}$$

为了把 $G(\rho,\varphi)$ 代入第一边值问题的解的积分公式(12-13)中,需要先计算 $\frac{\partial G}{\partial n}\Big|_C$。由题 12.4 图,并在 $\triangle OMM_0$ 和 $\triangle OMM_1$ 中应用余弦定理,有

$$\begin{aligned}
\frac{\partial G}{\partial n}\Big|_C &= \frac{1}{2\pi}\Big[-\cos(\overrightarrow{M_0 M}\wedge\vec{n})\frac{\partial}{\partial\rho_{M_0 M}}\ln\frac{1}{\rho_{M_0 M}} \\
&\quad + \cos(\overrightarrow{M_1 M}\wedge\vec{n})\frac{\partial}{\partial\rho_{M_1 M}}\ln\frac{1}{\rho_{M_1 M}}\Big]\Big|_C \\
&= \frac{1}{2\pi}\Big[\cos(\overrightarrow{M_0 M}\wedge\vec{n})\frac{1}{\rho_{M_0 M}} - \cos(\overrightarrow{M_1 M}\wedge\vec{n})\frac{1}{\rho_{M_1 M}}\Big]\Big|_C \\
&= \frac{1}{2\pi}\Big[\frac{a^2+\rho_{M_0 M}^2-\rho_0^2}{2a\rho_{M_0 M}}\frac{1}{\rho_{M_0 M}} - \frac{a^2+\rho_{M_1 M}^2-\rho_1^2}{2a\rho_{M_1 M}}\frac{1}{\rho_{M_1 M}}\Big]\Big|_C \\
&= \frac{1}{2\pi}\Bigg[\frac{a^2+\rho_{M_0 P}^2-\rho_0^2}{2a\rho_{M_0 P}} - \frac{a^2+(\frac{a}{\rho_0}\rho_{M_1 P})^2-(\frac{a^2}{\rho_0})^2}{2a\rho_{M_1 P}\frac{a^2}{\rho_0^2}}\Bigg]\Bigg|_C \\
&= \frac{1}{2\pi}\frac{a^2-\rho_0^2}{a\rho_{M_0 P}^2} \qquad ②
\end{aligned}$$

把上式代入(12-13)式中,即得

$$\begin{aligned}
u(\rho_0,\varphi_0) &= \int_0^{2\pi} f(\varphi)\frac{a^2-\rho_0^2}{2\pi a\rho_{M_0 P}^2}\mathrm{d}\varphi \\
&= \frac{1}{2\pi}\int_0^{2\pi}\frac{a^2-\rho_0^2}{a^2+\rho_0^2-2a\rho_0\cos(\varphi-\varphi_0)}f(\varphi)\mathrm{d}\varphi \qquad ③
\end{aligned}$$

或者

$$u(\rho,\varphi) = \frac{a^2-\rho^2}{2\pi}\int_0^{2\pi}\frac{1}{a^2-2a\rho\cos(\varphi-\varphi_0)+\rho^2}f(\varphi_0)\mathrm{d}\varphi_0$$

这就是圆内拉普拉斯方程第一边值问题解的积分公式,又称圆内的

泊松公式。对于一般的 $f(\varphi)$，这个积分往往不容易计算。但是，我们可以

把 $\dfrac{1}{a^2 + \rho_0^2 - 2a\rho_0 \cos(\varphi - \varphi_0)}$ 展开为傅里叶级数，然后逐项积分。

先令 $\alpha = \dfrac{\rho_0}{a}$，并注意到 $\left| \dfrac{\rho_0}{a} \right| < 1$，则 ③ 式改写成

$$u(\rho_0, \varphi_0) = \frac{1}{2\pi} \int_0^{2\pi} \frac{1 - \alpha^2}{1 - 2\alpha \cos(\varphi - \varphi_0) + \alpha^2} f(\varphi) \mathrm{d}\varphi \qquad ④$$

注意到

$$\frac{1 - \alpha^2}{1 + \alpha^2 - 2\alpha \cos(\varphi - \varphi_0)} = 1 + 2 \sum_{n=1}^{\infty} \alpha^n \cos n(\varphi - \varphi_0)$$

则 ④ 式又化为

$$u(\rho_0, \varphi_0) = \frac{1}{2\pi} \int_0^{2\pi} f(\varphi) \left[1 + 2 \sum_{n=1}^{\infty} \alpha^n \cos n(\varphi - \varphi_0) \right] \mathrm{d}\varphi$$

$$= \frac{1}{2\pi} \int_0^{2\pi} f(\varphi) \mathrm{d}\varphi + \frac{1}{\pi} \int_0^{2\pi} f(\varphi) \sum_{n=1}^{\infty} \alpha^n \left[\cos n\varphi \cos n\varphi_0 + \sin n\varphi \sin n\varphi_0 \right] \mathrm{d}\varphi$$

$$= \frac{1}{2\pi} \int_0^{2\pi} f(\varphi) \mathrm{d}\varphi + \sum_{n=1}^{\infty} \left\{ \left[\frac{1}{\pi} \int_0^{2\pi} f(\varphi) \cos n\varphi \mathrm{d}\varphi \right] \cos n\varphi_0 \right.$$

$$\left. + \left[\frac{1}{\pi} \int_0^{2\pi} f(\varphi) \sin n\varphi \mathrm{d}\varphi \right] \sin n\varphi_0 \left(\frac{\rho_0}{\alpha} \right)^n \right\}$$

即

$$u(\rho_0, \varphi_0) = \frac{A_0}{2} + \sum_{n=1}^{\infty} \left(\frac{\rho_0}{\alpha} \right)^n (A_n \cos n\varphi_0 + B_n \sin n\varphi_0) \qquad ⑤$$

其中

$$A_n = \frac{1}{\pi} \int_0^{2\pi} f(\varphi) \cos n\varphi \mathrm{d}\varphi, \quad n = 0, 1, 2, \cdots \qquad ⑥$$

$$B_n = \frac{1}{\pi} \int_0^{2\pi} f(\varphi) \sin n\varphi \mathrm{d}\varphi, \quad n = 1, 2, 3, \cdots \qquad ⑦$$

这个结果正是教材中例题 7.4.1 用分离变量法求得的结果。

12.5 设在圆域 $\rho < a$ 上的拉普拉斯方程第二边值问题为

$$\begin{cases} \nabla^2 u = 0, \quad \rho < a, 0 < \varphi < 2\pi \\ \left. \dfrac{\partial u}{\partial n} \right|_{\rho = a} = \sin \dfrac{\varphi}{4} \end{cases}$$

试问：此定解问题是否有解？为什么？

解 由调和函数的基本性质可知，此问题有解的必要条件是 $\oint_{C_a} \dfrac{\partial u}{\partial n} \mathrm{d}l = 0$，

但这里有

$$\oint_{C_a} \frac{\partial u}{\partial n} \mathrm{d}l = \int_0^{2\pi} a\sin\frac{\varphi}{4}\mathrm{d}\varphi = 4a\left(-\cos\frac{\varphi}{4}\right)\Big|_0^{2\pi} = 4a \neq 0$$

所以,此题无解。

12.6   用格林函数法求解定解问题

$$\begin{cases} u_t - a^2 u_{xx} = f(x,t), & 0 < x < l, \quad t > 0 & \text{①} \\ u\big|_{x=0} = \mu_1(t), \quad u\big|_{x=l} = \mu_2(t), & t > 0 & \text{②} \\ u\big|_{t=0} = \varphi(x), & 0 < x < l & \text{③} \end{cases}$$

的解。其中,$\mu_1(t)$ 和 $\mu_2(t)$ 为已知函数。

解   为了把边界条件化成齐次的,故引入辅助函数 $g(x,t)$,即令

$$v(x,t) = u(x,t) - g(x,t)$$

为了使

$$v(0,t) = v(l,t) = 0$$

则要求

$$g(0,t) = \mu_1(t), g(l,t) = \mu_2(t)$$

选取

$$g(x,t) = \mu_1(t) + \frac{x}{l}[\mu_2(t) - \mu_1(t)]$$

即可达到目的,把

$$u(x,t) = v(x,t) + \mu_1(t) + \frac{x}{l}[\mu_2(t) - \mu_1(t)] \qquad \text{④}$$

代入①－③式中,得出 $v(x,t)$ 满足的定解问题为

$$\begin{cases} v_t - a^2 v_{xx} = f_1(x,t), & 0 < x < l, \quad t > 0 & \text{⑤} \\ v\big|_{x=0} = 0, \quad v\big|_{x=l} = 0, & t > 0 & \text{⑥} \\ v\big|_{t=0} = \varphi_1(x), & 0 < x < l & \text{⑦} \end{cases}$$

其中

$$f_1(x,t) = f(x,t) - [g_t(x,t) - a^2 g_{xx}(x,t)]$$

以及

$$\varphi_1(x) = \varphi(x) - g(x,0)$$

对于定解问题 ⑤－⑦ 式,取格林函数 G 满足的定解问题为

$$\begin{cases} G_t - a^2 G_{xx} = 0, & 0 < x < l, \quad t > 0 & \text{⑧} \\ G\big|_{x=0} = 0, \quad G\big|_{x=l} = 0, & t > 0 & \text{⑨} \\ G\big|_{t=0} = \delta(x - x_0), & 0 < x < l & \text{⑩} \end{cases}$$

利用分离变量法,可求得定解问题 ⑧—⑩ 式的解为

$$G(x,t\,|\,x_0,0) = \frac{2}{l}\sum_{k=1}^{\infty}\sin\frac{k\pi}{l}x_0 \mathrm{e}^{-(\frac{k a\pi}{l})^2 t}\sin\frac{k\pi}{l}x \qquad ⑪$$

当 $t=0$ 时,有

$$G(x,t\,|\,x_0,0)\,|_{t=0} = \frac{2}{l}\sum_{k=1}^{\infty}\sin\frac{k\pi}{l}x_0\sin\frac{k\pi}{l}x$$

上式右端正是 $\delta(x-x_0)$ 按正弦函数的傅里叶级数展开式(参见教材例题 5.5.1),故 ⑪ 式满足定解问题 ⑧—⑩。由 ⑪ 式可得

$$G(x,t\,|\,x_0,\tau) = \frac{2}{l}\sum_{k=1}^{\infty}\mathrm{e}^{-(\frac{k a\pi}{l})^2 (t-\tau)}\sin\frac{k\pi}{l}x_0\sin\frac{k\pi}{l}x \qquad ⑫$$

由(12-45)式,可得定解问题 ⑤—⑦ 式的解为

$$v(x,t) = \int_0^l \varphi_1(x_0)G(x,t\,|\,x_0,0)\mathrm{d}x_0 + \int_0^t\int_0^l f_1(x_0,\tau)G(x,t-\tau\,|\,x_0,0)\mathrm{d}x_0\mathrm{d}\tau$$

即

$$v(x,t) = \int_0^l\left[\frac{2}{l}\sum_{k=1}^{\infty}\mathrm{e}^{-(\frac{k a\pi}{l})^2 t}\sin\frac{k\pi}{l}x \cdot \sin\frac{k\pi}{l}x_0\right]\varphi_1(x_0)\mathrm{d}x_0$$

$$+ \int_0^t\int_0^l\left[\frac{2}{l}\sum_{k=1}^{\infty}\mathrm{e}^{-(\frac{k a\pi}{l})^2 (t-\tau)}\sin\frac{k\pi}{l}x \cdot \sin\frac{k\pi}{l}x_0\right]f_1(x_0,\tau)\mathrm{d}x_0\mathrm{d}\tau$$

$$⑬$$

把 ⑬ 式代入 ④ 式,即可得定解问题 ①—③ 式的解 $u(x,t)$。

12.7 求三维热传导方程的基本解,即求解下列初值问题

$$\begin{cases} u_t = a^2\nabla^2 u(\vec{r},t) & ① \\ u(\vec{r},0) = \delta(\vec{r}) & ② \end{cases}$$

的解。

解 对以上定解问题用傅里叶积分变换法求解,设

$$F[u(\vec{r},t)] = \tilde{u}(\vec{k},t) = \iiint_{\infty} u(\vec{r},t)\mathrm{e}^{-\vec{k}\cdot\vec{r}}\mathrm{d}\vec{r}$$

(1) 对定解问题中的 ①、② 式的两端做傅里叶积分变换,即

$$F[u_t(\vec{r},t)] = \tilde{u}_t(\vec{k},t), \quad F[\nabla^2 u(\vec{r},t)] = -k^2\tilde{u}(\vec{k},t), \quad F[\delta(\vec{r})] = 1$$

则定解问题 ①② 变换为

$$\begin{cases} \tilde{u}_t + k^2 a^2\tilde{u} = 0 & ③ \\ \tilde{u}(\vec{k},0) = F[\delta(\vec{r})] & ④ \end{cases}$$

(2) 解像函数 $\tilde{u}(\vec{k},t)$ 的定解问题,有

$$\tilde{u}(\vec{k},t) = F[\delta(\vec{r})]e^{-a^2k^2t} \qquad ⑤$$

（3）对 ⑤ 式两端做傅里叶逆变换,并考虑到

$$F^{-1}[e^{-a^2k^2t}] = (\frac{1}{2a\sqrt{\pi t}})^3 e^{-\frac{r^2}{4a^2t}}$$

利用傅里叶积分变换的卷积定义(5-29)及卷积定理(5-30),有

$$u(\vec{r},t) = F^{-1}\{F[\delta(\vec{r})]e^{-a^2k^2t}\}$$

$$= [\delta(\vec{r})] * (\frac{1}{2a\sqrt{\pi t}})^3 e^{-\frac{r^2}{4a^2t}}$$

$$= (\frac{1}{2a\sqrt{\pi t}})^3 \iiint_\infty \delta(\vec{r}-\vec{\xi}) e^{-\frac{\xi^2}{4a^2t}} d\vec{\xi}$$

$$= (\frac{1}{2a\sqrt{\pi t}})^3 e^{-\frac{r^2}{4a^2t}}$$

12.8 用格林函数法求解定解问题

$$\begin{cases} u_{tt} - a^2 u_{xx} = A\cos\frac{\pi x}{l}\sin\omega t, & 0 < x < l, \quad t > 0 & ① \\ u_x|_{x=0} = 0, \quad u_x|_{x=l} = 0, & t > 0 & ② \\ u|_{t=0} = 0, \quad u_t|_{t=0} = 0, & 0 \leqslant x \leqslant l & ③ \end{cases}$$

的解,其中 A,l,ω,a 为常数。

解 该定解问题的积分公式为

$$u(x,t) = \int_0^t \left[\int_0^l f(x_0,\tau)G(x,t|x_0,\tau)dx_0\right]d\tau \qquad ④$$

其中 $G(x,t|x_0,\tau)$ 满足

$$\begin{cases} G_{tt} - a^2 G_{xx} = \delta(x-x_0)\delta(t-\tau) \\ G_x|_{x=0} = 0, \quad G_x|_{x=l} = 0 \\ G|_{t=\tau+0} = 0, \quad G_t|_{t=\tau+0} = 0 \end{cases}$$

该定解问题又可化为

$$\begin{cases} G_{tt} - a^2 G_{xx} = 0, & 0 < x < l, \quad t > 0 & ⑤ \\ G_x|_{x=0} = 0, \quad G_x|_{x=l} = 0, & t > 0 & ⑥ \\ G|_{t=\tau+0} = 0, \quad G_t|_{t=\tau+0} = \delta(x-x_0), & 0 \leqslant x \leqslant l & ⑦ \end{cases}$$

由分离变量法可得 ⑤ － ⑦ 式的解为

$$G(x,t|x_0,\tau) = A_0(t-\tau) + B_0 + \sum_{k=1}^\infty \left[A_k\cos\frac{k\pi a}{l}(t-\tau) + B_k\sin\frac{k\pi a}{l}(t-\tau)\right]$$

$$\cdot \cos\frac{k\pi}{l}x$$

代入初始条件 ⑦，可得

$$B_0 + \sum_{k=1}^{\infty} A_k \cos \frac{k\pi x}{l} = 0$$

$$A_0 + \sum_{k=1}^{\infty} B_k \frac{k\pi a}{l} \cos \frac{k\pi x}{l} = \delta(x - x_0)$$

不难求得

$$A_k = 0, \quad B_k = \frac{2}{k\pi a} \cos \frac{k\pi x_0}{l}, \quad (k \neq 0)$$

$$A_0 = \frac{1}{l}, \quad B_0 = 0$$

故有

$$G(x,t\,|\,x_0,\tau) = \frac{1}{l}(t-\tau) + \frac{2}{\pi a} \sum_{k=1}^{\infty} \frac{1}{k} \sin \frac{k\pi a}{l}(t-\tau) \cos \frac{k\pi x_0}{l} \cos \frac{k\pi x}{l}$$

代入 ④ 式，可得

$$u(x,t) = \frac{1}{l} \int_0^t \Big[\int_0^l (t-\tau) A \cos \frac{\pi x_0}{l} \sin\omega\tau \cdot \mathrm{d}x_0 \Big] \mathrm{d}\tau$$

$$+ \frac{2A}{\pi a} \sum_{k=1}^{\infty} \frac{1}{k} \cos \frac{k\pi x}{l} \int_0^t \Big[\int_0^l \cos \frac{\pi x_0}{l} \sin\omega\tau \cdot \sin \frac{k\pi a}{l}(t-\tau) \cos \frac{k\pi x_0}{l} \mathrm{d}x_0 \Big] \mathrm{d}\tau$$

$$= \frac{2A}{\pi a} \sum_{k=1}^{\infty} \frac{1}{k} \cos \frac{k\pi x}{l} \int_0^l \cos \frac{\pi x_0}{l} \cos \frac{k\pi x_0}{l} \mathrm{d}x_0 \cdot \int_0^t \sin\omega\tau \cdot \sin \frac{k\pi a}{l}(t-\tau) \mathrm{d}\tau$$

注意到

$$\int_0^l \cos \frac{\pi x_0}{l} \cos \frac{k\pi x_0}{l} \mathrm{d}x_0 = \begin{cases} \frac{l}{2}, & k=1 \\ 0, & k \neq 1 \end{cases}$$

于是有

$$u(x,t) = \frac{Al}{\pi a} \cos \frac{\pi}{l}x \int_0^t \sin(\omega\tau) \cdot \sin \frac{\pi a(t-\tau)}{l} \mathrm{d}\tau$$

$$= \frac{Al}{\pi a} \frac{1}{\omega^2 - \frac{\pi^2 a^2}{l^2}} \Big(\omega \sin \frac{\pi at}{l} - \frac{\pi a}{l} \sin\omega t\Big) \cos \frac{\pi}{l}x$$

12.9　用格林函数法求解定解问题

$$\begin{cases} u_{tt} = a^2 u_{xx} + f_0 \sin\omega t \cdot \delta(x-x_0), & 0 < x < l, t > 0 \\ u\big|_{x=0} = 0, \quad u\big|_{x=l} = 0, & t > 0 \\ u\big|_{t=0} = 0, \quad u_t\big|_{t=0} = 0, & 0 < x < l \end{cases}$$

的解。其中 a、f_0、x_0 均为常量。

解法一 该定解问题对应的格林函数满足

$$
\begin{cases}
G_{tt}(x,t\,|\,x_0,\tau) = a^2 G_{xx} + \delta(x-x_0)\delta(t-\tau), \quad 0 < x, x_0 < l; t, \tau > 0 \\
G\,|_{x=0} = 0, \quad G\,|_{x=l} = 0 \\
G\,|_{t=0} = 0, \quad G_t\,|_{t=0} = 0, \qquad\qquad\qquad 0 < x, x_0 < l
\end{cases}
$$

由冲量定理,问题可以转化为

$$
\begin{cases}
G_{tt} = a^2 G_{xx} \\
G\,|_{x=0} = 0, \quad G\,|_{x=l} = 0 \\
G\,|_{t=\tau} = 0, \quad G_t\,|_{t=\tau+0} = \delta(x-x_0)
\end{cases}
$$

利用分离变量法,可求得

$$
G(x,t\,|\,x_0,\tau) = \frac{2}{\pi a} \sum_{n=1}^{\infty} \frac{1}{n} \sin\frac{n\pi}{l}x_0 \cdot \sin\frac{n\pi x}{l} \cdot \sin\frac{n\pi a}{l}(t-\tau)
$$

由(12-68)式,可得

$$
u(x,t) = \int_0^t \int_0^l f_0 \delta(x-x_0)\sin\omega\tau \cdot \frac{2}{\pi a} \sum_{n=1}^{\infty} \frac{1}{n} \sin\frac{n\pi a}{l}(t-\tau)\sin\frac{n\pi}{l}x_0 \cdot \sin\frac{n\pi}{l}x \, \mathrm{d}x_0 \mathrm{d}\tau
$$

$$
= \frac{2f_0}{\pi a} \sum_{n=1}^{\infty} \frac{1}{n} \int_0^l \delta(x-x_0)\sin\frac{n\pi}{l}x_0 \mathrm{d}x_0 \int_0^t \sin\omega\tau \cdot \sin\frac{n\pi a}{l}(t-\tau)\mathrm{d}\tau \cdot \sin\frac{n\pi}{l}x
$$

$$
= \frac{2f_0}{\pi a} \sum_{n=1}^{\infty} \frac{1}{n} \sin\frac{n\pi}{l}x_0 \left[\frac{\omega\sin\dfrac{n\pi a}{l}t - \dfrac{n\pi a}{l}\sin\omega t}{\omega^2 - \dfrac{n^2\pi^2 a^2}{l^2}} \right] \sin\frac{n\pi}{l}x
$$

解法二 此定解问题也可以直接求解。该定解问题对应的格林函数满足

$$
\begin{cases}
G_{tt}(x,t\,|\,x_0,\tau) = a^2 G_{xx} + \delta(x-x_0)\delta(t-\tau), \quad 0 < x, x_0 < l; t, \tau > 0 \\
G\,|_{x=0} = 0, \quad G\,|_{x=l} = 0 \\
G\,|_{t<\tau} = 0, \quad G_t\,|_{t<\tau} = 0, \qquad\qquad\qquad 0 < x, x_0 < l
\end{cases}
$$

以上定解问题是关于格林函数 $G(x,t\,|\,x_0,\tau)$ 非齐次方程的定解问题,下面按相应的本征函数系展开的方法求解,即设

$$
G(x,t\,|\,x_0,\tau) = \sum_{n=1}^{\infty} T_n(t)\sin\frac{n\pi x}{l}
$$

同时,将 δ 函数也按该本征函数系展开,有

$$
\delta(x-x_0) = \frac{2}{l} \sum_{n=1}^{\infty} \sin\frac{n\pi}{l}x_0 \sin\frac{n\pi}{l}x
$$

所以,$T_n(t)$ 满足非齐次常微分方程的初值问题

$$\begin{cases} T_n''(t) + (\frac{n\pi a}{l})^2 T_n(t) = \frac{2}{l}\sin\frac{n\pi}{l}x_0\delta(t-\tau) \\ T_n(t<\tau)=0, \quad T_n'(t<\tau)=0 \end{cases}$$

解之即得

$$T_n(t) = \frac{2}{n\pi a}\sin\frac{n\pi}{l}x_0 \cdot \sin\frac{n\pi a}{l}(t-\tau)\cdot\delta(t-\tau)$$

所以格林函数 $G(x,t|x_0,\tau)$ 就是

$$G(x,t|x_0,\tau) = \frac{2}{\pi a}\sum_{n=1}^{\infty}\frac{1}{n}\sin\frac{n\pi}{l}x_0\cdot\sin\frac{n\pi x}{l}\cdot\sin\frac{n\pi a}{l}(t-\tau)\cdot\delta(t-\tau)$$

由(12-68)式,可得

$$u(x,t) = \int_0^t\int_0^l f_0\delta(x-x_0)\sin\omega\tau\cdot\frac{2}{\pi a}\sum_{n=1}^{\infty}\frac{1}{n}\sin\frac{n\pi a}{l}(t-\tau)\sin\frac{n\pi}{l}x_0$$

$$\sin\frac{n\pi}{l}x\cdot\delta(t-\tau)\mathrm{d}x_0\mathrm{d}\tau$$

$$= \frac{2f_0}{\pi a}\sum_{n=1}^{\infty}\frac{1}{n}\sin\frac{n\pi}{l}x_0\left[\frac{\omega\sin\frac{n\pi a}{l}t - \frac{n\pi a}{l}\sin\omega t}{\omega^2 - \frac{n^2\pi^2 a^2}{l^2}}\right]\sin\frac{n\pi}{l}x$$

解法三　将关于 $G(x,t|x_0,\tau)$ 的定解问题做拉普拉斯变换,请读者自行计算。

12.10　试用格林函数法求解一维无界波动方程的定解问题

$$\begin{cases} u_{tt} - a^2 u_{xx} = f(x,t) & (-\infty<x<\infty, t>0) \\ u|_{t=0} = \varphi(x) & (-\infty<x<\infty) \\ u_t|_{t=0} = \psi(x) & (-\infty<x<\infty) \end{cases}$$

的解。

解　本题中的泛定方程是非齐次的,故令

$$u(x,t) = u_1(x,t) + u_2(x,t)$$

它们分别满足定解问题 I

$$\begin{cases} u_{1tt} - a^2 u_{1xx} = 0, & -\infty<x<\infty, t>0 \\ u|_{t=0} = \varphi(x) \\ u_t|_{t=0} = \psi(x) \end{cases}$$

和定解问题 II

$$\begin{cases} u_{2tt} - a^2 u_{2xx} = f(x,t), & -\infty<x<\infty, t>0 \\ u_2|_{t=0} = 0 \\ u_{2t}|_{t=0} = 0 \end{cases}$$

定解问题 I 的解即为达朗贝尔公式

$$u_1(x,t) = \frac{1}{2}\left[\varphi(x-at) + \varphi(x+at)\right] + \frac{1}{2a}\int_{x-at}^{x+at}\psi(\zeta)\mathrm{d}\zeta$$

为求解定解问题 II，首先求解定解问题

$$\begin{cases} v_{tt} = a^2 v_{xx} \\ v|_{t=\tau} = 0 \\ v_t|_{t=\tau} = f(x,\tau) \end{cases}$$

的解。由达朗贝尔公式，可得

$$v(x,t|\tau) = \frac{1}{2a}\int_{x-a(t-\tau)}^{x+a(t-\tau)} f(\zeta,\tau)\mathrm{d}\zeta$$

其次，给出 $u_2(x,t)$ 的解

$$u_2(x,t) = \int_0^t v(x,t|\tau)\mathrm{d}\tau = \frac{1}{2a}\int_0^t\int_{x-a(t-\tau)}^{x+a(t-\tau)} f(\zeta,\tau)\mathrm{d}\zeta\mathrm{d}\tau$$

最后，即可得原定解问题的解为

$$\begin{aligned} u(x,t) &= u_1(x,t) + u_2(x,t) \\ &= \frac{1}{2}\left[\varphi(x-at) + \varphi(x+at)\right] + \frac{1}{2a}\int_{x-at}^{x+at}\psi(\zeta)\mathrm{d}\zeta \\ &\quad + \frac{1}{2a}\int_0^t\int_{x-a(t-\tau)}^{x+a(t-\tau)} f(\zeta,\tau)\mathrm{d}\zeta\mathrm{d}\tau \end{aligned}$$

12.11　试用格林函数法求解定解问题

$$\begin{cases} u_{tt} = a^2(u_{xx} + u_{yy} + u_{zz}) + f(x,y,z,t), & -\infty < x,y,z < \infty, t > 0 \\ u|_{t=0} = 0, \quad u_t|_{t=0} = 0, & -\infty < x,y,z < \infty \end{cases}$$

的解。

解　此定解问题的格林函数所满足的定解问题

$$\begin{cases} G_{tt}(\vec{r},t|\vec{r_0},\tau) = a^2\nabla^2 G + \delta(\vec{r}-\vec{r_0})\delta(t-\tau), & -\infty < \vec{r} < \infty, t > 0 \\ G|_{t=0} = 0, \quad G_t|_{t=0} = 0, & -\infty < \vec{r} < \infty \end{cases}$$

则原定解问题的解由下列积分公式给出：

$$u(\vec{r},t) = \int_0^t\left[\int_{-\infty}^{\infty}\int_{-\infty}^{+\infty}\int_{-\infty}^{+\infty} G(\vec{r},t|\vec{r_0},\tau)f(\vec{r_0},\tau)\mathrm{d}\vec{r_0}\right]\mathrm{d}\tau$$

其中格林函数可用傅里叶变换法求得，有

$$G(\vec{r},t|\vec{r_0},\tau) = \frac{1}{4\pi a|\vec{r}-\vec{r_0}|}\delta\left[|\vec{r}-\vec{r_0}| - a(t-\tau)\right], \quad t > \tau$$

故原定解问题的解为

$$u(\vec{r},t) = \frac{1}{4\pi a^2} \iiint_{\Omega_{at}^{\vec{r}}} \frac{1}{|\vec{r}-\vec{r}_0|} f(\vec{r}_0, t - \frac{|\vec{r}-\vec{r}_0|}{a}) \mathrm{d}\vec{r}_0$$

其中，$\Omega_{at}^{\vec{r}}$ 是以点 $\vec{r}$ 为中心，以 at 为半径的球面所围的球体。

12.12 证明积分公式

$$\iiint_{\infty} \frac{1}{ik}(\mathrm{e}^{iakt + \vec{k}\cdot\vec{r}} - \mathrm{e}^{-iakt + \vec{k}\cdot\vec{r}}) \mathrm{d}\vec{k}$$

$$= 4\pi^2 \left[\frac{\delta(r-at)}{r} - \frac{\delta(r+at)}{r} \right]$$

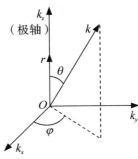

题 12.12 图

证明 取如题 12.12 图所示的坐标，把球坐标极轴 k_z 取在沿 $\vec{r}$ 的方向，且 $\vec{k}$ 的原点与 $\vec{r}$ 的原点重合，这样就有 $\vec{k}\cdot\vec{r} = kr\cos\theta$，此外，$\mathrm{d}\vec{k} = k^2\sin\theta\mathrm{d}k\mathrm{d}\theta\mathrm{d}\varphi$，则有

$$\iiint_{\infty} \frac{1}{ik}\mathrm{e}^{iakt+\vec{k}\cdot\vec{r}}\mathrm{d}\vec{k} = \int_0^\infty \frac{k^2}{ik}\mathrm{e}^{iakt}\mathrm{d}k\int_0^\pi \mathrm{e}^{ikr\cos\theta}\sin\theta\mathrm{d}\theta\int_0^{2\pi}\mathrm{d}\varphi$$

$$= \frac{2\pi}{r}\int_0^\infty \mathrm{e}^{iakt}[\mathrm{e}^{-ikr}-\mathrm{e}^{ikr}]\mathrm{d}k$$

$$= \frac{2\pi}{r}\int_0^\infty [\mathrm{e}^{-ik(r-at)}-\mathrm{e}^{ik(r+at)}]\mathrm{d}k$$

同理有

$$-\iiint_{\infty} \frac{1}{ik}\mathrm{e}^{-iakt+\vec{k}\cdot\vec{r}}\mathrm{d}\vec{k} = -\frac{2\pi}{r}\int_0^\infty [\mathrm{e}^{-ik(r+at)}-\mathrm{e}^{ik(r-at)}]\mathrm{d}k$$

$$= \frac{2\pi}{r}\int_{-\infty}^0 [\mathrm{e}^{-ik(r-at)}-\mathrm{e}^{ik(r+at)}]\mathrm{d}k$$

将以上两式相加，得到

$$\frac{2\pi}{r}\int_{-\infty}^{+\infty} [\mathrm{e}^{-ik(r-at)}-\mathrm{e}^{ik(r+at)}]\mathrm{d}k$$

利用公式(5-68)，上式可化为

$$4\pi^2 \left[\frac{\delta(r-at)}{r} - \frac{\delta(r+at)}{r} \right]$$

即证明了

$$\iiint_{\infty} \frac{1}{ik}(\mathrm{e}^{iakt+\vec{k}\cdot\vec{r}} - \mathrm{e}^{-iakt+\vec{k}\cdot\vec{r}}) \mathrm{d}\vec{k} = 4\pi^2\left[\frac{\delta(r-at)}{r}-\frac{\delta(r+at)}{r}\right]$$